Rust

实战

Rust in Action

【新西兰】蒂姆·麦克纳马拉

（Tim McNamara）◎著

金伟　唐刚◎译

张汉东◎审校

人民邮电出版社

北　京

图书在版编目（C I P）数据

Rust实战 / （新西兰）蒂姆·麦克纳马拉
(Tim McNamara) 著；金伟，唐刚译. -- 北京：人民邮
电出版社，2022.9
ISBN 978-7-115-59139-5

Ⅰ. ①R… Ⅱ. ①蒂… ②金… ③唐… Ⅲ. ①程序语
言－程序设计 Ⅳ. ①TP312

中国版本图书馆CIP数据核字(2022)第060035号

◆ 著　　　[新西兰] 蒂姆·麦克纳马拉（Tim McNamara）

　　译　　　金 伟 唐 刚

　　审　　校　张汉东

　　责任编辑　吴晋瑜

　　责任印制　王 郁 焦志炜

◆ 人民邮电出版社出版发行　　北京市丰台区成寿寺路 11 号

　　邮编　100164　电子邮件　315@ptpress.com.cn

　　网址　https://www.ptpress.com.cn

　　北京七彩京通数码快印有限公司印刷

◆ 开本：800×1000　1/16

　　印张：26.5　　　　　　　2022 年 9 月第 1 版

　　字数：571 千字　　　　　2025 年 1 月北京第 5 次印刷

　　著作权合同登记号　图字：01-2020-6821 号

定价：129.80 元

读者服务热线：(010)81055410　印装质量热线：(010)81055316
反盗版热线：(010)81055315
广告经营许可证：京东市监广登字 20170147 号

内容提要

本书通过探索多种系统编程概念和技术引入 Rust 编程语言，在深入探索计算机工作原理的同时，帮助读者了解 Rust 的所有权系统、Trait、包管理、错误处理、条件编译等概念，并通过源自现实的示例来帮助读者了解 Rust 中的内存模型、文件操作、多线程、网络编程等内容。

本书旨在帮助读者理解如何用 Rust 进行系统编程，并提供了一些使用 Rust 编写代码的技巧。本书给出了 10 余个源自现实的示例，让读者不仅能了解 Rust 语法，还能了解 Rust 的实际运用。

本书适合所有对 Rust 感兴趣的读者阅读。要更好地掌握本书涵盖的内容，读者应具备一定的编程经验，至少应对计算机编程的基本概念有所了解。

给所有渴望编写更安全软件的你们！

致谢

感谢我的妻子 Katie 在我几近放弃的时候给予我支持和鼓励！感谢我的孩子 Florence 和 Octavia，这段日子里，爸爸因为忙于写作而不能陪你们玩，我感到非常愧疚！感谢你们大大的拥抱和甜甜的微笑。

想感谢的人实在太多了！只字片语不足以表达我诚挚的谢意！Rust 社区中的很多成员为本书的成稿贡献了力量。上千名"先读者"通过 liveBook 提交了勘误、问题和建议。感谢每位给予支持和帮助的小伙伴！谢谢你们！

在此我要特别感谢其中的一小部分"先读者"！他们中的许多人因此结缘，并成了朋友。他们是 Aï Maiga、Ana Hobden、Andrew Meredith、Andréy Lesnikóv、Andy Grove、Arturo J. Pérez、Bruce Mitchener、Cecile Tonglet、Daniel Carosone、Eric Ridge、Esteban Kuber、Florian Gilcher、Ian Battersby、Jane Lusby、Javier Viola、Jonathan Turner、Lachezar Lechev、Luciano Mammino、Luke Jones、Natalie Bloomfield、Oleksandr Kaleniuk、Olivia Ifrim、Paul Faria、Paul J.Symonds、Philipp Gniewosz、Rod Elias、Stephen Oates、Steve Klabnik、Tannr Allard、Thomas Lockney 和 William Brown。在过去的 4 年中，能与你们互动，让我倍感荣幸！

还要对本书的审稿人表示诚挚的感谢！他们是 Afshin Mehrabani、Alastair Smith、Bryce Darling、Christoffer Fink、Christopher Haupt、Damian Esteban、Federico Hernandez、Geert Van Laethem、Jeff Lim、Johan Liseborn、Josh Cohen、Konark Modi、Marc Cooper、Morgan Nelson、Ramnivas Laddad、Riccardo Moschetti、Sanket Naik、Sumant Tambe、Tim van Deurzen、Tom Barber、Wade Johnson、William Brown、William Wheeler 和 Yves Dorfsman。我阅读了你们提出的所有意见。本书在写作后期的诸多改进都要归功于你们细致入微的反馈。

感谢曼宁出版社的项目编辑 Elesha Hyde 和 Frances Buran！得益于他们的耐心、专业和细致的指导，我才能顺利完成书稿的多次迭代。感谢组稿编辑 Bert Bates、Jerry Kuch、Mihaela Batinić、Rebecca Rinehart、René van den Berg 和 Tim van Deurzen，以及本书的流程编辑 Benjamin Berg、Deirdre Hiam、Jennifer Houle 和 Paul Wells。

本书在 MEAP（早期预览版）阶段一共发布了 16 个版本。得益于众多人的支持和帮助，本书才能顺利付梓。感谢 Aleksandar Dragosavljević、Ana Romac、Eleonor Gardner、Ivan Martinović、Lori Weidert、Marko Rajković、Matko Hrvatin、Mehmed Pašić、Melissa Ice、Mihaela Batinić、Owen Roberts、Radmila Ercegovac 和 Rejhana Markanović。

感谢本书营销团队的成员，他们是 Branko Latincic、Candace Gillhoolley、Cody Tankersley、Lucas Weber 和 Stjepan Jureković。谢谢你们的大力支持！

最后，感谢曼宁出版社的 Aira Dučić、Andrew Waldron、Barbara Mirecki、Branko Latinčić、Breckyn Ely、Christopher Kaufmann、Dennis Dalinnik、Erin Twohey、Ian Hough、Josip Maras、Julia Quinn、Lana Klasić、Linda Kotlyarsky、Lori Kehrwald 和 Melody Dolab！谢谢你们给予我的诸多帮助，谢谢你们的积极回复。感谢 Mike Stephens！你曾提醒我写好一本书很难！的确如此！

序

　　没人知道阅读某一本技术图书所付出的努力是否值得。这些书可能售价高昂、内容枯燥，并且有可能写得很差。更糟糕的是，很有可能让你什么也学不到。幸运的是，本书的作者十分理解这些情况。

　　本书的首要目标就是教你使用 Rust，为此本书提供了一些较大的、可运行的项目。在学习过程中，你将编写一个数据库、一个 CPU 模拟器、一个操作系统内核，以及实现一些有趣的项目，甚至会涉足自动生成艺术项目。每个项目的设计都是为了让你能够以自己的节奏来探索 Rust 编程语言。对不太了解 Rust 的读者来说，无论你选择哪个方向，都有很多的机会去扩展这些项目。

　　学习一门编程语言，仅学习相关的语法和语义是不够的，你还需要在相关的社区深入探索。然而，社区中共享的那些知识、术语和实践，对新加入的人而言，很可能就成了无形的障碍。

　　对许多新的 Rust 程序员来说，系统编程的那些概念就是这样的障碍——许多刚刚踏入"Rust 世界"的程序员并没有这个领域的背景。为了弥补这一点，本书的第二个目标就是帮你掌握系统编程的相关知识。此外，在本书第 12 章的某些主题中，你还将了解到内存数字时间保持和设备驱动程序是如何工作的。在你成为 Rust 社区中的一员后，我希望本书的内容能够让你更加游刃有余。期待你的加入！

　　在人类社会中，各种软件随处可见，而且软件存在一些关键安全漏洞的状况已在人们的可接受范畴之内，甚至被视为正常抑或不可避免的状况。Rust 则表明这种状况既不是正常的，也不是不可避免的。此外，计算机中还充斥着各种臃肿的、资源消耗密集型的应用程序。计算机中的资源毕竟是有限的，为了开发出具有较低资源需求的软件，Rust 提供了可行的替代方案。

　　本书旨在为你赋能，让你相信，Rust 并不是专门为某些专家预备的，而是一个谁都可以使用的工具。在漫漫学习之旅中，能成为你的"领路人"，我感到荣幸之至！相信你一定能做得很好。

前言

　　本书主要是为那些可能已经在网上学过 Rust 开源资料，但是会问自己"接下来该学点什么"的人准备的。本书包含数十个有趣的示例，如果你有自己的想法且时间允许，还可以进一步扩展这些示例。这些示例使得本书 12 章的内容涵盖了 Rust 的一个颇为有用的子集，以及许多生态系统会用到的那些最重要的第三方库。

　　这些代码示例更注重的是易读性，而不是注重如何优雅、地道地使用 Rust。如果你是一个很有经验的 Rust 程序员，那么可能会发现自己并不认同这些例子中的一些风格设定。我希望你能够体谅这是在为初学者考虑。

　　这并不是一本内容全面的参考书，因此略去了语法和标准库的部分内容。通常情况下，这些省略掉的内容都是高度专业的，应该给予"特殊待遇"。然而，本书旨在为读者提供足够的基础知识和信心，以便在必要时再进一步学习这些特定的主题。从系统编程书的角度来看，本书也是很独特的，因为几乎本书的所有示例都能在微软的 Windows 系统上运行。

本书适合哪些人阅读

　　所有对 Rust 感兴趣的人，喜欢通过实用的示例来学习的人，或者是那些被"Rust 是一种系统编程语言"这一事实吓倒的人，都应该会喜欢本书。有编程经验的读者将获益更多，因为本书会假定读者已经了解一些计算机编程的基本概念。

本书的内容是如何组织的：路线图

　　本书的正文分为两部分。第一部分介绍 Rust 的语法和一些独特的特点，第二部分会应用到在第一部分中介绍的这些知识。每一章都会引入一到两个新的 Rust 概念。第一部分是对 Rust 的快速介绍。

- 第 1 章解释 Rust 存在的原因，以及如何开始用它来编程。
- 第 2 章提供翔实的 Rust 语法基础知识。本章示例包括芒德布罗集渲染器和一个 grep 的克隆。
- 第 3 章讲解如何组合 Rust 的数据类型以及如何使用一些错误处理的工具。
- 第 4 章讨论 Rust 中确保要访问的数据始终有效的机制。

第二部分是将 Rust 应用于系统编程领域的一些基础性介绍。

- 第 5 章介绍在数字计算机中信息是如何表示的，重点介绍数字是如何被近似表示的。本章示例包括实现定点数格式和一个 CPU 模拟器。
- 第 6 章阐释引用、指针、虚拟内存、栈和堆等术语。本章示例包括一个内存扫描器和自动生成艺术项目。
- 第 7 章阐释如何将数据结构存储到存储设备中。本章示例包括一个 hexdump 的克隆和一个可运行的数据库。
- 第 8 章通过多次重新实现 HTTP 讲解计算机是如何进行通信的，每一次实现都会剥离掉一个抽象层。
- 第 9 章探索在数字计算机中跟踪时间的过程。本章示例包括一个可运行的 NTP 客户端。
- 第 10 章介绍进程、线程和一些相关的抽象概念。本章示例包括一个海龟绘图应用程序和一个并行解析器。
- 第 11 章介绍操作系统的作用和计算机是如何启动的。本章示例包括编译自己的引导加载程序和操作系统内核。
- 第 12 章阐释外部世界是如何与 CPU 和操作系统进行通信的。

请按照本书章节顺序进行阅读。只有掌握了前面章节中的内容，才能更好地学习后续章节中的知识。不过，每一章中的项目是相互独立的。因此，如果本书有某些你特别感兴趣的主题，也欢迎你跳着来阅读。

关于封面人物

　　本书封面上的人物标题为"Le maitre de chausson"或"拳击手"。该插图来自一个由多位艺术家的作品组成的作品集。该作品集由 Louis Curmer 编辑，于 1841 年在巴黎出版。该作品集的标题是"Les Français peints par eux-mêmes"，意为"法国画家笔下的法国人"，其中每张插画都是手工精细绘制和着色的。这些丰富多样的插画生动再现了约 200 年前，世界上各个地区、城镇、村庄和社区在文化上的巨大差异。人们讲着不同的语言和方言，无论是在街上还是在乡下，只要通过着装，就可以很容易地识别出他们住在哪里，甚至他们的职业或者身份。

　　后来，人们的着装发生了变化，彼时如此丰富的地区多样性逐渐消失了。现在，我们很难区分来自不同大陆的人，更不用说来自不同地区或城镇的了。也许我们以牺牲文化多样性为代价换来了更多样化的个人生活——当然也包括更多样化和快节奏的科技化生活。

　　在这个很难把一本计算机书与另一本同类书区分开来的时代，曼宁以基于两个世纪前丰富多样的地区生活作为图书封面，以此来颂扬计算机行业的创新性和主动性，并让此类深藏在作品集中的插画重回大众视野。

目录

第一部分　Rust 语言的特色

第二部分　揭开系统编程的神秘面纱

第一部分

Rust 语言的特色

本书的第一部分是对 Rust 编程语言的基本介绍。学完这一部分的内容，你将会对 Rust 的语法有较好的理解，并且会了解是什么原因促使人们选择了 Rust。你还将了解 Rust 与其同级语言之间的一些基本差异。

第一部分

Rust 语言的特色

本部分一共有两个章节，第 1 章介绍 Rust 语言的基本概念，带你一步步搭建好学习、开发环境，从而对 Rust 的编程有所了解。第 2 章介绍了内存安全以及相应的所有权机制，并且介绍了编译运行过程的大体步骤，让你了解从 Rust 语言代码到可执行文件之间的一系列过程。

第 1 章　Rust 语言介绍

本章主要内容

- Rust 语言的特点和目标。
- Rust 的语法简介。
- Rust 语言的适用场景以及何时应该避免使用 Rust。
- 构建第一个 Rust 程序。
- 把 Rust 语言与面向对象语言以及更广泛的其他语言加以比较。

欢迎走进 Rust 的世界,这是一种能带给你力量的编程语言。当你逐渐熟悉 Rust 以后,你会发现,Rust 不但是一门超快速、安全的编程语言,而且是让你每天都能愉快地使用的一种语言。

当你开始使用 Rust 进行编程时,你很可能想要做到上面提到的那样。那么,本书将帮助你建立起作为一名 Rust 程序员的信心。但是,本书并不适合零编程基础的读者,而是为那些考虑把 Rust 作为其下一门想要掌握的语言的读者,以及喜欢实现实际的可运行示例的读者准备的。下面所列的是本书涵盖的一些较大示例。

- 芒德布罗集(Mandelbrot set)渲染器。
- 一个 grep 的克隆。
- CPU 模拟器。
- 自动生成艺术项目。
- 一个数据库。
- HTTP、NTP 以及 hexdump 客户端。
- LOGO 语言解释器。
- 操作系统内核。

正如你可能通过查看此列表所能感觉到的那样,本书会教给你比 Rust 本身更多的内容。本书还会讲到系统编程和低级编程的内容。在阅读本书的过程中,你会了解操作系统(OS)的作用是什么、CPU 是如何工作的、计算机是如何维护时间的、指针是什么，以及数据类型是什么，还将了解计算机内部系统是如何实现交互操作的。除了语法，你还会了解创建 Rust 的原因是什么，以及它所面临的一些挑战。

1.1　哪些地方使用了 Rust？

Stack Overflow 的年度开发者调查结果显示，2016—2020 年，Rust 年年都荣获"最喜爱的编程语言"的奖项。这可能就是许多大型技术领导企业已经采用 Rust 的原因所在。

- 亚马逊云服务（AWS），从 2017 年开始，在 Serverless 计算产品、AWS Lambda 和 AWS Fargate 中使用了 Rust。在此之后，Rust 更是获得了进一步的发展。亚马逊公司已经开发了 Bottlerocket 操作系统和 AWS Nitro 系统，以提供其弹性计算云（EC2）服务。[1]
- Cloudflare 使用 Rust 开发了多个服务，包括公共 DNS、Serverless 计算和数据包检查产品等。[2]
- Dropbox 使用 Rust 重构了其后端仓库，该仓库管理着 EB 级数据的存储。[3]
- 谷歌用 Rust 开发了安卓系统的某些部分，比如蓝牙模块。Rust 还被用于 Chrome OS 中的 `crosvm` 组件，并在谷歌的新操作系统 Fuchsia 中发挥了重要的作用。[4]
- Facebook 使用 Rust 为其 Web 端、移动端和 API 服务，还为 HHVM 中的某些部分赋能，HHVM 是 HipHop 虚拟机，是给 Hack 编程语言使用的虚拟机。[5]
- 微软使用 Rust 编写了 Azure 云平台中的一些组件，其中包括物联网（IoT）服务的一个安全守护进程。
- Mozilla 使用 Rust 强化了火狐浏览器——在火狐浏览器项目中有 1500 万行代码。在 Rust-in-Firefox 系列项目的前两个项目中，MP4 元数据解析器和文本编/解码器在整体性能和稳定性上都得到了改善。
- GitHub 的 npm 公司使用 Rust 支撑了"每天超过 13 亿次的软件包下载量"。[6]
- Oracle 使用 Rust 开发了一个容器运行时，解决了在使用 Go 语言的参考实现版时遇到的问题。[7]
- 三星在其子公司 SmartThings 的 "Hub" 项目中使用了 Rust。"Hub" 是一个智能设备的固件后端，用在物联网服务中。

对快速发展的初创企业来说，Rust 也能带来足够的生产力。下面给出几个例子。

---

[1] 参见 *How our AWS Rust team will contribute to Rust's future successes.*
[2] 参见 *Rust at Cloudflare.*
[3] 参见 *The Epic Story of Dropbox's Exodus From the Amazon Cloud Empire.*
[4] 参见 *Google joins the Rust Foundation.*
[5] 参见 *HHVM 4.20.0 and 4.20.1.*
[6] 参见 *Rust Case Study: Community makes Rust an easy choice for npm.*
[7] 参见 *Building a Container Runtime in Rust.*

- Sourcegraph 使用 Rust 为所有的语言提供语法高亮服务。[1]
- Figma 在多人协作服务器的性能关键型组件中采用了 Rust。[2]
- Parity 使用 Rust 开发其以太坊区块链的客户端。[3]

1.2 在工作中提倡使用 Rust

在工作中提倡使用 Rust 的效果如何？克服了最初的障碍，之后的发展往往就会很顺利。下面转载的 2017 年的讨论提供了一个很好的轶事。谷歌 Chrome OS 团队的一名成员讨论了将该语言引入项目中的情况：[4]

2017 年 9 月 27 日，因迪

Rust 是谷歌官方认可的语言吗？

2017 年 9 月 27 日，萨克斯塞伦

回复作者：Rust 在谷歌并没有得到官方认可，但有一些人在使用它。想要在这个组件里使用 Rust 的技巧就是，让我的同事们相信没有其他语言更适合这项工作，在这个例子中，我相信情况就是如此。

也就是说，要使 Rust 在 Chrome OS 的构建环境中发挥出色作用，还有大量工作需要做。不过，使用 Rust 的同事们为我解答了很多问题，帮了我很大的忙。

2017 年 9 月 27 日，埃基德

"在这个组件中使用 Rust 的技巧就是，让我的同事们相信没有其他语言更适合这项工作，在这个例子中，我相信情况就是如此。"

我在自己的一个项目中遇到了类似的情况——一个 vobsub 字幕解码器，它用于解析复杂的二进制数据，而且有一天我希望将其作为 Web 服务运行。所以，我当然想确保我的代码里没有漏洞。

我用 Rust 编写了代码，然后使用 "cargo fuzz" 模糊测试来尝试发现漏洞。运行了 10 亿次模糊测试迭代后，我发现了 5 个错误。

令人高兴的是，实际上，这些错误中没有一个可以真的升级为漏洞。在每种错误的情况下，Rust 的各种运行时检查都成功地发现了问题并将其转变为可控的恐慌。（实际上，这将导致彻底重启 Web 服务器。）

因此，我的主要收获是，每当我想要一种没有 GC 的语言，同时还想要该语言在安全性至关重要的上下文环境中是可以信任的，这时 Rust 就是绝佳选

---

[1] 参见 *HTTP code syntax highlighting server written in Rust.*
[2] 参见 *Rust in Production at Figma.*
[3] 参见 *The fast, light, and robust EVM and WASM client.*
[4] 参见 *Chrome OS KVM—A component written in Rust.*

择了。此外，实际操作时，我可以静态链接 Linux 二进制文件（与 Go 语言类似），这是一个很好的加分项。

2017 年 9 月 27 日，马尼舍尔思
"令人高兴的是，实际上，这些错误没有一个会真的升级为漏洞。在每种错误的情况下，Rust 的各种运行时检查都成功地发现了问题并将其转变为可控的恐慌。"
这或多或少也是我们在浏览器中给 Rust 代码做模糊测试的经验，仅供参考。模糊测试发现了很多恐慌（以及调试断言/"安全"溢出断言）。在其中的一个测试用例中，它实际上发现了一个在类似 Gecko 的代码中被忽视了大约 10 年的错误。

从上面的讨论内容中，我们可以看到，寻求克服技术挑战的工程师们已经"自下而上"地在一些相对较小的项目中采用了 Rust 语言。从这些成功中获得的经验随后会被用作证据，证明完全可以用于开展更加宏大的工作。

从 2017 年年底以来，Rust 不断成熟和壮大，已成为谷歌技术领域认可的一部分，并且在安卓项目以及 Fuchsia 操作系统的项目中，现已是官方所认可的一种语言。

1.3 Rust 初体验

在本节内容中，你将初次体验 Rust。我们首先要了解如何使用编译器，然后会快速编写一个程序。在接下来的章节中，我们会写一个完整的项目。

> **注意** 要安装 Rust，需要使用官方提供的安装器（installer）进行安装。请登录 Rust 官方网站并下载。

1.3.1 直通 "Hello, world!"

大多数程序员在接触一门新的语言时，要做的第一件事就是学习如何在控制台上输出 "Hello,world!"。接下来你也需要这样做。在遇到令人讨厌的语法错误之前，你要先验证所有环境是否已经准备就绪。

如果你使用的是 Windows 系统，在安装完 Rust 以后，请通过开始菜单打开命令提示符窗口。然后请执行以下命令：

```
C:\> cd %TMP%
```

如果你使用的是 Linux 或 macOS 系统，请打开一个终端窗口。打开后，请执行以下命令：

```
$ cd $TMP
```

从这里开始，所有操作系统的命令应该是相同的。如果你的 Rust 环境安装正确，那么执行以下 3 个命令，将会在屏幕上输出"Hello,world!"（以及一些其他输出）。

```
$ cargo new hello
$ cd hello
$ cargo run
```

这是在 Windows 上执行 cmd.exe 进入命令行提示符窗口以后，执行整个会话过程的示例：

```
C:\> cd %TMP%

C:\Users\Tim\AppData\Local\Temp\> cargo new hello
    Created binary (application) 'hello' project

C:\Users\Tim\AppData\Local\Temp\> cd hello

C:\Users\Tim\AppData\Local\Temp\hello\> cargo run
   Compiling hello v0.1.0 (file:///C:/Users/Tim/AppData/Local/Temp/hello)
    Finished debug [unoptimized + debuginfo] target(s) in 0.32s
     Running 'target\debug\hello.exe'
Hello, world!
```

类似地，在 Linux 或 macOS 上，你的控制台上显示的信息应该像下面这样：

```
$ cd $TMP

$ cargo new hello
    Created binary (application) 'hello' package

$ cd hello

$ cargo run
   Compiling hello v0.1.0 (/tsm/hello)
    Finished dev [unoptimized + debuginfo] target(s) in 0.26s
     Running 'target/debug/hello'
Hello, world!
```

如果你走到了这一步，那就太棒了！你已经运行了自己的第一段 Rust 代码，而且并不需要编写多少 Rust 代码。接下来，让我们来看看在整个过程中都发生了什么。

Rust 的 cargo 工具既提供了一个构建系统，又提供了包管理器。这意味着 cargo 知道如何将 Rust 代码转换成可执行的二进制文件，同时能够管理项目依赖包的下载和编译的过程。

cargo new 会遵照标准模板创建一个项目。执行 tree 命令就能清楚地看到在执行 cargo new 之后默认的项目目录结构，以及创建出的那些文件：

```
$ tree hello
hello
├──Cargo.toml
└──src
   └──main.rs
```

```
1 directory, 2 files
```

用 cargo 创建出来的所有 Rust 项目有着相同的结构。在项目的根目录中，名为 Cargo.toml 的文件描述了项目的元数据，例如项目的名称、项目的版本号及其依赖项。源代码保存在 src 目录中。Rust 源文件使用.rs 作为它的文件扩展名。要想查看 cargo new 创建出来的那些文件，可以使用 tree 命令。

接下来，你要执行的命令是 cargo run。这个操作对你来说很容易掌握，然而 cargo 实际上做的工作比你以为的要多得多。你要求 cargo 去运行此项目。在调用此命令时，还没有任何实际可执行的程序文件存在，它决定使用调试模式（debug mode）来为你编译代码，这样可以提供最大化的错误信息（error information）。碰巧的是，src/main.rs 文件总是会包含一个 "Hello,world!" 作为初始代码。编译的结果是一个名为 hello（或 hello.exe）的文件。紧接着它会执行这个文件，并把执行结果输出到屏幕上。

执行 cargo run 以后，项目还会增加一些新的文件。现在，在项目的根目录中会有一个 Cargo.lock 文件，还有一个 target/目录。这两者都是由 cargo 管理的。因为它们都是编译过程中的产物，所以可以不予理会。Cargo.lock 文件指定了所有依赖项的具体版本号，所以程序总会使用同样的方式，可靠地构建将来的程序版本，直到 Cargo.toml 的内容被修改才会改变这种构建的方式。

在执行 cargo run 来编译项目以后，再次执行 tree 命令来查看新的目录结构：

```
$ tree --dirsfirst hello
hello
├──src
│   └── main.rs
├──target
│   └── debug
│       ├──build
│       ├──deps
│       ├──examples
│       ├──native
│       └──hello
├──Cargo.lock
└──Cargo.toml
```

至此，所有步骤能正常运行了，很好！我们已经走捷径直通 "Hello, world!"，接下来让我们走一条稍远点儿的路，再次到达这里。

1.3.2 第一个 Rust 程序

作为第一个 Rust 程序，我们想编写代码，用于输出以下文本信息：

```
Hello, world!
Grüß Gott!
ハロー・ワールド
```

在本书的 Rust 之旅中，你应该已经见过此输出内容的第一行了。另外的两行是为了展示出 Rust 的以下特点：易用的迭代和内置对 Unicode 的支持。与 1.3.1 节中的程序一样，在这个程序中我们会使用 cargo。具体步骤如下。

(1) 打开控制台窗口。

(2) 如果是在 Windows 上，就执行 cd %TMP%；如果在其他操作系统上，就执行 cd $TMP。

(3) 执行 cargo new hello2 命令，创建一个新项目。

(4) 执行 cd hello2 命令，移动到此项目的根目录中。

(5) 在一个文本编辑器中打开 src/main.rs 文件。

(6) 用清单 1.1 中的内容替换该文件中的文本。

清单 1.1 的源代码参见 ch1/ch1-hello2/src/hello2.rs。

清单 1.1　用 3 种语言说 "Hello,world!"

这里的第一个感叹号表示这是一个宏，这个我们稍后会讨论。

Rust 中的赋值，更恰当的说法叫作变量绑定，使用 let 关键字。

```
1  fn greet_world() {
2      println!("Hello, world!");
3      let southern_germany = "Grüß Gott!";
4      let japan = "ハロー・ワールド";
5      let regions = [southern_germany, japan];
6      for region in regions.iter() {
7          println!("{}", &region);
8      }
9  }
10
11 fn main() {
12     greet_world();
13 }
```

对 Unicode 的支持，是"开箱即用"的。

数组字面量使用方括号。

很多类型都有 iter()方法，此方法会返回一个迭代器。

此处的和符号（&）表示"借用"region 的值，用于只读的访问。

调用一个函数。要注意紧跟在函数名后面的圆括号。

现在，代码更新了，只需在 hello2/目录里执行 cargo run，你应该能看到这 3 个问候语（它们出现在 cargo 自己的一些输出的后面），如下所示：

```
$ cargo run
   Compiling hello2 v0.1.0 (/path/to/ch1/ch1-hello2)
    Finished dev [unoptimized + debuginfo] target(s) in 0.95s
     Running 'target/debug/hello2'
Hello, world!
Grüß Gott!
ハロー・ワールド
```

让我们花点儿时间来谈谈清单 1.1 中一些有意思的语言元素。

在这个例子里，你可能最先注意到的就是，Rust 中的字符串能够包含许多不同的字符。在 Rust 中，字符串能够确保是有效的 UTF-8 编码。这意味着你可以相对轻松地使用非英语的语言。

有一个字符看起来会有点儿奇怪，就是 println 后面的感叹号。如果你用 Ruby 编写过程序，可能就会习惯性地认为它表示一个破坏性的操作。然而在 Rust 中，它表示的是使用一个宏。就现在来讲，你可以把宏看作一类奇特的函数，其提供了避免"样板代码"（boilerplate code）的能力。对于本例中的 `println!` 宏来说，实际上它在底层进行了大量的类型检测工作，所以才能把任意的数据类型输出到屏幕上。

1.4   下载本书源代码

要更好地理解本书中的示例，你需要下载本书清单的源代码。本书所有示例的源代码可以从如下两个地方获得。

- 异步社区官方网站。
- GitHub 官方网站。

1.5   使用 Rust 语言的感受如何？

Rust 是 Haskell 和 Java 程序员可以用得很顺手的编程语言。在实现了低级的、裸机性能的同时，Rust 也提供了接近于 Haskell 和 Java 之类的动态语言的高级表达能力。

在 1.3 节中，我们看到了几个"Hello, world!"的例子。接下来，为了对 Rust 的一些特性有更好的了解，让我们来尝试一些稍微复杂点儿的东西。清单 1.2 简单介绍了 Rust 对于基本的文本处理可以做些什么。此清单的源代码保存在 ch1/ch1-penguins/src/main.rs 文件中。一些需要关注的语言特性如下。

- 常用的流程控制机制：包括 `for` 循环和 `continue` 关键字。
- 方法语法：虽然 Rust 不是面向对象的，因为它不支持继承，但是 Rust 用到了面向对象语言里的方法语法。
- 高阶编程：函数可以接收和返回函数。举例来说，在代码第 19 行（`.map(|field| field.trim())`）中有一个闭包（closure），也叫作匿名函数或 lambda 函数。
- 类型注解：虽然需要用到类型注解的地方相对是较少的，但有时又必须要用到类型注解，作为给编译器的提示信息，比如，代码中以 `if let Ok(length)` 开头的那一行（第 27 行）。
- 条件编译：在清单 1.2 中，第 21～24 行的代码（`if cfg!(...);`）不会被包含到该程序的发布构建（release build）当中。
- 隐式返回：Rust 提供了 `return` 关键字，但通常情况下会将其省略。Rust 是一门基于表达式的语言。

清单 1.2   Rust 代码示例，展示了对 CSV 数据的一些基本处理

```
1 fn main() {          ← 在可执行的项目中，main() 函数是必需的。
2   let penguin_data = "\
3   common name,length (cm)        忽略掉末尾的换行符。
```

```
4    Little penguin,33
5    Yellow-eyed penguin,65
6    Fiordland penguin,60
7    Invalid,data
8    ";
9
10   let records = penguin_data.lines();
11
12   for (i, record) in records.enumerate() {
13     if i == 0 || record.trim().len() == 0 {              跳过表头行和只含有空白符的行。
14       continue;
15     }
16                                                           从一行文本开始。
17     let fields: Vec<_> = record
18       .split(',')                                         将 record 分割（split）为多个子字符串。
19       .map(|field| field.trim())                          修剪（trim）掉每个字段中两端的空白符。
20       .collect();                                         构建具有多个字段的集合。
21     if cfg!(debug_assertions) {
22       eprintln!("debug: {:?} -> {:?}",                    cfg!用于在编译时检查配置。
23           record, fields);
24     }                                                     eprintln!用于输出到标准错误（stderr）
25
26     let name = fields[0];
27     if let Ok(length) = fields[1].parse::<f32>() {
28       println!("{}, {}cm", name, length);                 试图把该字段解析为一个浮点数。
29     }
30   }                                                       println!用于输出到标准输出（stdout）。
31 }
```

　　清单 1.2 可能会让有些读者感到困惑，尤其是那些以前从未接触过 Rust 的人。在继续前进之前，我们给出一些简单的说明。

- 第 17 行变量 fields 的类型注解为 Vec<_>。Vec 类型是动态数组，是 vector 的缩写，它是一个可以动态扩展的集合类型。此处的下画线（_）表示，要求 Rust 推断出此动态数组的元素类型。

- 在第 22 行和第 28 行，我们要求 Rust 把信息输出到控制台上。eprintln!会输出到标准错误，而 println!会将其参数输出到标准输出。
  宏类似于函数，但它返回的是代码而不是值。通常，宏用于简化常见的代码模式。
  eprintln!和 println!都是在其第一个参数中使用一个字符串字面量，并嵌入了一个迷你语言来控制它们的输出。其中的占位符{ }则表示 Rust 应该使用程序员定义的方法，将该值表示为一个字符串，而{:?}则表示要求使用该值的默认表示形式。

- 第 27 行包含一些新奇的特性。if let Ok(length) = fields[1].parse::<f32>() 意为"尝试着把 fields[1]解析为一个 32 位浮点数，如果解析成功，则把此浮点数赋值给 length 变量"。
  if let 结构是一种有条件地处理数据的简明方法，且具备把该数据赋值给局部变量的功能。如果成功解析字符串，parse()方法会返回 Ok(T)（这里的 T 代表任何类型）；反之，如果解析失败，它会返回 Err(E)（这里的 E 代表一个错误类型）。if let Ok(T)的效果就是忽略任何错误的情况，比如在处理 Invalid,data 这一行时就会出现错误。如果 Rust 无法从环境上下文中推断出类型，就会要求你指定这些类型。在这里调用parse()的代码为 parse::<f32>()，其中就有一个内嵌的类型注解。

把源代码转换为一个可执行文件的过程叫作编译。要编译 Rust 代码，我们需要安装 Rust编译器并针对此源代码执行编译。编译清单 1.2 需要采用以下步骤。

（1）打开一个控制台（例如 cmd.exe、PowerShell、Terminal 或 Alacritty）。

（2）找到所下载的源代码，然后进入 ch1/ch1-penguins 目录（注意：不是 ch1/ch1-penguins/src目录）。

（3）执行 cargo run。

输出的结果如下所示：

```
$ cargo run
   Compiling ch1-penguins v0.1.0 (../code/ch1/ch1-penguins)
    Finished dev [unoptimized + debuginfo] target(s) in 0.40s
     Running 'target/debug/ch1-penguins'
debug: "  Little penguin,33" -> ["Little penguin", "33"]
Little penguin, 33cm
debug: "  Yellow-eyed penguin,65" -> ["Yellow-eyed penguin", "65"]
Yellow-eyed penguin, 65cm
debug: "  Fiordland penguin,60" -> ["Fiordland penguin", "60"]
Fiordland penguin, 60cm
debug: "  Invalid,data" -> ["Invalid", "data"]
```

你会注意到，以 debug:开头的这些输出行会带来干扰。我们可以用 cargo 命令的--release标志项编译出一个发布构建的版本，这样就可以消除这些干扰的输出行了。这个条件编译功能是由 cfg!(debug_assertions){ ... }代码块提供的，如清单 1.2 的第 21～24 行所示。发布构建在运行时要快得多，但是需要更长的编译期：

```
$ cargo run --release
   Compiling ch1-penguins v0.1.0 (../code/ch1/ch1-penguins)
    Finished release [optimized] target(s) in 0.34s
     Running 'target/release/ch1-penguins'
Little penguin, 33cm
Yellow-eyed penguin, 65cm
Fiordland penguin, 60cm
```

给 cargo 命令再添加一个-q 标志项，还能进一步减少输出信息。q 是 "quiet" 的缩写。具体的用法如下：

```
$ cargo run -q --release
Little penguin, 33cm
Yellow-eyed penguin, 65cm
Fiordland penguin, 60cm
```

　　清单 1.1 和清单 1.2 的代码示例，挑选了尽可能多的、有代表性的 Rust 特性，并把它们打包到易于理解的例子中。希望这些示例能展示出 Rust 程序既有低级语言的性能，又能给人带来高级语言的编程感受。现在，让我们从具体的语言特性中后退一步，思考 Rust 语言背后的一些思想，以及这些思想在 Rust 编程语言的生态系统中的地位。

1.6　Rust 语言是什么？

　　作为一门编程语言，Rust 与众不同的一个特点就是，它能够在编译时就防止对无效数据的访问。微软安全响应中心的研究项目和 Chromium 浏览器项目都表明了，与无效数据访问相关的问题约占全部严重级安全漏洞（serious security bug）的 70%。[1] Rust 消除了此类漏洞。它能保证程序是内存安全（memory safe）的，并且不会引入额外的运行时开销。

　　其他语言可以提供这种级别的安全性（safety），但它们需要在程序的执行期添加额外检查，这无疑会减慢程序的运行速度。Rust 设法突破了这种持续已久的状况，开辟出了属于自己的空间，如图 1.1 所示。

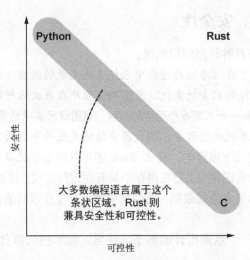

图 1.1　Rust 兼具安全性和可控性，其他语言则倾向于在这两者之间进行权衡和取舍

　　就像 Rust 专业社区所认可的那样，Rust 的与众不同之处是"愿意将价值观明确纳入其决策流程中"。这种包容精神无处不在。来自互联网用户的互动消息很受欢迎。Rust 社区内的所有互动均受其行为准则约束，甚至 Rust 编译器的错误信息都是非常有帮助的。

　　早在 2018 年年底之前，浏览 Rust 网站主页的访问者还会看到这样的（更偏向技术性的）宣传语——Rust 是一门运行速度极快，能防止出现段错误并能保证线程安全的系统编程语言。

---

[1] 参见 *We need a safer systems programming language*.

后来，社区修改了措辞，从更改后的内容（见表 1.1）可以看出，措辞方面已经是以用户（和潜在用户）为中心的了。

表 1.1　　Rust 宣传语的变更。随着对 Rust 的发展越来越有信心，社区越来越多地接受了这样一种观念，就是可以作为每个希望实现其编程愿望的人的促进者和支持者

2018 年年底之前	2018 年年底之后
"Rust 是一门运行速度极快，能防止出现段错误并能保证线程安全的系统编程语言。"	"Rust 是一门赋予每个人构建可靠且高效软件能力的语言。"

人们给 Rust 打上了系统编程语言的印记，通常将其视为一个相当专业的、深奥的编程语言分支。但是，许多 Rust 程序员发现该语言还适用于许多其他领域。安全性、生产力和控制，在软件工程项目中都很有用。Rust 社区的"包容性"也意味着，该语言将源源不断地从来自不同利益群体的"新声音"中汲取营养。

接下来，让我们分别来看这 3 个目标——安全性、生产力和控制，具体指什么，以及为什么它们如此重要。

1.6.1　Rust 的目标：安全性

Rust 程序能避免以下几种异常情况出现。

- 悬垂指针：引用了在程序运行过程中已经变为无效的数据（见清单 1.3）。
- 数据竞争：由于外部因素的变化，无法确定程序在每次运行时的行为（见清单 1.4）。
- 缓冲区溢出：例如一个只有 6 个元素的数组，试图访问其中的第 12 个元素（见清单 1.5）。
- 迭代器失效：在迭代的过程中，迭代器中值被更改而导致的问题（见清单 1.6）。

如果程序是在调试模式下编译的，那么 Rust 还可以防止整数溢出。什么是整数溢出呢？整数只能表示数值的一个有限集合，它在内存中具有固定的宽度。比如，整数的上溢出就是指，如果整数的值超出了它的最大值的限制，就会发生溢出，并且它的值会再次变回该整数类型的初始值。

清单 1.3 所示的是一个悬垂指针的例子。注意，此示例的源代码文件存储路径为 ch1/ch1-cereals/src/main.rs。

清单 1.3　试图创建一个悬垂指针

```
1 #[derive(Debug)]
2 enum Cereal {
3     Barley, Millet, Rice,
4     Rye, Spelt, Wheat,
5 }
6
7 fn main() {
8     let mut grains: Vec<Cereal> = vec![];
9     grains.push(Cereal::Rye);
```

允许使用 println! 宏来输出枚举体 Cereal（谷类）。

enum（枚举体，是 enumeration 的缩写）是一个具有固定数量的合法变体的类型。

初始化一个空的动态数组，其元素类型为 Cereal。

向动态数组 grains（粮食）中添加一个元素。

```
10      drop(grains);
11      println!("{:?}", grains);
12 }
```
删除 grains 和其中的数据。

试图访问已删除的值。

如清单 1.3 所示，在第 8 行中创建的 grains，其内部包含一个指针。Vec<Cereal>实际上是使用一个指向其底层数组的内部指针来实现的。但是此清单无法通过编译。尝试去编译会触发一个错误信息，信息的大意是"试图去'借用'一个已经'被移动'了的值"。学习如何理解该错误信息并修复潜在的错误，是本书后面几页内容的主题。编译清单 1.3 的代码，输出信息如下所示:

```
$ cargo run
   Compiling ch1-cereals v0.1.0 (/rust-in-action/code/ch1/ch1-cereals)
error[E0382 borrow of moved value: 'grains'
 --> src/main.rs:12:22
   |
8  |     let mut grains: Vec<Cereal> = vec![];
   |         ---------- move occurs because 'grains' has type
   |                    'std::vec::Vec<Cereal>', which does not implement
   |                     the 'Copy' trait
9  |     grains.push(Cereal::Rye);
10 |     drop(grains);
   |          ------ value moved here
11 |
12 |     println!("{:?}", grains);
   |                      ^^^^^^ value borrowed here after move

error: aborting due to previous error

For more information about this error, try 'rustc --explain E0382'.
error: could not compile 'ch1-cereals'.
```

清单 1.4（参见 ch1/ch1-race/src/main.rs 文件）展示了一个 Rust 防止数据竞态条件的示例。之所以会出现这种情况，是因为外部因素的变化而无法确定程序在每次运行中的行为。

清单 1.4　Rust 防止数据竞态条件的示例

```
1 use std::thread;
2 fn main() {
3     let mut data = 100;
4
5     thread::spawn(|| { data = 500; });
6     thread::spawn(|| { data = 1000; });
7     println!("{}", data);
8 }
```
把多线程的能力导入当前的局部作用域。

thread::spawn() 接收一个闭包作为参数。

如果你还不熟悉线程这个术语，那么请记住，上述这段代码的要点就是"它的运行结果是不确定的。也就是说，无法知道在 main() 退出时，data 的值是什么样的"。在清单 1.4 的第 5 行和第 6 行中，调用 thread::spawn() 会创建两个线程。每次调用都接收一个闭包作为参数——闭包是由竖线和花括号来表示的（例如||{...}）。第 5 行创建的这个线程试

图把 data 变量的值设为 500，而第 6 行创建的这个线程试图把 data 变量的值设为 1000。由于线程的调度是由操作系统决定的，而不是由应用程序决定的，因此根本无法知道先定义的那个线程会不会率先执行。

如果尝试编译清单 1.4，就会出现许多错误信息。Rust 不允许应用程序中存在多个位置，这些位置都能够对同一数据进行写操作。在此代码中，有 3 个位置都试图进行这样的访问：一个位置出现在 main() 中运行的主线程里，另两个位置则出现在由 thread::spawn() 创建出的子线程中。编译器的输出信息如下：

```
$ cargo run
   Compiling ch1-race v0.1.0 (rust-in-action/code/ch1/ch1-race)
error[E0373]: closure may outlive the current function, but it
              borrows 'data', which is owned by the current function
--> src/main.rs:6:19
   |
6  |     thread::spawn(|| { data = 500; });
   |                   ^^ ---- 'data' is borrowed here
   |                   |
   |                   may outlive borrowed value 'data'
   |
note: function requires argument type to outlive ''static'
 --> src/main.rs:6:5
   |
6  |     thread::spawn(|| { data = 500; });
   |     ^^^^^^^^^^^^^^^^^^^^^^^^^^^^^^^^^^^
help: to force the closure to take ownership of 'data'
      (and any other referenced variables), use the 'move' keyword
   |
6  |     thread::spawn(move || { data = 500; });
   |                   ^^^^^^^
...          ◄———— 此处忽略了其他的 3 个错误。
error: aborting due to 4 previous errors

Some errors have detailed explanations: E0373, E0499, E0502.
For more information about an error, try 'rustc --explain E0373'.
error: could not compile 'ch1-race'.
```

清单 1.5 给出了一个由缓冲区溢出而引发恐慌的示例。缓冲区溢出描述的是"试图访问内存中不存在的或者非法的元素"这样一种情况。在这个例子中，如果尝试访问 fruit[4]，将导致程序崩溃，因为 fruit 变量中只有 3 个 fruit（水果）。清单 1.5 的源代码存放在文件 **ch1/ch1-fruit/ src/main.rs** 中。

清单 1.5　由缓冲区溢出而引发恐慌的示例

```
1 fn main() {
2     let fruit = vec!['🍎', '🍌', '🍉'];     ◄─── Rust 会让程序崩溃，而不会把一个无效的
3                                                内存位置赋值给一个变量。
4     let buffer_overflow = fruit[4];     ◄──
5     assert_eq!(buffer_overflow,'🍊')     ◄─── assert_eq!() 会测试其参数是否相等。
6 }
```

如果编译并运行清单 1.5，你会看到如下所示的错误信息：

```
$ cargo run
  Compiling ch1-fruit v0.1.0 (/rust-in-action/code/ch1/ch1-fruit)
   Finished dev [unoptimized + debuginfo] target(s) in 0.31s
    Running 'target/debug/ch1-fruit'
thread 'main' panicked at 'index out of bounds:
   the len is 3 but the index is 4', src/main.rs:3:25
note: run with 'RUST_BACKTRACE=1' environment variable
   to display a backtrace
```

清单 1.6 所示的是一个迭代器失效的例子。也就是说，在迭代过程中，因迭代器中的值被更改而导致出现问题。清单 1.6 的源代码存放在文件 ch1/ch1-letters/src/main.rs 中。

清单 1.6　在迭代过程中试图去修改该迭代器

```
1 fn main() {
2     let mut letters = vec![         ◁———  创建一个可变的动态数组 letters。
3         "a", "b", "c"
4     ];
5
6     for letter in letters {
7         println!("{}", letter);          复制每个 letter，并将其追加到 letters 的末尾。
8         letters.push(letter.clone()); ◁———
9     }
10 }
```

如果编译清单 1.6 的代码，就会出现编译失败的情况，因为 Rust 不允许在该迭代块中修改 letters。具体的错误信息如下：

```
$ cargo run
   Compiling ch1-letters v0.1.0 (/rust-in-action/code/ch1/ch1-letters)
error[E0382]: borrow of moved value: 'letters'
 --> src/main.rs:8:7
  |
2 |    let mut letters = vec![
  |        ----------- move occurs because 'letters' has type
  |                    'std::vec::Vec<&str>', which does not
  |                    implement the 'Copy' trait
...
6 |    for letter in letters {
  |                  -------
  |                  |
  |                  'letters' moved due to this implicit call
  |                  to '.into_iter()'
  |                  help: consider borrowing to avoid moving
  |                  into the for loop: '&letters'
7 |        println!("{}", letter);
8 |        letters.push(letter.clone());
  |        ^^^^^^^ value borrowed here after move

error: aborting due to previous error

For more information about this error, try 'rustc --explain E0382'.
error: could not compile 'ch1-letters'.

To learn more, run the command again with --verbose.
```

虽然错误信息字里行间满是专业术语（borrow、move、trait 等），但 Rust 保护了程序员，使其不至于踏入许多其他语言中会掉入的陷阱。而且不用担心——当你学完本书的前几章后，这些专业术语将会变得更容易理解。

知道一门语言是安全的，能给程序员带来一定程度的自由。因为他们知道自己的程序不会发生"内爆"，所以会更愿意去做各种尝试。在 Rust 社区中，这种自由催生出了无畏并发的说法。

1.6.2　Rust 的目标：生产力

如果可以，Rust 会选择对开发人员来说最容易的选项。Rust 有许多可以提高生产力的微妙特性。然而，程序员的生产力很难在书本的示例中得以展示。那就让我们从一些初学者易犯的错误开始吧——在应该使用相等运算符（==）进行测试的表达式中使用了赋值符号（=）。

```
1 fn main() {
2     let a = 10;
3
4     if a = 10 {
5         println!("a equals ten");
6     }
7 }
```

在 Rust 中，这段代码会编译失败。Rust 编译器会产生下面的信息：

```
error[E0308 mismatched types
 --> src/main.rs:4:8
  |
4 |     if a = 10 {
  |        ^^^^^^
  |        |
  |        expected 'bool', found '()'
  |        help: try comparing for equality: 'a == 10'

error: aborting due to previous error

For more information about this error, try 'rustc --explain E0308'.
error: could not compile 'playground'.

To learn more, run the command again with --verbose.
```

首先，上文中的 `mismatched types` 会让人觉得像是一个奇怪的错误信息。我们肯定能够测试变量与整数的相等性。

经过一番思考，你会发现 if 测试接收到错误的类型的原因。在这里，if 接收的不是一个整数，而是赋值表达式的结果。在 Rust 中，这是一个空的类型()，被称作单元类型[1]。

---

[1] Rust 吸收了函数式编程语言的诸多特性，如"单元类型"这个名称就是从函数式编程语言（如 Ocaml 和 F#）家族继承而来的。理论上，单元类型只有一个值，就是它本身。相比之下，布尔类型有两个值（真/假），而字符串可以有无限多个值。

当不存在任何有意义的返回值时，表达式就会返回()。再来看看下面给出的这段代码，在第 4 行上添加了第二个等号以后，这个程序就可以正常工作了，会输出 a equals ten：

```
1 fn main() {
2     let a = 10;
3
4     if a == 10 {  ◁────────   使用一个有效的运算符（ == ），让程序通过编译。
5         println!("a equals ten");
6     }
7 }
```

Rust 具有许多工效学特性，如泛型、复杂数据类型、模式匹配和闭包。[1] 用过其他提前编译型语言的人，很可能会喜欢 Rust 的构建系统，即功能全面的 Rust 软件包管理器：cargo。

初次接触时，我们看到 cargo 是编译器 rustc 的前端，但其实它也为 Rust 程序员提供了下面这些命令。

- cargo new 用于在一个新的目录中，创建出一个 Rust 项目的骨架（cargo init 则使用当前目录）。
- cargo build 用于下载依赖项并编译代码。
- cargo run 所做的事情和 cargo build 差不多，但同时会运行生成出来的可执行文件。
- cargo doc 为当前项目生成 HTML 文档，其中也包括每个依赖包的文档。

1.6.3 Rust 的目标：控制

Rust 能让程序员精确控制数据结构在内存中的布局及其访问模式。虽然 Rust 会用合理的默认值来实施其"零成本抽象"的理念，然而这些默认值并不适合所有情况。

有时，管理应用程序的性能是非常有必要的。让数据存储在栈中而不是堆中，有可能是很重要的。有时，创建出一个值的共享引用，再给这个引用添加引用计数，有可能很有意义。偶尔为了某种特殊的访问模式，创建自己的指针类型可能就会很有用。设计空间是很大的，Rust 提供的各种工具可以让你实现自己的首选解决方案。

> 注意　如果你对栈、堆和引用计数等术语不熟悉，也请不要放弃！我们将在本书的其他章节中用大量的篇幅来解释这些内容，以及它们是如何一起工作的。

运行清单 1.7 中的代码，会输出一行信息，即 a: 10, b: 20, c: 30, d: Mutex { data: 40 }。其中的每个变量都表示一种存储整数的方式。在接下来的几章中，我们会讲解与每种级别的表示形式相关的权衡和取舍。就现在而言，要记住的重要一点就是，可供选择的各种类型的选项还是很全面的。欢迎你为特定的使用场景选出合适的使用方式。

---

[1] 即使对这些术语不熟悉，也请继续阅读本书。本书其他章节对这些术语进行了解释。

清单 1.7 展示了创建整数值的多种方式。其中的每种形式都提供了不同的语义和运行时特征，但是程序员是可以完全控制自己希望做出的权衡和取舍的。

清单 1.7 创建整数值的多种方式

```
1 use std::rc::Rc;
2 use std::sync::{Arc, Mutex};        在堆中的整数，也叫作装箱的整数。
3
4 fn main() {        在栈中的整数
5     let a = 10;
6     let b = Box::new(20);        包装在一个引用计数        包装在一个原子引用计
7     let c = Rc::new(Box::new(30));    器中的装箱的整数。        数器中的整数，并由一
8     let d = Arc::new(Mutex::new(40));                个互斥锁保护。
9     println!("a: {:?}, b: {:?}, c: {:?}, d: {:?}", a, b, c, d);
10 }
```

要理解 Rust 为什么会有这么多种不同的方式，请参考以下 3 条原则。

■ 该语言的第一要务是安全性。

■ 默认情况下，Rust 中的数据是不可变的。

■ 编译时检查是强烈推荐使用的。安全性应该是 "零成本抽象" 的。

1.7 Rust 的主要特点

我们相信，能够创建出哪些东西来取决于我们使用什么工具。Rust 让你能构建出自己想要的软件，同时又不必因为过于担心而不敢去尝试。那么，Rust 是什么样的工具呢？从 1.6 节的 3 条原则中可以看出，Rust 语言有如下 3 个主要特点。

■ 高性能。

■ 支持并发。

■ 内存使用效率高。

1.7.1 性能

Rust 为你提供了计算机可用的全部性能。很有名的一点就是，Rust 提供的内存安全性是不依靠垃圾回收器的。

不幸的是，向你承诺实现更快的程序时，存在一个问题：CPU 的速度是固定的。因此，要让软件运行得更快，就要让软件做更少的事情。然而，Rust 语言的规模很大，为了解决这个矛盾，Rust 将重担交给了编译器。

Rust 社区倾向于采用规模更大的语言，由编译器去承担更多的工作，而不是采用更简单的语言，由编译器去承担更少的工作。Rust 编译器会积极地优化程序的大小和速度。Rust 也有一些不太明显的技巧，如下所示。

■ 默认情况下，提供缓存友好的数据结构。在 Rust 程序中，通常用数组来保存数据，而

不是由指针创建的深层嵌套的树结构。这也叫作面向数据编程。

- 有现代化的包管理器可用（cargo），这使得要从数以万计的开源软件包中获益这件事变得很轻松。C 和 C++在这方面的平滑度要低得多，构建具有众多依赖关系的大型项目往往非常困难。
- 除非显式地请求动态分发，否则总是采用静态分发的。这使得编译器可以极大地优化代码，有时甚至可以完全消除函数调用的开销。

1.7.2　并发

对软件工程师来说，要让一台计算机同时做多件事情，无疑是非常困难的。从操作系统角度来看，如果程序员犯了一个严重错误，两个独立运行的线程就可能随意地相互破坏。然而，Rust 催生了无畏并发的说法。它对安全性的强调跨越了独立线程的界限，而且也没有全局解释器锁（GIL）来限制线程的速度。在本书的第二部分中，我们将探讨其中的一些含义。

1.7.3　内存使用效率

Rust 让你创建出的程序具有最小的内存使用量。在需要的时候，你可以使用固定大小的数据结构，并且能够明确地知道你的程序是如何管理每个字节的。在使用诸如迭代和泛型类型等高级的语言构造时，Rust 也会最小化它们的运行时开销。

1.8　Rust 的缺点

人们在谈论这门语言时，很容易会给人一种"这是所有软件工程的灵丹妙药"的感觉。举例来说：
- "高级语言的语法，低级语言的性能！"
- "并发而不会崩溃！"
- "具有完美安全性的 C！"

这些宣传口号（有些夸大其词）真的很棒。但是，即便兼具所有的这些优点，Rust 也确实有一些缺点。

1.8.1　循环数据结构

在 Rust 中，我们很难对循环数据（比如任意一个图结构）进行建模。实现双向链表是一个大学本科生就能解决的计算机科学问题，然而，Rust 的安全性检查确实妨碍了类似结构的代码编写。如果你正在学习 Rust 语言，在对它有足够的了解之前，你应该尽量避免去实现这类数据结构。

1.8.2　编译速度

　　Rust 的代码编译速度比同等语言慢。Rust 的编译器工具链很复杂，其中有多种中间表示形式，并且会发送大量的代码给低级虚拟机（Low Level Virtual Machine，LLVM）编译器。Rust 程序的"编译单元"不是一个单独的文件，而是一个完整的程序包（昵称为 crate）。Rust 程序包有可能包含众多模块，因此可能会是非常大的编译单元。虽然这样可以针对整个程序包进行优化，但同样地，也必须针对程序包的整体进行编译。

1.8.3　严格

　　使用 Rust 编程时，是不可能——好吧，是很难偷懒的。在所有代码都正确之前，程序不能通过编译。编译器很严格，但是也很有帮助。

　　随着时间的推移，你可能会逐渐喜欢上这个特点。如果你使用过动态语言编程，那么肯定遇到过因为变量名错误而使程序崩溃的情况，并由此体会到挫败感。Rust 把出现这种挫败感的时间给提前了，至少使用你的程序的用户不必经历有某些东西崩溃了的挫败感。

1.8.4　语言的大小

　　Rust 语言的规模很大！它有一个丰富的类型系统、几十个关键字，并包含一些其他语言所没有的特性。这些因素叠加起来，就形成了一个陡峭的学习曲线。为了让学习的过程易于管理，我建议逐步地学习 Rust。从语言的最小子集开始，当你需要进一步学习某些细节时，再给自己留出时间来学习。这就是本书所采取的方法。高级的概念将会被推迟到比较靠后的、合适的章节中再来讲解。

1.8.5　炒作

　　对于发展得过快和被夸张的宣传过度消费的情况，Rust 社区秉持非常谨慎的态度。然而，有不少软件项目都遇到过一个问题，在项目相关的邮件中会出现类似这样的建议："你考虑过用 Rust 来重写这个程序吗？"不幸的是，用 Rust 编写的软件仍然是软件。Rust 语言并不能避免所有的安全性（security）问题，而且它也没有能够解决软件工程中所有弊病的灵丹妙药。

1.9　TLS 安全性问题的研究

　　为了表明 Rust 并不能解决所有错误，我们来看一下曾威胁到几乎所有面向互联网的设备的两种严重漏洞,并考虑一下使用 Rust 能否避免出现这样的情况。

2015 年,随着 Rust 的兴起,SSL/TLS 的实现(OpenSSL 以及苹果公司的派生版),出现了两种严重的安全漏洞。这两种漏洞被非正式地称为"心脏出血"(Heartbleed)和跳转到失败(goto fail;),这为 Rust 提出的内存安全性主张提供了检验的机会。针对这两种漏洞,Rust 都可能会有所帮助,但是仍然有可能编写出会导致类似问题的 Rust 代码。

1.9.1 "心脏出血"

"心脏出血",这种漏洞正式的命名为 CVE-2014-0160[1],是由错误重用缓冲区引起的。缓冲区就是在内存中预留的一片区域,用以接收输入的数据。如果在两次写入操作之间未清空缓冲区中的内容,数据就有可能会从一次读取泄露到下一次读取。

为什么会发生这种状况呢?因为程序员要追求性能。重用缓冲区可以最大限度地减少应用程序向操作系统请求内存的次数。

假设我们希望处理来自多个用户的一些私密信息。出于某种原因,我们决定在程序中重用单个缓冲区。如果我们在每次使用完该缓冲区后没有重置它,那么前一次调用中的信息就会泄露到后一次的调用中。下面给出了一段会发生此错误的代码:

> 将一个可变(mut)数组([...])的引用(&)
> 绑定到变量 buffer,该数组包含 1024 个无符号
> 8 位整数(u8),并初始化为 0。

```
let buffer = &mut[0u8; 1024];
read_secrets(&user1, buffer);
store_secrets(buffer);
```

> 使用 user1 对象的字节数据去填充 buffer。

```
read_secrets(&user2, buffer);
store_secrets(buffer);
```

> buffer 包含的 user1 数据,有可能被 user2 全覆盖,
> 也有可能还没有被全部覆盖。

Rust 不能帮你避免逻辑错误,却能保证数据永远不会在两个地方被同时写入,但并不能确保程序能够避免所有安全性问题。

1.9.2 跳转到失败

跳转到失败,这种漏洞正式的命名为 CVE-2014-1266,是由程序员导致的错误以及 C 的设计问题(还有潜在的编译器未指出代码中的缺陷)耦合在一起而导致的。一个用于验证加密密钥对的函数最终跳过了所有的检查。以下代码是从原本的问题函数 SSLVerifySignedServerKeyExchange 中摘录的,其中保留了不少令人费解的语法:

```
1 static OSStatus
2 SSLVerifySignedServerKeyExchange(SSLContext *ctx,
3                                  bool isRsa,
```

---

[1] 参见 NIST 官方网站 CVE-2014-0160 相关的内容.

```
4                                  SSLBuffer signedParams,
5                                  uint8_t *signature,
6                                  UInt16 signatureLen)
7 {
8    OSStatus        err;    ◄───── 使用一个表示通过（pass）的值来初始化 OSStatus，例如 0。
9    ...
10
11   if ((err = SSLHashSHA1.update(
12          &hashCtx, &serverRandom)) != 0)  ◄──┐
13          goto fail;                          └── 一系列防御性的编程检查。
14
15   if ((err = SSLHashSHA1.update(&hashCtx, &signedParams)) != 0)
16          goto fail;   ┌── 无条件跳转，跳过了对 SSLHashSHA1.final() 和非常重要的 sslRawVerify() 的调用。
17          goto fail;  ◄┘
18   if ((err = SSLHashSHA1.final(&hashCtx, &hashOut)) != 0)
19          goto fail;
20
21   err = sslRawVerify(ctx,
22                      ctx->peerPubKey,
23                      dataToSign,         /* plaintext \*/
24                      dataToSignLen,      /* plaintext length \*/
25                      signature,
26                      signatureLen);
27   if(err) {
28          sslErrorLog("SSLDecodeSignedServerKeyExchange: sslRawVerify "
29                  "returned %d\n", (int)err);
30          goto fail;
31   }
32
33 fail:
34      SSLFreeBuffer(&signedHashes);
35      SSLFreeBuffer(&hashCtx);
36      return err;   ◄──── 即使对输入数据的验证测试是失败的，仍然会返回表示通过测试的值 0。
37 }
```

在这个样例代码中，问题就出在第 15~17 行。在 C 语言中，逻辑测试中的花括号不是必需的。C 编译器会像下面这样，来解释这 3 行代码：

```
if ((err = SSLHashSHA1.update(&hashCtx, &signedParams)) != 0) {
    goto fail;
}
goto fail;
```

那么用 Rust 会有帮助吗？有可能。在这种情况下，Rust 的语法会捕捉到该错误。它不允许没有花括号的逻辑测试。当某部分代码不可能被执行到（unreachable）时，Rust 也会发出警告。但这并不意味着在 Rust 中就不可能出错。在紧张的截止日期（deadline）压力之下，程序员会犯一些错误。而通常情况下，这样的代码也有可能被编译通过并运行。

提示　请谨慎编码。

1.10　Rust 最适用于哪些领域?

虽然 Rust 是作为系统编程语言而设计的，但实际上它是一门通用语言，现已顺利应用于许多的领域。

1.10.1　命令行实用程序

在程序员创建命令行实用程序方面，Rust 有 3 个主要优势：最小化的程序启动时间、内存使用量低和易于部署。程序很快就开始"干活"了，这是因为 Rust 程序没有需要初始化的解释器（Python、Ruby 等）或者虚拟机（Java、C#等）。

作为一种裸机语言，Rust 生成的程序内存使用效率高。[1] 在本书中，你会见到很多零大小的类型。也就是说，它们仅仅是作为对编译器的提示而存在的，在程序运行时完全不占用内存。

用 Rust 编写的实用程序默认被编译为静态二进制文件。这种编译方法避免了在程序运行前必须先安装依赖共享库，可创建无须安装即可运行的程序，让它们易于分发。

1.10.2　数据处理

Rust 擅长文本处理和其他形式的数据整理。程序员受益于对内存使用的控制和快速的启动时间。截至 2017 年年中，它号称拥有世界上最快的正则表达式引擎。2019 年，Apache Arrow 数据处理项目（Python 和 R 数据科学生态系统中的基础级项目），接受了基于 Rust 的 DataFusion 项目。

Rust 还被用作实现多个搜索引擎、数据处理引擎和日志解析系统的基础。它的类型系统和内存控制，让你能够创建出具有低而稳定的内存占用量、同时又具有高吞吐量的数据管道。小型的过滤器程序可以借助于 Apache Storm、Apache Kafka 或者 Apache Hadoop Streaming，很容易地被嵌入更大的架构。

1.10.3　扩展应用程序

Rust 非常适合用来扩展由动态语言编写的程序。这让我们能够使用 Rust 来编写 JNI（Java Native Interface）扩展、C 扩展以及 Erlang/Elixir NIF（native implemented functions）扩展。编写 C 扩展往往是一个吓人的任务。这类扩展倾向于与运行时紧密集成。如果出了错，你可能会看到内存泄漏或完全崩溃而导致的内存消耗失控。Rust 消除了程序员们在这方面的许多担心。

- Sentry 是一家负责处理应用程序错误的公司。他们发现，Rust 是重写其 Python 系统中的 CPU 密集型组件的理想选择。[2]

---

[1] 有人开玩笑说"Rust 尽可能地接近裸机"。

[2] 参见 *Fixing Python Performance with Rust*.

■ Dropbox 使用 Rust 重写了其客户端应用程序的文件同步引擎："除了性能，（Rust 的）工效学特性和对正确性的关注帮助我们'驯服'了同步功能的复杂性。"[1]

1.10.4　资源受限的环境

数十年来，C 语言一直"占据着"微控制器领域。然而，物联网时代即将到来。这可能意味着数以十亿计的不安全设备暴露在网络中。任何输入数据解析的代码都会被例行地探测是否存在弱点。考虑到这些设备很少进行固件更新，因此从一开始就确保它们的安全性是至关重要的。Rust 在这里能够发挥重要的作用，因为它增加了一层安全性保证，并且不会引入运行时开销。

1.10.5　服务器端应用

大多数使用 Rust 编写的应用程序是在服务器端运行的。这些应用程序可能是服务于 Web 流量传输，又或者是为企业运行其业务提供支持。它们介于操作系统和你的应用程序之间。在这个领域中，Rust 被用来编写数据库、监控系统、搜索类应用和消息系统，部分示例如下。

■ 用于 JavaScript 和 node.js 社区的 npm 程序包仓库是用 Rust 编写的。[2]

■ sled：一个嵌入式数据库，在 16 核的计算机上，可以在不到一分钟的时间里，处理 10 亿次操作，其中包括 5% 的写操作。

■ Tantivy：一个全文搜索引擎，在一台 4 核的台式计算机上，可以在大约 100s 内完成 8 GB 的英文维基百科的索引。[3]

1.10.6　桌面应用程序

在 Rust 的设计中，没有任何内在因素会妨碍其开发面向用户的软件。Servo，一个 Web 浏览器引擎，作为 Rust 的早期开发孵化器，就是一个面向用户的应用程序。当然，开发游戏软件也是没问题的。

1.10.7　桌面

编写运行在最终用户计算机上的应用程序，依然有很大的需求量。桌面级应用通常很复杂，难以设计且难以提供支持。凭借 Rust 符合工效学的部署方法以及它的严格特性，它可能会成为许多应用程序的"秘密武器"。一开始，它们将会由小型团队或独立开发者来构建。随着 Rust 的成熟，其生态系统也将逐步成熟。

---

[1] 参见 *Rewriting the heart of our sync engine*.

[2] 参见 *Community makes Rust an easy choice for npm: The npm Registry uses Rust for its CPU-bound bottlenecks*.

[3] 参见 *Of tantivy's indexing*.

1.10.8　移动端

Android、iOS 和其他的智能手机操作系统，通常为开发人员提供了一条推荐的开发路径。对于 Android 系统，开发人员通常使用 Java 编程；对于 iOS 系统，开发人员通常使用 Swift 编程。然而，还有另外一种方式存在。

这两个平台都提供了在其系统上运行"原生应用程序"的能力。这通常是为了让用 C++ 编写的应用程序，能被部署到手机上，比如游戏。Rust 可以使用相同的接口与手机交互，且没有额外的运行时开销。

1.10.9　Web

你可能知道，JavaScript 是 Web 编程语言。但随着时间的推移，这种情况会有所改变。浏览器厂商正在开发一种名为 WebAssembly（简称 Wasm）的标准，该标准有望成为多种语言的编译目标。Rust 是首批被选中的语言。只需在命令行上执行两个额外的命令，就可以将一个 Rust 项目移植到浏览器端。有多家公司正在利用 Wasm 技术来探索 Rust 在浏览器中的应用，较著名的公司有 CloudFlare 和 Fastly。

1.10.10　系统编程

从某种意义上说，系统编程正是 Rust 存在的理由。目前，已经有许多大型程序使用 Rust 来实现，包括编译器（Rust 本身）、视频游戏引擎和操作系统。也有许多软件的作者来自 Rust 社区，其中包括解析器、生成器、数据库和文件格式的作者等。

那些与 Rust 社区有着共同目标的程序员，他们已经证明了 Rust 是一个高效的开发环境。这个领域有如下 3 个杰出的项目。

- 谷歌发起了 Fuchsia OS 的开发，这是一个提供给多种设备使用的操作系统。[1]
- 微软正在积极探索使用 Rust 来编写 Windows 的底层组件。[2]
- AWS 正在构建 Bottlerocket，这是一个用于云上管理容器的定制化操作系统。[3]

1.11　Rust 的隐式特性：它的社区

一门编程语言的成长，需要的不仅是软件。Rust 团队做得非常出色的一件事，就是培育了一个积极而热情的 Rust 社区。

---

[1] 参见 *Welcome to Fuchsia!*.

[2] 参见 *Using Rust in Windows*.

[3] 参见 *Bottlerocket: Linux-based operating system purpose-built to run containers*.

1.12 Rust 术语表

与 Rust 社区的成员交流时，你很快就会遇到一些有特殊含义的术语。了解了下面的这些术语，你可以更容易地理解为什么 Rust 会有现在的发展以及它试图要解决哪些问题。

- 给所有人赋能（empowering everyone）——所有程序员，不论能力和背景，都欢迎参与。编程，特别是系统编程，不应该局限于少数幸运者。
- 快如闪电（blazingly fast）——Rust 是一门快速的编程语言。你将能够编写出在运行速度上匹配甚至超过同级语言的程序，与此同时你还将得到更多的安全保证。
- 无畏并发（fearless concurrency）——并发和并行编程一直被认为是比较困难的。Rust 使你摆脱了困扰同级语言的所有种类的错误。
- 没有 Rust 2.0（no Rust 2.0）——今天编写的代码始终能够在将来的 Rust 编译器版本上编译。Rust 旨在成为一种可靠的编程语言，在未来的几十年内都可以依赖。依照语义化版本，Rust 永远不会出现向后不兼容的情况，因此永远不会发布新的主版本。
- 零开销抽象（zero-cost abstractions）——你从 Rust 获得的各种特性不会引入运行时开销。使用 Rust 编程，在保证安全的同时不会牺牲速度。

本章小结

- 许多公司使用 Rust 成功构建了大型的软件项目。
- 使用 Rust 编写的软件可以被编译到多种设备或位置上，其中包括 PC 端、浏览器端、服务器端，以及移动端和物联网。
- Rust 语言深受软件开发人员的喜爱，多次获得 Stack Overflow 的 "最喜爱的编程语言" 称号。
- Rust 使你无须担心即可开始试验，它提供了其他工具难以提供的正确性保证，同时又不会引入运行时开销。
- 要学习 Rust，需要学习如下 3 个主要的命令行工具。
  - ➤ cargo: 用于管理整个包。
  - ➤ rustup: 用于管理 Rust 的安装。
  - ➤ rustc: 用于管理 Rust 源代码的编译。
- Rust 项目无法避免所有错误。
- Rust 代码是稳定的、快速的，而且对资源的占用很轻量。

第 2 章 Rust 语言基础

本章主要内容
- Rust 语法介绍。
- Rust 的基本数字类型和流程控制结构。
- 构建命令行实用程序。
- 编译 Rust 程序。

本章介绍 Rust 编程的基础知识。学完本章，你将了解 Rust 编程的大部分基础知识，并且可以创建命令行实用程序。我们将介绍 Rust 语言的大部分语法，但是有关这些语法更进一步的细节，比如这个语法为什么是这样的，会延至本书后续章节中予以讲解。

> **注意**　如果你是有其他编程语言使用经验的程序员，那么将从本章中得到最多的收获；如果你本身就是有经验的 Rust 程序员，那么可以粗略地浏览一下本章的内容。

Rust 社区对初学者是友好的，会积极地回应初学者。有时，你可能会在缺少上下文的情形下遇到一些 Rust 的专有术语，比如生命周期省略、卫生宏、移动语义和代数数据类型等，若对此感到陌生和困惑，则可以在社区中寻求帮助。

在本章中，我们将构建一个名为 grep-lite 的程序——是著名的"无处不在"的 grep 实用程序（utility）的超简化版本。grep-lite 程序会在文本中查找模式（pattern），并输出所有与该模式相匹配的行。这个示例程序比较简单，我们可以把关注点放在 Rust 的特性上。

我们将采用螺旋上升式的学习路径，会反复提及并讲解 Rust 语言中的一些概念，以帮你温故而知新。本章涉及的这些概念如图 2.1 所示。

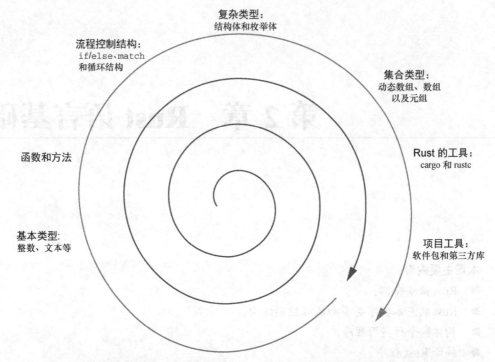

复杂类型：
结构体和枚举体

流程控制结构：
if/else、match
和循环结构

集合类型：
动态数组、数组
以及元组

函数和方法

Rust 的工具：
cargo 和 rustc

基本类型：
整数、文本等

项目工具：
软件包和第三方库

图 2.1　本章主题大纲。从基本类型开始，循序渐进地讲解 Rust 语言的多个概念

　　我们强烈建议你跟随本书中的示例来学习。这里再次提醒，要访问或下载清单的源代码，请登录 1.4 节给出的两个网址之一，然后注册并下载即可。

2.1　创建一个可运行的程序

　　每个普通的文本文件都暗含一种超能力：假如文件含有正确的符号，就可以把它转换成让 CPU 能解释的某种"东西"。这就是编程语言的"魔法"。本节的目的就是让你慢慢地熟悉将 Rust 源代码转换成一个可运行程序的过程。

　　理解这个转换的过程，比听起来可有趣多了！了解这个过程，将为你接下来的学习奠定基础。学完第 4 章，你可以实现一个虚拟的 CPU——这个虚拟的 CPU 也可以解释你创建的程序。

2.1.1　编译单文件的 Rust 程序

　　虽然清单 2.1 中的代码非常短，但其确实是一个完整的 Rust 程序。要将这个代码文件转换成一个可运行的程序，我们要使用一个叫作编译器的软件。编译器就是用于将源代码转换成机器代码的，而且为了让编译后的程序能够在操作系统和 CPU 之上运行，编译器还需要做许多簿记类工作。Rust 语言的编译器是一个叫作 rustc 的程序。清单 2.1 的源代码保存在 ch2/ok.rs 文件中。

清单 2.1 这可能是最短的有效 Rust 程序

```
1 fn main() {
2   println!("ok")
3 }
```

要将某个 Rust 代码文件编译成一个可运行的程序，具体步骤如下。

(1) 把源代码保存为一个文件。在这个例子中，我们将使用文件名 ok.rs。

(2) 确保此文件的源代码包含一个 main() 函数。

(3) 打开一个终端程序，比如 cmd.exe、PowerShell、bash、zsh 或者其他终端程序。

(4) 执行命令 rustc <file>，此处的<file>表示所要编译的那个文件。

如果编译成功，rustc 不会输出任何信息。在幕后，rustc 已经尽职尽责地创建了一个可执行的文件，并使用输入的文件名作为输出的文件名。

假定将清单 2.1 保存为一个叫作 ok.rs 的文件，让我们来看看这个过程。以下片段是这个过程的简单展示：

```
$ rustc ok.rs
$ ./ok          ◄———┤ 在 Windows 上，文件名会带有.exe 的扩展名（例如 ok.exe）。
OK
```

2.1.2 使用 cargo 编译 Rust 项目

大多数 Rust 项目是由多个源代码文件组成的，而且通常还会包含一些依赖项。为了做好这个准备，我们将会使用一个比 rustc 更高级的工具，叫作 cargo。cargo 懂得如何去驱动 rustc（除此之外，cargo 还能做许多其他的事情）。

要从使用 rustc 管理单个文件的工作流程中，迁移到使用 cargo 来管理，这需要两个阶段的过程。请先把原来的那个文件移到一个空目录中，然后执行 cargo init 命令。

假定你按照 2.1.1 节的步骤生成了名为 ok.rs 的文件，则这个过程的具体步骤如下。

(1) 执行 mkdir <project>来创建一个空目录（例如 mkdir ok）。

(2) 把你的源代码文件移动到<project>目录中（例如 mv ok.rs ok）。

(3) 进入<project>目录（例如 cd ok）。

(4) 执行 cargo init。

从现在开始，你就可以使用 cargo run 命令来执行项目源代码了。与使用 rustc 不一样的一个地方就是，编译后的可执行文件是在<project>/target 这个子目录中。另一个不一样的地方是默认情况下，cargo 会提供更多的输出信息：

```
$ cargo run
    Finished dev [unoptimized + debuginfo] target(s) in 0.03s
    Running 'target/debug/ok'
OK
```

如果你想知道 cargo 在幕后究竟做了哪些工作来驱动 rustc，可以在命令中添加 verbose（详细）标志选项（-v）：

```
$ rm -rf target/              ◁────────┐
$ cargo run -v                         此处添加这个命令，目的是让 cargo 从头开始编译此项目。
    Compiling ok v0.1.0 (/tmp/ok)
    Running 'rustc
    --crate-name ok
    --edition=2018
    ok.rs
    --error-format=json
    --json=diagnostic-rendered-ansi
    --crate-type bin
    --emit=dep-info,link
    -C embed-bitcode=no
    -C debuginfo=2
    -C metadata=55485250d3e77978
    -C extra-filename=-55485250d3e77978
    --out-dir /tmp/ok/target/debug/deps
    -C incremental=/tmp/target/debug/incremental
    -L dependency=/tmp/ok/target/debug/deps
    -C link-arg=-fuse-ld=lld'
    Finished dev [unoptimized + debuginfo] target(s) in 0.31s
    Running 'target/debug/ok'
OK
```

2.2　初探 Rust 语法

在尽可能的情况下，Rust 是单调并且可预测的。Rust 中有变量、数字、函数，还有其他一些你熟悉的、在其他语言中见过的东西。举例来讲，在 Rust 中，代码块用花括号分隔（{}），使用单个等号（=）作为赋值操作符，并且会忽略没用的空白符。

定义变量和调用函数

让我们通过另一个简短的代码来介绍一些基础的内容：定义带类型注解的变量和调用函数。运行清单 2.2 所示代码会在控制台上输出（a + b）+（c + d）= 90。第 2～5 行给出了用于注解整数数据类型的多个可选的语法形式。你可以根据具体的情况来使用自己觉得最自然的方式。清单 2.2 的源代码保存在文件 ch2/ch2-first-steps.rs 中。

清单 2.2　使用变量进行整数的加法运算，并且展示多种声明类型的方式

在 Rust 中，main() 函数在　　具体类型可以由编译器自动推断出来……
代码中的位置是很灵活的。
```
1 fn main() {
2    let a = 10;          ……或者是在创建变量时，由程序员来声明类型。
3    let b: i32 = 20;
4    let c = 30i32;       数字类型，可以在数字字面量中加入类型注解。
5    let d = 30_i32;
6    let e = add(add(a, b), add(c, d));    数字字面量可以包含下画线，这种形
                                           式增强了可读性而不影响任何功能。
7
8    println!("( a + b ) + ( c + d ) = {}", e);
9 }
10
11 fn add(i: i32, j: i32) -> i32 {     在定义函数时，类型声明是必需的。
12    i + j        函数会返回最后一个表达式的求值结果，也就是说，return 不是必需的。
13 }
```

> **注意**　如果在 add() 函数体中的那条语句的末尾添加了分号，那么该语义会变成返回 () 类型（单元类型），而不是 i32 类型。

虽然只有 13 行代码，但是清单 2.2 包含很多内容。接下来，我们会解释此代码中的要点，在本章余下的内容中还会有更详细的讲解。

代码第 1 行（fn main() {），使用 fn 关键字开始一个函数的定义。main() 是所有 Rust 程序的入口点。此示例中的 main() 函数没有参数，也不返回值。[1]代码块，也叫作词法作用域，使用花括号来定义。

代码第 2 行（let a = 10;），我们使用 let 声明变量的绑定。变量默认是不可变的，也就是说默认情况下，变量是只读的，而不是可读/写的。另外，语句是用分号来分隔的。

代码第 3 行（let b: i32 = 20;），你可以给变量指定数据类型，以此通知编译器变量的具体类型。有的时候，编译器无法替你推断出变量唯一的类型，这时候就必须显式地声明变量的类型。

代码第 4 行（let c = 30i32;），从这行代码中你可以看出来，Rust 中的数字字面量是可以包含类型注解的。当需要处理复杂的数值表达式时，这种形式就很有用。在代码第 5 行（let c = 30_i32;），你能看到，下画线允许出现在数字字面量中。这种形式增强了可读性，但编译器会直接忽略此下画线。在代码第 6 行（let e = add(add(a, b), add(c, d));），你应该能看出来，函数的调用方法与大多数其他语言中的方法是类似的。

代码第 8 行（println!("(a + b) + (c + d) = {}", e);），println!() 是一个宏，

---

[1] 这个说法从技术角度讲是不正确的，但是就现在来说也算是够准确了。如果你是个有经验的 Rust 程序员，就应该知道 main() 函数默认会返回 () 类型（单元类型）的值，并且也可以返回一个 Result 类型的值。

宏与函数有点儿类似，但宏返回的是代码，而不是值。在输出到控制台的时候，每种数据类型都有自己转换字符串的方式，而 println!() 负责找到将参数转成字符串的确切方法，并调用此方法。

字符串使用双引号 (")，而不是单引号 (')。Rust 使用单引号来表示单个字符，单个字符是不同的类型，即字符类型 char。在 Rust 中，字符串格式化使用花括号作为占位符，而不是像类 C 语言 printf 风格那样，使用 %s 或其他形式。

在代码第 11 行（fn add(...) -> i32 {），你能够看到，Rust 定义函数的语法与那些需要使用显式类型声明的语言是类似的。函数的参数用逗号分隔，类型声明紧跟在变量名后面。这个匕首状箭头（->）的语法用于指定返回类型。

2.3　数字类型

计算机与数字关联在一起已经有非常长的时间了。本节将介绍如何在 Rust 中创建多种数字类型，并使用这些数字类型执行数学运算。

2.3.1　整数和浮点数

Rust 使用相当常规的语法来创建整数（1、2……）和浮点数（1.0、1.1……）。数字运算使用中缀表示法，也就是说，数字表达式和你的惯用法类似。要在多种类型上执行运算，就拿加法来说，Rust 也允许使用相同的运算符（+）来执行。这叫作运算符重载。与其他语言相比，有明显差异的几个地方包括如下。

- Rust 提供了大量的数字类型。你将会习惯以字节的数量来声明数字的类型，这会影响到该类型可以表示的数字的数量，同时也确定了你的类型是否能表示负数。
- 类型间的转换必须总是显式的。Rust 不会将你的 16 位整数自动地转换为 32 位整数。
- Rust 的数字可以有方法。比方说，要把 24.5 取整为最接近的整数，Rust 程序员会使用 24.5_f32.round()，而不是 round(24.5_f32)。在这里，类型后缀是必需的，因为该方法需要一个具体的类型。

让我们先来看一个小例子。清单 2.3 的源代码保存在 ch2/ch2-intro-to-numbers.rs 文件中。运行清单 2.3 所示的代码，会在控制台上输出以下几行输出信息：

```
20 + 21 + 22 = 63
1000000000000
42
```

清单 2.3　Rust 中的数字字面量和基本的算术运算

```
1 fn main() {                          如果你没有提供类型，Rust 会替你推断出一个类型……
2    let twenty = 20;
3    let twenty_one: i32 = 21;    ←—— ……显式添加类型注解（i32）……
4    let twenty_two = 22i32;      ←—— ……或者添加类型后缀。
```

```
5
6    let addition = twenty + twenty_one + twenty_two;
7    println!("{} + {} + {} = {}", twenty, twenty_one, twenty_two, addition);
8
9    let one_million: i64 = 1_000_000;  ◄————  下画线的使用增强了可读性，编译器会忽略这些下画线。
10   println!("{}", one_million.pow(2));      数字本身可以执行方法调用。
11
12   let forty_twos = [  ◄————  要创建一个数字的数组，使用方括号括起这些数字，而且这些数字必须是同一类型的。
13       42.0,
14       42f32,                          浮点数字面量，没有显式给出类型注解。根据上下文环境，这样的浮
15       42.0_f32,  ◄————                点数字面量可能被推断为 32 位或 64 位类型。此处是 32 位类型。
16   ];              浮点数字面量，
17                   也可以有类型
18/    println!("{:02}", forty_twos[0]);  ◄————  数组元素使用数字作为索引，索引从 0 开始。
19 }             后缀……
```

2.3.2 整数的二进制、八进制及十六进制表示法

Rust 还内置了对二进制（binary）、八进制（octal）和十六进制（hexadecimal）数字字面量的支持，允许你使用这几种形式来定义整数。这种表示法也可用于格式化类的宏中，比如 println!。这 3 种风格的代码如清单 2.4 所示。其源代码保存在 ch2-non-base2.rs 文件中。运行清单 2.4 所示的代码后，会产生如下输出：

```
base 10: 3 30 300
base 2:  11 11110 100101100
base 8:  3 36 454
base 16: 3 1e 12c
```

清单 2.4 使用二进制、八进制及十六进制数字字面量

```
1 fn main() {
2    let three = 0b11;         ◄————  0b 前缀表示二进制数字，以 2 为基数。
3    let thirty = 0o36;        ◄————  0o 前缀表示八进制数字，以 8 为基数。
4    let three_hundred = 0x12C;  ◄————
5                                        0x 前缀表示十六进制数字，以 16 为基数。
6    println!("base 10: {} {} {}", three, thirty, three_hundred);
7    println!("base 2: {:b} {:b} {:b}", three, thirty, three_hundred);
8    println!("base 8: {:o} {:o} {:o}", three, thirty, three_hundred);
9    println!("base 16: {:x} {:x} {:x}", three, thirty, three_hundred);
10 }
```

用二进制（以 2 为基数）数字来表示，0b11 等于十进制的 3，因为 $3 = 2 \times 1 + 1 \times 1$。用八进制（以 8 为基数）数字来表示，0o36 等于十进制的 30，因为 $30 = 8 \times 3 + 1 \times 6$。而用十六进制（以 16 为基数）数字来表示，0x12C 等于十进制的 300，因为 $300 = 256 \times 1 + 16 \times 2 + 1 \times 12$。表 2.1 展示了用于表示标量（单个）数字的 Rust 类型。

表 2.1 用于表示标量（单个）数字的 Rust 类型

分组	说明
i8, i16, i32, i64	有符号整数类型，范围是 8 位到 64 位
u8, u16, u32, u64	无符号整数类型，范围是 8 位到 64 位
f32, f64	浮点数类型，有 32 位和 64 位两种
isize, usize	与 CPU "原生" 位宽有相同宽度的整数类型（例如在 64 位 CPU 上，usize 和 isize 的宽度就是 64 位的）

Rust 包含完整的数字类型表示形式。这些数字类型可以分成如下几组。

- 有符号整数（i），可以表示正整数和负整数。
- 无符号整数（u），只能表示正整数，但可以表示的数字的数量是相对应的有符号整数的两倍。
- 浮点数（f），可以表示实数，其中还包含几个特殊的值：正无穷大、负无穷大和非数字（not a number）。

数字类型的宽度是该数字类型的值在内存和 CPU 中使用的位数。占用更多位数的类型（例如 u32 对 i8 而言）可以表示更多的数字，但是代价就是需要为较小的数字存储更多额外的零，如表 2.2 所示。

表 2.2 多种位模式可以表示同一个数字

数字	类型	内存中的位模式
20	u32	00000000000000000000000000010100
20	i8	0010100
20	f32	01000001101000000000000000000000

虽然目前我们只接触了数字类型，对于将要创建的文本模式匹配的原型程序来说，也差不多够用了。但是在创建这个程序之前，让我们先来看看数字的比较运算。

2.3.3 数字的比较运算

Rust 的数字类型支持一整套比较运算，而且你很可能已经熟悉它们了。这些比较运算是通过一个 Rust 的特性来提供支持的，到目前为止你还没有见到过。它叫作 trait（特质）[1]。表 2.3 总结了 Rust 数字类型支持的比较运算。

表 2.3 Rust 数字类型支持的比较运算

比较运算	比较运算符	示例
小于（<）	<	1.0 < 2.0
大于（>）	>	2.0 > 1.0

[1] 这里涉及的 trait 是 std::cmp::PartialOrd 和 std::cmp::PartialEq。

续表

比较运算	比较运算符	示例
等于（=）	==	1.0 == 1.0
不等于（≠）	!=	1.0 != 2.0
小于等于（≤）	<=	1.0 <= 2.0
大于等于（≥）	>=	2.0 >= 1.0

Rust 对比较运算的支持中有一些注意事项需要了解。接下来，我们将讲解这些注意事项。

不同类型的数据不能进行比较运算

Rust 的类型安全性保证，不允许对不同类型的数据进行比较。举例来说，下面这个例子就无法通过编译：

```
fn main() {
  let a: i32 = 10;
  let b: u16 = 100;

  if a < b {
    println!("Ten is less than one hundred.");
  }
}
```

要想通过编译，就要使用 as，将其中一个操作数转换为与另一个操作数相同的类型。下面的代码展示了这种类型转换：b as i32。

```
fn main() {
  let a: i32 = 10;
  let b: u16 = 100;

  if a < (b as i32) {
    println!("Ten is less than one hundred.");
  }
}
```

从更小的类型转换到更大的类型是安全的（例如一个 16 位类型转换为一个 32 位类型）。有时，我们也把这类的转换叫作类型提升（promotion）。在本例中，我们也可以反过来，选择将 i32 降级到 u16，但类似这样的转换通常是有风险的。

> **警告**　如果使用类型转换时比较粗心，可能会导致程序的异常行为。比如，表达式 300_i32 as i8 会返回 44。

对某些场景而言，使用 as 关键字有些过于受限。这时要想完全控制类型转换的过程，就必须使用下例中的方式。清单 2.5 展示了一个 Rust 方法，在类型转换有可能会失败的时候，可以用这个方法来代替 as 关键字。

清单 2.5　使用 try_into()方法来进行类型转换

```
1 use std::convert::TryInto;
2
3 fn main() {
4     let a: i32 = 10;
5     let b: u16 = 100;
6
7     let b_ = b.try_into()
8              .unwrap();
9
10    if a < b_ {
11        println!("Ten is less than one hundred.");
12    }
13 }
```

在实现了它的类型（例如 u16）上允许调用 try_into()。

try_into() 会返回一个 Result 类型，其提供了对尝试转换操作的访问。

　　清单 2.5 引入了两个新的 Rust 概念：trait 和错误处理。在代码的第 1 行中，use 关键字把 std::convert::TryInto 这个 trait 导入了当前的局部作用域中。这条语句解锁了变量 b 的 try_into()方法。我们暂时不详细讲解发生这种情况的原因，现在只是把一个 trait 先视为一个方法的集合。如果你有面向对象编程的经验，那么可以认为 trait 和抽象类或者接口是比较类似的。

　　代码的第 7 行提供了一个初步介绍 Rust 中错误处理的机会。b.try_into()会返回一个 Result 包装过的 i32 的值。我们会在第 3 章介绍 Result——它可以包含一个执行成功时返回的正确的值，或者一个执行失败时返回的错误的值。这里的 unwrap()方法可以处理这个正确的值，这会返回把 b 的值转换成一个 i32 以后的值。如果把 u16 转换为 i32 失败了，这种情况下调用 unwrap()会导致程序崩溃。随着本书的进展，你将学到更安全地处理 Result 的方法，而不是拿程序的稳定性冒险！

　　Rust 的一个显著特点是，仅当某个 trait 在当前的局部作用域中时，Rust 才允许在特定类型上调用此 trait 的方法。隐式地预包含（prelude）让加法和赋值等常用的操作无须显式导入即可使用。

> **提示**　要想了解在局部作用域中默认都包含哪些东西，你可以研究 std::prelude 这个模块。

浮点数的一些陷阱

　　如果不谨慎处理，浮点数类型（例如 f32 和 f64）可能会导致严重的问题。这类问题（至少）是由以下两个原因所导致的。

- 浮点数类型的值通常表示的是某个数字的近似值。在计算机中，浮点数实际是使用二进制来实现的，但是我们通常想用十进制来完成浮点数运算。这种不匹配性导致了歧义的产生。此外，虽然浮点数经常被用来表示实数，然而它的精度是有限的。要想表示全部的实数，那么就需要无限的精度了。
- 浮点数所表示的值在语义上是不直观的。与整数类型不同，浮点数类型中的一些值不能很好地与其他浮点类型的值配合使用（由设计决定的）。更正式的说法是，浮点数类型只具有部分等价关系（partial equivalence relation），这种关系被编码到 Rust 的类型系统中了。f32 和 f64 类型只实现了 std::cmp::PartialEq 这个 trait，而其他的数字类型还实现了 std::cmp::Eq。

要想避免出现这类问题，下面给出两个指导方针。

- 避免测试浮点数的相等性。
- 如果结果可能是在数学上未定义时，要谨慎对待。

使用相等性来比较浮点数可能存在很大的问题。浮点数是在使用二进制进行数学运算的计算系统中实现的，但是我们常常使用浮点数来表示十进制的值。这就带来了一个问题，因为我们所关心的许多数值，比如说 0.1，是无法用二进制来精确表示的。[a]

为了说明这个问题，让我们来看下面的这个代码段。它能成功地运行，还是会崩溃呢？虽然这个被求值的表达式所对应的数学表示（0.1 + 0.2 = 0.3）是没有问题的，但是这段代码在大多数系统中运行的时候都会崩溃：

```rust
fn main() {
  assert!(0.1 + 0.2 == 0.3);
}
```
如果 assert! 宏中表达式的求值结果不为 true，则程序会崩溃。

但不是所有浮点数类型都会这样。事实证明，数据类型可以影响程序的成功或失败。下面这段代码保存在 ch2/ch2-add-floats.rs 文件中，你可以通过查看每个值的内部位模式找到其差异所在。此代码会分别使用 f32 和 f64 类型来执行前一个示例中的测试，但是只有一个测试是成功的：

```rust
 1 fn main() {
 2     let abc: (f32, f32, f32) = (0.1, 0.2, 0.3);
 3     let xyz: (f64, f64, f64) = (0.1, 0.2, 0.3);
 4
 5     println!("abc (f32)");
 6     println!("   0.1 + 0.2: {:x}", (abc.0 + abc.1).to_bits());
 7     println!("         0.3: {:x}", (abc.2).to_bits());
 8     println!();
 9
10     println!("xyz (f64)");
11     println!("   0.1 + 0.2: {:x}", (xyz.0 + xyz.1).to_bits());
12     println!("         0.3: {:x}", (xyz.2).to_bits());
13     println!();
14
15     assert!(abc.0 + abc.1 == abc.2);
16     assert!(xyz.0 + xyz.1 == xyz.2);
17 }
```
运行成功。
引发崩溃。

此程序执行后，成功生成了下面这个简短的报告，并且揭示出错误的原因。在此之后，紧接着程序就崩溃了。显然，它是在代码第 16 行崩溃的，此时它正在比较 f64 的结果值：

---

[a] 如果这一点让你觉得疑惑，你可以这样考虑，有很多值，比如 1/3，用十进制数字系统是无法精确表示的。

```
abc (f32)
   0.1 + 0.2: 3e99999a
         0.3: 3e99999a

xyz (f64)
   0.1 + 0.2: 3fd3333333333334
         0.3: 3fd3333333333333

thread 'main' panicked at 'assertion failed: xyz.0 + xyz.1 == xyz.2',
➥ch2-add-floats.rs.rs:14:5
note: run with 'RUST_BACKTRACE=1' environment variable to display
➥a backtrace
```

一般来说，测试一个数学运算的结果是否会落在其真实数学结果的一个可接受范围内是比较安全的。这个范围通常被称为机器极小值（epsilon）或最小单元取整数。

Rust 包含一些容错性，使得浮点数的比较运算能得到预期的结果。这些容错性源自对 f32::EPSILON 和 f64::EPSILON 的定义。下面这段代码所展示的，与 Rust 底层实现中所做的事情是比较接近的：

```
fn main() {
  let result: f32 = 0.1 + 0.1;
  let desired: f32 = 0.2;
  let absolute_difference = (desired - result).abs();
  assert!(absolute_difference <= f32::EPSILON);
}
```

在这个例子中，实际发生的事情是很有趣的，但在这里基本上是无关紧要的。Rust 编译器实际上把比较运算委托给 CPU 了，浮点运算是通过芯片内的定制硬件来实现的。[b]

某些运算会产生在数学上未定义的结果，比如求一个负数的平方根（- 42.0.sqrt()），这就带来了特殊的问题。在浮点数类型中有一个"非数字"（Not a Number）的值（用 Rust 语法表示为值 NAN），专门用于处理这类情况。

值 NAN 会污染其他的数值。NAN 参与的运算大部分会返回 NAN。另一个需要注意的事情是，根据定义，一个 NAN 的值并不等于另一个 NAN 的值。下面这个小例子总是会崩溃：

```
fn main() {
  let x = (-42.0_f32).sqrt();
  assert_eq!(x, x);
}
```

要进行防御性编程（Defensive programming），可以使用 is_nan() 和 is_finite() 方法。引发崩溃，而不是默默地带着数学错误继续执行，这让你可以在接近导致问题的地方进行调试。下例说明了使用 is_finite() 方法来实现这一情况：

```
fn main() {
  let x: f32 = 1.0 / 0.0;
  assert!(x.is_finite());
}
```

---

[b] 非法的或者未定义的运算会触发一个 CPU 的异常。相关内容参见第 12 章。

2.3.4 有理数、复数和其他数字类型

Rust 标准库相对较小。有些数字类型在其他语言中通常是可用的，但在 Rust 标准库中并没有包含。这些数字类型包括如下。

- 许多用于处理有理数和复数的数学对象类型。
- 任意大小的整数和任意精度的浮点数，用于表示非常大的数或非常小的数。
- 定点十进制数，用于表示货币。

如果需要使用此列表中这些特殊的类型，你可以使用一个叫作 num 的包（crate）。crate 是 Rust 中给软件包起的名称。开源的 crate 可以分享到软件包仓库中，cargo 下载 num 软件包就是从这里获得的。

清单 2.6 展示了如何执行两个复数的加法运算。如果你不熟悉复数，这里简单解释一下，复数是二维的数字，而你日常面对的大都是一维的数字。复数由"实部"（real）和"虚部"（imaginary）组成，表示为<real> + <imaginary>i。举例来说，2.1 + -1.2i，这表示的是一个复数。在数学方面，了解这些就够用了。接下来，让我们来看代码。

编译和运行清单 2.6 的操作步骤如下。

（1）在终端中执行下面的命令。

```
git clone --depth=1 https://github.com/rust-in-action/code rust-in-action
cd rust-in-action/ch2/ch2-complex
cargo run
```

（2）对于喜欢完全由自己动手来学习的读者，以下的步骤可以达到同样的最终结果。

　　a．在终端中执行下面的命令：

```
cargo new ch2-complex
cd ch2-complex
```

　　b．在 Cargo.toml 文件的[dependencies]分段中添加 num 软件包的版本号 0.4。此分段类似下面这样：

```
[dependencies]
num = "0.4"
```

　　c．使用清单 2.6 的源代码替换 src/main.rs 文件的内容（此源代码保存在 ch2/ch2-complex/ src/main.rs 文件中）。

　　d．执行 cargo run。

在几行的中间输出之后，cargo run 应该能产生以下的输出信息：

```
13.2 + 21.02i
```

清单 2.6　执行复数的计算

```
1 use num::complex::Complex;    ←── 使用 use 关键字把 Complex 类型导入当前的局部作用域。
2
```

```
3  fn main() {
4    let a = Complex { re: 2.1, im: -1.2 };  ◁──── 所有 Rust 的类型都有其字面量的语法。
5    let b = Complex::new(11.1, 22.22);  ◁──┐
6    let result = a + b;                       ├─ 大多数的类型都实现了静态方法 new()。
7
8    println!("{} + {}i", result.re, result.im)  ◁─── 使用点操作符来访问字段。
9  }
```

请注意清单 2.6 中的如下一些要点。

- use 关键字导入第三方包到当前的局部作用域，而命名空间操作符（::）用于限定从该包中导入的具体内容。在这个例子中，我们只需要一个复数类型：Complex。

- Rust 没有构造器。作为替代，所有的类型都有一个字面量形式的语法。想要初始化某个类型，你可以通过使用类型名称（Complex），然后在花括号（{}）中给字段（re, im）分配值（2.1, −1.2）。

- 依照惯例，为了使用起来更简单，许多类型都会实现一个 new() 方法。但是这种惯例并不是 Rust 语言本身的一部分。

- 想要访问字段，Rust 程序员使用点操作符（.）。例如，num::complex::Complex 类型有两个字段：re 表示实数部分；im 表示虚数部分。这两个字段都可以通过点操作符来访问。

清单 2.6 引入了一些新内容，展示了非基本数据类型的两种初始化形式。

第一种是 Rust 语言提供的字面量语法（代码第 4 行）。另一种是 new() 静态方法，许多类型为了使用方便都添加了这个方法的实现，但它并不是语言本身的一部分（代码第 5 行）。静态方法是一个函数，可以通过该类型来调用，但是不能通过该类型的实例来调用。[1]

在现实世界的代码中，第二种形式往往是首选，因为库的作者通常都会使用一个类型的 new() 方法来设置默认值，而且这种形式还会让代码减少一些杂乱。

给一个项目添加第三方的依赖，有一种快捷的方法

推荐你安装 cargo-edit 软件包，这样就可以使用 cargo add 子命令了。具体操作步骤如下所示：

```
$ cargo install cargo-edit
    Updating crates.io index
 Installing cargo-edit v0.6.0
 ...
 Installed package 'cargo-edit v0.6.0' (executables 'cargo-add', 'cargo-rm',
   'cargo-upgrade')
```

到目前为止，我们都是手动地向 Cargo.toml 中添加依赖项。而 cargo add 命令把这个过程给简化了，它可以替你正确地编辑该文件。

---

[1] 虽然 Rust 不是面向对象的（例如它不能创建一个子类），但是 Rust 可以使用一些面向对象领域的术语，所以我们经常听到 Rust 程序员使用术语实例、方法和对象等进行讨论交流。

```
$ cargo add num
    Updating 'https://github.com/rust-lang/crates.io-index' index
      Adding num v0.4.0 to dependencies
```

至此，我们已经学习了访问内置数字类型的方法，以及使用来自第三方包的可用类型的方法。接下来，我们将继续讨论 Rust 的更多特性。

2.4　流程控制

程序默认是按照从上到下的顺序来执行的，除非你想改变这个顺序。Rust 有一套有用的流程控制机制来实现这一点。本节给出了流程控制基础知识的概览。

2.4.1　for 循环：迭代的中心支柱

for 循环在 Rust 中是迭代的主力。迭代事物的集合，包括迭代可能有无穷多个值的集合，是很容易的。它的基本形式如下：

```
for item in container {
  // ...
}
```

这种基本形式使得 container（容器）中每个连续的元素可以用作 item（元素）。通过这种方式，Rust 模拟出了许多动态语言易于使用的高级语法形式。不过，它确实也有一些缺陷。

有点儿违背直觉的是，一旦此代码块执行结束，再访问这个 container 将是无效的。虽然 container 变量还在当前局部作用域中，但是它的生命周期已经结束。出于将在第 4 章中解释的原因，一旦此代码块执行完毕，Rust 会假定不再需要这个 container 了。

如果你在后面的代码中还想再用 container，那么应该使用引用。重申一次，如果我们在这里忽略了引用，那么 Rust 会假定我们不再需要此 container 了。要给这个 container 添加一个引用，只需增加一个前缀的和符号（&），如下所示：

```
for item in &container {
  // ...
}
```

如果你需要在循环的过程中来修改每个 item，那么可以通过包含 mut 关键字来使用可变引用：

```
for item in &mut container {
  // ...
}
```

从具体实现上来讲，Rust 的 for 循环结构，实际上被编译器扩展成了方法的调用。如表

2.4 所示，在这 3 种形式的 `for` 循环中，每种对应一个不同的方法。

表 2.4　　　　　　　　　　3 种形式的 for 循环所对应的不同方法

简化形式	等价于	访问级别
for item in collection	for item in IntoIterator::into_iter(collection)	拥有所有权
for item in &collection	for item in collection.iter()	只读
for item in &mut collection	for item in collection.iter_mut()	读/写

1. 匿名循环

如果此局部变量在本块中并不会用到，可以简单使用一个下画线来代替此变量。此模式常常与排除范围语法（exclusive range syntax）（`n..m`）和包含范围语法（inclusive range syntax）（`n..=m`）连用，可以明确地表示要执行的是固定循环次数的循环。下面给出一个例子：

```
for _ in 0..10 {
  // ...
}
```

2. 尽量避免手动管理索引变量

在许多语言中，通常会使用一个临时变量，在每次迭代结束时会自增此变量，并用它来遍历数据集合中的内容。按照惯例，这个变量通常命名为 `i`（index 的简写），将其作为索引。下面给出这种使用模式的 Rust 代码：

```
let collection = [1, 2, 3, 4, 5];
for i in 0..collection.len() {
  let item = collection[i];
  // ...
}
```

这在 Rust 中是合法的。当无法直接遍历 collection（集合）时，你将不可避免地使用这种模式。不过，在通常情况下，并不建议使用这种模式。这种手动的模式存在两个问题。

- 性能问题。在 `collection[index]` 语法中，这个索引值的语法会导致运行时边界检查，此边界检查带来了运行时开销。也就是说，Rust 会检查在 collection 的当前索引位置上是否存在有效数据。当直接对 collection 执行迭代时，这些检查就不是必需的了。这是因为在执行直接的迭代时，编译器能通过编译时分析来保证所有的访问都是合法、有效的。
- 安全性问题。随着时间的推移，周期性地访问 collection 会引入让其发生更改的可能性。若使用 `for` 循环直接遍历 collection，Rust 会保证在整个迭代期间，collection 不会被程序的其他部分影响到。

2.4.2 continue：跳过本次迭代余下的部分

continue 关键字的作用，跟你预想的一样。下面给出一个例子：

```
for n in 0..10 {
  if n % 2 == 0 {
    continue;
  }
  // ...
}
```

2.4.3 while：循环，直到循环条件改变了循环的状态

只要条件成立，while 循环就会继续执行。循环条件，正式的叫法是谓词（predicate），可以是求值结果为 true 或 false 的任何表达式。下面的代码段（没有提供完整代码）用于获取空气质量样本，检查并过滤异常数据：

```
let mut samples = vec![];

while samples.len() < 10 {
  let sample = take_sample();
  if is_outlier(sample) {
    continue;
  }

  samples.push(sample);
}
```

1. 使用 while 循环，当指定的时间期限到达后立即停止迭代

清单 2.7（源代码保存在文件 ch2/ch2-while-true-incr-count.rs 中）提供了一个 while 循环的可运行示例。这不是实现基准测试（benchmark）的理想方法，但是可以将它作为工具箱里有用的工具。在这个示例中，只要指定的时间期限还没到，while 就会持续执行一个块。

清单 2.7　通过自增计数器来测试你的计算机速度有多快

```
1  use std::time::{Duration, Instant};
2
3  fn main() {
4    let mut count = 0;
5    let time_limit = Duration::new(1,0);
6    let start = Instant::now();
7
8    while (Instant::now() - start) < time_limit {
9        count += 1;
10   }
11   println!("{}", count);
12 }
```

这种导入形式，我们之前还没见过。它把 Duration 和 Instant 这两个类型从 std::time 中导入当前局部作用域。

创建一个 Duration 实例，表示一个 1s 的时间间隔。

访问系统的时钟时间。

一个 Instant 实例减去另一个 Instant 实例，返回一个 Duration。

2．避免使用 while 来实现无限循环

大部分 Rust 程序员都会避免使用以下惯用法来表示"永远"循环。要表示无限循环，建议的用法是使用 loop 关键字。

```
while true {
  println!("Are we there yet?");
}
```

2.4.4　loop：Rust 循环结构的基本组件

Rust 包含一个 loop 关键字，可提供比 for 和 while 更多的控制。loop 循环一次又一次地执行代码块，永远不会停下来休息。loop 循环持续执行，直至遇到 break 关键字，又或者是从外部将程序终止（terminate）。下面这个例子展示了 loop 的语法：

```
loop {
  // ...
}
```

在实现长时间运行的服务器程序时，经常会见到 loop，如下例所示：

```
loop {
  let requester, request = accept_request();
  let result = process_request(request);
  send_response(requester, result);
}
```

2.4.5　break：立即退出循环

break 关键字用于立即退出一个循环。在 Rust 中，通常与你习惯的用法是一样的：

```
for (x, y) in (0..).zip(0..) {
  if x + y > 100 {
    break;
  }
  // ...
}
```

从嵌套循环中退出

你可以使用循环标签，来退出嵌套的循环[1]。循环标签是一个以竖撇号（'）开头的标识符，如下例所示：

```
'outer: for x in 0.. {
```

---

[1] 这个功能也可以用于 continue，但很少会这样用。

```
for y in 0.. {
  for z in 0.. {
    if x + y + z > 1000 {
      break 'outer;
    }

    // ...
  }
}
}
```

Rust 中没有 goto 关键字，goto 提供了跳转到程序其他部分的能力。goto 会使程序的控制流程变得混乱，所以通常不建议使用。不过，仍然在使用 goto 的一个地方是，在检测到错误发生时跳转到函数的清理部分。使用循环标签可以实现这种跳转模式。

2.4.6　if、if else 和 else：条件测试

到目前为止，我们一直沉浸于在列表中寻找数字这令人兴奋的过程中。测试部分涉及 if 关键字的使用，例如：

```
if item == 42 {
  // ...
}
```

if 可以接收任何求值结果为布尔值（也就是 true 或 false）的表达式。如果你想测试多个表达式，那么可以添加一个链式的 if else 块。这个 else 块会匹配之前还没有被匹配上的所有情况。示例如下：

```
if item == 42 {
  // ...
} else if item == 132 {
  // ...
} else {
  // ...
}
```

在 Rust 中，没有"为真"（truthy）或"为假"（falsy）这样的类型。其他语言允许有一些特殊值，如 0 或空字符串代表 false，而其余的值代表 true，但在 Rust 中是不允许这样做的。唯一可以被用作 true 的值就是 true 自己；同样，可以用作 false 的值也只有 false。

Rust 是一门基于表达式的语言

在源于这种传承的编程语言中，所有表达式都会返回值，而且大部分东西都是表达式。这种传承通过一些在其他语言中不合法的结构体现了它的不同之处。在 Rust 的惯用法中，函数是会省略 return 关键字的，如下面的代码所示：

```
fn is_even(n: i32) -> bool {
  n % 2 == 0
}
```

Rust 程序员会通过条件表达式来给变量赋值，如下所示：

```
fn main() {
  let n = 123456;
  let description = if is_even(n) {
    "even"
  } else {
    "odd"
  };
  println!("{} is {}", n, description);          输出 "123456 is even"。
}
```

上述例子还可以扩展成使用 match 的代码块，如下所示：

```
fn main() {
  let n = 654321;
  let description = match is_even(n) {
    true => "even",
    false => "odd",
  };
  println!("{} is {}", n, description);          输出 "654321 is odd"。
}
```

下面的用法可能是最出人意料的——break 关键字也可以返回一个值。这种用法可以让"无限"循环返回一个值：

```
fn main() {
  let n = loop {
      break 123;
  };
  println!("{}", n);          输出 "123"。
}
```

你可能想知道 Rust 中的哪些部分不是表达式——不返回值。一言以蔽之，语句不是表达式，因此表达式语句也不是表达式。下面是 3 种不是表达式的情况。

- 以分号（;）结尾的表达式。
- 使用赋值操作符（=）绑定一个名字到一个值上。
- 类型声明，包括函数（fn）以及使用 struct 和 enum 关键字创建的数据类型。

正式的说法是，上面的第一种形式称为表达式语句，后面的两种形式称为声明语句。在 Rust 中，没有返回值就表示为 ()（单元类型）。

2.4.7　match：类型感知的模式匹配

虽然在 Rust 中可以使用 if else 块，但是还有一个更安全的选择——match。之所以使用 match 更安全，是因为假如你没有考虑到所有可能的情况，match 会警告你。此外，使用 match

的代码也是优雅而简洁的。示例如下：

```
match item {
    0           => {}, ◄── 匹配一个单值。这时是不需要任何运算符的。

    10 ..= 20   => {}, ◄── ..= 语法匹配一个包含范围（inclusive range）。

    40  |  80   => {}, ◄── 竖线（|）表示匹配其中任意一个值的情况。

    _           => {}, ◄── 下画线（_）在这里代表匹配所有值。
}
```

match 为测试多个可能的值提供了一种复杂又不失简洁的语法。下面是一些例子。

■ 包含范围（10 ..= 20）会匹配此范围内的所有值。

■ 布尔或（竖线）会匹配两端的任何一个值。

■ 下画线会匹配所有的值。

match 类似于其他语言中的 switch 关键字。但与 C 语言中的 switch 不同的是，match 要保证一个类型的所有可能情况都会显式地得到处理。如果 match 的各个分支没有覆盖到所有可能的情况，编译器会报错。另一个不同点是，一个分支被匹配到以后不会默认地"掉到"（fall through）下一个分支中。相反，如果匹配到一个分支，match 就立即返回。

清单 2.8 展示了一个稍大一点儿的 match 示例，其源代码保存在 **ch2-match-needles.rs** 文件中。运行代码，会在屏幕上输出如下两行信息：

```
42: hit!
132: hit!
```

清单 2.8　使用 match 关键字匹配多个值

```
 1 fn main() {
 2     let needle = 42; ◄── 此处的变量 needle 是多余的。
 3     let haystack = [1, 1, 2, 5, 14, 42, 132, 429, 1430, 4862];
 4
 5     for item in &haystack {        ◄── 此处的 match 是一个表达式，其返回值可以绑定给一个变量。
 6         let result = match item {
 7             42 | 132 => "hit!", ◄── 42|132，匹配 42 或 132。成功的情况！
 8             _ => "miss", ◄── 一个通配符模式，会匹配所有的值。
 9         };
10
11         if result == "hit!" {
12             println!("{}: {}", item, result);
13         }
14     }
15 }
```

match 关键字在 Rust 语言中具有重要作用。在许多控制结构比如循环结构中，其底层实现都用到了 match。在用到 Option 类型的时候，match 的作用尤其明显。Option 类型的相关内容将在第 3 章详细介绍。

现在我们已经学习了数字的定义以及 Rust 中一些流程控制结构的用法，接下来将学习使用函数来给程序添加结构。

2.5　定义函数

在本章的开头，清单 2.2 包含了一个很小的函数 add()。add 函数接收两个 i32 的值，并返回它们的和。为便于介绍，我们把它单独拿出来，列在清单 2.9 中。

清单 2.9　定义一个函数（摘自清单 2.2）

```
10 fn add(i: i32, j: i32) -> i32 {
11     i + j
12 }
```

add() 接收两个整数参数，并返回一个整数。这两个参数会绑定到函数的局部变量 i 和 j 上。

现在，我们来集中讲解清单 2.9 中的每一个语法元素。在图 2.2 中，标出了每一部分的含义。有强类型编程语言经验的人应该比较熟悉这些概念。

Rust 的函数定义，要求你必须显式地指定函数的参数类型和返回类型。我们已介绍了接下来要完成的这个 Rust 程序所需的大部分基础知识，接下来就让我们使用这些知识来完成第一个功能完整的程序。

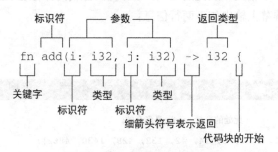

图 2.2　Rust 的函数定义语法

2.6　使用引用

如果你只用过动态编程语言，那么引用的语法和语义可能会让你感到有点儿沮丧。它可能很难让你在头脑中形成具体情况的画面，进而让你难以理解哪些符号应该放在哪里。值得庆幸的是，Rust 编译器是个很好的教练。

引用是一个用于指代另一个值的值。举例来说，想象一下，变量 a 是一个大数组，复制的开销很高。从某种意义上讲，引用 r 就是 a 的一个廉价副本。程序并没有创建一个副本，仅仅是把 a 的地址存储在内存中了。当需要用到 a 中的数据时，r 可以被解引用来让 a 可用。代码如清单 2.10 所示：

清单 2.10　创建一个引用

```
fn main() {
  let a = 42;                    r是对a的引用
  let r = &a;
  let b = a + *r;                实现a与a相加（通过解引用），并将结果赋值给b

  println!("a + a = {}", b);     输出"a + a = 84"
}
```

引用是使用引用操作符（&）创建出来的，而执行解引用则需要使用解引用操作符（*）。这些操作符都是单目操作符，意味着它们只接收一个操作数。使用 ASCII 文本编写的源代码有一个局限性就是，乘法和解引用使用的是同一个符号。接下来，让我们再来看一个使用了这些用法的较大的例子。

清单 2.11 展示了如何在一个数字类型的数组（在代码第 3 行中定义的 haystack）中查找一个数字（在第 2 行中定义的 needle）。编译并运行这段代码，会在控制台上输出 132。其源代码保存在文件 ch2/ch2-needle-in-haystack.rs 中。

清单 2.11　在一个整数数组中查找一个整数

```
 1 fn main() {
 2   let needle = 0o204;
 3   let haystack = [1, 1, 2, 5, 15, 52, 132, 877, 4140, 21147];
 4
 5   for item in &haystack {        在数组 haystack 中遍历数组元素的引用。
 6   if *item == needle {
 7     println!("{}", item);
 8   }                             *item，这个语法解引用 item，返回它所指向的对象。
 9   }
10 }
```

每一次迭代，都会改变 item 的值，指向 haystack 中的下一个元素。在第一次迭代时，*item 返回 1；最后一次迭代时，它会返回 21147。

2.7　项目：绘制芒德布罗集

到现在为止，虽然我们还有许多 Rust 的知识没有了解，但是已经有足够的工具来创建一些几何分形学中的有趣图形了。让我们从清单 2.12 开始吧。操作步骤如下所示。

（1）在终端窗口中，执行以下命令，创建出一个用于绘制芒德布罗集（Mandelbrot set）的项目：

　　a. 执行 cd $TMP（在 Windows 中则使用 cd %TMP%），移动到一个不重要的目录中。

　　b. 执行 cargo new mandelbrot --vcs none，创建出一个新的空白项目。

　　c. 执行 cd mandelbrot，移动到这个新项目的根目录中。

　　d. 执行 cargo add num，编辑 Cargo.toml，把 num 软件包作为依赖项添加进来（请参见 2.3.4 节中末尾处的相关内容，了解如何来启用这个 cargo 功能）。

（2）使用清单 2.12 中的代码替换 src/main.rs 中的内容，代码可以在文件 ch2/ch2-mandelbrot/src/main.rs 中找到。

（3）执行 cargo run 命令。你应该能在终端中看到绘制出来的芒德布罗集了：

```
                           ...........•••*•**•..........
                         ...........•••••**•..........
                       ............•••*••+•%+•***........
                     ...............*$%%%%%•.......
                   .......•••**•*•••********%%****•+•+*•••
                 ........•••**+*•%%%%%%%%%%%%%%%x*+*+*•••
               ...........•••••**++%%%%%%%%%%%%%%%%%***•••
             .......•••*•••••••••••••**+%%%%%%%%%%%%%%%%%%***•••
           .......•••***•**•*•••••**+%%%%%%%%%%%%%%%%%%%%%+•••
         ...........••••*+%*%#xx%****x%%%%%%%%%%%%%%%%%%%%***•••
       .......•••••**++%%%%%%%%+*%%%%%%%%%%%%%%%%%%%%%*•.
     .......•••••••**+**%%%%%%%%%%+%%%%%%%%%%%%%%%%%%%%*•.
   %%%%%%%%%%%%%%%%%%%%%%%%%%%%%%%%%%%%%%%%%%%%%%%%%%%%%%+•
     .......•••••••**+**%%%%%%%%%%+%%%%%%%%%%%%%%%%%%%%*•.
       .......•••••**++%%%%%%%%+*%%%%%%%%%%%%%%%%%%%%%*•.
         ...........••••*+%*%#xx%****x%%%%%%%%%%%%%%%%%%%%***•••
           .......•••***•**•*•••••**+%%%%%%%%%%%%%%%%%%%%%+•••
             .......•••*•••••••••••••**+%%%%%%%%%%%%%%%%%%%***•••
               ...........•••••**++%%%%%%%%%%%%%%%%%***•••
                 ........•••**+*•%%%%%%%%%%%%%%%x*+*+*•••
                   .......•••**•*•••********%%****•+•+*•••
                     ...............*$%%%%%•.......
                       ............•••*••+•%+•***........
                         ...........•••••**•..........
                           ...........•••*•**•..........
```

清单 2.12　绘制芒德布罗集

```rust
1  use num::complex::Complex;        ⟵────  从 num 软件包的 Complex 子模块中，导入复数数字类型 Complex。
2                                           在输出空间（一个行和列的网格）和芒德布罗集的空间范围（靠
3  fn calculate_mandelbrot(  ⟵────          近 (0,0) 的连续区域）之间执行转换。
4                                           如果一个值在达到最大迭代次数之前都没有逃逸，那么就认为此
5    max_iters: usize,      ⟵────           值是在芒德布罗集的范围之内的。
6    x_min: f64,
7    x_max: f64,                             这 4 个参数指定了我们要搜索的集合成员的空间范围。
8    y_min: f64,
9    y_max: f64,
10   width: usize,                           这两个参数表示输出空间的大小，单位是像素。
11   height: usize,
12   ) -> Vec<Vec<usize>> {
13                                           创建一个容器，用于容纳每行的数据。
14   let mut rows: Vec<_> = Vec::with_capacity(width);  ⟵────
15   for img_y in 0..height {  ⟵────
16                                           按行迭代允许我们逐行输出要输出的内容。
17     let mut row: Vec<usize> = Vec::with_capacity(height);
```

```
18     for img_x in 0..width {
19
20         let x_percent = (img_x as f64 / width as f64);
21         let y_percent = (img_y as f64 / height as f64);
22         let cx = x_min + (x_max - x_min) * x_percent;
23         let cy = y_min + (y_max - y_min) * y_percent;
24         let escaped_at = mandelbrot_at_point(cx, cy, max_iters);
25         row.push(escaped_at);
26     }
27
28     rows.push(row);
29 }
30 rows
31 }
32
33 fn mandelbrot_at_point(
34   cx: f64,
35   cy: f64,
36   max_iters: usize,
37 ) -> usize {
38   let mut z = Complex { re: 0.0, im: 0.0 };
39   let c = Complex::new(cx, cy);
40
41   for i in 0..=max_iters {
42     if z.norm() > 2.0 {
43       return i;
44     }
45     z = z * z + c;
46   }
47   max_iters
48 }
49
50 fn render_mandelbrot(escape_vals: Vec<Vec<usize>>) {
51   for row in escape_vals {
52     let mut line = String::with_capacity(row.len());
53     for column in row {
54       let val = match column {
55         0..=2 => ' ',
56         3..=5 => '.',
57         6..=10 => '•',
58         11..=30 => '*',
59         31..=100 => '+',
60         101..=200 => 'x',
61         201..=400 => '$',
62         401..=700 => '#',
63         _ => '%',
64       };
65
66       line.push(val);
```

计算我们在输出中要覆盖的空间比例，并将其转换为搜索空间中的点。

在每个像素上调用（每个像素对应要输出的行和列的值）。

将一个复数初始化为原点的值，实部（re）和虚部（im）都为 0.0。

使用作为函数参数提供的坐标值来初始化一个复数。

检查逃逸条件。z.norm() 用于计算到原点 (0,0) 的距离，返回一个复数的绝对值。

反复改变 z 的值，用来检查 c 是否位于芒德布罗集之内。

因为 i 在这里不再存在，所以在检查失败后我们返回 max_iters。

```
67     }
68     println!("{}", line);
69   }
70 }
71
72 fn main() {
73   let mandelbrot = calculate_mandelbrot(1000, 2.0, 1.0, -1.0,
74                                          1.0, 100, 24);
75
76   render_mandelbrot(mandelbrot);
77 }
```

现在，我们已经对 Rust 的基础知识进行了实践。接下来，让我们继续学习函数定义的内容以及一些新的类型。

2.8　高级函数定义

比起清单 2.2 中的 add(i: i32, j: i32) -> i32 形式，Rust 中还有一些有点儿"吓人"的函数形式。为了帮助那些想要阅读和编写更多 Rust 代码的人，接下来我们会介绍一些额外的内容。

2.8.1　显式生命周期注解

需要事先提出警告，我们将介绍一些更为复杂的符号。在浏览其他人写的 Rust 代码时，你可能会在某个函数定义中遇到一些令人难以理解的符号——这些符号看起来好像是来自古代文明中的文字符号。清单 2.13 就给出了这样的一个例子，此代码是从清单 2.14 中提取出来的。

清单 2.13　展示了包含显式生命周期注解的一个函数签名
```
1 fn add_with_lifetimes<'a, 'b>(i: &'a i32, j: &'b i32) -> i32 {
2   *i + *j
3 }
```

就像所有陌生的语法一样，一开始你可能很难知道这是什么。随着时间的推移，这种情况会有所改善。让我们先解释这是什么，然后继续讨论为什么会是这样的。下面的要点将前面代码段的第 1 行分解成了多个部分。

- fn add_with_lifetimes(...) -> i32 这种语法你应该已经熟悉了。从这里面，我们可以推断出 add_with_lifetimes() 是一个函数，会返回一个 i32 的值。
- <'a, 'b>在 add_with_lifetimes() 的作用域中，声明了两个生命周期变量，'a 和'b。通常称为生命周期 a 和生命周期 b。
- i: &'a i32 把生命周期变量'a 绑定到 i 的生命周期上，读作"参数 i 是一个 i32 的引用，具有生命周期 a"。
- j: &'b i32 把生命周期变量'b 绑定到 j 的生命周期上，读作"参数 j 是一个 i32 的引用，具有生命周期 b"。

　　将生命周期变量绑定到一个值上的意义可能并没那么显而易见。Rust 的安全性检查是基于生命周期系统的，因为生命周期系统能够验证所有对数据的访问是否有效。生命周期注解让程序员可以声明他们的意图。所有绑定到一个给定的生命周期的值，必须与最后一次访问绑定到该生命周期的任何值"活"得一样长。

　　生命周期系统通常情况下是不需要协助的、独立进行工作。尽管每个函数参数都有一个生命周期，但是这些检查通常是不可见的，也就是说，这些生命周期通常不需要出现在代码中，因为编译器可以自己推断出大部分参数的生命周期。[1] 但是在一些推断生命周期有困难的情况下，编译器就需要协助了，比如函数接收多个引用的参数，还有当函数返回一个引用值时，编译器在需要协助时，常常会通过一个错误信息来表示。

　　在调用函数时是不需要生命周期注解的。下面让我们来看一个完整的使用示例，你能看到在定义函数（代码第 1 行）时使用了生命周期注解，但是在调用这个函数（代码第 8 行）时就不需要了。此清单的源代码保存在文件 ch2-add-with-lifetimes.rs 中。

清单 2.14　带显式生命周期注解的函数的类型签名

```
1 fn add_with_lifetimes<'a, 'b>(i: &'a i32, j: &'b i32) -> i32 {
2    *i + *j
3 }
4
5 fn main() {
6    let a = 10;
7    let b = 20;
8    let res = add_with_lifetimes(&a, &b);
9
10   println!("{}", res);
11 }
```

（第 3 行注释）加法运算的两个操作数是 i 和 j 所指向的值，而不是直接对引用本身做加法运算。

（第 8 行注释）&a 和 &b 的含义分别是指向值 10 以及值 20 的引用。在调用函数时，生命周期符号不是必需的。

　　在第 2 行代码中，*i + *j 是将变量 i 和变量 j 所指向的值加到一起。在使用引用的时候，经常会看到生命周期参数。在 Rust 无法推断出引用的生命周期的情况下，这些引用就需要程序员来指明意图。在此代码中分别使用了两个生命周期参数（a 和 b），表示 i 和 j 的生命周期是解耦的。

> 注意　生命周期参数是在保持高级代码的同时，为程序员提供控制能力的一种方式。

2.8.2　泛型函数

　　函数语法中的另一种特殊情况是，程序员需要编写的 Rust 函数，要能够处理多种可能的输入类型。到目前为止，我们看到过接收 32 位整数（i32）的函数。清单 2.15 所示的这个函数签名，调用时可以接收很多不同的参数类型作为输入，只要参数的类型相同即可。

---

[1] 省略掉生命周期注解，正式的说法叫作生命周期省略（lifetime elision）。

清单 2.15　一个泛型函数的类型签名

```
fn add<T>(i: T, j: T) -> T {    ◁────
  i + j
}
```

代表类型变量的 T 是使用尖括号来引入的（<T>）。这个
函数接收两个同类型的参数并返回一个相同类型的值。

在类型注解的位置上使用大写字母来表示一个泛型类型。依照惯例，经常使用变量 T、U 和 V 来作为泛型类型的占位符，但实际上也可以是任意的其他名字。E 经常用来表示错误类型。错误处理的更多细节将在第 3 章中介绍。

泛型让代码可以有效重用，并且显著提高了强类型编程语言的易用性。遗憾的是，清单 2.15 还不能通过编译。Rust 编译器会抱怨，它无法把两个任意类型 T 的值加到一起。尝试编译清单 2.15 所示的代码，会看到以下的输出信息：

```
error[E0369 cannot add 'T' to 'T'
 --> add.rs:2:5
  |
2 |   i + j
  |   - ^ - T
  |   |
  |   T
  |
help: consider restricting type parameter 'T'
  |
1 | fn add<T: std::ops::Add<Output = T>>(i: T, j: T) -> T {
  |         ^^^^^^^^^^^^^^^^^^^^^^^^^^^^
```

```
error: aborting due to previous error
```

```
For more information about this error, try 'rustc --explain E0369'.
```

出现这样的问题是因为，T 实际上表示的是任意类型，甚至也包括那些不能支持加法运算的类型。图 2.3 为这样的问题提供了一个可视化的形式。清单 2.15 试图引用此图中的外圈，而支持加法运算的类型仅仅出现在此图中的内圈里面。

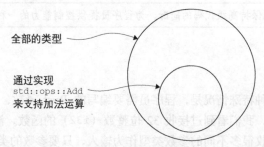

全部的类型

通过实现
std::ops::Add
来支持加法运算

图 2.3　在全部的类型中，只有一个子集实现了这些操作。因此，在创建含有此类操作符的
泛型函数时，请务必以 trait 限定的形式来包含此操作符所对应的 trait

我们应该如何来指明类型 T 必须要实现加法运算呢? 要回答这个问题, 就需要引入一些新的术语。

所有的 Rust 操作符 (包括加法操作符) 都是在 trait 中定义的。要让类型 T 一定能支持加法运算, 就需要我们在函数定义中类型变量的旁边, 包含一个 trait 限定 (trait bound)。清单 2.16 给出了这种语法的一个例子。

清单 2.16 带 trait 限定的泛型函数的类型签名

```
fn add<T: std::ops::Add<Output = T>>(i: T, j: T) -> T  {
  i + j
}
```

<T: std::ops::Add<Output = T>>表示要求 T 必须实现 std::ops::Add。在这个 trait 限定中, 使用了单个类型变量 T, 这保证了函数参数 i 和 j 以及函数的结果都是同一个类型, 并且它们的这个类型是支持加法运算的。

那么 trait 是什么呢? trait 是一种语言功能, 类似一个接口、协议或者契约。如果你有面向对象的编程经验, 可以将 trait 类比成抽象基类。如果你有函数式语言的编程经验, 那么 Rust 中的 trait 和 Haskell 中的类型类是比较接近的。就目前而言, 我们只需说, trait 使类型能宣告它们正在使用的是共有的行为。

所有 Rust 操作符都是用 trait 定义的。举例来说, 加法操作符 (+) 是作为 std::ops::Add trait 来进行定义的。trait 的相关内容将在第 3 章中适当地介绍, 并会随着本书后面内容的介绍逐步深入地讲解有关 trait 的更多内容。

在这里再补充一点: Rust 操作符均为某个 trait 方法的语法糖。Rust 用这种方式支持了操作符的重载。在编译的过程中, a + b 会被转换为 a.add(b)。

清单 2.17 所示的是一个完整的例子, 展示了一个可以使用多种类型进行调用的泛型函数。执行其中的代码, 会输出以下 3 行信息到控制台上:

```
4.6
30
15s
```

清单 2.17 一个带类型变量和 trait 限定的泛型函数

```
1 use std::ops::{Add};        ← 从 std::ops 中导入 Add 这个 trait 到当前的局部作用域中。
2 use std::time::{Duration};  ← 从 std::time 中导入 Duration 类型到当前的局部作用域中。
3
4 fn add<T: Add<Output = T>>(i: T, j: T) -> T {  ← add() 函数的参数能接收实现了
5   i + j                                           std::ops::Add 的任何类型。
6 }
7                           使用浮点数作为参数
8 fn main() {               调用 add()。
9   let floats = add(1.2, 3.4); ←
10  let ints = add(10, 20);         使用整数作为参数调用 add()。
```

```
11    let durations = add(
12        Duration::new(5, 0),
13        Duration::new(10, 0)
14  );
15
16    println!("{}", floats);
17    println!("{}", ints);
18    println!("{:?}", durations);
19
20  }
```

使用 Duration 类型的值作为参数调用 add()，Duration 类型表示两个时间点之间的时间间隔。

std::time::Duration 没有实现 std::fmt::Display 这个 trait，所以我们退一步使用 Std::fmt::Debug 这个 trait。

可以看到，有时候函数签名会变得比较复杂，要读懂这些复杂的函数签名，需要一些耐心。希望你现在已经有足够的工具能够自己拆解并读懂这些函数签名，并且在这个过程中不会再被卡住。请了解下面所示的原则，以帮助你阅读 Rust 代码。

- 小写字母（例如 i、j）表示变量。
- 单个大写字母（例如 T）表示泛型类型。
- 以大写字母开头的（例如 Add）是 trait 的名字或者是具体类型的名字，比如 String、Duration。
- 标签（例如'a）表示生命周期参数。

2.9　创建 grep-lite

我们在本章中用了很长的篇幅来讨论数字类型。接下来，是时候学习另一个实际的例子了。在这个例子中，我们将学习一点儿在 Rust 中处理文本的相关内容。

清单 2.18 所示的是 grep-lite 程序的第一个迭代的版本。其源代码保存在 ch2-str-simple-pattern.rs 文件中。这里用到了硬编码的参数，这样虽然限制了程序的灵活性，但是有效展示了字符串字面量的用法。运行其中的代码，会在控制台上输出如下一行信息：

```
dark square is a picture feverishly turned--in search of what?
```

清单 2.18　在一个多行字符串中执行一个简单模式的查找

```
1 fn main() {
2    let search_term = "picture";
3    let quote = "\
4 Every face, every shop, bedroom window, public-house, and
5 dark square is a picture feverishly turned--in search of what?
6 It is the same with books.
7 What do we seek through millions of pages?";
8
9    for line in quote.lines() {
10     if line.contains(search_term) {
11        println!("{}", line);
12     }
13   }
14 }
```

要表示一个多行字符串，并不需要特殊的语法。第 3 行中的反斜线（\）字符会使编译器忽略掉紧跟着的换行符。

lines() 方法返回一个引用的迭代器，每次迭代都返回此文本中的一行。Rust 会按照每种操作系统的约定来表示相应的换行符。

可以看到，Rust 中的字符串本身是能做许多事情的。我们有必要介绍清单 2.18 中的一些功能，并且将为这个原型程序扩展出一些新的功能。

- 第 9 行代码（`quote.lines()`）表示按行迭代，并且是以跨平台的方式来实现的。
- 第 10 行代码（`line.contains()`）表示使用方法的语法执行文本的查找。

Rust 中多种字符串类型的介绍

对 Rust 新手来说，Rust 中的字符串还是比较复杂的，往往会涉及一些底层的实现细节，这会增加理解的难度。在计算机中表示文本的方式是复杂的，而 Rust 选择了暴露其中的一些复杂性给程序员。这让程序员可以拥有完全的控制，但确实也给语言的学习带来了负担。

`String` 和 `str` 这两种类型都用来表示字符串，但又是不同的。首先，在使用这两种类型的值时可能会使人困惑，因为在执行类似的操作时需要使用不同的方法。随着你对 Rust 编程越来越有感觉，你需要做好应对各种恼人的类型错误的准备。在此之前，你不妨把字符串数据都转换为 `String` 类型，这样就会较少地遇到这类问题。

`String`（可能）是最接近于你在其他编程语言中已经了解的字符串类型。它支持那些你已经熟悉的操作，例如字符串拼接（将两个字符串连接在一起）、将新文本附加到现有字符串上，以及修剪空白符。

`str` 是一种高性能但功能相对较少的类型。一旦被创建出来，`str` 类型的值就不能被扩大或缩小。从这个意义上说，这与操作一个原始内存数组的情况是类似的。但是，与原始内存数组不同的是，`str` 类型的值能保证在字符串中的所有字符都是有效的 UTF-8 字符。

`str` 通常是以引用形式存在的：`&str`。`&str`（叫作字符串切片）是一个占用空间很小的类型，在其内部包含指向 `str` 数据的一个引用以及一个长度的值。试图把一个变量分配为 `str` 类型的操作将会失败。Rust 编译器想要在一个函数的栈帧中创建固定大小的变量。而一个 `str` 的值可以是任意的长度，因此它们只能通过引用来将其存储为局部变量。

对那些有系统编程经验的读者来说，`String` 类型使用动态内存分配来存储它所表示的文本。创建 `&str` 类型的值可以避免内存的分配。

`String` 是一个拥有所有权的类型（an owned type），而所有权在 Rust 中有着特殊的含义。一个所有者（owner）能够对该数据进行任何的更改，并负责在离开作用域时删除它所拥有的值（详细内容将在第 3 章中讲解）。而 `&str` 是一个借用的类型。实际上，这意味着 `&str` 可以被认为是只读的数据，而 `String` 则是可读/写的数据。

字符串字面量（例如"Rust in Action"）的类型为 `&str`，而包含生命周期参数的完整的类型签名是 `&'static str`。`'static` 生命周期是有点儿特殊的，这个名字与它的实现细节有关。在可执行程序中有这样一个内存段，在这个内存段中硬编码了一些值，这个内存段叫作静态内存段，在程序执行的时候这个内存段中的数据是只读的。

你可能会遇到其他的一些相关类型。这里给出一个简短的列表。[a]

- char：一个单字符，被编码为 4 字节。char 的内部表示与 UCS-4/UTF-32 是等效的。这与 &str 和 String 是不同的，在 Rust 中，&str 和 String 的内部是使用 UTF-8 来编码字符串中的每个字符的。这样一来，确实是给字符和字符串之间的转换带来了代价，但这也意味着 char 类型的值是固定宽度的，所以编译器更容易对之进行推断和处理。字符被编码为 UTF-8 后，可能会占用的空间为 1 到 4 字节不等。

- [u8]：一个包含原始字节的切片（a slice of raw bytes），通常在需要处理二进制数据流的时候会用到此类型。

- Vec<u8>：一个包含原始字节的动态数组，通常在需要消费 [u8] 数据时会创建此类型的值。String 与 Vec<u8> 是类似的，相应地，str 与 [u8] 又是类似的。

- std::ffi::OSString：一个操作系统平台本地化的字符串，在行为上与 String 非常接近，但是不提供 UTF-8 编码有效性的保证，而且也不包含零字节（0x00）。

- std::path::Path：一个类似字符串的类型，专门用于处理文件系统路径。

要想完全理解 String 和 &str 之间的区别，就需要用到数组和动态数组的知识。字符串类的文本数据与这两种类型非常相似，所以在具体实现上，就使用这两种类型作为其相应的底层结构，并且在其上层添加了一些方便的字符串方法。

---

[a] 遗憾的是，这不是一个完整的列表。有时，在特定的使用场景使用时需要进行特定的处理。

接下来，我们再添加点儿功能，给输出的已匹配行添加上行号。这与 POSIX.1-2008 标准中提到的 grep 工具的 -n 选项的功能是一致的。

在前面示例的基础上添加了几行代码，现在我们将看到屏幕上会显示如下输出内容。清单 2.19 为添加了此功能的代码，其源代码保存在 ch2/ch2-simple-with-linenums.rs 文件中。

```
2: dark square is a picture feverishly turned--in search of what?
```

清单 2.19　手动自增索引变量

```
1 fn main() {
2   let search_term = "picture";
3   let quote = "\                    ←───┤ 反斜线忽略掉后面的换行符。
4 Every face, every shop, bedroom window, public-house, and
5 dark square is a picture feverishly turned--in search of what?
6 It is the same with books. What do we seek through millions of pages?";
7   let mut line_num: usize = 1; ←──────┤ 我们使用 let mut 将 line_num 声明为可修改的，并且将之初始化为 1。
8
9   for line in quote.lines() {
10    if line.contains(search_term) {
11    println!("{}: {}", line_num, line); ←──┤ 我们更新了 println! 宏，允许同时输出两个值。
12    }
13    line_num += 1; ←────┤ 自增 line_num。
```

```
14   }
15 }
```

清单 2.20 展示了一种用于自增 i 的更符合工效学的方式。输出是完全相同的，但这里用了 enumerate() 方法，以及链式调用。enumerate() 接收一个迭代器 I，返回另一个迭代器（N，I），其中的 N 是一个从 0 开始的数字，每次迭代自增 1。清单的源代码保存在 ch2-simple-with-enumerate.rs 文件中。

清单 2.20 自动自增索引变量

```
1 fn main() {
2   let search_term = "picture";
3   let quote = "\
4 Every face, every shop, bedroom window, public-house, and
5 dark square is a picture feverishly turned--in search of what?
6 It is the same with books. What do we seek through millions of pages?";
7
8   for (i, line) in quote.lines().enumerate() {        lines() 返回一个迭代器，它可以和
9     if line.contains(search_term) {                   enumerate() 一起形成链式调用。
10      let line_num = i + 1;
11      println!("{}: {}", line_num, line);             计算行号，我们把要执行的加法运算代码放在
12    }                                                 这个位置，避免每次迭代都计算一遍。
13  }
14 }
```

grep 另一个非常有用的功能是输出已匹配行的上下文内容。在 GNU 版本的 grep 实现中，这个功能是一个 -C NUM 的选项开关。要增加对这个新功能的支持，我们需要创建出数据的列表。

2.10 使用数组、切片和动态数组来创建数据列表

数据列表的使用是非常普遍的。在 Rust 中，最常用的用于表示数据列表的两种类型是数组和动态数组。数组是固定长度并且非常轻量的；动态数组是可增长的，但会带来一些运行时开销，这是由一些额外的簿记工作所导致的。在 Rust 中，动态数组是文本数据的底层实现机制，了解它的使用有助于粗略地了解字符串的一些行为机制。

本节旨在让程序能够支持一个新功能，能输出围绕已匹配行的 n 行上下文的内容。为此，我们需要先讲解有关数组、切片和动态数组的一些内容。在这个练习程序中，最有用的一个类型就是动态数组。要学习动态数组的内容，我们需要从比它更简单的两个"兄弟类型"开始：数组和切片。

2.10.1 数组

数组（array）就是一个同类事物紧密打包的集合，至少对 Rust 来说，数组是这样的。可

以替换数组中的元素，但数组的长度是不可变的。因为可变长度类型（例如 String 类型）增加了一定的复杂性，所以我们先讲解元素为数字的数组。

创建数组有两种形式。我们可以使用方括号括住一个以逗号分隔的列表（例如[1, 2, 3]），也可以使用重复表达式（repeat expression）——此表达式是以分号分隔的两个值（例如[0; 100]）。其中左侧的值（0）是所有数组元素的默认初始值，而右侧的值（100）是数组的元素个数，也就是说，左侧的值会被重复右侧的值这么多次。清单 2.21 的第 2～5 行展示了用于创建数组的所有 4 种变体形式。清单 2.21 的源代码保存在 ch2-3arrays.rs 文件中。

清单 2.21　定义数组和遍历数组的元素

```
1 fn main() {
2   let one              = [1, 2, 3];
3   let two: [u8; 3]     = [1, 2, 3];
4   let blank1           = [0; 3];
5   let blank2: [u8; 3] = [0; 3];
6
7 let arrays = [one, two, blank1, blank2];
8
9 for a in &arrays {
10   print!("{:?}: ", a);
11   for n in a.iter() {
12     print!("\t{} + 10 = {}", n, n+10);
13   }
14
15   let mut sum = 0;
16   for i in 0..a.len() {
17     sum += a[i];
18   }
19   println!("\t(Σ{:?} = {})", a, sum);
20  }
21 }
```

运行上述代码，会在控制台上输出以下 4 行信息：

```
[1, 2, 3]:     1 + 10 = 11    2 + 10 = 12    3 + 10 = 13    (Σ[1, 2, 3] = 6)
[1, 2, 3]:     1 + 10 = 11    2 + 10 = 12    3 + 10 = 13    (Σ[1, 2, 3] = 6)
[0, 0, 0]:     0 + 10 = 10    0 + 10 = 10    0 + 10 = 10    (Σ[0, 0, 0] = 0)
[0, 0, 0]:     0 + 10 = 10    0 + 10 = 10    0 + 10 = 10    (Σ[0, 0, 0] = 0)
```

从机器层次的视角来看，数组是一个简单的数据结构。它是由同类型元素构成的一个连续的内存块。其实这种简单多少有点儿欺骗性。对初学者来讲，对数组的学习还是存在如下一些难点的。

- 数组的类型表示形式可能是令人困惑的。[T; n]表示一个数组类型，其中的 T 是元素类型，n 是一个非负整数。[f32; 12]表示一个包含 12 个元素的数组，数组元素类型为 32 位浮点数。初学者很容易把数组类型和切片类型搞混，切片类型是没有编译期长度的。

- 要注意，[u8; 3]与[u8; 4]是完全不同的两个类型。也就是说，类型系统本身是要区分数组长度的。

■ 在实际使用中，大部分的数组操作都是通过另一个叫作切片（[T]）的类型来执行的。并且经常使用的是其引用形式（&[T]）。在 Rust 中，切片和切片的引用通常都叫作切片，这可能带来了一些称呼上的混淆。

Rust 会保持对安全性的关注。索引数组是要经过边界检查的。如果请求的元素超出了边界，就会使程序崩溃（用 Rust 的术语来说就是恐慌），而不会返回错误的数据。

2.10.2 切片

切片（slice）是动态大小（dynamically sized）的类数组对象。动态大小指的是编译期长度未知。然而，切片和数组一样，是不能扩展和收缩的。在动态大小中使用的"动态"这个词，意思上更接近于"动态类型"，而不是长度可变。要解释编译期长度信息的缺失，可以从数组（[T; n]）和切片（[T]）的类型签名中看出差别。

在 Rust 中，切片是很重要的，因为比起数组，切片更容易实现 trait。trait 是 Rust 程序员为对象添加方法的一种重要形式。比如，[T; 1]、[T; 2]……[T; n]这些都是不同类型的数组，所以要为这么多不同类型的数组实现 trait 就有点儿过于笨拙了。而从一个数组创建出一个切片的操作非常容易，开销又很低，这是因为切片本身不需要与特定的长度进行绑定。

切片的另一个十分重要的使用方式是，切片可以作为数组（或其他切片）的一个视图来使用。术语"视图"的这个概念是从数据库技术中来的，在这里的意思是通过切片可以获得对原有数据快速、只读的访问，而不需要任何形式的复制动作。

切片在使用时的一个麻烦之处在于，Rust 想知道程序中每个对象的长度信息，而切片的定义中是没有编译期长度信息的。使用切片的引用就能解决这个问题。前面介绍动态大小时曾经提到过，对一个具体的切片来说，它的长度在内存中是固定不可变的。切片的底层实际上是由两个 usize 类型的组成部分（一个指针和一个长度）构成的。这就是你看到的大多是引用形式的切片（&[T]）的具体原因，比如说字符串切片通常使用的是符号&str。

> **注意** 不用太担心数组和切片的区别。在实际的使用中，这并不重要。术语都是具体实现细节的产物。需要处理性能关键的代码时，这些实现上的细节很重要，但是对语言基础的学习而言，这些细节并不重要。

2.10.3 动态数组

动态数组（vector），其类型签名为 Vec<T>，是一个元素类型为 T 的可增长列表。在 Rust 代码中，动态数组是极为常用的。动态数组会比数组多一些运行时的开销，这是因为当长度改变时会有额外的一些簿记工作要做。但是动态数组在使用上的灵活性，弥补了这个不足之处。

当前的任务是要为 grep-lite 工具增加一个新功能。具体来讲，我们想要保存已匹配行附近的 n 行上下文信息。自然，会有多种方法可以实现这个功能。

为了最小化代码的复杂程度，我们将采用两步走的策略。第一步，我们先标记已匹配的行。然后在第二步中，我们再为每个已标记过的行来收集对应的 n 行上下文信息。

截至目前，清单 2.22 中的代码是 grep-lite 的程序版本中最长的一个代码示例。其源代码保存在 ch2/ch2-introducing-vec.rs 中，需要你多花点儿时间来充分理解这段代码。其中最让人困惑的可能是这个 Vec<Vec<(usize, String)>>，在示例代码的第 14~15 行上。Vec<Vec<(usize, String)>>是一个动态数组的动态数组，在类型签名 Vec<Vec<T>>里面，T 的类型是(usize, String)。这里的(usize, String)是一个元组，用来保存上下文信息中的行号和对应行中的文本信息。当代码第 3 行中的 needle 变量被设置为"oo"时，运行此代码的输出信息如下：

```
1: Every face, every shop,
2: bedroom window, public-house, and
3: dark square is a picture
4: feverishly turned--in search of what?
3: dark square is a picture
4: feverishly turned--in search of what?
5: It is the same with books.
6: What do we seek
7: through millions of pages?
```

清单 2.22　通过使用一个 Vec<Vec<T>>允许输出上下文的行信息

```
1  fn main() {
2    let ctx_lines = 2;
3    let needle = "oo";
4    let haystack = "\
5  Every face, every shop,
6  bedroom window, public-house, and
7  dark square is a picture
8  feverishly turned--in search of what?
9  It is the same with books.
10 What do we seek
11 through millions of pages?";
12
13   let mut tags: Vec<usize> = vec![];
14   let mut ctx: Vec<Vec<(
15             usize, String)>> = vec![];
16
17   for (i, line) in haystack.lines().enumerate() {
18     if line.contains(needle) {
19       tags.push(i);
20
21       let v = Vec::with_capacity(2*ctx_lines + 1);
22       ctx.push(v);
23     }
24   }
25
26   if tags.is_empty() {
```

tags 用于保存已匹配行的行号。

ctx，每个已匹配行对应此动态数组内部的一个动态数组，用于保存该匹配行的上下文的若干行信息。

遍历待查找的多行文本，并记录匹配发生的行号。

Vec::with_capacity(n)，此方法会为 n 个元素预留空间。在这里显式的类型签名不是必需的，因为此类型可以从代码第 14~15 行中 ctx 的定义中推断出来。

如果没有任何匹配行，就提前退出。

```
27     return;
28   }
29
30   for (i, line) in haystack.lines().enumerate() {
31     for (j, tag) in tags.iter().enumerate() {
32       let lower_bound =
33           tag.saturating_sub(ctx_lines);
34       let upper_bound =
35           tag + ctx_lines;
36
37       if (i >= lower_bound) && (i <= upper_bound) {
38         let line_as_string = String::from(line);
39         let local_ctx = (i, line_as_string);
40         ctx[j].push(local_ctx);
41       }
42     }
43 }
44
45   for local_ctx in ctx.iter() {
46     for &(i, ref line) in local_ctx.iter() {
47       let line_num = i + 1;
48       println!("{}: {}", line_num, line);
49     }
50   }
51 }
```

在每一行上，针对每个标记进行检查，检查该行是否在某个匹配行的附近。如果是，则将此行添加到 ctx 里对应的 Vec<T>中。

saturating_sub()执行的是一个(饱和)减法运算，当运算结果出现整数的下溢出时，此时方法的返回值为 0，而不是使程序崩溃（CPU 不喜欢试图让 usize 的值小于 0 的操作）。

复制 line 到一个新的 String，每一次找到需要的上下文信息后将其保存起来。

ref line 告诉编译器，我们想要"借用"这个值，而不是"移动"它。这两个术语我们会在后面的章节中详细讲解。

当你使用 Vec::with_capacity()方法提供一个长度提示后，这样的 Vec<T>性能是最佳的。提供一个长度的估计量，可以最大限度地减少需要从操作系统分配内存的次数。

> **注意** 如果将此示例中的方法用在真实的文本文件上，就需要考虑可能出现的编码问题。String 类型的值必须保证是有效的 UTF-8。当从一个文本文件中直接将数据读取到一个 String 中时，如果检测到存在无效的 UTF-8 字节数据，就会导致错误。一个更健壮的处理方式是将数据先读取到一个[u8]（一个元素类型为 u8 的切片）中，然后借助你的领域知识对这些字节数据进行解码。

2.11 包含第三方代码

结合第三方代码是进行有效 Rust 编程的基础。与其他语言的标准库相比，Rust 标准库倾向于更精简，所以会缺少很多东西，比如随机数生成和正则表达式匹配的能力都没有提供，这意味着你经常需要在项目中使用第三方包。作为一次体验性的尝试，我们将会在程序中使用一个叫作 regex 的第三方包。

crate 是 Rust 社区所使用的名称，相对应地，在其他语言中可能使用的术语有 package、distribution 或者 library 等。regex 包提供了正则表达式匹配的能力，而不是只能简单地查找文本中的完全匹配项。

要使用第三方代码，我们需要依赖 cargo 这个命令行工具。具体操作步骤如下。

（1）打开一个命令行终端。

（2）进入一个不重要的目录，使用命令 cd /tmp（在 Windows 中使用 cd %TMP%）。

（3）执行 cargo new grep-lite --vcs none。这会输出一个简短的确认信息：

```
Created binary (application) 'grep-lite' package
```

（4）执行 cd grep-lite 进入此项目的目录中。

（5）执行 cargo add regex@1 会把版本 1 的 regex 包添加为依赖项。此命令会修改 /tmp/grep-lite/Cargo.toml 文件的内容。如果 cargo add 命令不可用，请参见 2.3.4 节中的相关内容。

（6）执行 cargo build。你应该看到类似下面的输出信息：

```
 Updating crates.io index
Downloaded regex v1.3.6
 Compiling lazy_static v1.4.0
 Compiling regex-syntax v0.6.17
 Compiling thread_local v1.0.1
 Compiling aho-corasick v0.7.10
 Compiling regex v1.3.6
 Compiling grep-lite v0.1.0 (/tmp/grep-lite)
  Finished dev [unoptimized + debuginfo] target(s) in 4.47s
```

现在你已经安装并编译好了这个 crate，接下来让我们把它用起来。首先，在清单 2.23 中，我们将支持完全匹配的查找形式。在此之后，在清单 2.24 中，我们要增加对正则表达式的支持。

2.11.1 增加对正则表达式的支持

正则表达式极大地增强了我们进行模式查找时的灵活性。清单 2.23 所示的是从前面的一个示例代码中复制过来的，接下来我们将会修改它。

清单 2.23　使用 contains() 方法进行字符串的完全匹配

```
fn main() {
  let search_term = "picture";
  let quote = "Every face, every shop, bedroom window, public-house, and
dark square is a picture feverishly turned--in search of what?
It is the same with books. What do we seek through millions of pages?";

  for line in quote.lines() {
    if line.contains(search_term) {        ← 字符串实现了一个 contains() 方法，用于查找一个子字符串。
      println!("{}", line);
    }
  }
}
```

请确保你已按照前文的描述更新了 grep-lite/Cargo.toml，使之包含 regex 的依赖项。现在，请用文本编辑器打开 grep-lite/src/main.rs，并把清单 2.24 中的内容纳入其中。清单 2.24 的源代码保存在 ch2/ch2-with-regex.rs 文件中。

清单 2.24　使用正则表达式来进行模式的查找

```
use regex::Regex;        ←────────  从 regex 包中导入 Regex 类型
                                    到当前的局部作用域。

fn main() {
  let re = Regex::new("picture").unwrap();    ←──── 用 unwrap() 解包装一个 Result，如果有错误
                                                    发生则程序崩溃。本书后面的内容中将会深
                                                    入讲解更加健壮的错误处理方法。

  let quote = "Every face, every shop, bedroom window, public-house, and
dark square is a picture feverishly turned--in search of what?
It is the same with books. What do we seek through millions of pages?";

  for line in quote.lines() {          清单 2.23 中的 contains() 方法在这里被替
    let contains_substring = re.find(line);      换成了一个 match 代码块，在此代码块中
    match contains_substring {    ←────  我们必须要处理所有可能的情况。

      Some(_) => println!("{}", line),   ←──
      None => (),   ←────
    }                       None 是反面的情况；这里的     Some(T) 是正面的情况，在本例中代表 re.find() 方
  }                          () 可以认为是一个空的占位    法查找成功。这里的下画线是通配符，匹配所有值。
}                            符的值。
```

打开命令行终端并进入 grep-lite 项目根目录，执行 `cargo run` 后的输出应该类似下面这样：

```
$ cargo run
   Compiling grep-lite v0.1.0 (file:///tmp/grep-lite)
    Finished dev [unoptimized + debuginfo] target(s) in 0.48s
     Running 'target/debug/grep-lite'
dark square is a picture feverishly turned--in search of what?
```

当然，清单 2.24 中的代码并没有从刚刚获得的正则表达式能力中得到很明显的好处。希望你能够有信心自己去实践一些更复杂的例子。

2.11.2　生成包的本地化文档

第三方包的文档通常是在线上的。然而，当暂时无法访问互联网时，你知道如何来生成本地化的包文档就会很有用。

（1）在终端中进入项目根目录，比如/tmp/grep-lite 或者%TMP%\grep-lite。

（2）执行 `cargo doc`。它会在控制台中告知你具体的进展情况：

```
$ cargo doc
    Checking lazy_static v1.4.0
 Documenting lazy_static v1.4.0
    Checking regex-syntax v0.6.17
 Documenting regex-syntax v0.6.17
    Checking memchr v2.3.3
```

```
Documenting memchr v2.3.3
    Checking thread_local v1.0.1
    Checking aho-corasick v0.7.10
Documenting thread_local v1.0.1
Documenting aho-corasick v0.7.10
    Checking regex v1.3.6
Documenting regex v1.3.6
Documenting grep-lite v0.1.0 (file:///tmp/grep-lite)
    Finished dev [unoptimized + debuginfo] target(s) in 3.43s
```

现在，你已经创建了 HTML 格式的文档。在网页浏览器中打开/tmp/grep-lite/target/doc/
grep-lite/index.html（也可以尝试使用 cargo doc --open），你就可以查看所有依赖包的文档了。
你也可以查看生成的文档目录中都有哪些内容：

```
$ tree -d -L 1 target/doc/
target/doc/
├──aho_corasick
├──grep_lite
├──implementors
├──memchr
├──regex
├──regex_syntax
├──src
└──thread_local
```

2.11.3　使用 rustup 管理 Rust 工具链

　　rustup 是 cargo 之外的另一个有用的命令行工具。cargo 用于管理项目，rustup 用于管理 Rust
的安装。rustup 关注于 Rust 的工具链，让你能够在不同的编译器版本之间进行切换。这样就意
味着把项目编译到多个目标平台上成为可能，并且可以让你在保留稳定版（stable）的情况下，
去尝试夜间版（nightly）编译器的功能。

　　rustup 还让你访问 Rust 文档的过程变得更简单。执行 rustup doc 命令将会在网页浏览器中
打开 Rust 标准库文档的一个本地副本。

2.12　命令行参数的支持

　　程序目前处于快速增加新功能的阶段。现在，我们还不能指定任何的参数或选项。要想使
之成为一个实际可用的工具程序，grep-lite 需要拥有与外界交互的能力。

　　遗憾的是，Rust 有一个相当严格的标准库。与正则表达式类似，还有一个领域也只有最低
限度的支持，那就是命令行参数的处理。有一个叫作 clap 的第三方包（还有其他一些类似的包）
提供了一个更好用的 API。

　　我们了解了导入第三方代码的方法，现在就来使用 clap 包，好让 grep-lite 程序的用户可以

选择他们自己的查找模式。在 2.13 节中，我们还将讲解如何选择自己的输入源。首先，将 clap
作为依赖项添加到 Cargo.toml 文件中：

```
$ cargo add clap@2
    Updating 'https://github.com/rust-lang/crates.io-index' index
     Adding clap v2 to dependencies
```

你可以检查 Cargo.toml 文件，来确认该软件包是否已被添加到项目中了。代码如清单 2.25
所示。

清单 2.25　在 grep-lite/Cargo.toml 中添加一个依赖项

```
[package]
name = "grep-lite"
version = "0.1.0"
authors = ["Tim McNamara <code@timmcnamara.co.nz>"]

[dependencies]
regex = "1"
clap = "2"
```

现在，需要调整 src/main.rs 为清单 2.26 所示的内容。

清单 2.26　编辑代码文件 grep-lite/src/main.rs

```
1 use regex::Regex;
2 use clap::{App,Arg};          ← 导入 clap::App 和 clap::Arg 对象到当前的局部作用域。
3
4 fn main() {
5   let args = App::new("grep-lite")     ←
6     .version("0.1")                        逐步构建命令行参数解析器。每个参数对应一
7     .about("searches for patterns")        个 Arg。在本例中，我们只需要一个参数。
8     .arg(Arg::with_name("pattern")
9       .help("The pattern to search for")
10      .takes_value(true)
11      .required(true))
12    .get_matches();
13
14   let pattern = args.value_of("pattern").unwrap();   ← 提取 pattern 参数。
15   let re = Regex::new(pattern).unwrap();
16
17   let quote = "Every face, every shop, bedroom window, public-house, and
18 dark square is a picture feverishly turned--in search of what?
19 It is the same with books. What do we seek through millions of pages?";
20
21   for line in quote.lines() {
22     match re.find(line) {
23         Some(_) => println!("{}", line),
24         None => (),
25     }
26   }
27 }
```

至此，项目已经更新了，执行 cargo run 应该能在控制台上看到如下所示的几行信息：

```
$ cargo run
   Finished dev [unoptimized + debuginfo] target(s) in 2.21 secs
    Running 'target/debug/grep-lite'
error: The following required arguments were not provided:
   <pattern>

USAGE:
   grep-lite <pattern>

For more information try --help
```

　　这里出现 error 的原因是我们并没有传递足够的参数给可执行程序。在使用 cargo 工具时，要想提供命令行参数，需要用到 cargo 所支持的一些特殊语法。出现在--后面的参数都会被传递给生成的可执行程序。

```
$ cargo run -- picture
   Finished dev [unoptimized + debuginfo] target(s) in 0.0 secs
    Running 'target/debug/grep-lite picture'
dark square is a picture feverishly turned--in search of what?
```

　　clap 不仅能用来解析命令行参数，还能生成使用文档。执行 grep-lite --help 能提供如下所示的帮助信息：

```
$ ./target/debug/grep-lite --help
grep-lite 0.1
searches for patterns

USAGE:
   grep-lite <pattern>

FLAGS:
   -h, --help       Prints help information
   -V, --version    Prints version information

ARGS:
   <pattern>    The pattern to search for
```

2.13　从文件中读取

　　现在，我们的文本查找功能还不完整，还不能对文件中的内容进行查找。文件 I/O 的操作是细致且非常讲究的，为此我们把这部分的相关内容留到了本章的最后。

　　在给 grep-lite 程序添加新功能之前，我们先来看一个单独的示例程序，如清单 2.27 所示。其源代码保存在 ch2-read-file.rs 文件中。一种常用的模式是，打开一个 File 对象，然后将其包装在一个 BufReader 中。BufReader 负责提供缓冲 I/O（buffered I/O），这样可以减少对操作系统的系统调用，也就是说，减少对硬盘读取的次数。

清单 2.27　手动逐行读取一个文件

```
1 use std::fs::File;
2 use std::io::BufReader;
3 use std::io::prelude::*;
4
5 fn main() {
6   let f = File::open("readme.md").unwrap();  ◁
7   let mut reader = BufReader::new(f);
8
9   let mut line = String::new();  ◁
10
11   loop {
12     let len = reader.read_line(&mut line)
13                     .unwrap();  ◁
14     if len == 0 {
15       break
16     }
17
18     println!("{} ({} bytes long)", line, len);
19
20     line.truncate(0);  ◁
21   }
22 }
```

创建一个文件需要一个 path（路径）参数，并且还需要处理当文件不存在时的错误情况。本例中如果 readme.md 不存在，程序会崩溃。

在整个程序的生命周期中，我们将反复重用这个 String 对象。

从磁盘中读取可能会失败，所以我们需要显式地处理错误情况。在本例中，遇到错误情况时程序直接崩溃。

将 String 收缩到长度为 0，防止有之前行的内容遗留下来。

　　虽然手动循环读取文件在有些情况下很有用，但还是比较麻烦。对于这种很常见的遍历每行内容的情况，Rust 提供了一个辅助的迭代器，如清单 2.28 所示。其源代码保存在文件 ch2/ch2-bufreader-lines.rs 中。

清单 2.28　使用 BufReader::lines()逐行读取文件

```
1 use std::fs::File;
2 use std::io::BufReader;
3 use std::io::prelude::*;
4
5 fn main() {
6   let f = File::open("readme.md").unwrap();
7   let reader = BufReader::new(f);
8
9   for line_ in reader.lines() {  ◁
10     let line = line_.unwrap();  ◁
11     println!("{} ({} bytes long)", line, line.len());
12   }
13 }
```

与清单 2.27 相比，这个方法有一个细微的行为上的不同，BufReader::lines() 方法会移除每行末尾的换行符。

直接解包装 Result，在发生错误的情况下将会使程序崩溃。

　　现在，是时候为 grep-lite 程序添加读取文件内容的功能了。完整的程序代码如清单 2.29 所示，此程序需要获取两个参数，分别是正则表达式模式和要进行模式查找的输入文件。

清单 2.29　在一个文件中进行模式查找

```
1 use std::fs::File;
2 use std::io::BufReader;
```

```
3 use std::io::prelude::*;
4 use regex::Regex;
5 use clap::{App,Arg};
6
7 fn main() {
8   let args = App::new("grep-lite")
9     .version("0.1")
10    .about("searches for patterns")
11    .arg(Arg::with_name("pattern")
12       .help("The pattern to search for")
13       .takes_value(true)
14       .required(true))
15    .arg(Arg::with_name("input")
16       .help("File to search")
17       .takes_value(true)
18       .required(true))
19    .get_matches();
20
21  let pattern = args.value_of("pattern").unwrap();
22  let re = Regex::new(pattern).unwrap();
23
24  let input = args.value_of("input").unwrap();
25  let f = File::open(input).unwrap();
26  let reader = BufReader::new(f);
27
28  for line_ in reader.lines() {
29    let line = line_.unwrap();
30    match re.find(&line) {          ◁──── line 是 String 类型，但是 re.find() 方法需要 &str 类型作为参数。
31      Some(_) => println!("{}", line),
32      None => (),
33    }
34  }
35 }
```

2.14　从标准输入中读取

如果不能读取标准输入（stdin），那么命令行实用工具将是不完整的。对于那些略过本章前面部分的读者来说，清单 2.30 第 8 行中的某些语法可能看起来并不熟悉。简单来说，我们并不是直接复制清单 2.29 代码中的 main() 函数，而是使用了泛型函数，将要处理的文件类型和标准输入类型的细节从中抽象出来：

清单 2.30　在一个文件或者标准输入中查找

```
1 use std::fs::File;
2 use std::io;
3 use std::io::BufReader;
4 use std::io::prelude::*;
5 use regex::Regex;
```

```
6  use clap::{App,Arg};
7
8  fn process_lines<T: BufRead + Sized>(reader: T, re: Regex) {
9    for line_ in reader.lines() {
10     let line = line_.unwrap();
11     match re.find(&line) {
12       Some(_) => println!("{}", line),
13       None => (),
14     }
15   }
16 }
17
18 fn main() {
19   let args = App::new("grep-lite")
20     .version("0.1")
21     .about("searches for patterns")
22     .arg(Arg::with_name("pattern")
23       .help("The pattern to search for")
24       .takes_value(true)
25       .required(true))
26     .arg(Arg::with_name("input")
27       .help("File to search")
28       .takes_value(true)
29       .required(false))
30     .get_matches();
31
32   let pattern = args.value_of("pattern").unwrap();
33   let re = Regex::new(pattern).unwrap();
34
35   let input = args.value_of("input").unwrap_or("-");
36
37   if input == "-" {
38     let stdin = io::stdin();
39     let reader = stdin.lock();
40     process_lines(reader, re);
41   } else {
42     let f = File::open(input).unwrap();
43     let reader = BufReader::new(f);
44     process_lines(reader, re);
45   }
46 }
```

⟵ line 是 String 类型，但是 re.find() 接收类型为 &str 的参数。

本章小结

- Rust 对基本类型（例如整数和浮点数）有完整的支持。
- 函数是强类型的，并且函数参数和返回值的类型注解是必需的。

- Rust 中的许多功能都是依赖于 trait 的，比如迭代和算术运算。
- 类列表（list-like）的几种类型，各有其适用场景。通常情况下，你会首先使用 Vec<T>。
- Rust 程序都有单一的入口函数 main()。
- 每个 crate 都有一个 Cargo.toml 配置文件，用于指定程序的元数据。
- 使用 cargo 工具不仅能编译代码，还能获取项目的依赖项。
- rustup 提供了访问多个编译器工具链的能力，还有访问语言级文档的功能。

第 3 章　复合数据类型

3

本章主要内容

- 用结构体来组合数据。
- 创建枚举数据类型。
- 给类型添加方法以及用类型安全的方式来处理错误。
- 用 trait 来定义和实现共有的行为。
- 理解如何保持实现细节为私有的。
- 用 cargo 为项目构建文档。

　　欢迎来到第 3 章。如果说第 2 章介绍的内容是 Rust 中的"原子",那么本章重点介绍的内容就是 Rust 中的"分子"。

　　本章着重介绍 Rust 程序员使用的两个关键构件块,结构体(struct)和枚举体(enum)。这是 Rust 中复合数据类型的两种形式。也就是说,结构体和枚举体,两者都可以将其他一些类型组合在一起,创建出比单独使用这些类型更有用的东西。考虑如何将两个数字 x 和 y 组成二维平面的点(x,y)。我们可不想在程序中去维护两个变量 x 和 y。取而代之的是,我们希望将这个点作为一个整体来引用。在本章中,我们还将讲解如何使用 impl 块来给类型添加方法。最后,我们将详细讲解 trait,它是 Rust 中用来定义接口的系统。

　　学完本章,你将了解到在 Rust 中如何用代码表示文件。虽然从概念上讲很简单(如果你正在阅读本书,那么很可能在前面已经通过代码进行过与文件的交互操作),但是依然有很多边缘的情况会使事情变得更有趣。我们的策略是使用虚拟 API 来创建所有东西的模拟版本。在本章的后半部分,你将学习到如何与实际的操作系统及其文件系统进行交互。

3.1 使用普通函数对 API 进行实验

让我们先来看一看通过使用我们已经了解的知识可以做到什么程度。清单 3.1 列出了一些我们想要做的事情，比如打开和关闭一个"文件"。我们将使用基本的类型来模拟建模：一个 String 类型的简单别名，用来存放文件名和一些其他的东西。

为了让事情更有趣一点儿，而不只是简单地写许多样板代码，所以我们在清单 3.1 中添加了几个新的概念。清单 3.1 所示的代码展示了当你需要试行设计时应该怎么让编译器变得"听话"一点儿，并给出了一些属性注解（#![allow(unused_variables)]）来放宽编译器的警告，还在 read 函数中展示了如何定义一个永不返回的函数。然而，此段代码并没有执行什么实际的操作。不过很快，我们就会实现这些细节。

清单 3.1 使用类型别名来翻译一个类型

```
1  #![allow(unused_variables)]        ◁──── 在构思的过程中放宽编译器警告。
2
3  type File = String;               ◁────
4                                         创建一个类型别名。编译器不会去区分 String 和 File，但是源代码会。
5  fn open(f: &mut File) -> bool {
6      true
7                                         现在我们暂时假定这两个函数总是会成功的。
8  fn close(f: &mut File) -> bool {
9      true
10 }
11                                    放宽一个未使用函数的编译器警告。
12 #[allow(dead_code)]  ◁────
13 fn read(f: &mut File,
14         save_to: &mut Vec<u8>) -> ! {  ◁────
15     unimplemented!()  ◁────               ! 返回类型会告知 Rust 编译器，此函数永不返回。
16 }                                 如果执行到这个宏，那么程序会崩溃。
17
18 fn main() {
19     let mut f1 = File::from("f1.txt");  ◁────
20     open(&mut f1);                            在第 3 行中声明的类型，File "继承"了 String 类型
21     //read(f1, vec![]);  ◁────                的所有方法。
22     close(&mut f1);
23 }                                 此时调用此方法毫无意义。
```

清单 3.1 的代码中还有许多东西需要去构建。

- 我们还没有创建一个持久化的对象来表示一个文件，现在的代码只能编码到一个字符串中。
- 我们还没有尝试去实现 read()。实现它时，我们应该怎么处理失败的情况？
- open()和close()返回布尔类型。有可能存在某种途径提供一个更精细的结果类型，如果操作系统报错，这个类型应该能够包含相应的错误信息。
- 函数都不是方法。从代码风格的角度来看，可能调用 f.open() 比调用 open(f) 更好。

让我们从上至下、一步一步地来实现这些内容。现在你要做好准备,沿途我们会绕个路,走几条风景优美的弯路,因为这些学习上的弯路还是非常值得去探索的。

Rust 中的特殊返回类型

如果你是 Rust 新手,可能不太了解有些返回类型。即便想通过上网搜索去了解这些内容,也很困难,因为这些类型是由符号而不是文字组成的。

()类型叫作单元类型。形式上,它是一个零大小的元组,可用来表示一个函数没有返回值。没有返回类型的函数会返回(),以分号结尾的表达式也返回()。举例来说,在下面这个代码块中的 report() 函数就会隐式地返回单元类型:

```
use std::fmt::Debug;

                               item 可以是实现了 std::fmt::Debug 的任意类型。
fn report<T: Debug>(item: T) {
  println!("{:?}", item);
                               {:?} 指示 println!宏要使用 std::fmt::Debug 来将 item
}                              转换为可打印的字符串。
```

下面这个例子显式地返回单元类型:

```
fn clear(text: &mut String) -> () {
  *text = String::from("");        将 text 中的字符串替换为一个空字符串。
}
```

单元类型经常会出现在错误信息中。这往往可能是程序员忘记了,函数的最后一个表达式不应该以分号结尾。

!类型叫作 Never 类型。Never 用于表示一个函数永不返回,特别是,如果一个函数保证会崩溃时,那么将永不返回。如下例所示:

```
fn dead_end() -> ! {
                                  panic! 宏会导致程序崩溃。这意味着此函数保证永不返回。
  panic!("you have reached a dead end");
}
```

下面这个例子,创建一个无限循环来阻止函数返回:

```
fn forever() -> ! {
  loop {
    //...      除非包含一个 break,否则 loop 将永远不会结束循环。这阻止了此函数返回。
  };
}
```

与单元类型类似,Never 这样的类型有时会出现在错误信息中。如果你忘了在 loop 代码块中加一个 break,而这个函数的返回类型又是非 Never 类型的,这时 Rust 编译器将会"抱怨"类型不匹配。

3.2　使用结构体为文件建模

我们需要使用某种东西来表示所要建模的事物。结构体允许你创建一个由其他类型组成的复合类型。就你的编程习惯来说，你可能更熟悉诸如对象或者记录之类的术语。

一开始，我们要求文件模型要有一个名字，以及包含零个或多个字节的数据。运行清单 3.2
所示的代码，会输出以下两行信息到控制台上：

```
File { name: "f1.txt", data: [] }
f1.txt is 0 bytes long
```

清单 3.2 使用 Vec<u8> 来表示数据。这个类型表示一个可扩展的 u8（单个字节）值的列表。
main() 函数中的代码展示了具体的用法（例如字段的访问）。清单 3.2 的源代码保存在文件
ch3/ch3-mock-file.rs 中。

清单 3.2　定义一个用于表示文件的结构体实例

```
 1  #[derive(Debug)]        允许使用 println! 来打印 File。std::fmt::Debug 这个 trait 与此宏中的迷你语
 2  struct File {           言 {:?} 结合在一起，就可以将 File 表示为可打印的字符串了。
 3    name: String,
 4    data: Vec<u8>,        Vec<u8> 提供了一些有用且便利的功能，例如动态
 5  }                       调整大小，可以用来模拟文件的写入。
 6
 7  fn main() {                               String::from 使用字符串字面量，即字符串切片，
 8    let f1 = File {                          来生成有所有权的字符串。
 9      name: String::from("f1.txt"),
10      data: Vec::new(),
11    };                          这里使用 vec! 宏来模拟一个空文件。
12
13    let f1_name = &f1.name;
14    let f1_length = &f1.data.len();      访问字段使用点操作符。通过引用来访问字段，
15                                          我们就可以避免发生移动后使用的问题。
16    println!("{:?}", f1);
17    println!("{} is {} bytes long", f1_name, f1_length);
18  }
```

清单 3.2 中代码的一些细节描述如下所示。

- 第 1~5 行是 File 结构体的定义。定义包括字段和相应的字段类型。结构体定义还包
  括每个字段的生命周期，在这里被忽略了。如果某个字段是指向另一个对象的引用，
  那么这个字段就必须显式地标明生命周期注解。

- 第 8~11 行创建了第一个 File 实例。这里用了字面量语法来创建结构体实例，但通
  常都会使用一个方便的方法来创建。比如，String::from() 就是一个方便的方法，
  用来创建 String 实例。它接收一个其他类型的值，在这里是一个字符串切片
  (&str)，然后返回一个 String 实例。再如 Vec::new()，使用 new() 方法是创建结
  构体实例的更常用的方法。

- 第 13~17 行展示了访问新实例中字段的用法。我们前置了一个和符号（&），表示要
  通过引用来访问这个数据。用 Rust 中的用语来说，变量 f1_name 和 f1_length 是借
  用了它所引用的数据。

你可能注意到了，File 结构体实际上并没有在硬盘上保存任何东西。就目前来讲，暂时这样处理是可以的。如果你对其中的一些内部结构感兴趣，不妨了解图 3.1 中的内容。File 的两个字段（name 和 data），本身都是由结构体创建的。如果你对术语指针（ptr）不熟悉，目前可以认为指针和引用就是同一个东西。这个话题的相关内容参见第 6 章。

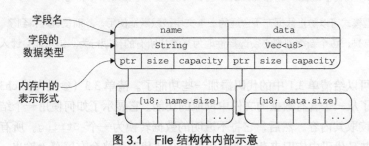

图 3.1　File 结构体内部示意

我们把与硬盘驱动器或其他持久化存储进行交互的部分留到本章的后面再来介绍。现在，让我们使用刚刚创建的 File 类型来重新编写一遍清单 3.1 中的代码。

新类型模式

有时候，type 关键字正是你需要的。但是如果你想让编译器认为你的新"类型"是一个完全不同的类型，而不是一个别名，该怎么做呢？答案就是采用"新类型"（newtype）模式。**新类型模式**是由一个单字段**结构体**（或者也可能是一个**元组**）所组成的，并且在其中有一个核心类型。下面这段代码（参见 ch3/ch3-newtype-pattern.rs 文件）展示了把网络主机名与普通字符串区别开来的方法。

Hostname 是新类型。

```
struct Hostname(String);
```

使用类型系统来防范无效的用法。

```
fn connect(host: Hostname) {
  println!("connected to {}", host.0);
}
```

使用一个数字索引来访问其底层数据。

```
fn main() {
    let ordinary_string = String::from("localhost");
    let host = Hostname ( ordinary_string.clone() );

    connect(ordinary_string);
}
```

rustc 编译器的输出信息如下：

```
$ rustc ch3-newtype-pattern.rs
error[E0308]: mismatched types
 --> ch3-newtype-pattern.rs:11:13
  |
```

```
11 |        connect(ordinary_string);
   |                ^^^^^^^^^^^^^^^ expected struct 'Hostname',
   |                               found struct 'String'

error: aborting due to previous error

For more information about this error, try 'rustc --explain E0308'.
```

　　使用新类型模式可以防止数据在不合适的上下文中被默默地使用，从而使程序得到了一定的强化。使用该模式的缺点是，每个新类型都必须选择性地为其添加所有的预期行为。这可能会让人觉得麻烦。

　　我们现在可以给清单 3.1 中的代码添加一些功能了。清单 3.3（参见文件 ch3/ch3-not-quite-file-2.rs）新增了从一个含有数据的文件中读取的功能。它展示了如何使用一个结构体来模拟一个文件并模拟读取其内容。然后，它将不透明的数据转换为一个 String。所有函数还是假定总是成功的，并且代码中依旧夹杂着硬编码的值。此代码最终会在屏幕上输出一些信息。程序的输出如下所示，其中一部分被故意地遮盖住了：

```
File { name: "2.txt", data: [114, 117, 115, 116, 33] }
2.txt is 5 bytes long
*****                    ◁———   如果揭开这行的遮盖，就失去乐趣了！
```

清单 3.3　用一个 struct 来模拟一个文件并且读取其中的内容

```
1  #![allow(unused_variables)]  ◁———  关掉一些警告。
2
3  #[derive(Debug)]  ◁———  让 File 可以在 println! 宏和它的兄弟 fmt! 宏中使用（在此清单的底部用到了）。
4  struct File {
5    name: String,
6    data: Vec<u8>,
7  }
8
9  fn open(f: &mut File) -> bool {
10   true                              现在，这两个函数仍然是无作用的状态。
11 }
12
13 fn close(f: &mut File) -> bool {
14   true
15 }
16
17 fn read(                           返回读取的字节数。
18   f: &File,
19   save_to: &mut Vec<u8>,           创建了一个 data 的副本，因为 save_to.append() 将会清空
20 ) -> usize {                        输入的 Vec<T>。
21   let mut tmp = f.data.clone();
22   let read_length = tmp.len();     确保有足够的空间来容纳要传入的数据。
23
24   save_to.reserve(read_length);
25   save_to.append(&mut tmp);
26   read_length
27 }                                  在 save_to 缓冲区中分配足够的数据，以保存 f 中的内容。
```

```
28
29 fn main() {
30   let mut f2 = File {
31     name: String::from("2.txt"),
32     data: vec![114, 117, 115, 116, 33],
33   };
34
35   let mut buffer: Vec<u8> = vec![];
36
37   open(&mut f2);
38   let f2_length = read(&f2, &mut buffer);
39   close(&mut f2);
40
41   let text = String::from_utf8_lossy(&buffer);
42
43   println!("{:?}", f2);
44   println!("{} is {} bytes long", &f2.name, f2_length);
45   println!("{}", text)
46 }
47
```

与文件进行交互的具体工作。

将 Vec<u8> 转换为 String。任何包含无效 UTF-8 的字节数据都会被替换成 � (特殊字符)。

把字节 114、117、115、116 以及 33 作为实际的文字来看看。

在清单 3.1 后我们提出了 4 个待解决的问题，其中 2 个问题已得到处理。

■ File 结构体已经是一个真正的类型。

■ 我们还实现了 read()，虽然目前的实现方式内存使用效率并不高。

还未解决的两个问题如下。

■ open()和 close()返回布尔类型。

■ 函数都不是方法。

3.3 使用 impl 为结构体添加方法

本节将简要介绍方法是什么，并讲解在 Rust 中如何使用方法。方法就是与某个对象耦合在一起的函数。从语法的角度看，方法只是不需要指定其中的一个参数的函数。不像 read() 的调用是需要传入一个 File 对象作为其中的一个参数 (read(f, buffer))，方法在调用时使用点操作符 (f.read(buffer))，并且允许其主对象隐式地传入。[1]

在对方法的支持上，Rust 不同于其他语言。Rust 中没有"class"关键字。它的**结构体** (还有后文将要介绍的**枚举体**类型) 有时会让人感觉像类，但是因为它们不支持继承，所以将它们命名为不同的东西可能是件好事。

---

[1] 方法和函数之间有许多理论上的区别，与这方面的计算机科学主题有关的讨论可以在其他相关图书中找到。简单来说，函数被视为纯函数，这意味着函数的行为仅由其参数来决定。方法本质上则是不纯的，因为它们的一个参数实际上是一种"副作用" (附加作用，非首要功能)。这种争论不过就是"一滩浑水"。函数本身也具有完全的"副作用"功能，而且方法本身就是由函数来实现的。何况还有例外的情况：对象有时会实现静态方法，这个方法是不包含隐式参数的。

要定义方法，Rust 程序员使用 impl 代码块。在源代码中，这个块与你已经见过的 struct（还有 enum）块是不同的代码块，如图 3.2 所示。

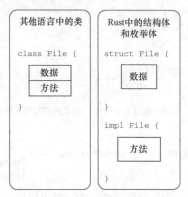

图 3.2　Rust 与多数面向对象语言在语法上的区别。
在 Rust 中，方法与字段的定义是分开的

通过实现 new() 方法来简化对象的创建

我们用 new() 方法来创建具有合理默认值的对象。每个**结构体**都可以利用字面量语法来完成实例化。这对新手来讲很方便入门，但是在多数的代码中会导致不必要的代码冗长。

使用 new() 是 Rust 社区中的惯例。与其他语言不同，在 Rust 中，new 不是关键字，而且也没有被赋予高于其他方法的某种特殊地位。Rust 中用于创建对象的字面量语法和 new() 方法的比较如表 3.1 所示。

表 3.1　　　　　　　　　　Rust 中用于创建对象的字面量语法和 new() 方法的比较

当前的用法	使用 File::new() 方法
```File { name: String::from("f1.txt"), data: Vec::new(), };```	```File::new("f1.txt", vec![]);```
```File { name: String::from("f2.txt"), data: vec![114, 117, 115, 116, 33], };```	```File::new("f2.txt", vec![114, 117, 115, 116, 33]);```

要做出这样的改变，就需要一个 impl 块，如清单 3.4（参见 ch3/ch3-defining-files-neatly.rs）所示。生成的可执行文件应该能输出与清单 3.3 中相同的输出信息，只是将原来的 f1.txt 换成了 f3.txt。

清单 3.4　使用 impl 为结构体添加方法

```
1 #[derive(Debug)]
2 struct File {
```

```
 3    name: String,
 4    data: Vec<u8>,
 5  }
 6
 7  impl File {
 8    fn new(name: &str) -> File {
 9      File {
10        name: String::from(name),
11        data: Vec::new(),
12      }
13    }
14  }
15
16  fn main() {
17    let f3 = File::new("f3.txt");
18
19    let f3_name = &f3.name;
20    let f3_length = f3.data.len();
21
22    println!("{:?}", f3);
23    println!("{} is {} bytes long", f3_name, f3_length);
24  }
```

因为 File::new() 就是一个普通的函数，所以我们需要告诉 Rust，此函数将返回一个 File。

File::new() 仅仅是封装了对象创建语法，这就是普通的语法。

默认情况下字段是私有的，但在定义此结构体的模块中，是可以访问到该字段的。在本章中会进一步讲解模块系统。

　　我们将这个新知识点应用到示例代码中，如清单 3.5（参见 ch3/ch3-defining-files-neatly.rs）所示。

清单 3.5　使用 impl 来改善 File，使其更符合工效学

```
 1  #![allow(unused_variables)]
 2
 3  #[derive(Debug)]
 4  struct File {
 5    name: String,
 6    data: Vec<u8>,
 7  }
 8
 9  impl File {
10    fn new(name: &str) -> File {
11      File {
12        name: String::from(name),
13        data: Vec::new(),
14      }
15    }
16
17    fn new_with_data(
18      name: &str,
19      data: &Vec<u8>,
20    ) -> File {
21      let mut f = File::new(name);
22      f.data = data.clone();
23      f
24    }
25
26    fn read(
```

通过这个方法，我们想要模拟已经预先存在数据的文件。

```
27      self: &File,
28      save_to: &mut Vec<u8>,          使用 self 替换了参数 f。
29    ) -> usize {
30      let mut tmp = self.data.clone();
31      let read_length = tmp.len();
32      save_to.reserve(read_length);
33      save_to.append(&mut tmp);
34      read_length
35    }
36  }
37
38  fn open(f: &mut File) -> bool {
39      true
40  }
41
42  fn close(f: &mut File) -> bool {
43      true
44  }
45
46  fn main() {
47      let f3_data: Vec<u8> = vec![
48          114, 117, 115, 116, 33
49      ];                                     这里需要显式地提供类型,因为整个函数
50      let mut f3 = File::new_with_data("2.txt", &f3_data);   的代码都不能帮助推断出 vec! 的类型。
51
52      let mut buffer: Vec<u8> = vec![];
53
54      open(&mut f3);
55      let f3_length = f3.read(&mut buffer);
56      close(&mut f3);                        这里修改了调用的代码。
57
58      let text = String::from_utf8_lossy(&buffer);
59
60      println!("{:?}", f3);
61      println!("{} is {} bytes long", &f3.name, f3_length);
62      println!("{}", text);
63  }
```

运行上述代码,会在控制台上输出如下 3 行信息:

```
File { name: "2.txt", data: [114, 117, 115, 116, 33] }
2.txt is 5 bytes long          依然隐藏!
*****
```

3.4   返回错误信息

前面我们提出来的 4 个问题中还有 2 个没有解决,都是关于不能正确表示错误信息的。

- 还没有尝试去实现 read()。实现它时,我们应该怎么处理失败的情况?
- open() 和 close() 返回布尔类型。有可能存在某种途径能提供一个更精细的结果类型,如果操作系统报错,这个类型应该能够包含相应的错误信息。

这两个问题的出现是因为硬件是不可靠的，所以必须要做出相应的处理。即便暂时忽略硬件故障，磁盘空间也有可能会满，或者操作系统可能会干预并告知你没有删除特定文件的权限。本节将探讨用来传递错误信息的两种不同的方式，先从一种在其他领域中常见的处理方式开始，接下来再讲解 Rust 中的惯用法。

3.4.1 修改一个著名的全局变量

最简单的一种传递错误信息的方法就是检查一个全局变量的值。尽管这种方法容易出错已经是众所周知的，但在系统编程中它仍然是一种惯用法。

C 程序员习惯于每当系统调用返回后就去检查 `errno` 的值。举例来说，`close()` 系统调用会关闭一个文件描述符（一个用于表示文件的整数，具体的数值是由操作系统分配的），并且可能会修改 `errno`。下面列出了在 POSIX 标准中讨论 `close()` 系统调用的一个片段：

> "如果 `close()` 被一个捕获到的信号所中断，它将会返回−1，同时将 `errno` 设置为 `EINTR`，并且 fildes（文件描述符）的状态是未指定的。在 close() 执行过程中，如果在文件系统的读取或写入时发生了 I/O 错误，它可能会返回−1，同时将 `errno` 设置为 `EIO`；如果这个错误被返回，那么 fildes 的状态是未指定的。"
>
> ——开放工作组基本规范（2018）

将 `errno` 设置为 `EIO` 或 `EINTR`，意味着将其设置成了一些内部的魔法常量。其具体的值是随意选定的，并且每个操作系统都有其对应的定义。使用 Rust 语法来检查全局变量，如清单 3.6 所示。

清单 3.6　Rust 中类似的代码，展示了使用全局变量来检查错误代码的方法

```
static mut ERROR: i32 = 0;
```
一个全局变量，静态可变（或叫作可变静态），它拥有静态生命周期。也就是说，在程序的整个生命周期中，它都是有效的。

```
// ...

fn main() {
  let mut f = File::new("something.txt");

  read(f, buffer);
  unsafe {
    if ERROR != 0 {
      panic!("An error has occurred while reading the file ")
    }
  }
```
检查 ERROR 的值。错误检查需要依赖于约定，在此处，0 代表没有错误。

要访问并修改可变静态变量，就必须使用 unsafe 块。也就是说，开发者需要担负编译器的部分职责，对 unsafe 块中代码的正确性负责。

```
  close(f);
  unsafe {
    if ERROR != 0 {
      panic!("An error has occurred while closing the file ")
    }
  }
}
```

接下来，清单 3.7 引入了一些新的语法，其中最重要的可能是 unsafe 关键字了。我们将在本书后文的内容中讲解这个关键字的重要性，现在可以认为 unsafe 是个警告标志，但并不表示在做的是任何非法的活动。unsafe 意味着"始终提供与 C 同级别的安全性"。除此之外，还有其他一些小的语法点，而且这些语法你应该已经知道了。

- 可变全局变量用 static mut 来表示。
- 按照惯例，Rust 中的全局变量名使用全大写风格。
- Rust 中有一个 const 关键字，用于表示永远不变的值。

图 3.3 给出了清单 3.7 的流程示意。

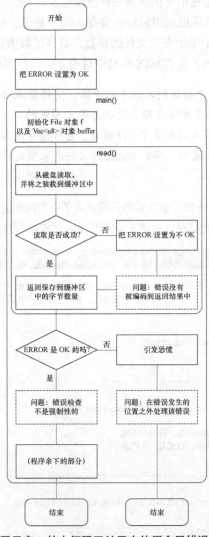

图 3.3　清单 3.7 的流程示意，其中解释了关于在使用全局错误代码时可能出现的问题

清单 3.7　使用全局变量在程序中传播错误信息

```
1 use rand::{random};                               导入 rand 包到当前的局部作用域。

2
3 static mut ERROR: isize = 0;                       将 ERROR 初始化为 0。
4
5 struct File;                                       在尝试时，我们只是创建了一个零大小类型，用于代表一个结构体。
6
7 #[allow(unused_variables)]
8 fn read(f: &File, save_to: &mut Vec<u8>) -> usize {
9     if random() && random() && random() {          此函数被调用时，此处代码有 1/8 的概率会返回 true。
10         unsafe {
11             ERROR = 1;                             将 ERROR 设置为 1，这会通知系统的其余部分，告知有错误发生了。
12         }
13     }
14     0                                              表示 read() 总是读取 0 字节。
15 }
16
17 #[allow(unused_mut)]
18 fn main() {                                        让 buffer 保持为可变的，这与其他清单中的代码是一致的，即便在这里没
19     let mut f = File;                              有用到。
20     let mut buffer = vec![];
21
22     read(&f, &mut buffer);                         访问静态可变变量是一个 unsafe 操作。
23     unsafe {
24         if ERROR != 0 {
25             panic!("An error has occurred!")
26         }
27     }
28 }
```

下面列出的是试验清单 3.7 中的项目所需的步骤。

（1）下载本书源代码。

（2）`cd rust-in-action/ch3/globalerror`，进入该项目的目录下。

（3）`cargo run`，执行此代码。

如果你更喜欢手动操作，则需要遵循更多的步骤，如下所示。

（1）`cargo new --vcs none globalerror`，这会创建出一个新的空白项目。

（2）`cd globalerror`，进入此项目的目录下。

（3）`cargo add rand@0.8`，把 0.8 版本的 rand 软件包添加为依赖项（如果执行此命令报错，错误信息告知 `cargo add` 命令不可用，那么请先执行 `cargo install cargo-edit`）。

（4）此步骤是可选的，你可以查看项目根目录下的 Cargo.toml 文件，来确认 rand 包是否已经作为依赖项添加成功。此文件中应该包含如下两行内容：

```
[dependencies]
rand = "0.8"
```

（5）将 `src/main.rs` 中的内容替换为清单 3.7 的代码（参见 `ch3/globalerror/src/main.rs`）。

（6）现在源代码已经就位，执行 `cargo run`。

你应该能看到类似下面的输出：

```
$ cargo run
  Compiling globalerror v0.1.0 (file:/ / /path/to/globalerror)
  Finished dev [unoptimized + debuginfo] target(s) in 0.74 secs
   Running 'target/debug/globalerror'
```

多数时候，此程序都是没有任何输出信息的。如果本书有足够多的读者，执行此程序的次数就越多，出现错误的概率就越大，那么会输出一条更"大声"的报错信息：

```
$ cargo run
thread 'main' panicked at 'An error has occurred!',src/main.rs:27:13
note: run with 'RUST_BACKTRACE=1' environment variable to display a backtrace
```

有经验的程序员会知道，全局变量 errno 的值通常是由操作系统在系统调用期间来设置的。在 Rust 中，这种编程风格通常是不建议使用的，因为它忽略了类型安全性（错误信息被编码为普通的整数），而且如果粗心的程序员忘记检查 errno，会导致程序不稳定。但是，从某些方面来说，这又是一种很重要的编程风格，原因如下。

■ 系统程序员可能需要与操作系统定义的全局值进行交互。

■ 要开发与 CPU 寄存器和其他低级别硬件直接交互的软件，就需要逐渐习惯通过检查标志项来确认操作是否成功完成。

---

const 和 let 的区别

既然用 let 定义的变量默认是不可变的，那为什么 Rust 还需要一个 const 关键字呢？简单来说，在 let 后面的数据还是有可能被修改的。Rust 允许某些类型有一个明显矛盾的内部可变性的属性。

某些类型，例如 std:sync::Arc 和 std:rc::Rc，呈现出不可变的外观，然而在访问时仍然可以更改它们的内部状态。对这两个类型来说，它们实际上维护着一个对自身的引用计数，当针对这些类型的引用被创建的时候，它们会递增这个引用计数；当这些引用过期后，则会递减这个计数。

从编译器的角度来看，let 与别名而不是不可变性的关系更紧密。用编译器的术语来说，别名是指对内存中的同一位置同时存在多个引用。使用 let 声明一些变量的只读引用（借用），是相同数据的别名；而可读写的引用（可变借用），则能够保证永远不存在数据的别名。

3.4.2 使用 Result 作为返回类型

Rust 的错误处理方式是，使用一个既能够表示正常情况又能够表示错误情况的类型。这个类型就是 Result。Result 有两种状态，Ok 和 Err。这个"双头"的类型是通用的，整个标准库都在使用它。

我们稍后再考虑，单个类型是如何被当作两个类型来使用的。现在，我们只是先来研究它的使用方法。清单 3.8 中的示例代码，在上一次迭代的版本基础上有如下几处更改。

- 与文件系统进行交互的函数，例如清单 3.8 第 39 行中的 open()，返回类型为 Result<File, String>。这个返回类型的作用就是允许返回两种类型。如果此函数执行成功了，它会返回一个包装后的 File，即 Ok(File)；如果函数执行遇到了错误，那么它会返回一个包装后的 String，即 Err(String)。使用 String 作为错误包装器中的类型，这种用法能够提供一种简便的方式来报告错误信息。
- 当我们调用这些返回类型为 Result<File, String>的函数时，需要额外地调用一个 unwrap()方法来提取返回类型中的值。调用 unwrap()会解包装 Ok(File)然后返回其中的 File。如果该调用遇到的是 Err(String)，那么程序就会崩溃。更多复杂的错误处理方式将在第 4 章中讲解。
- open()和 close()现在会获取它们的 File 参数的完全所有权。我们现在暂缓对所有权这个术语的详细讲解，把它留到第 4 章中，在这里先简要解释一下。

  Rust 的所有权规则决定了值何时被删除。把 File 参数直接传递给 open()和 close()，而没有添加前缀的和符号，例如&File 或者&mut File，这就把它的所有权传递到了被调用的函数中。这通常意味着在该函数执行结束时，此参数的值也就被清理了，但在此代码中，这两个函数在执行结束时把该参数给返回了。
- 变量 f4 现在需要重新声明其所有权。这与 open()和 close()函数的更改有关，现在多次使用了 let f4。这就使得在每一次对 open()和 close()的调用后，f4 都被重新绑定。如果不重新绑定，我们将会因为使用了不再有效的数据而遇到问题。

要运行清单 3.8 中的代码，需要在终端窗口中执行以下命令：

```
$ git clone --depth=1 https:/ /github.com/rust-in-action/code rust-in-action
$ cd rust-in-action/ch3/fileresult
$ cargo run
```

如要手动操作，不妨参考如下步骤。

（1）进入一个临时目录（例如/tmp/），执行 cd $TMP（在 Windows 中执行 cd %TMP%）。

（2）执行 cargo new --bin --vcs none fileresult。

（3）确保此包的 Cargo.toml 文件指定了 edition（版次）为 2018，并且在依赖项中纳入 rand 包。

```
[package]
name = "fileresult"
version = "0.1.0"
authors = ["Tim McNamara <author@rustinaction.com>"]
edition = "2018"

[dependencies]
rand = "0.8"
```

（4）将文件 fileresult/src/main.rs 中的内容替换为清单 3.8 中的代码。

（5）执行 cargo run。

执行 cargo run 后会输出一些调试信息，但是生成的可执行文件本身并没有输出任何信息：

```
$ cargo run
  Compiling fileresult v0.1.0 (file:///path/to/fileresult)
   Finished dev [unoptimized + debuginfo] target(s) in 1.04 secs
    Running 'target/debug/fileresult'
```

清单 3.8　使用 Result 来标明该函数可能会发生文件系统的错误

```
1 use rand::prelude::*;                          ◁──────┐
2                                                       将 rand 包中的常用的 trait 和类型导入本包的作用域中。
3 fn one_in(denominator: u32) -> bool {          ◁──────┐
4   thread_rng().gen_ratio(1, denominator)  ◁───────    辅助函数让我们能够偶尔触发错误。
5 }
6                                              thread_rng() 创建一个线程局部随
7 #[derive(Debug)]                             机数生成器，gen_ratio(n, m) 会以
8 struct File {                                n/m 的概率来返回一个布尔值。
9   name: String,
10   data: Vec<u8>,
11 }
12
13 impl File {
14   fn new(name: &str) -> File {
15     File {
16       name: String::from(name),
17       data: Vec::new()
18     }                       ◁──── 代码格式上的改变缩短了此代码块。
19   }
20
21   fn new_with_data(name: &str, data: &Vec<u8>) -> File {
22     let mut f = File::new(name);
23     f.data = data.clone();
24     f
25   }
26
27   fn read(
28     self: &File,
29     save_to: &mut Vec<u8>,          首次出现 Result<T, E>，其中 T 是整数类型 usize，E 是 String
30   ) -> Result<usize, String> {  ◁── 类型。使用 String 让我们能够提供任意错误消息。
31     let mut tmp = self.data.clone();
32     let read_length = tmp.len();
33     save_to.reserve(read_length);
34     save_to.append(&mut tmp);       在此代码中，read() 永远不会失败，但是我们还是将 read_length
35     Ok(read_length)          ◁──── 包装在 Ok 中了，这是因为我们需要返回 Result。
36   }
37 }
38
39 fn open(f: File) -> Result<File, String> {       执行 10000 次，有 1 次会返回错误。
40   if one_in(10_000) {          ◁──────
```

```
41      let err_msg = String::from("Permission denied");
42      return Err(err_msg);
43    }
44    Ok(f)
45  }
46
47  fn close(f: File) -> Result<File, String> {
48    if one_in(100_000) {
49      let err_msg = String::from("Interrupted by signal!");     执行 100000 次，有 1 次会返回错误。
50      return Err(err_msg);
51    }
52    Ok(f)
53  }
54
55  fn main() {
56    let f4_data: Vec<u8> = vec![114, 117, 115, 116, 33];
57    let mut f4 = File::new_with_data("4.txt", &f4_data);
58
59    let mut buffer: Vec<u8> = vec![];
60
61    f4 = open(f4).unwrap();
62    let f4_length = f4.read(&mut buffer).unwrap();     从 Ok 中解包装 T，然后留下 T。
63    f4 = close(f4).unwrap();
64
65    let text = String::from_utf8_lossy(&buffer);
66
67    println!("{:?}", f4);
68    println!("{} is {} bytes long", &f4.name, f4_length);
69    println!("{}", text);
70  }
```

> **注意** 在一个 Result 上调用 .unwrap() 通常被认为是较差的风格。当在一个错误类型上调用时，程序将崩溃，并且没有有用的错误信息。随着本章内容的逐渐展开，我们将会看到更细致的处理错误的机制。

使用 Result 为你提供了编译器辅助下的代码正确性：除非你花时间去处理所有可能的情况，否则代码不能通过编译。本程序在遇到错误时将会失败并退出，但至少我们已经使这些代码变得更显眼了。

那么，Result 是什么呢？Result 是在标准库中定义的一个枚举体。它和其他的类型有着相同的地位，但是它通过强社区约定与 Rust 语言的其他部分紧密结合在一起。不过，枚举体又是什么呢？这是我们在 3.5 节要讲的主题。

3.5 定义并使用枚举体

枚举体是一个类型，可以表示多个已知的变体。典型的形式是将一个枚举体用于表示几个预定义的已知选项，例如可以将之用来表示扑克牌中的花色或者太阳系中的行星。清单 3.9 展示了一个这样的枚举体。

清单 3.9　定义一个枚举体，用来表示一副扑克牌的花色

```
enum Suit {
  Clubs,
  Spades,
  Diamonds,
  Hearts,
}
```

　　如果以前你没用过带枚举体的语言，那么需要花费一些时间来了解它们的价值。在使用枚举体进行编程一段时间以后，你可能就会体验到一些豁然开朗的感觉。

　　下面我们来考虑编写一些用于解析事件日志的代码。在需要解析的日志中，每个事件有一个名字，比如"UPDATE"或"DELETE"。如果将这些值作为字符串存储在应用程序中，这可能会在以后的代码中因为字符串的比较运算而引起难以察觉的错误，而使用枚举体允许你向编译器提供有关事件代码的一些认知。比如稍后，你可能会遇到这样的警告："嗨，我发现你的代码已经考虑到了 UPDATE 的情况，但是你好像忘记了还有 DELETE 的情况。你应该修复这个问题。"

　　清单 3.10 展示了一个应用程序的开头，其功能为解析文本信息并且生成结构化的数据。清单 3.10 的源代码保存在 ch3/ch3-parse-log.rs 文件中。

清单 3.10　定义一个枚举体，然后使用它来解析一个事件日志

```
 1 #[derive(Debug)]          ←── 让这个枚举体能够使用自动生成的代码来打印到屏幕上。
 2 enum Event {
 3     Update,
 4     Delete,               创建了事件的 3 个变体，其中有一个值代表无法识别的事件。
 5     Unknown,
 6 }
 7
 8 type Message = String;    ←── 给 String 一个更合适的名字，可以在这个 crate 的上下文中使用。
 9                                                          此函数用于解析单行的事件信息，
10 fn parse_log(line: &str) -> (Event, Message) {  ←──      并将其转换为半结构化的数据。
11   let parts: Vec<_> = line         ←── Vec<_> 要求 Rust 推断出它所包含的元素类型。
12                     .splitn(2, ' ')   collect() 消费一个从 line.splitn() 产
13                     .collect();    ←── 生的迭代器，并返回 Vec<T>。
14   if parts.len() == 1 {
15     return (Event::Unknown, String::from(line))
16   }                               如果 line.splitn() 不能将日志行信息拆分为
17                                   两部分，就返回一个解析错误的情况。
18   let event = parts[0];
19   let rest = String::from(parts[1]);    将 parts 的每个部分赋值给一个变量，以方便后续的使用。
20
21   match event {
22     "UPDATE" | "update" => (Event::Update, rest),   当我们匹配到一个已知事件时，就返
23     "DELETE" | "delete" => (Event::Delete, rest),   回结构化的数据。
24     _ => (Event::Unknown, String::from(line)),  ←──
25   }
26 }                                                如果我们不能识别这个事件类型，
                                                    就把整行数据都返回。
```

```
27
28 fn main() {
29   let log = "BEGIN Transaction XK342
30 UPDATE 234:LS/32231 {\"price\": 31.00} -> {\"price\": 40.00}
31 DELETE 342:LO/22111";
32
33   for line in log.lines() {
34     let parse_result = parse_log(line);
35     println!("{:?}", parse_result);
36   }
37 }
```

运行此代码，生成的输出信息如下。

```
(Unknown, "BEGIN Transaction XK342")
(Update, "234:LS/32231 {\"price\": 31.00} -> {\"price\": 40.00}")
(Delete, "342:LO/22111")
```

使用枚举体有如下几个小技巧。

■ 将枚举体与 Rust 的模式匹配功能一起使用，可以帮助你构建出健壮、易读的代码（如清单 3.10 的第 21 ~ 25 行的代码）。

■ 与结构体类似，枚举体同样支持使用 impl 块来实现方法。

■ 使用 Rust 的枚举体比使用一组常量更加强大。

枚举体可以在其变体中包含数据，从而给了它与结构体相类似的外观形式。示例如下：

```
enum Suit {
  Clubs,
  Spades,
  Diamonds,
  Hearts,  ◁————  枚举体中的最后一个元素也可以用逗号结尾，方便以后对代码重构。
}

enum Card {
  King(Suit),
  Queen(Suit),
  Jack(Suit),  │—— 人头牌（通常指扑克牌中的 K、Q 和 J）有花色。
  Ace(Suit),   │
  Pip(Suit, usize),  ◁——— 点数牌有花色和点数。
}
```

使用枚举体来管理内部状态

现在我们知道了枚举体的定义和使用的方式，那么在为文件建模的场景中应用枚举体又会有怎样的作用呢？我们可以扩展 File 类型，让它在打开和关闭后能改变相应的状态。运行清单 3.11（参见 ch3-file-states.rs）中的代码，会在控制台中输出一个简短的警告信息：

```
Error checking is working
File { name: "5.txt", data: [], state: Closed }
5.txt is 0 bytes long
```

清单 3.11 一个枚举体，用于表示一个 File 是打开的还是关闭的

```
1  #[derive(Debug, PartialEq)]
2  enum FileState {
3    Open,
4    Closed,
5  }
6
7  #[derive(Debug)]
8  struct File {
9    name: String,
10   data: Vec<u8>,
11   state: FileState,
12 }
13
14 impl File {
15   fn new(name: &str) -> File {
16     File {
17       name: String::from(name),
18       data: Vec::new(),
19       state: FileState::Closed,
20     }
21   }
22
23   fn read(
24     self: &File,
25     save_to: &mut Vec<u8>,
26   ) -> Result<usize, String> {
27     if self.state != FileState::Open {
28       return Err(String::from("File must be open for reading"));
29     }
30     let mut tmp = self.data.clone();
31     let read_length = tmp.len();
32     save_to.reserve(read_length);
33     save_to.append(&mut tmp);
34     Ok(read_length)
35   }
36 }
37
38 fn open(mut f: File) -> Result<File, String> {
39   f.state = FileState::Open;
40   Ok(f)
41 }
42
43 fn close(mut f: File) -> Result<File, String> {
44   f.state = FileState::Closed;
45   Ok(f)
46 }
47
48 fn main() {
49   let mut f5 = File::new("5.txt");
50
51   let mut buffer: Vec<u8> = vec![];
52
```

```
53    if f5.read(&mut buffer).is_err() {
54      println!("Error checking is working");
55    }
56
57    f5 = open(f5).unwrap();
58    let f5_length = f5.read(&mut buffer).unwrap();
59    f5 = close(f5).unwrap();
60
61    let text = String::from_utf8_lossy(&buffer);
62
63    println!("{:?}", f5);
64    println!("{} is {} bytes long", &f5.name, f5_length);
65    println!("{}", text);
66 }
```

枚举体能够帮助你开发出可靠的、健壮的软件。一旦引入了"字符串形式"的数据，比如消息代码，这时你就可以考虑在代码中使用枚举体替代它来表达这样的数据。

3.6　使用 trait 来定义共有的行为

想要使用具有健壮性的方式来定义术语"文件"，就需要把它抽象出来，使之与具体的存储介质无关。文件应该能够支持两种主要的操作：读取和写入字节流。只关注这两种能力，可以让我们忽略读和写实际发生的位置。这些实际发生读和写的位置，有可能来自硬盘驱动器、内存缓冲区、网络，又或者来自其他一些更奇特的东西。

无论一个"文件"是网络连接、旋转的金属盘还是电子的叠加，都可以定义规则说，"要把它当作文件，你就必须为其实现此规则"。

在前面的实践中，你应该已经多次地见到过 trait 了。在其他语言中也有与 trait 类似的东西。在其他语言中，它们经常被称为接口（interface）、协议（protocol）、类型类（type class）或者契约（contract）。

每次你在一个类型定义中使用 #[derive(Debug)] 的时候，你已经为那个类型实现了 Debug trait。trait 的影响渗透在整个的 Rust 语言之中。接下来，就让我们看看如何来创建一个 trait。

3.6.1　创建名为 Read 的 trait

trait 让编译器（和其他人）知道，有多个类型试图执行同一个任务。比如，使用了 #[derive(Debug)] 注解的所有类型，都能够通过 println! 宏和其他相关的宏来输出信息到控制台。允许多个类型去实现一个 Read trait，使得代码能够被重用，而且能够让编译器去执行它的零成本抽象的"魔法"。

清单 3.12（ch3/ch3-skeleton-read-trait.rs）是之前我们已经见过的代码的极简版本，展示了 trait 关键字与 impl 关键字的区别。trait 关键字用于定义一个 trait，而 impl 关键字可以用来给一个具体的类型附加上某个 trait。

清单 3.12 为 File 定义名为 Read 的 trait 的代码骨架

```
1  #![allow(unused_variables)]        ◁ ─── 关闭任何有关函数中未使用变量的警告。
2
3  #[derive(Debug)]
4  struct File;   ◁ ─── 定义一个存根式的 File 类型。
5
6  trait Read {        ◁ ─── 为此 trait 提供一个具体的名字
7      fn read(
8          self: &Self,
9          save_to: &mut Vec<u8>,       一个 trait 代码块,其中包含函数的类型签名,要实现此 trait 就必须实
10         ) -> Result<usize, String>;  ◁ ─── 现这些函数并且必须遵从这里定义的函数签名。&Self 中的 Self 是一个
11 }                                    伪类型,作为类型占位符存在,表示最终要实现 Read 的类型。
12
13 impl Read for File {
14     fn read(self: &File, save_to: &mut Vec<u8>) -> Result<usize, String> {
15         Ok(0)   ◁
16     }
17 }                 ─── 一个简单的存根值,必须要遵从 trait 定义中的类型签名。
18
19 fn main() {
20     let f = File{};
21     let mut buffer = vec!();
22     let n_bytes = f.read(&mut buffer).unwrap();
23     println!("{} byte(s) read from {:?}", n_bytes, f);
24 }
```

使用 rustc 编译后并执行上述代码,会输出如下一行信息到控制台上:

```
0 byte(s) read from File
```

定义一个 trait 并在同一页代码中实现它,在类似这样的小示例中会让人感觉到冗长乏味。
File 分布在清单 3.12 中的 3 个代码块中。另一方面讲,随着经验的增长,使用许多常见 trait
会自然地变成你的习惯。比如,如果你了解了 PartialEq trait 对某一种类型的作用,也就了解
了此 trait 对其他类型的作用。

那么 PartialEq 为实现它的类型都做了些什么呢?它让这些类型可以使用相等运算符(=
=)来进行比较。"Partial"(部分)是指允许两个完全匹配的值不被视为相等的情况存在,例如
浮点数中的 NAN 值或者 SQL 中的 NULL 值。

> **注意** 如果你花了一些时间来浏览 Rust 社区的论坛和文档,就可能会注意到他们已经形成了自己的英
> 语语法变体。如果你看到"...T is Debug..."这样结构的句子,就会明白这表示 T 实现了 Debug
> 这个 trait。

3.6.2 为类型实现 std::fmt::Display

println!宏以及其他一些同属此家族的宏,有着相同的底层实现机制。这一类宏包括
println!、print!、write!、writeln!以及 format!,它们都依赖于 Display 和 Debug trait。

也就是说，它们依赖于由程序员提供的 trait 的实现，这些实现能够将{ }中的内容转换为输出到控制台的内容。

回顾清单 3.11，File 类型是由几个字段和一个自定义的子类型 FileState 组成的。清单 3.11 展示了 Debug trait 的用法，而清单 3.13 为选自清单 3.11 的代码段。

清单 3.13　选自清单 3.11 的代码段

```
#[derive(Debug,PartialEq)]
enum FileState {
  Open,
  Closed,
}

#[derive(Debug)]
struct File {
  name: String,
  data: Vec<u8>,
  state: FileState,
}

//...

fn main() {
  let f5 = File::new("f5.txt");      此处忽略了原来代码中的一些行。

  //...
  println!("{:?}", f5);
  // ...
}                                    Debug 依赖于冒号和问号的语法。
```

你可以将 Debug trait 的自动实现当作一个依靠，但是如果你想提供的是自定义的文本，那么该怎么办呢？Display 要求类型要实现 fmt 方法，该方法会返回 fmt::Result，如清单 3.14 所示。

清单 3.14　为 File 及其关联类型 FileState 使用 std::fmt::Display

```
impl Display for FileState {
  fn fmt(&self, f:
        &mut fmt::Formatter,
  ) -> fmt::Result {
    match *self {
      FileState::Open => write!(f, "OPEN"),
      FileState::Closed => write!(f, "CLOSED"),
    }
  }
}

impl Display for File {
  fn fmt(&self, f:
        &mut fmt::Formatter,
  ) -> fmt::Result {
    write!(f, "<{} ({})>",
```

std::fmt::Display 只有一个方法 fmt，要实现此 trait，就必须为你的类型定义这个方法。

```
            self.name, self.state)
    }
}
```

通过 write! 宏来遵循内部类型的 Display 实现是很常见的用法。

如清单 3.15 所示，要为一个结构体实现 Display，此结构体中的字段也需要实现 Display。其源代码保存在 ch3/ch3-implementing-display.rs 文件中。

清单 3.15　一个实现 Display 的可运行的代码段

```
 1 #![allow(dead_code)]
 2
 3 use std::fmt;
 4 use std::fmt::{Display};
 5
 6 #[derive(Debug,PartialEq)]
 7 enum FileState {
 8   Open,
 9   Closed,
10 }
11
12 #[derive(Debug)]
13 struct File {
14   name: String,
15   data: Vec<u8>,
16   state: FileState,
17 }
18
19 impl Display for FileState {
20   fn fmt(&self, f: &mut fmt::Formatter) -> fmt::Result {
21     match *self {
22        FileState::Open => write!(f, "OPEN"),
23        FileState::Closed => write!(f, "CLOSED"),
24     }
25   }
26 }
27
28 impl Display for File {
29   fn fmt(&self, f: &mut fmt::Formatter) -> fmt::Result {
30     write!(f, "<{} ({})>",
31        self.name, self.state)
32   }
33 }
34
35 impl File {
36   fn new(name: &str) -> File {
37     File {
38        name: String::from(name),
39        data: Vec::new(),
40        state: FileState::Closed,
41     }
42   }
43 }
44
45 fn main() {
```

关闭"未使用的值"的警告，此示例中主要针对的是 FileState::Open。

将 std::fmt 包导入当前的局部作用域，就可以使用 fmt::Result 了。

将 Display 导入当前的局部作用域，以免必须写出形如 fmt::Display 的前缀信息。

在这里，我们悄悄地利用了 write! 来做复杂的工作。字符串本身已经实现了 Display，所以我们只剩下很少的工作要做。

我们可以依赖于 FileState 类型的 Display 实现。

```
46   let f6 = File::new("f6.txt");
47   //...
48   println!("{:?}", f6);
49   println!("{}", f6);
50 }
```

Debug 实现会输出一条熟悉的信息，这与常见的所有其他类型的 Debug 实现是类似的：File { ... }。

Display 实现遵循自己的规则，显示为 <f6.txt (CLOSED)>。

在本书中，我们会看到许多 trait 的用例。这些 trait 是 Rust 的泛型系统和健壮的类型检查的基础。通过一点点的滥用，他们还可以支持一种继承形式，这种继承形式在大多数面向对象的语言中都很常见。不过，现在要记住的一件事就是，trait 是用来表示某些不同的类型所具有的共同行为的，使用 impl Trait for Type 这个语法来实现。

3.7 将类型暴露给外部使用

随着时间的推移，crate 会与所构建的其他 crate 进行交互。为了使以后的工作更轻松，你可能希望在隐藏内部细节的同时还能够提供公有（public）部分的文档。本节将介绍 Rust 语言中提供的一些可用的工具，而且使用 cargo 能让这项工作更容易。

保护私有的数据

Rust 在默认情况下会让各种事物保持私有（private）的状态。如果你只使用到现在为止见到过的代码来创建一个库，那么在这种状态下导入你的这个包是不会有任何用处的。解决这个问题的方法就是，使用 pub 关键字使事物变为公有的。

清单 3.16 展示了几个示例，使用 pub 前缀来修饰类型和方法。可以看到，此代码的输出信息没有什么特别之处：

```
File { name: "f7.txt", data: [], state: Closed }
```

清单 3.16　使用 pub 关键字将 File 的 name 字段和 state 字段标记为公有的

```
1 #[derive(Debug,PartialEq)]
2 pub enum FileState {
3   Open,
4   Closed,
5 }
6
7 #[derive(Debug)]
8 pub struct File {
9   pub name: String,
10   data: Vec<u8>,
11   pub state: FileState,
12 }
13
14 impl File {
15   pub fn new(name: &str) -> File {
16     File {
17        name: String::from(name),
```

如果将整个枚举体类型标记为公有的，则其变体也为公有的。

当第三方代码使用 use 来导入这个包时，File.data 依然保持为私有的。

虽然 File 结构体是公有的，但是其方法也必须显式地标记为公有的。

```
18        data: Vec::new(),
19        state: FileState::Closed
20    }
21  }
22 }
23
24 fn main() {
25  let f7 = File::new("f7.txt");
26  //...
27  println!("{:?}", f7);
28 }
```

3.8 创建内联文档

当软件系统的规模变得更庞大时，使用文档来记录代码的进展情况就显得更为重要。本节将介绍为代码添加文档的方法，并且可以为这些文档生成 HTML 的版本。

在清单 3.17 中，你会看到在熟悉的代码中，添加了一些以///或//!开头的行。这两种文档形式中，前一种形式（///）更为常用，它会为紧跟在后面的语言项生成文档。第二种形式（//!），在编译器扫描代码时，它表示当前的语言项的文档，按照惯例，它只用于当前模块的模块级文档，但是这种形式在其他位置上也是可以使用的。清单 3.17 的源代码保存在 ch3-file-doced.rs 文件中。

清单 3.17 给代码添加文档注释

```
1 //! Simulating files one step at a time.      ◁─── //! 表示当前语言项的文档，即编译器
2                                                      刚刚进入的那个模块。
3 /// Represents a "file",
4 /// which probably lives on a file system.     ◁───
5 #[derive(Debug)]                                    /// 用于注解其后紧跟着的语言项。
6 pub struct File {
7   name: String,
8   data: Vec<u8>,
9 }
10
11 impl File {
12  /// New files are assumed to be empty, but a name is required.
13  pub fn new(name: &str) -> File {
14    File {
15      name: String::from(name),
16      data: Vec::new(),
17    }
18  }
19
20  /// Returns the file's length in bytes.
21  pub fn len(&self) -> usize {
22    self.data.len()
23  }
24
```

```
25   /// Returns the file's name.
26   pub fn name(&self) -> String {
27     self.name.clone()
28   }
29 }
30
31 fn main() {
32   let f1 = File::new("f1.txt");
33
34   let f1_name = f1.name();
35   let f1_length = f1.len();
36
37   println!("{:?}", f1);
38   println!("{} is {} bytes long", f1_name, f1_length);
39 }
```

3.8.1　使用 rustdoc 给单个源文件生成文档

你可能还不知道，在安装 Rust 时，同时安装好了一个叫作 rustdoc 的命令行工具。rustdoc 就像一个特殊用途的 Rust 编译器，不过不是用来生成可执行程序的，它生成的是 HTML 版本的代码内联文档。

下面是使用方法的介绍。假定你有一个代码文件 ch3-file-doced.rs，保存了清单 3.17 中的代码，然后按照以下步骤进行操作。

（1）打开一个终端程序。

（2）进入你的源文件所在的位置。

（3）执行 rustdoc ch3-file-doced.rs。

rustdoc 会创建出一个目录（doc/）。生成的文档的入口文件实际上在该目录的一个子目录下，即 doc/ch3_file_doced/index.html。

当程序开始变得更大并且包含多个代码文件时，手动执行 rustdoc 就显得不太方便了。幸运的是，cargo 可以帮你处理这些麻烦的事情。我们将在 3.8.2 节介绍相关用法。

3.8.2　使用 cargo 为一个包及其依赖的包生成文档

使用 cargo 可以将这些注释当作富文本格式来生成文档。cargo 工作在包的级别，而不是像 3.8.1 节中你所用到的单独的代码文件。要尝试这个用法，我们会按照如下步骤创建一个名为 filebasics 的包。

（1）打开一个终端。

（2）进入一个工作目录，例如/tmp/。如果在 Windows 中，使用 cd %TEMP%。

（3）运行 cargo new --bin filebasics。

你应该能看到创建出了类似下面这样的目录树结构：

```
filebasics
├── Cargo.toml
└── src
    └── main.rs ◁
```
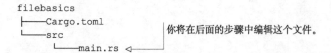

你将在后面的步骤中编辑这个文件。

（4）将清单 3.17 中的代码保存到 filebasics/src/main.rs 这个文件中，覆盖原来的 "Hello World!" 的样板代码。

你也可以忽略一些步骤，在终端中执行如下命令，直接从代码库中复制：

```
$ git clone https://github.com/rust-in-action/code rust-in-action
$ cd rust-in-action/ch3/filebasics
```

要构建出一个 HTML 版本的包文档，可以遵循以下步骤。

（1）进入项目根目录（filebasics/），即里面有 Cargo.toml 文件的那个目录。

（2）执行命令 cargo doc --open。

Rust 将为此代码编译一个 HTML 版本的文档。你应该会看到类似下面这样的输出：

```
Documenting filebasics v0.1.0 (file:///C:/.../Temp/filebasics)
    Finished dev [unoptimized + debuginfo] target(s) in 1.68 secs
    Opening C:\...\Temp\files\target\doc\filebasics\index.html
    Launching cmd /C
```

如果你添加了 --open 标志项，那么该命令会自动打开默认的网页浏览器。这样你就能在浏览器中看到此文档了，如图 3.4 所示。

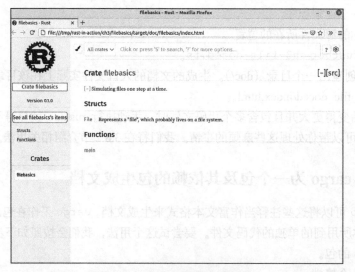

图 3.4　cargo doc 输出的文档

> **提示**　如果此包有很多依赖包，这个构建过程可能会耗费较长的时间。一个有用的开关项是 cargo doc
> --no-deps。加上 --no-deps，能够明显地限制 rustdoc 要完成的工作量。

　　rustdoc 支持 Markdown 格式的富文本渲染，可以用于在文档中加入标题、列表和链接。这样，清单 3.18 所示中夹在三重引号（```）内的代码段就会有语法高亮的效果了。

清单 3.18　使用内联注释，文档化 Rust 代码

```
1  //! Simulating files one step at a time.
2
3
4  impl File {
5    /// Creates a new, empty 'File'.
6    ///
7    /// # Examples
8    ///
9    /// ```
10   /// let f = File::new("f1.txt");
11   /// ```
12   pub fn new(name: &str) -> File {
13     File {
14       name: String::from(name),
15       data: Vec::new(),
16     }
17   }
18 }
```

本章小结

- 结构体是基本的复合数据类型。与 trait 成对使用后，结构体与其他语言中的"对象"是最接近的。
- 枚举体比简单的列表更强大。枚举体的强大之处在于它能够与编译器一起照顾到所有可能的情况。
- 为类型添加方法使用 impl 块。
- 全局错误代码可以在 Rust 中使用，但它可能会很麻烦，通常情况下是不推荐使用的。
- Result 类型是 Rust 社区更喜欢使用的机制，以表明发生错误的可能性。
- trait 可以在 Rust 程序中实现共有的行为。
- 数据和方法保持私有的（private）状态，直到使用 pub 把它们声明为公有（public）的。
- cargo 可以用来为 crate 及其全部的依赖包（dependencies）构建文档。

第 4 章　生命周期、所有权和借用

本章主要内容

- 在 Rust 编程的上下文中，探索术语"生命周期"（lifetime）的含义。
- 与借用检查器协同工作，而不是违反它。
- 突发问题时的多种对策。
- 理解"所有者"（owner）的职责。
- 学习如何"借用"（borrow）在别处拥有的值。

对大多数新手来说，入门 Rust 需要了解的其中一个概念就是：Rust 的借用检查器（borrow checker）。借用检查器会检查所有数据访问是否合法。做到这一点，可使得 Rust 能够避免安全问题（safety issue）。通过对该系统的工作方式的学习，至少可以避免反复运行编译器，从而加快开发速度。更重要的是，学会与借用检查器协同工作，可以让你有信心去构建更大的软件系统。借用检查器是术语无畏并发所依赖的基础。

本章旨在解释借用检查器的运行方式，并学习当发现错误时该如何遵从它。本章使用了一个模拟卫星星群的示例，来解释共享访问数据的不同方式，以及各种方式的权衡和取舍。本章将详尽地探讨借用检查的细节。但是，对想要快速入门的读者来说，下面的一些要点可能是有用的。借用检查依赖于 3 个紧密关联的概念：所有权、生命周期和借用。

- 所有权（ownership）是一个引申而来的比喻，它与产权是没有关系的。在 Rust 中，所有权与针对不再需要的值的清理有关。举例来说，当一个函数返回后，在内存中该函数的局部变量需要被释放。再比如，值的所有者并不能阻止程序的其他部分访问它们的值，它们也不会向某些 Rust "最高权威"去报告数据的盗用行为。
- 值的生命周期是一个时间段，在此时间段内对该值的访问是有效的行为。一个函数的局部变量，在此函数返回前都是存活的。而全局变量，可能在程序的生命期内都是存活的。

■　借用一个值意味着要访问它。这个术语会使人有点儿困惑，因为并没有义务将该值返还其所有者。它主要是用来强调，虽然值可能只有一个所有者，但是程序的许多部分都有可能会共享对这些值的访问。

4.1　实现一个模拟的立方体卫星地面站

在本章中，我们的策略是先使用一个能正常编译的代码示例，接下来我们会做出一个较小的、不会变更任何程序流程的代码修改，这个修改会引发一个错误。通过对这些问题进行修复，我们可以将相关概念解释得更加全面。

本节将要学习的示例是一个立方体卫星星群。如果你以前没听过这个名词，请参考如下解释。

■　立方体卫星（CubeSat）是微型的人造卫星。与传统卫星相比，立方体卫星使得空间研究的机会日益增加。

■　地面站（ground station）是操作人员和卫星之间的中间媒介。它会监听广播，检查星群中每颗卫星的状态，并且负责收发消息。在代码中，地面站会作为用户和卫星之间的网关。

■　星群（constellation）是在轨卫星的统称。

如图 4.1 所示，几颗立方体卫星围绕着地面站运行。

在图 4.1 中，有 3 颗立方体卫星。要为此建模，我们将为每颗卫星创建一个变量。目前先将它们实现成整数。我们暂时还不需要显式地为地面站建模，是因为我们还没有给卫星星群发送消息，所以我们现在先忽略它。下面给出了这几个变量：

地面站

图 4.1　在轨的立方体卫星

```
let sat_a = 0;
let sat_b = 1;
let sat_c = 2;
```

要检查每颗卫星的状态，我们将使用一个存根函数和一个用来表示潜在状态消息的 enum（枚举体）：

```
#[derive(Debug)]
enum StatusMessage {
  Ok,
}

fn check_status(sat_id: u64) -> StatusMessage {
  StatusMessage::Ok
}
```

现在，所有立方体卫星一直处于正常运行的状态。

如果是在生产系统环境中，check_status() 函数会是非常复杂的。然而对我们而言，始终返回一个相同的值就足够了。把这两个代码段放到一个完整的程序中，我们会"检查"卫星的状态，一共检查两次，如清单 4.1（参见 ch4/ch4-check-sats-1.rs）所示。

清单 4.1 检查整数型的立方体卫星的状态

```
1 #![allow(unused_variables)]
2
3 #[derive(Debug)]
4 enum StatusMessage {
5   Ok,
6 }
7
8 fn check_status(sat_id: u64) -> StatusMessage {
9   StatusMessage::Ok
10 }
11
12 fn main () {
13   let sat_a = 0;
14   let sat_b = 1;          每个卫星变量用一个整数表示。
15   let sat_c = 2;
16
17   let a_status = check_status(sat_a);
18   let b_status = check_status(sat_b);
19   let c_status = check_status(sat_c);
20   println!("a: {:?}, b: {:?}, c: {:?}", a_status, b_status, c_status);
21
22   // "waiting" ...
23   let a_status = check_status(sat_a);
24   let b_status = check_status(sat_b);
25   let c_status = check_status(sat_c);
26   println!("a: {:?}, b: {:?}, c: {:?}", a_status, b_status, c_status);
27 }
```

运行上述代码应该会很顺利。代码可以正常编译，尽管好像有点不太情愿。此程序的输出信息如下：

```
a: Ok, b: Ok, c: Ok
a: Ok, b: Ok, c: Ok
```

4.1.1 遇到第一个生命周期问题

通过引入类型安全性，让我们更接近 Rust 中的惯用法。这次不使用整数，让我们通过创建一个类型来为卫星建模。清单 4.2 所示的 CubeSat 类型的真实实现可能包含很多信息，比如位置信息、射频频段和其他更多的信息。我们将保持简单，即只记录一个标识符。

清单 4.2 建模一个 CubeSat 作为它自己的类型

```
#[derive(Debug)]
struct CubeSat {
```

```
  id: u64;
}
```

现在我们有了一个 struct（结构体）的定义，把它插入代码中。清单 4.3 还不能通过编译，让你能够理解其中的细节是本章中大部分内容的目标。清单 4.3 的源代码保存在 ch4/ch4-check-sats-2.rs 文件中。

```
 1  #[derive(Debug)]          ◁─────┐
 2  struct CubeSat {                 │  修改 1：添加定义
 3    id: u64,
 4  }
 5
 6  #[derive(Debug)]
 7  enum StatusMessage {
 8    Ok,
 9  }
10
11  fn check_status(
12    sat_id: CubeSat
13  ) -> StatusMessage {   ◁─────  修改 2：在 check_status() 中使用新的类型。
14    StatusMessage::Ok
15  }
16
17  fn main() {
18    let sat_a = CubeSat { id: 0 };
19    let sat_b = CubeSat { id: 1 };       修改 3：创建 3 个新的实例。
20    let sat_c = CubeSat { id: 2 };
21
22    let a_status = check_status(sat_a);
23    let b_status = check_status(sat_b);
24    let c_status = check_status(sat_c);
25    println!("a: {:?}, b: {:?}, c: {:?}", a_status, b_status, c_status);
26
27    // "waiting" ...
28    let a_status = check_status(sat_a);
29    let b_status = check_status(sat_b);
30    let c_status = check_status(sat_c);
31    println!("a: {:?}, b: {:?}, c: {:?}", a_status, b_status, c_status);
32  }
```

编译清单 4.3 中的代码时，你会看到类似下面的信息（为简洁起见，我们对报错信息进行了编辑）：

```
error[E0382]: use of moved value: 'sat_a'
  --> code/ch4-check-sats-2.rs:26:31
   |
22 |    let a_status = check_status(sat_a);
   |                                ----- value moved here
...
26 |    let a_status = check_status(sat_a);
   |                                ^^^^^ value used here after move
```

```
  |
= note: move occurs because 'sat_a' has type 'CubeSat',
= which does not implement the 'Copy' trait
```

... ◀—— 为简洁起见，我们删除了一些内容。

```
error: aborting due to 3 previous errors
```

对训练有素的人来说，编译器的信息是非常有帮助的。它告诉我们出现问题的准确位置，并且为我们提供了解决问题的建议。对缺乏经验的人来说，这些信息就不是那么有用了。我们正在使用一个"已被移动"（moved）的值，并且给出的建议是在 CubeSat 上实现 Copy trait。嗯？这代表什么意思呢？事实证明，在 Rust 中，术语"移动"是有其特定含义的。实际上，并没有什么东西发生了移动。

Rust 代码中的移动指的是所有权的移动，而不是数据的移动。所有权是 Rust 社区中使用的术语，指的是编译时的检查过程，该过程会检查每次使用的值是否有效，还会检查所有的值是否都能被彻底清理。

在 Rust 中，每个值都是有所有权（owned）的。在清单 4.1 和清单 4.3 中，sat_a、sat_b 和 sat_c 都拥有它们所指向的数据。当调用 check_status() 函数时，数据的所有权从 main() 函数作用域中的变量移动到了此函数的 sat_id 变量上。这两个示例的最大的差别在于，在清单 4.3 里，把整数放到了一个结构体 CubeSat 中了。[1]这个类型上的变化改变了程序行为方式上的语义。

清单 4.4 所示的代码是将清单 4.3 中的 main() 函数简化后的版本，将关注点放在了 sat_a 上，并试图展示所有权是如何从 main() 中移动到 check_status() 中的。

清单 4.4　代码摘自清单 4.3，主要关注 main() 函数

```
fn main() {                              所有权的起源在这里，在创建 CubeSat 对象的时候。
  let sat_a = CubeSat { id: 0 }; ◀———
▷ // ...

  let a_status = check_status(sat_a); ◀———
  // ...                                 此对象的所有权移动到了 check_status() 函数中，
                                         但是没有再返回到 main() 函数中。
  // "waiting" ...
  let a_status = check_status(sat_a); ◀———
▷ // ...                                 此时，sat_a 不再是该对象的所有者，所以此次
}                                        访问已经是无效的了。
```

为简洁起见，我们删除了一些内容。

当值没有被借用时，重新绑定该值是合法的

如果你用过 JavaScript（从 2015 年开始）之类的编程语言，你可能会惊讶地发现，在清单 4.3 中，每个立方体卫星的状态变量被重新定义了。第 22 行将第一次调用 check_status(sat_a) 的结果赋值给了 a_status，第 28 行将第二次调用的结果又重新赋值给了它，原来的值被覆盖了。

---

[1] 还记得零成本抽象这个词吗？它的表现之一就在于，不会在结构体内部的值附近加入额外的数据。

这是合法的 Rust 代码，但是在这里也必须意识到所有权问题和生命周期。在这个上下文中，上述情况是可能的，因为此时不存在对该值的借用与其相冲突。试图去覆盖一个在程序的别处还在使用的值，将会导致编译器拒绝编译。

图 4.2 直观地展示了程序的控制流程、所有权和生命周期的紧密关联的过程。在调用 check_status(sat_a) 的过程中，所有权移动到了 check_status() 函数中。当 check_status() 返回 StatusMessage 时，sat_a 的值被清理（drop）了，sat_a 的生命周期在这里结束了。然而，在第一次调用 check_status() 以后，对 sat_a 的访问还在 main() 的局部作用域中。如果再次访问那个变量，就会引发借用检查器的惩罚。

值的生命周期和它的作用域之间的区别——许多程序员是据此训练的——可能会使事情难以厘清。在这里，我们会用较大篇幅来介绍如何避免和克服此类问题。要想弄明白这一点，请参考图 4.2。

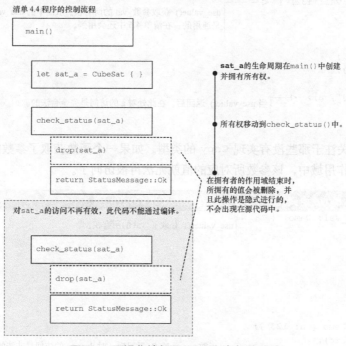

图 4.2 可视化地解释 Rust 所有权的移动

4.1.2 基本类型的特殊行为

在继续学习之前，我们最好先解释为什么清单 4.1 能够通过编译。实际上，我们在清单 4.3 中只修改了一处地方，就是将卫星变量包装在了一个自定义类型中。之所以会出现这种情况，是因为在 Rust 中，基本类型是有特殊行为的：它们实现了 Copy trait。

实现了 Copy 的类型在需要的时候会复制自身，相反的情况就是如果类型没有实现 Copy，在需要复制的时候就会因为无法复制自身而导致操作非法。这为日常的工作带来了便利，而代价就是，对新手而言，这里就存在一个"陷阱"。所以当你把使用整数的示例程序修改为使用自定义类型时，代码就会突然崩溃。

正式的说法是，基本类型具有复制语义（copy semantics），而对应地，其他类型就都具有**移动语义**（move semantics）。对于 Rust 学习者不太友好的一点就是，因为他们一开始遇到的通常都是基本类型，所以就让这些特殊情况看起来好像是普遍的默认情况一样。清单 4.5 和清单 4.6 展示了这两个概念之间的差别。其中，前一个示例可以正常编译并运行，后一个示例则不行。这两个示例唯一的差别就在于它们使用了不同的类型。清单 4.5 展示了 Rust 基本类型的 copy 语义。

清单 4.5 展示了 Rust 基本类型的 copy 语义

```
1 fn use_value(_val: i32) {        use_value() 获取参数_val 的所有权。示例中的 use_value() 函数
2 }                                是通用的，在清单 4.6 中还会用到。
3
4 fn main() {
5   let a = 123 ;
6   use_value(a);
7
8   println!("{}", a);            当 use_value() 返回后，在此处对 a 的访问是完全合法的。
9
10 }
```

清单 4.6 则关注于那些没有实现 Copy 的类型。如果一个函数获取了参数的所有权，那么在此函数的外部作用域中，该参数所对应的值就无法再被访问了。

清单 4.6 展示了 move 语义的类型，这些类型没有实现 Copy

```
1 fn use_value(_val: Demo) {        use_values() 获取了_val 的所有权。
2 }
3
4 struct Demo {
5   a: i32,
6 }
7
8 fn main() {
9   let demo = Demo { a: 123 };
10  use_value(demo);                函数 use_value() 返回后，对 demo.a 的访问是非法的。
11
12  println!("{}", demo.a);
13 }
```

4.2 本章图例的说明

在本章用到的图例中，我们用定制的符号来展示作用域、生命周期和所有权这 3 个相互关

联的概念。图 4.3 给出了图例的说明。

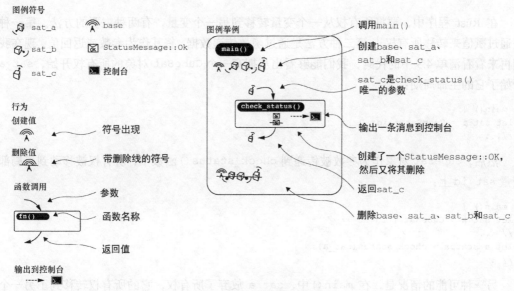

图 4.3 本章图例的说明

4.3 所有者是什么？它有什么职责？

在 Rust 的世界里，所有权的概念是相当有限的：一个所有者在它的值的生命周期结束时将被清理。

当值超出了作用域，或者由于其他原因它们的生命周期结束了，此时它们的析构器就会被调用。析构器是一个函数，通过删除引用、释放内存来从程序中清除对值的跟踪。在大多数的 Rust 代码中，你都找不到对任何析构器调用的代码。编译器会自行注入相应代码，并将其作为跟踪每个值生命周期的处理过程的一部分。

要想为一个类型提供一个自定义的析构器，需要实现 Drop。通常是在使用了 unsafe 块来分配内存的情况下才需要这样做。Drop 有一个方法 drop(&mut self)，在这个方法中你可以进行任何必要的清理操作。

所有权系统的意义在于，值不能存活得比它们的所有者更长。这种情况就使得我们能够去构建包含引用的数据结构，比如树结构和图结构，不过这显得有点儿"官僚主义"。如果树的根节点是整棵树的所有者，在不充分考虑所有权的情况下就无法删除它。

最后，所有权没有隐含控制或主权的意思。实际上，值的"所有者"对所拥有的值没有特殊的访问操作，它们也没有限制其他代码擅自访问的能力。所有者在借用它们的值的其他代码段里并没有"发言权"。

4.4 所有权是如何移动的？

在 Rust 程序中，要将所有权从一个变量转移到另一个变量，有两种主要的方法。第一种是通过赋值来转移所有权。[1] 第二种方法是通过函数传递数据，将其作为参数或返回值。现在我们再来看看清单 4.3 中的代码，我们能够看出从拥有一个 CubeSat 对象的所有权开始，sat_a 开始了它的生命周期：

```
fn main() {
  let sat_a = CubeSat { id: 0 };
  //...
```

然后，CubeSat 对象作为参数被传递到 check_status() 函数中，所有权被移动到了局部变量 sat_id 上：

```
fn main() {
  let sat_a = CubeSat { id: 0 };
  // ...
  let a_status = check_status(sat_a);
  // ...
```

另一种可能的情况是，在 main() 中，sat_a 放弃了所有权，它的所有权转移到了另一个变量上。代码如下：

```
fn main() {
  let sat_a = CubeSat { id: 0 };
  // ...
  let new_sat_a = sat_a;
  // ...
```

在最后的这段代码中，修改了 check_status() 的函数签名后，也能把 CubeSat 的所有权传递到在调用该函数的作用域中的一个变量上。原来的函数如下：

```
fn check_status(sat_id: CubeSat) -> StatusMessage {
  StatusMessage::Ok
}
```

调整后的函数通过副作用实现其消息通知，如下所示：

```
fn check_status(sat_id: CubeSat) -> CubeSat {

  println!("{:?}: {:?}", sat_id,          ◄──── 因为类型使用了 #[derive(Debug)]，所以这
                         StatusMessage::Ok);      里就可以用 Debug 格式化语法。

  sat_id  ◄────┐
               └──── 省略最后一行末尾的分号来返回一个值。
}
```

---

[1] 在 Rust 社区中，首选使用术语变量绑定，从技术上来说这个词更准确。

在新的 main() 中结合使用调整后的 check_status()，你应该能看出来，CubeSat 对象的所有权又回到了它们原来的变量上。新的代码如清单 4.7（参见 **ch4/ch4-check-sats-3.rs** 文件）所示。

清单 4.7　使所有权返回到它们原来的作用域中

```
 1 #![allow(unused_variables)]
 2
 3 #[derive(Debug)]
 4 struct CubeSat {
 5   id: u64,
 6 }
 7
 8 #[derive(Debug)]
 9 enum StatusMessage {
10   Ok,
11 }
12
13 fn check_status(sat_id: CubeSat) -> CubeSat {
14   println!("{:?}: {:?}", sat_id, StatusMessage::Ok);
15   sat_id
16 }
17
18 fn main () {
19   let sat_a = CubeSat { id: 0 };
20   let sat_b = CubeSat { id: 1 };
21   let sat_c = CubeSat { id: 2 };
22
23   let sat_a = check_status(sat_a);   ◁──── 现在，check_status() 的返回值赋值给了原来的
24   let sat_b = check_status(sat_b);          sat_a，新的 let 绑定是重新设置的意思。
25   let sat_c = check_status(sat_c);
26
27   // "waiting" ...
28
29   let sat_a = check_status(sat_a);
30   let sat_b = check_status(sat_b);
31   let sat_c = check_status(sat_c);
32 }
```

清单 4.7 中，新的 main() 函数的输出类似下面这样：

```
CubeSat { id: 0 }: Ok
CubeSat { id: 1 }: Ok
CubeSat { id: 2 }: Ok
CubeSat { id: 0 }: Ok
CubeSat { id: 1 }: Ok
CubeSat { id: 2 }: Ok
```

在清单 4.7 中，所有权移动的一个可视化的概览如图 4.4 所示。

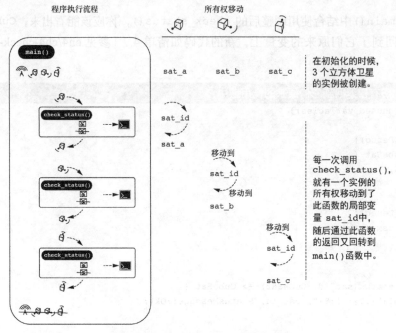

图 4.4　清单 4.7 中所有权的变化情况

4.5　解决所有权的问题

Rust 的所有权系统是非常出色的。它提供了一种不需要垃圾收集器就可以实现内存安全的途径。但是，请注意这里有一个"但是"。

如果你不明白这里都发生了什么，所有权系统就会把你绊倒、让你出错。如果你把以往经验中的编程风格带入一个新的范式中，那么情况会更糟。下面列出的是 4 个常见的策略，可能对你解决所有权问题会有所帮助。

- 在不需要完整所有权的地方，使用引用。
- 重构代码，减少长存活期的值。
- 在需要完整所有权的地方，复制长存活期的值。
- 把数据包装到能帮助解决移动问题的类型中。

为了研究上面提到的每一个策略，我们来扩展一下卫星网络的功能。我们会给地面站和卫星增加收发消息的功能。如图 4.5 所示，这是我们想要达到的目标。我们将先创建一个消息，然后把它发送出去。在第二步接收这个消息，而且在第二步之后，不应该出现所有权问题。

先不考虑方法的实现细节，现在我们想要尽量避免

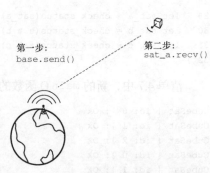

图 4.5　目标：实现消息的发送，同时要避免所有权问题

类似下面这样的代码。把 `sat_a` 的所有权移动到 `base.send()` 的局部变量中，最终将会对程序产生损害。在 `main()` 的余下的代码中，该值将不再是可访问的：

```
base.send(sat_a, "hello!");  ◁─────┐ 把 sat_a 的所有权移动到 base.send() 的局部变量中。
sat_a.recv();
```

为了实现这个示例代码，我们需要更多类型的帮助。在清单 4.8 中，我们给 CubeSat 新增了一个邮箱字段 `mailbox`。**CubeSat**.`mailbox` 是一个 `Mailbox` 结构体，在这个结构体的 `messages` 字段中有一个 `Message` 动态数组。我们将 `Message` 设为 `String` 的别名，这让我们能够使用 `String` 类型的功能，而无须自己实现。

清单 4.8　为系统添加一个 Mailbox 结构体

```
 1 #[derive(Debug)]
 2 struct CubeSat {
 3   id: u64,
 4   mailbox: Mailbox,
 5 }
 6
 7 #[derive(Debug)]
 8 enum StatusMessage {
 9   Ok,
10 }
11
12 #[derive(Debug)]
13 struct Mailbox {
14   messages: Vec<Message>,
15 }
16
17 type Message = String;
```

现在，创建一个 CubeSat 实例就会稍微复杂一些了。要创建它，我们也需要创建与之关联的 Mailbox，还有与邮箱（mailbox）相关联的 Vec<Message>，如清单 4.9 所示。

清单 4.9　创建一个新的带 Mailbox 的 CubeSat

```
CubeSat { id: 100, mailbox: Mailbox { messages: vec![] } }
```

另一个新增加的类型是用于表示地面站本身的。现阶段，我们只是使用一个不带字段的结构体，如清单 4.10 所示。这样我们就可以为其添加方法，之后也可以为其添加一个邮箱字段。

清单 4.10　定义一个结构体，用于表示地面站

```
struct GroundStation;
```

现在，创建出一个 GroundStation 的实例应该是很简单的了，如清单 4.11 所示。

清单 4.11　创建一个 GroundStation 的实例

```
GroundStation {};
```

现在我们有了新的类型，接下来就可以使用它们了。

4.5.1 在不需要完整所有权的地方，使用引用

你将对代码进行的最常见的更改就是降低所需的访问级别。如果我们不去请求所有权，就需要在函数定义中使用借用。对于只读访问的情况，就使用&T；对于读/写访问的情况，就使用&mut T。

在更高级的情况下有可能会需要所有权，比如当函数希望调整其参数的生命周期时。两种不同访问方式的比较如表 4.1 所示。

表 4.1   两种不同访问方式的比较

使用所有权	使用一个可变的引用

`fn send(to: CubeSat, msg: Message) {`
`  to.mailbox.messages.push(msg);`
`}`
	`fn send(to: &mut CubeSat, msg: Message) {`
	`  to.mailbox.messages.push(msg);`
	`}`

to 变量的所有权移动到 send()中。当 send()返回时，to 就被删除。	在 CubeSat 类型上添加上&mut 前缀，这允许在外部作用域中一直持有 to 变量所指向的数据的所有权

发送消息功能最终会包装在一个方法里，但是实际上此函数的实现是必须要修改 CubeSat 的内部邮箱的。为简单起见，我们会返回()，并希望在不可抗拒的外部原因（如太阳风）引起传输困难的情况下也能够运转良好。

下面的代码段展示了我们最终想要完成的流程。地面站通过它的 send()方法，可以给 sat_a 发送一个消息，然后 sat_a 再通过它的 recv()方法来接收这个消息。

```
base.send(sat_a, "hello!".to_string());

let msg = sat_a.recv();
println!("sat_a received: {:?}", msg); // -> Option("hello!")
```

要实现这个代码流程，需要给类型 GroundStation 和 CubeSat 增加新的方法，如清单 4.12 所示。

清单 4.12 增加新的方法 GroundStation.send()和 CubeSat.recv()

```
1 impl GroundStation {
2     fn send(
3         &self,                    &self 表示 GroundStation.send() 只需要一个 self 的只读引用。接收
4         to: &mut CubeSat,         方 to 正在使用的是 CubeSat 实例的一个可变借用（&mut）。msg
5         msg: Message,             会获取它的 Message 实例的完全所有权。
6     ) {
7         to.mailbox.messages.push(msg);  ◁
8     }
9 }                                      Message 实例的所有权从局部变量 msg
10                                        转移到 messages.push() 中。
11 impl CubeSat {
12     fn recv(&mut self) -> Option<Message> {
13         self.mailbox.messages.pop()
14     }
15 }
```

要注意 `GroundStation.send()` 和 `CubeSat.recv()` 都需要 `CubeSat` 实例的可变访问，因为这两个方法都会修改底层的 `CubeSat.messages` 这个动态数组。我们移动了消息的所有权，将其转移到 `messages.push()` 中。这将会为我们带来一些质量上的保证；当消息发出后，如果还要访问它，我们就会收到编译器的通知提醒。图 4.6 展示了我们是如何避免所有权问题的。

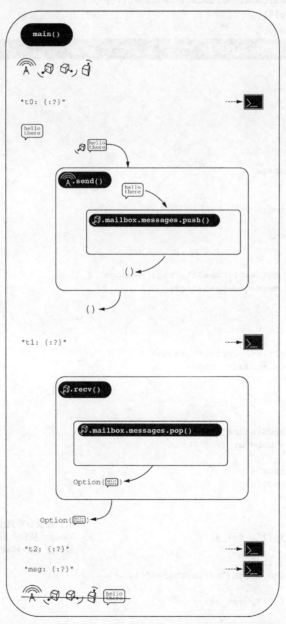

图 4.6   接下来的计划：使用引用来避免所有权问题

如清单 4.13（参见 ch4/ch4-sat-mailbox.rs）所示，本节中的代码段被整合到了一起，并会输出如下信息。在输出中添加了 t0~t2，是为了帮助你更好地理解数据是如何在程序中流动的：

```
t0: CubeSat { id: 0, mailbox: Mailbox { messages: [] } }
t1: CubeSat { id: 0, mailbox: Mailbox { messages: ["hello there!"] } }
t2: CubeSat { id: 0, mailbox: Mailbox { messages: [] } }
msg: Some("hello there!")
```

清单 4.13　使用引用来避免所有权问题

```
 1 #[derive(Debug)]
 2 struct CubeSat {
 3   id: u64,
 4   mailbox: Mailbox,
 5 }
 6
 7 #[derive(Debug)]
 8 struct Mailbox {
 9   messages: Vec<Message>,
10 }
11
12 type Message = String;
13
14 struct GroundStation;
15
16 impl GroundStation {
17     fn send(&self, to: &mut CubeSat, msg: Message) {
18         to.mailbox.messages.push(msg);
19     }
20 }
21
22 impl CubeSat {
23     fn recv(&mut self) -> Option<Message> {
24         self.mailbox.messages.pop()
25     }
26 }
27
28 fn main() {
29     let base = GroundStation {};
30     let mut sat_a = CubeSat {
31       id: 0,
32       mailbox: Mailbox {
33         messages: vec![],
34       },
35     };
36
37     println!("t0: {:?}", sat_a);
38
39     base.send(&mut sat_a,
40             Message::from("hello there!"));    ◁──────   我们还没有用完全符合工效学的方法去创建
41                                                          Message 实例，而是用了 String.from() 方法，
42     println!("t1: {:?}", sat_a);                         用其把 &str 转换为 String（也就是 Message）。
43
44     let msg = sat_a.recv();
```

```
45      println!("t2: {:?}", sat_a);
46
47      println!("msg: {:?}", msg);
48 }
```

4.5.2　使用更少的长存活期的值

如果我们有一个大型的、长期存在的对象（例如全局变量），那么在程序中，为需要它的每个组件而留住它，可能会显得有些笨拙。与其使用长期存在的对象，不如考虑使对象更加离散和短暂地存在。有时，解决所有权问题可能需要考虑整个程序的设计。

在立方体卫星的示例中，我们根本不需要处理太多的复杂性。在 main() 的存续期里，我们有 4 个变量在其中存活，即 base、sat_a、sat_b 和 sat_c。在生产系统中，可能会有数百个不同的组件以及成千上万的交互操作需要去管理。在这种情况下，为了提高可管理性，我们需要把事物拆分一下。图 4.7 展示了本节接下来的计划。

要实现这个策略，我们将创建一个函数，使之会返回立方体卫星的标识符（id）。我们假定此函数内部是一个黑盒子，负责与某些标识符的存储区域（比方说是一个数据库）进行通信。每当需要与某颗卫星通信时，我们就创建一个新对象出来。这样一来，我们在整个程序执行期就不必维护存活的对象了。这还带来了第二个好处，让我们可以把短存活期变量的所有权转移给其他函数：

```
fn fetch_sat_ids() -> Vec<u64> {    ◁———┐返回一个立方体卫星 id 的动态数组
  vec![1,2,3]
}
```

我们还将为 GroundStation 创建一个方法，以便在需要的时候，一次性地创建出一个 CubeSat 实例：

```
impl GroundStation {
  fn connect(&self, sat_id: u64) -> CubeSat {
    CubeSat { id: sat_id, mailbox: Mailbox { messages: vec![] } }
  }
}
```

现在，距离我们预期的结果已经很近了。main() 函数如下面的代码段所示。事实上，我们已经实现了图 4.7 所示的前半部分。

```
fn main() {
  let base = GroundStation();

  let sat_ids = fetch_sat_ids();

  for sat_id in sat_ids {
    let mut sat = base.connect(sat_id);

    base.send(&mut sat, Message::from("hello"));
  }
}
```

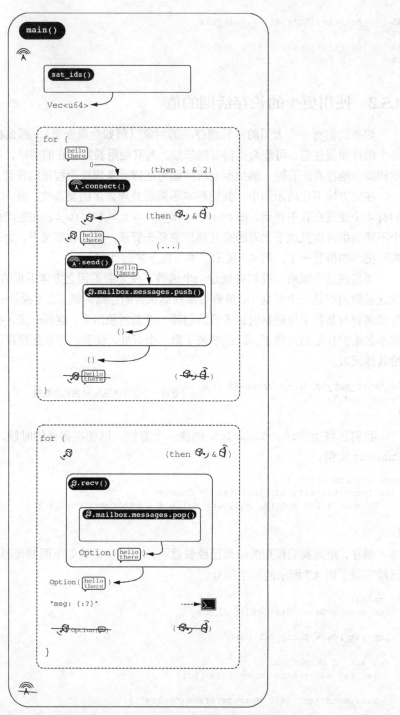

图 4.7 接下来的计划：使用短存活期变量来避免所有权问题

但是这里有一个问题。CubeSat 实例在 for 循环的作用域结束时就不存在了，连带着消失的还有 base 发送给它们的消息。为了让短存活期变量的设计决策得以继续执行，我们就需要让这些消息存活在 CubeSat 实例之外的某个地方。如果是在真实的系统中，运行中的立方体卫星应该存活在零重力环境下某个设备的 RAM（内存）里。在这个并非真实的模拟器中，让我们把这些消息放在一个缓冲区对象中，该对象在程序运行期间一直存在。

消息存储区将会是一个 Vec<Message>，也就是我们在本章前面的代码示例中定义的 Mailbox 类型。我们还将修改 Message 结构体，增加一个代表发送者和接收者的字段。这样一来，我们现在代理的 CubeSat 实例可以通过匹配它的 id 来接收消息。

```
#[derive(Debug)]
struct Mailbox {
  messages: Vec<Message>,
}

#[derive(Debug)]
struct Message {
    to: u64,
    content: String,
}
```

我们也需要重新实现消息的发送和接收。现在，CubeSat 对象已经可以访问它们自己的邮箱对象了。中央的 GroundStation 也已经有能力潜入那些邮箱中发送消息了。现在还需要做出一些修改，因为每个对象只能存在一个可变借用。

在新修改的清单 4.14 中，Mailbox 实例被赋予了修改自己的 messages 动态数组的能力。当有任何一颗卫星要传递消息时，对应的方法就会获取一个邮箱的可变借用。然后，这些方法会将消息传递功能转给邮箱对象来处理。依据这个 API，卫星能够调用 Mailbox 的方法，但是并不允许它们直接接触 Mailbox 的内部数据。

清单 4.14 对 Mailbox 的修改

```
1 impl GroundStation {
2     fn send(
3       &self,
4       mailbox: &mut Mailbox,
5       to: &CubeSat,
6       msg: Message,
7     ) {
8         mailbox.post(to, msg);          ◄──── 调用 Mailbox.post() 来发送消息，并且获取了一个 Message 的所有权。
9     }
10 }
11
12 impl CubeSat {
13     fn recv(
14       &self,
15       mailbox: &mut Mailbox          调用 Mailbox.deliver() 来接收消息，并且获取了一个 Message 的所有权。
16     ) -> Option<Message> {     ◄────
17         mailbox.deliver(&self)
```

```
18        }
19    }
20
21    impl Mailbox {
22        fn post(&mut self, msg: Message) {
23            self.messages.push(msg);
24        }
25
26        fn deliver(
27            &mut self,
28            recipient: &CubeSat
29        ) -> Option<Message> {
30            for i in 0..self.messages.len() {
31                if self.messages[i].to == recipient.id {
32                    let msg = self.messages.remove(i);
33                    return Some(msg);
34                }
35            }
36
37            None
38        }
39    }
```

Mailbox.post() 需要用到其自身的可变访问，还需要传递一个 Message 的所有权。

Mailbox.deliver() 需要一个 CubeSat 的共享引用，这是为了拿到它的 id 字段。

找到一个消息后，我们就会按照 Option 类型的要求，携带包装在 Some 中的这个 Message 提前返回。

如果最后没有找到任何消息，则返回 None。

> **注意**　细心的读者可能会发现清单 4.14 中存在一个很强的反模式。在第 32 行中，在迭代 `self.messages` 集合的过程中修改了此集合的内容。这一点在此处是合理的，因为在下一行就返回了。编译器能够确定下一次的迭代过程是不会发生的，所以就允许执行这个修改。

有了上面这些作为基础，我们现在就能够完整地来实现图 4.7 中的策略了。清单 4.15（参见 ch4/ch4-short-lived-strategy.rs）中是短存活期变量计划的完整实现。下面是代码编译后的输出信息：

```
CubeSat { id: 1 }: Some(Message { to: 1, content: "hello" })
CubeSat { id: 2 }: Some(Message { to: 2, content: "hello" })
CubeSat { id: 3 }: Some(Message { to: 3, content: "hello" })
```

清单 4.15　实现短存活期变量的策略

```
1  #![allow(unused_variables)]
2
3  #[derive(Debug)]
4  struct CubeSat {
5      id: u64,
6  }
7
8  #[derive(Debug)]
9  struct Mailbox {
10      messages: Vec<Message>,
11  }
12
13  #[derive(Debug)]
14  struct Message {
```

```
15      to: u64,
16      content: String,
17  }
18
19  struct GroundStation {}
20
21  impl Mailbox {
22      fn post(&mut self, msg: Message) {
23          self.messages.push(msg);
24      }
25
26      fn deliver(&mut self, recipient: &CubeSat) -> Option<Message> {
27          for i in 0..self.messages.len() {
28              if self.messages[i].to == recipient.id {
29                  let msg = self.messages.remove(i);
30                  return Some(msg);
31              }
32          }
33
34          None
35      }
36  }
37
38  impl GroundStation {
39    fn connect(&self, sat_id: u64) -> CubeSat {
40      CubeSat {
41          id: sat_id,
42      }
43    }
44
45    fn send(&self, mailbox: &mut Mailbox, msg: Message) {
46        mailbox.post(msg);
47    }
48  }
49
50  impl CubeSat {
51      fn recv(&self, mailbox: &mut Mailbox) -> Option<Message> {
52          mailbox.deliver(&self)
53      }
54  }
55  fn fetch_sat_ids() -> Vec<u64> {
56    vec![1,2,3]
57  }
58
59
60  fn main() {
61    let mut mail = Mailbox { messages: vec![] };
62
63    let base = GroundStation {};
64
65    let sat_ids = fetch_sat_ids();
66
```

```
67  for sat_id in sat_ids {
68    let sat = base.connect(sat_id);
69    let msg = Message { to: sat_id, content: String::from("hello") };
70    base.send(&mut mail, msg);
71  }
72
73  let sat_ids = fetch_sat_ids();
74
75  for sat_id in sat_ids {
76    let sat = base.connect(sat_id);
77
78    let msg = sat.recv(&mut mail);
79    println!("{:?}: {:?}", sat, msg);
80  }
81 }
```

4.5.3　在需要完整所有权的地方，复制长存活期的值

每个对象有唯一的所有者，这可能意味着需要对你的软件进行大量的提前规划或重构。就像我们在 4.5.2 节内容中已经见到的那样，如果你没有提前做好早期的设计决策，那么很有可能之后就要做大量额外的工作。

作为重构的一个替代方案，我们可以简单复制一些值。通常我们是不愿意这样做的，但在紧急的时候，这种办法可能是很有用的。在这里，各种基本类型，比如整数，就是一个很好的例子。对 CPU 来说，复制基本类型是廉价的、开销很低的。正因为廉价这个事实，Rust 总是会复制基本类型的值，而不是以别的方式去考虑它的所有权的移动。

各种类型在被复制时，都会采取两种可能的模式中的一种：克隆和复制。每种模式都是由一个 trait 来提供的。克隆是由 std::clone::Clone 定义的，而复制是由 std::marker::Copy 定义的。Copy 是隐式地起作用的，当所有权将要以别的方式被移动时，就会发生复制，而不是真的移动所有权（对象 a 会按位复制来创建出对象 b）；而 Clone 则是显式地发生作用的。实现了 Clone 的类型都会有一个 .clone() 的方法，该方法可以执行创建一个新类型时所需的各种操作。这两种模式的主要区别如表 4.2 所示。

表 4.2　　　　　　　　　　　　克隆和复制的区别

克隆（std::clone::Clone）	复制（std::marker::Copy）
■ 可能是速度慢并且昂贵的。 ■ 永远不会隐式地发生。总是需要显式地调用 .clone() 方法。 ■ 在具体行为上可能会有差别。软件包的作者会为包中的类型定义出克隆的具体含义	■ 总是快速并且廉价的。 ■ 总是隐式地发生。 ■ 行为上总是相同的。总是按位复制原本的值

那么，Rust 程序员为什么不能总是使用 Copy 呢？这主要有以下 3 个原因。

■ Copy trait 隐含的意思是对性能的影响可以忽略不计。对数字类型而言这是对的，但是对那些任意大小的类型而言，比如 String，这就不对了。

- 因为 Copy 会执行精确的复制，但是对引用来讲这就不正确了。直接复制对 T 的引用将（试图）创建 T 的第二个所有者。这会在稍后出现问题，因为当每个引用被删除的时候都会试图删除 T，所以会存在多次删除 T 的操作。
- 某些类型重载了 Clone trait。这样做是为了提供有点儿类似于复制，但又不同于复制的东西。举例来说，比如 std::rc::Rc<T> 类型，当调用 .clone() 时，它会使用 Clone 来创建额外的引用。

> **注意** 在你使用 Rust 的过程中，你通常会看到 std::clone::Clone trait 和 std::marker::Copy trait 被简单地称为 Clone 和 Copy。这些 trait 是通过标准的预包含（prelude）被导入每个包的作用域中的。

---

1. 实现 Copy

现在，让我们再回到之前的一个例子上来（见清单 4.3），此示例会引发一个移动问题。我们把示例代码复制在下面，并且为了让例子更简单，删除了 sat_b 和 sat_c：

```
#[derive(Debug)]
struct CubeSat {
  id: u64,
}

#[derive(Debug)]
enum StatusMessage {
  Ok,
}

fn check_status(sat_id: CubeSat) -> StatusMessage {
  StatusMessage::Ok
}

fn main() {
  let sat_a = CubeSat { id: 0 };

  let a_status = check_status(sat_a);
  println!("a: {:?}", a_status);
  let a_status = check_status(sat_a);   ◄──┐ 对 check_status(sat_a) 执行的第二
  println!("a: {:?}", a_status);            次调用，就是出错的具体位置。
}
```

在这个早期阶段的代码中，类型是由本身已经实现了 Copy 的类型所组成的。这很好，因为这意味着我们自己来为其实现 Copy 就是非常直接的，代码如清单 4.16 所示。

清单 4.16 由实现了 Copy 的类型所组成的类型来派生 Copy

```
#[derive(Copy,Clone,Debug)]
struct CubeSat {
    id: u64,
}

#[derive(Copy,Clone,Debug)]
enum StatusMessage {
    Ok,
}
```

#[derive(Copy,Clone,Debug)]
会告诉编译器自动为每一个
trait 添加一个实现。

想要手动实现 Copy 也是可以的。代码如清单 4.17 所示,可以看到,impl 代码块是非常简洁的。

清单 4.17 手动实现 Copy

```
impl Copy for CubeSat { }

impl Copy for StatusMessage { }

impl Clone for CubeSat {
    fn clone(&self) -> Self {
        CubeSat { id: self.id }
    }
}

impl Clone for StatusMessage {
    fn clone(&self) -> Self {
        *self
    }
}
```

实现 Copy 的前提条件是实现 Clone。

如果需要,我们可以自己写出创建一个新对象的过程。

……但是颇为常见的情况是,我们只需要简单地在这里解引用 self。

2. 使用 Clone 和 Copy

现在,我们知道如何来实现它们了,再来看看 Clone 和 Copy 具体是怎么使用的。我们已经讨论了 Copy 是隐式完成的。当所有权将要以别的方式发生移动时,比如赋值以及通过函数的屏障来传递时,数据就会被复制。

Clone 则需要显式地调用 .clone()。在正式的程序中,这是一个很有用的标记,比如清单 4.18 中的这个例子,因为它能够警告程序员这个处理过程可能是昂贵的、高开销的。清单 4.18 的源代码保存在 ch4/ch4-check-sats-clone-and-copy-traits.rs 文件中。

清单 4.18 使用 Clone 和 Copy

```
1 #[derive(Debug,Clone,Copy)]
2 struct CubeSat {
3     id: u64,
4 }
5
6 #[derive(Debug,Clone,Copy)]
```

Copy 隐含着 Clone,所以在代码的后半部分我们使用任何一个 trait 都是可以的。

```
 7 enum StatusMessage {
 8   Ok,
 9 }
10
11 fn check_status(sat_id: CubeSat) -> StatusMessage {
12   StatusMessage::Ok
13 }
14
15 fn main () {
16   let sat_a = CubeSat { id: 0 };
17
18   let a_status = check_status(sat_a.clone());      要克隆每一个对象，只需要简单地调用.clone()。
19   println!("a: {:?}", a_status.clone());
20
21   let a_status = check_status(sat_a);              Copy 已经像预期的那样正常工作了。
22   println!("a: {:?}", a_status);
23 }
```

4.5.4　把数据包装到特殊的类型中

在本章中，我们已经讨论了 Rust 的所有权系统，以及如何应对由此带来的强制性约束。最后，还有一个应对的策略也是十分常用的，就是使用包装器（wrapper）类型。与默认可用的那些类型相比，这样的类型更具灵活性。但是为了维护 Rust 的安全性保证，这些包装器类型会产生一定的运行时开销。这种使用方式的另一种说法是，Rust 允许程序员选择性地使用垃圾收集。[1]

要解释包装器类型策略，让我们先介绍一个包装器类型：std::rc::Rc。std::rc::Rc 接收一个类型参数 T，并且通常表示为 Rc<T>。Rc<T>，代表"一个类型为 T 的引用计数的值"。Rc<T> 提供了 T 的共享式所有权（shared ownership）。共享式所有权能够防止 T 从内存中被删除，直到所有的所有者都被删除为止。

正如其名称所示，引用计数是用来跟踪有效引用的。每当创建出一个引用的时候，其内部的计数器都会加一。同样，每当一个引用被删除的时候，该计数器就会减一。如果此计数器的值减到零了，那么 T 也就被删除了。

要把 T 包装到此类型中，就涉及对 Rc::new() 的调用。清单 4.19（参见 ch4/ch4-rc-groundstation.rs 文件）展示了这种用法。

清单 4.19　把一个用户定义的类型包装到 Rc 中

```
1 use std::rc::Rc;                使用 use 关键字把标准库中的模
2                                 块导入当前的局部作用域中。
3 #[derive(Debug)]
```

---

[1] 垃圾收集（Garbage Collection, GC）是许多编程语言都在使用的一种内存管理策略，这些语言包括 Python 和 JavaScript，以及构建在 JVM（Java、Scala、Kotlin）或者 CLR（C#、F#）之上的所有语言。

```
4 struct GroundStation {}
5
6 fn main() {
7   let base = Rc::new(GroundStation {});
8
9   println!("{:?}", base);
10 }
```

包装就是在调用 Rc::new() 时,将一个 GroundStation 的实例封装在其中。

输出 "GroundStation"。

Rc<T>实现了 Clone。每次对 base.clone()的调用都会使其内部计数器执行自增操作,而每次的 Drop 都会使此计数器相应地执行自减操作。当这个内部的计数器归零以后,原本的实例就会被释放。

Rc<T>不支持修改,是不可变的。要想使之支持修改,我们需要再多包装一层。Rc<RefCell<T>>是一个类型,此类型支持内部可变性(interior mutability),我们在 3.4.1 节中首次介绍了 Rc 类型。一个具有内部可变性的对象指的是,其对外呈现不可变的外观,但其实它内部的值是可以被修改的。

在接下来的这个示例中,变量 base 是可以被修改的,尽管它被标记为一个不可变的变量。通过观察其内部的值 base.radio_freq 的改变,就能够看出来:

```
base: RefCell { value: GroundStation { radio_freq: 87.65 } }
base_2: GroundStation { radio_freq: 75.31 }
base: RefCell { value: GroundStation { radio_freq: 75.31 } }
base: RefCell { value: "<borrowed>" }
base_3: GroundStation { radio_freq: 118.52000000000001 }
```

value: "<borrowed>"表示 base 被别处的代码进行了可变借用,不再能够进行常规的访问。

清单 4.20 的源代码保存在 ch4/ch4-rc-refcell-groundstation.rs 文件中,其中用到了 Rc<RefCell<T>>类型,从而使得一个被标记为不可变的对象允许被修改。与 Rc<T>相比,Rc<RefCell<T>>产生了一些额外的运行时开销,但同时允许共享对 T 的可读/写的访问。

清单 4.20   使用 Rc<RefCell<T>>允许修改一个不可变的对象

```
1 use std::rc::Rc;
2 use std::cell::RefCell;
3
4 #[derive(Debug)]
5 struct GroundStation {
6   radio_freq: f64 // MHz
7 }
8
9 fn main() {
10    let base: Rc<RefCell<GroundStation>> = Rc::new(RefCell::new(
11      GroundStation {
12        radio_freq: 87.65
13      }
14  ));
15
16    println!("base: {:?}", base);
17
18    {
```

引入一个新的作用域,在此作用域中对 base 执行了可变借用。

```
19    let mut base_2 = base.borrow_mut();
20    base_2.radio_freq -= 12.34;
21    println!("base_2: {:?}", base_2);
22 }
23
24 println!("base: {:?}", base);
25
26    let mut base_3 = base.borrow_mut();
27    base_3.radio_freq += 43.21;
28
29    println!("base: {:?}", base);
30    println!("base_3: {:?}", base_3);
31 }
```

在此例子中，请注意以下两个要点。

- 通过使用类型，添加了更多的功能（举例来说，引入了引用计数语义而不是使用移动语义），把某个类型包装到其他的类型中，而这些包装器类型通常会降低运行时的性能。
- 如果实现 Clone 后可能出现潜在的高开销操作，此时使用 Rc<T>就是很方便的替代选择。这样就允许在两个位置上来"共享"所有权。

> **注意**　Rc<T>不是线程安全的。在多线程的代码里，需要使用 Arc<T>来替代 Rc<T>，这是一个原子引用计数器。类似地，也需要使用 Arc<Mutex<T>>来替代 Rc<RefCell<T>>。Arc 的英文全称是 atomic reference counter。

本章小结

- 值的所有者（owner）在其生命周期结束时负责清理该值。
- 值的生命周期（lifetime）是一个时间范围，在该时间范围内访问此值是有效的行为。在该值的生命周期结束以后，试图访问此值的代码将不能通过编译。
- 要借用（borrow）一个值，就意味着对该值的访问。
- 即便你发现借用检查器不让程序通过编译，此时你也有多种可用的应对策略。但是，这通常也意味着你可能需要重新思考程序的设计了。
- 使用短存活期的值，而不是长期存活的值。
- 借用可以是只读的，也可以是可读/写的。对可读/写的借用而言，在任一时间点上，就只能存在唯一的借用。
- 复制一个值可能是一种务实的方法，可用来打破借用检查器的僵局。想要复制一个值，就需要实现 Clone 或者 Copy。

■ 在需要的时候，可以选择借助 Rc<T> 来使用引用计数语义（reference counting semantics）。

■ Rust 提供了一个叫作内部可变性（interior mutability）的功能，这使得类型可呈现不可变的外观，而实际上它们的值是可以被修改的。

第二部分

揭开系统编程的神秘面纱

在这一部分，通过把 Rust 应用在一些系统编程领域的示例中，你将了解更多 Rust 的基础知识。在这一部分的每一章，我们至少会介绍一个大型的项目，同时至少会介绍一个新的语言特性。学完这部分内容，你将可以构建出命令行实用程序、库、图形化应用程序、网络应用程序，甚至构建出自己的操作系统内核。

第 5 章 深入理解数据

本章主要内容

- 了解在计算机中数据是如何表示的。
- 构建一个可运行的 CPU 模拟器。
- 创建数值型数据类型。
- 理解浮点数的内部工作原理。

本章的全部内容都是关于理解数据的，例如文本、图像和声音等，各种更大型的数据对象是如何通过 0 和 1 构建起来的。我们也会顺带了解，计算机是如何计算的。

在本章的最后，你将模拟出一个全功能的计算机，其中包含 CPU、内存和用户自定义的函数。在本章中，你将拆解浮点数，并创建一个你自己的数值型数据类型，使之仅占用一个字节。本章还将介绍许多的术语，例如字节序（endianness）、整数溢出等——非系统编程的程序员对这些术语可能并不熟悉。

5.1 位模式和类型

这里有个 "很小" 但又很重要的经验，就是单个位模式本身可能会表示多种不同的含义。一门高级语言，例如 Rust，它的类型系统只是现实世界的人为抽象。理解这一点很重要，尤其是当你试图去拆解某种抽象概念，同时想要深入理解计算机的工作方式的时候。

清单 5.1（参见 ch5-int-vs-int.rs 文件）就展示了这样一个例子，相同的位模式表示了两个不同的数值。造成这种区别的不是 CPU，而正是类型系统本身。下面列出了此清单的输出信息：

```
a: 1100001111000011 50115
b: 1100001111000011 -15421
```

清单 5.1　数据类型决定了它的位序列的表示形式

```
1 fn main() {
2   let a: u16 = 50115;
3   let b: i16 = -15421;
4
5   println!("a: {:016b} {}", a, a);
6   println!("b: {:016b} {}", b, b);
7 }
```
这两个值有着相同的位模式，但却是不同的类型。

在这个例子中，位元串（bit string）和数字本身之间的不同映射，也部分解释了二进制文件和文本文件这两者之间的区别。文本文件也是一种二进制文件，只是遵循一个位元串到字符之间的固定映射方式而已。这个映射的过程就叫作编码（encoding）。任意的文件，如果没有向外界公开描述其含义，就将使得它们非常不透明。

我们可以进一步来理解这个过程。如果我们要求 Rust 将一种类型产生的位模式视为另一种类型的值，这样做会发生什么呢？清单 5.2 给出了一个答案。清单 5.2 的源代码保存在 ch5/ch5-f32-as-u32.rs 文件中。

清单 5.2　将浮点数的位元串解释为整数

```
1 fn main() {
2   let a: f32 = 42.42;
3   let frankentype: u32 = unsafe {
4     std::mem::transmute(a)
5   };
6
7   println!("{}", frankentype);
8   println!("{:032b}", frankentype);
9
10  let b: f32 = unsafe {
11    std::mem::transmute(frankentype)
12  };
13  println!("{}", b);
14  assert_eq!(a, b);
15 }
```
这个花括号里面没有分号，我们想让这个表达式的结果被传到其外部作用域中。

把 42.42_f32 所产生的位模式视为一个十进制的整数。

{:032b} 表示将其格式化为一个二进制的值，这是借助 std::fmt::Binary 这个 trait 来实现的，并且要占用 32 位，位数不足则在其左侧补零。

这能确认此操作是否完全对称。

编译并运行清单 5.2 中的代码，会输出如下信息：

```
1110027796
01000010001010011010111000010100
42.42
```

我们在清单 5.2 中引入了一些你可能不熟悉的 Rust 用法，下面我们给出具体的解释。

■　第 8 行展示了 println!() 宏的一个新指令：{:032b}。在这里，032 的意思是"占用 32 位，位数不足则在其左侧补零"，在右边的 b 会调用 std::fmt::Binary trait。在这里如果使用的是默认语法（{}），则会调用 std::fmt::Display trait；如果使用问号语法（{:?}）则会调用 std::fmt::Debug trait。

遗憾的是，f32 并没有实现 std::fmt::Binary。但幸运的是，Rust 的整数实现了此

trait。有两个整数类型与 f32 占用的位数是相同的，即 i32 和 u32。在这个示例中，选用哪一个类型都是可以的。

■ 第 3~5 行执行了类型的转换。std::mem::transmute() 函数要求 Rust 在不影响任何底层的位数据的情况下，把一个 f32 直接解释成一个 u32。后面的第 10~12 行再次使用此函数执行了一个相反的转换。

在程序中混用数据类型，这本身就是一种混乱的行为，因此我们需要把这部分的操作包装在 unsafe 块之中。使用 unsafe 块就是要告诉编译器，"你退后，我来处理这里的事情。我能搞定它。"这是给编译器的一个信号，这个信号代表你比编译器本身有着更多的上下文信息来验证程序的正确性。

使用 unsafe 关键字并不表示此段代码就具有内在的危险性，比如，它同样不允许你绕过 Rust 的借用检查器。这就是说，在此段 unsafe 块的代码中，编译器不提供内存安全性的保证。使用 unsafe 块意味着程序员对维护程序的完整性方面要负起全部的责任。

> 警告　在 unsafe 块允许的各种功能中，某些功能要比其他一些功能更加难以验证。举例来说，std::mem::transmute() 函数是 Rust 语言中最不安全的功能之一，它已经没有任何类型的安全性可言。因此你在要使用它之前，请先研究有没有其他替代方案。

在 Rust 社区中，非必要地使用 unsafe 块是非常不受欢迎的。它可能会使你的软件暴露在关键的安全漏洞中。它的主要目的是让 Rust 与外部代码进行交互，比如用其他语言编写的库和操作系统接口。本书比许多项目更频繁地使用 unsafe 块，因为这样的代码示例是教学的工具，并不是工业软件。unsafe 块允许你深入各个字节的内部，因此对想要了解计算机工作原理的人来说，学会这种用法就是必不可少的。

5.2　整数的生存范围

在本书前几章中，我们花了一些时间介绍整数类型 i32、u8 以及 usize 的含义。各种类型的整数就像一条条小而精致的鱼。它们做得非常出色，但是，一旦从它们赖以生存的自然环境中把它们带出来，那么它们很快就会痛苦地"死去"。

各种类型的整数都生存在某个固定的范围中。在计算机的内部表示它们时，每种类型都占用固定的位数。此外，整数不会像浮点数那样，整数不能通过牺牲精度来扩展其表示范围。当整数中的位被 1 填满时，其唯一的前进道路就是回到全零。

一个无符号的 16 位整数可以表示 0~65535 的数值。如果我们要让它计数到 65536，这时会发生什么呢？接下来，让我们来找出答案。

这类问题在技术术语中叫作整数溢出。要使一个整数溢出，最无害的一种方法就是让该整数一直递增。清单 5.3（参见 ch5/ch5-to-oblivion.rs 文件）就展示了这样一个简单的例子。

清单 5.3　探索递增一个整数并超出其允许的范围，会有什么样的效果

```
 1 fn main() {
 2   let mut i: u16 = 0;
 3   print!("{}..", i);
 4
 5   loop {
 6       i += 1000;
 7       print!("{}..", i);
 8       if i % 10000 == 0 {
 9           print!{"\n"}
10       }
11   }
12 }
```

如果我们尝试运行清单 5.3 中的程序，可发现此程序不会以正常的方式结束运行。让我们来看看它的输出信息：

```
$ rustc ch5-to-oblivion.rs && ./ch5-to-oblivion
0..1000..2000..3000..4000..5000..6000..7000..8000..9000..10000..
11000..12000..13000..14000..15000..16000..17000..18000..19000..20000..
21000..22000..23000..24000..25000..26000..27000..28000..29000..30000..
31000..32000..33000..34000..35000..36000..37000..38000..39000..40000..
41000..42000..43000..44000..45000..46000..47000..48000..49000..50000..
51000..52000..53000..54000..55000..56000..57000..58000..59000..60000..
thread 'main' panicked at 'attempt to add with overflow',
ch5-to-oblivion.rs:5:7
note: run with 'RUST_BACKTRACE=1' environment variable
to display a backtrace
61000..62000..63000..64000..65000..
```

一个程序在引发了恐慌以后就"死掉"了。恐慌（panic）意味着程序员要求该程序完成一些不可能完成的事情，而这时该程序不知道该如何处理这种状况，所以会自行结束程序的运行。

要想了解为什么这是一个如此重要的 bug 类型，就让我们来看看在其背后究竟发生了什么。运行清单 5.4（参见 ch5/ch5-bit-patterns.rs）所示的代码，会输出 6 个数字，而这些数字是以位模式字面量的形式提供的。编译并运行此清单，会输出如下所示的一行信息：

```
0, 1, 2, ..., 65533, 65534, 65535
```

尝试通过带优化参数的编译命令来编译代码，使用命令 rustc -O ch5-to-oblivion.rs，再运行编译生成的可执行文件。你会发现程序的行为有非常大的差别。我们感兴趣的是，在没有剩余的可用空间时会发生什么。65536 是不能用 u16 来表示的。

清单 5.4　如何把 u16 的位模式转换成固定数量的整数值

```
fn main() {
  let zero: u16 = 0b0000_0000_0000_0000;
  let one:  u16 = 0b0000_0000_0000_0001;
  let two:  u16 = 0b0000_0000_0000_0010;
  // ...
  let sixtyfivethousand_533: u16 = 0b1111_1111_1111_1101;
  let sixtyfivethousand_534: u16 = 0b1111_1111_1111_1110;
  let sixtyfivethousand_535: u16 = 0b1111_1111_1111_1111;
```

```
  print!("{}, {}, {}, ..., ", zero, one, two);
  println!("{}, {}, {}", sixty5_533, sixty5_534, sixty5_535);
}
```

　　还有另一种简单的方法，使用类似的技术可让程序崩溃。在清单5.5中，我们要求Rust把数值400放到一个u8类型的变量中，而u8类型的最大值仅为255。清单5.5的源代码保存在ch5/ch5-impossible-addition.rs文件中。

清单5.5　不可能完成的加法运算

```
#[allow(arithmetic_overflow)]  ◄─────

                                        这个声明是必须有的。Rust编译器可以检测到这种明显的溢出情况。
fn main() {
  let (a, b) = (200, 200);
  let c: u8 = a + b;           ◄─────
  println!("200 + 200 = {}", c);          如果没有这个类型声明，Rust不会假设你想要创建一种不可能的情况。
}
```

　　编译并运行此程序，就会出现两种不同的情况。

■　此程序会引发恐慌。

```
thread 'main' panicked at 'attempt to add with overflow',
ch5-impossible-add.rs:5:15
note: Run with 'RUST_BACKTRACE=1' for a backtrace
```

　　　　使用 rustc 的默认参数执行编译过程，就会出现这种情况，执行的命令为 rustc ch5- impossible-add.rs && ch5-impossible-add。

■　运行此程序会给出一个错误的输出结果。

```
200 + 200 = 144
```

　　　　使用-O的编译参数执行rustc,就会产生这种行为,执行的命令为rustc -O ch5-impossible-add.rs && ch5-impossible-add。

由这个例子，我们可以得到如下两条经验。

■　了解类型的各种限制是很重要的。

■　尽管Rust有很多优点，但是用Rust编写的程序仍然有可能崩溃。

　　系统程序员区别于其他程序员的一个地方，就是会采取防止整数溢出的开发策略。仅具有动态语言开发经验的程序员几乎不可能遇到整数溢出的情况。动态语言通常会检查整数运算表达式的结果与当前的类型是否匹配。如果不匹配，就会将接收结果的变量提升为更大的整数类型。

　　在开发对性能至关重要的代码时，你可以根据需要做出一些选择。如果你使用的是固定大小的类型，那么你在获得速度的同时也需要承担某些风险。要想降低这种风险，你可以在代码中做出某些检查，以确保在运行时不会发生溢出，但引入这些检查也意味着减慢了运行速度。另外还有一个选项，也是更为常用的方法，就是选择更大的整数类型，例如i64，缺点就是这样做会带来更多的空间占用。还有更进一步的做法，就是使用任意大小的整数类型，当然随之而来的就是，使用这些类型需要付出相应的开销。

理解字节序

在 CPU 层面存在着一些争论：组成整数的各个字节究竟应该采用哪种方式来布局。有些人喜欢让字节从左到右排列，还有些人则喜欢让字节从右到左排列。这种布局上的选择被称为 CPU 的字节序（endianness）。有时把一个可执行文件从一台计算机复制到另一台上后不能正常运行，字节序不同是可能的原因之一。

接下来，让我们考察一个 32 位的整数，它是由 4 字节所组成的，这 4 字节中的值用十六进制来表示分别是 AA、BB、CC 和 DD。在清单 5.6（参见 ch5/ch5-endianness.rs）中用到了 std:mem::transmute()，此代码示例展示了字节序的重要性。编译并运行清单 5.6 中的代码，程序会输出两个数字，这两个数字会依赖于机器的字节序。如今人们常用的大多数计算机都会输出下面的信息：[1]

```
-573785174 vs -1430532899
```

若在更"稀奇古怪"的硬件上运行，输出结果则会交换这两个数字的位置：

```
-1430532899 vs -573785174
```

清单 5.6　检验字节序

```rust
use std::mem::transmute;

fn main() {
  let big_endian: [u8; 4] = [0xAA, 0xBB, 0xCC, 0xDD];
  let little_endian: [u8; 4] = [0xDD, 0xCC, 0xBB, 0xAA];
  let a: i32 = unsafe { transmute(big_endian) };          std::mem::transmute() 要求编译器将此函数的
  let b: i32 = unsafe { transmute(little_endian) };       参数解释为赋值语句左侧声明的类型（i32）。

  println!("{} vs {}", a, b);
}
```

字节序这个术语是来源于在序列中各个字节的"有效性"。让我们回到学习加法时，我们可以将数字 123 分解为 3 个部分，如表 5.1 所示。

表 5.1　　　　　　　　　　　将数字 123 分解为了 3 个部分

分解	结果
100×1	100
10×2	20
1×3	3

对这 3 个部分求总和，就可以让我们得到原来的那个数字。其中第一部分是 100，被标记为最高有效位。当以常规方式书写时，123 就书写为 123，我们说这就是以大端序的格式来书

---

[1] 2021 年，x86-64/AMD64 的 CPU 体系结构占主导地位。

写的。如果我们反转这个顺序，也就是将 123 书写为 321，那么这就是小端序的格式。

二进制数的工作方式与此是非常相似的，只不过数字中的每个位是 2 的幂（2^0, 2^1, 2^2, …，2^n），而不是 10 的幂（10^0, 10^1, 10^2, …，10^n）。

在 20 世纪 90 年代末以前，字节序一直是个很大的问题，尤其是在服务器端的市场中。Sun 微系统、Cray、摩托罗拉和 SGI 对于一些处理器可以支持双向字节序的这一事实表示不屑，纷纷选择了支持大端序。ARM 决定"两面下注"来对冲风险，开发了一个"双端"架构。而英特尔则选择了另外的一种字节序，并且最终胜出了。所以如今几乎可以肯定地说，整数是以小端序的格式来存储的。

除了多个字节的序列，在单个字节内部也有一个类似的问题。举例来说，一个 u8 类型的数值 3，究竟应该表示为 0000_0011，还是表示为 1100_0000 呢？计算机对各个位的布局顺序的偏好叫作位编号（bit numbering）或者位端序（bit endianness）。这种内部的排列顺序不太可能会影响到你的日常编程。若想进一步研究，请查找关于你的计算机平台的细节信息，查明它的最高有效位（most significant bit）究竟位于哪一端。

> **注意** 缩写词 MSB 可能会让人误解。这个缩写词既可以表示最高有效位（位编号），英文全称是 most significant bit，同时也可以表示最高有效字节（字节序），英文全称是 most significant byte。

5.3 小数的表示形式

在本章开始时提出的一个主张是，对位模式的内容有了更多的了解以后，你可以运用这些知识用来压缩数据。接下来，让我们动手实践。在本节中，你将学习如何从浮点数中提取位数据并将其放到所创建的单字节格式中。

下面我们描述这个问题的一些相关信息：机器学习从业人员经常需要存储和分发大型的数据模型。就此处的目的而言，这个数据模型只用来表示大量的数字。这些模型中的数字通常落在 0..=1 或-1..=1（这里用了 Rust 的 range 语法）的取值范围内，具体要取决于应用程序。显然，我们并不需要用到 f32 或 f64 的全部取值范围，那么为什么我们要使用它们的全部字节呢？让我们看看仅用一个字节能做到什么程度。因为我们已经知道了这个有限的取值范围，所以可以创建一个小数的数字格式，来紧凑地为这个取值范围进行建模。

首先我们需要了解，在如今的计算机中小数是如何表示的。具体来说，我们将要学习的是浮点数的内部表示形式。

5.4 浮点数

每个浮点数在内存中的布局都是使用科学记数法的形式。如果你对科学记数法还不太熟悉，请参考这里给出的概述。

科学家将木星的质量表述为 1.898×10^{27}kg，而蚂蚁的质量则表述为 3.801×10^{-4}kg。这里的关键点在于，用相同数量的字符就可以描述出具有巨大差异的尺度范围。利用这一点，计算机科学家们创建了一种固定宽度的编码格式，此格式可以对范围跨度非常大的数字进行编码。用科学记数法表示的数字分为几个不同的部分，每个部分的作用描述如下。

- 符号（sign）：这个标志项隐含在上述的两个示例中，可以用来表示负数（从负无穷大到 0）。
- 尾数（mantissa）：又称为有效数字，可以认为与具体的数值有关（在前面的两个例子中对应的是 1.898 和 3.801）。
- 基数（radix）：又称为底数（base），是指数次幂底下的那个值（在两个例子中都是 10）。
- 指数（exponent）：描述了值的规模大小（在两个例子中对应 27 和-4）。

接下来，我们该介绍浮点数了。一个浮点数的值是一个包含了 3 个域（field）的容器。这 3 个域分别是符号位、指数和尾数。

你可能也发现了，基数跑到哪去了呢？根据浮点数标准的定义，所有浮点数类型是以 2 为基数的。有了这个定义，所以在浮点数的位模式中就省略基数了。

5.4.1 观察 f32 的内部

图 5.1 展示了 Rust 的 f32 类型的内存布局结构。此布局结构在 IEEE 754-2019 标准和 IEEE 754-2008 标准中叫作 `binary32`，在更早期的 IEEE 754-1985 标准中叫作 `single`。

数值 42.42 作为 f32 类型，进行编码以后的位模式是 01000010001010011010111000010100。使用十六进制的形式来表示会更紧凑，表示为 `0x4229AE14`。这个位模式中各个组成部分的值以及它们解码后的值如表 5.2 所示。

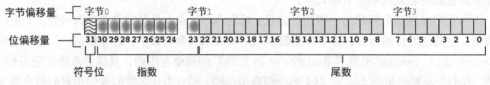

图 5.1 在 Rust 中 f32 类型浮点数的各个组成部分的位级编码情况概览

表 5.2 数值 42.42 的位模式的各个组成部分

组成部分的名称	二进制表示的组成部分	十进制表示的组成部分（u32）	解码后的值
符号位（s）	0	0	1
指数（t）	10000100	132	5
尾数/有效数字（m）	01010011010111000010100	2731540	1.325625
底数/基数			2
指数偏移量			127

> **注意** 代码参见清单 5.10 的第 32 ~ 38 行，要想了解 0101001101011000010100 是如何表示 1.325625 的，参见 5.4.4 节的内容。

把浮点数位模式的各个域解码为这个数值本身的计算过程如下。浮点数标准中的变量名（Radix、Bias）采用首字母大写的形式。位模式中的变量名（sign_bit、mantissa、exponent）采用小写的形式。

$$n = -1^{\text{sign\_bit}} \times \text{mantissa} \times \text{Radix}^{(\text{exponent}-\text{Bias})}$$

$$n = -1^{\text{sign\_bit}} \times \text{mantissa} \times \text{Radix}^{(\text{exponent}-127)}$$

$$n = -1^{\text{sign\_bit}} \times \text{mantissa} \times \text{Radix}^{(132-127)}$$

$$n = -1^{\text{sign\_bit}} \times \text{mantissa} \times 2^{(132-127)}$$

$$n = -1^{\text{sign\_bit}} \times 1.325625 \times 2^{(132-127)}$$

$$n = -1^{0} \times 1.325625 \times 2^{5}$$

$$n = 1 \times 1.325625 \times 32$$

$$n = 42.42$$

浮点数有一个"怪癖"，就是根据它们的符号位的不同，允许有 0 和-0。也就是说，对这两个具有不同位模式的浮点数执行比较运算，结果会是相等的，而对具有相同位模式（NAN 值）的浮点数执行比较运算，结果却是不相等的。

5.4.2 分离出符号位

要分离出符号位，就需要使用移位把其他的位都移走。对 f32 来说，就需要右移 31 位（>> 31）。清单 5.7 给出了一个简短的代码段，展示了执行右移位操作的代码。

清单 5.7 从一个 f32 中分离并解码出符号位

```
1 let n: f32 = 42.42;
2 let n_bits: u32 = n.to_bits();
3 let sign_bit = n_bits >> 31;
```

为了让你有更直观的感受，我们将以图的方式详细介绍上面代码的执行步骤。

（1）从一个 f32 的值开始。

```
1 let n: f32 = 42.42;
```

（2）把 f32 的位模式解释为一个 u32，以便执行后面的位操作，如图 5.2 所示。

```
2 let n_bits: u32 = n.to_bits();
```

要解析的符号位的位置。在 u32 中，这个位原本表示的是 4,294,967,296（2^{32}）或者 0，而不是 1（2^{0}）或者 0

图 5.2 把 f32 的位模式解释为一个 u32

（3）把 n 右移 31 位，如图 5.3 所示。

```
3 let sign_bit = n_bits >> 31;
```

执行移位操作后，符号位现在位于最低有效位上。

图 5.3　把 n 右移 31 位

5.4.3　分离出指数

要分离出指数，需要用到两个位处理的操作。首先需要执行一个右移位操作，覆盖尾数部分（>> 23）。然后使用与掩码操作（& 0xff）删除符号位。

指数的位数据还需要经过一个解码的步骤。要解码指数，需要将这部分 8 位的位数据解释成一个有符号的整数，然后用这个整数减去 127（如 5.4.1 节中所述，这个 127 叫作偏置量，英文记为 bias）。清单 5.8 展示了这几个步骤，并配有可视化的图解说明。

清单 5.8　从一个 f32 中分离并解码出指数

```
1 let n: f32 = 42.42;
2 let n_bits: u32 = n.to_bits();
3 let exponent_ = n_bits >> 23;
4 let exponent_ = exponent_ & 0xff;
5 let exponent = (exponent_ as i32) - 127;
```

下面我们进一步讲解这个过程。

（1）从一个 f32 的值开始。

```
1 let n: f32 = 42.42;
```

（2）把 f32 的位模式解释为一个 u32，以便执行后面的位操作，如图 5.4 所示。

```
2 let n_bits: u32 = n.to_bits();
```

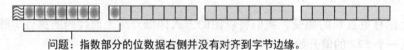

问题：指数部分的位数据右侧并没有对齐到字节边缘。

图 5.4　把 f32 的位模式解释为一个 u32

（3）把指数部分的 8 位的位数据执行右移位，覆盖尾数部分，如图 5.5 所示。

```
3 let exponent_ = n_bits >> 23;
```

问题：第 8 位还遗留了符号位的数据

图 5.5　执行右移位

（4）使用与掩码操作过滤符号位。只有最右边 8 位的位数据可以被保留下来，如图 5.6 所示。

```
4 let exponent_ = exponent_ & 0xff;
```

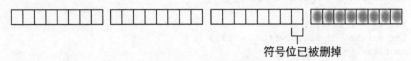

符号位已被删掉

图 5.6　过滤符号位

（5）把保留下来的位数据解释成一个有符号整数，然后依据标准定义，还需要减去指数偏置量。

```
5 let exponent = (exponent_ as i32) - 127;
```

5.4.4　分离出尾数

要分离出尾数的 23 位，你可以使用一个与掩码来删除符号位和指数（& 0x7fffff）。但实际上并不需要这么做，因为在接下来执行解码的步骤中，可以简单地忽略这些无关的位数据。然而比较麻烦的是，尾数的解码过程要比指数的解码过程复杂很多。

要解码出尾数的位，需要把每个位乘以该位的权重，然后把结果求总和。第一位的权重是 0.5，每一个后续位的权重都是前面这个位的权重的一半。举例来说就是，从 0.5（2^{-1}）、0.25（2^{-2}）、…，一直到 0.00000011920928955078125（2^{-23}）。还有一个隐藏的第 24 位，这个位所代表的值为 1.0（2^0），这个值总是存在的，所以它是隐藏的，并不会出现在位数据中，除了一些特殊的情况。指数部分的某些状态会触发尾数的特殊情况如下。

- 如果指数的位数据都为 0，那么尾数的位数据的处理方法会改变，用来表示非正常数（也叫作"非规范化数"）。从实际的角度来看，这种改变增加了可以表示的接近于 0 的十进制小数的数量。从形式上看，一个非正常数是介于 0 和正常行为所能代表的最小数字之间的一个数字。
- 如果指数的位数据都为 1，那么此十进制数可以用来表示无穷（∞）、负无穷（−∞）以及非数字（NAN）。NAN 的值用来表示某些特殊情况，这些特殊情况包括该数值结果在数学上没有定义（例如 0÷0）或者其他一些无效的情况。

  涉及 NAN 值的运算通常是"有违直觉"的。举例来说，测试两个值是否相等时结果总是 false，甚至当这两个值的位模式完全相同的时候也是如此。有趣的一点是，f32 有大约 420 万（≈2^{22}）个位模式都表示 NAN。

清单 5.9 展示了非特殊情况下的实现代码。

清单 5.9　从一个 f32 中分离并解码出尾数

```
1 let n: f32 = 42.42;
2 let n_bits: u32 = n.to_bits();
3 let mut mantissa: f32 = 1.0;
```

```
4
5 for i in 0..23 {
6     let mask = 1 << i;
7     let one_at_bit_i = n_bits & mask;
8     if one_at_bit_i != 0 {
9         let i_ = i as f32;
10        let weight = 2_f32.powf( i_ - 23.0 );
11        mantissa += weight;
12    }
13 }
```

下面我们同样给出分步的解释。

（1）从一个 f32 的值开始。

```
1 let n: f32 = 42.42;
```

（2）将 f32 转换为 u32，以便允许执行后续的位操作。

```
2 let n_bits: u32 = n.to_bits();
```

（3）创建一个可变的 f32，将值初始化为 1.0 （2^{-0}）。这代表隐藏的第 24 位的权重。

```
3 let mut mantissa: f32 = 1.0;
```

（4）迭代尾数中的小数位，把这些位所定义的值加到变量 mantissa 中。

```
5 for i in 0..23 {
6     let mask = 1 << i;
7     let one_at_bit_i = n_bits & mask;
8     if one_at_bit_i != 0 {
9         let i_ = i as f32;
10        let weight = 2_f32.powf( i - 23.0 );
11        mantissa += weight;
12    }
13 }
```

a．从 0 到 23 进行迭代，把迭代中的数字赋值给临时变量 i。

```
5 for i in 0..23 {
```

b．使用迭代的数字来创建一个位掩码，以便让该位能够通过位掩码而保留下来，并把这个位掩码赋值给 mask。比如当 i 的值等于 5 时，位掩码的值为 0b00000000_00000000_00000000_00100000。

```
6 let mask = 1 << i;
```

c．使用 mask 作为一个过滤器，将其应用在保存为 n_bits 的原数字的位模式上。如果原数字在第 i 位的位置上的值不为零，那么赋给 one_at_bit_i 的值也是一个非零的值。

```
7 let one_at_bit_i = n_bits & mask;
```

d．如果 one_at_bit_i 不为零，就会继续执行后续的步骤。

```
8 if one_at_bit_i != 0 {
```

e. 计算在位置 i 上的位权重，计算式为 2^{i-23}。

```
9 let i_ = i as f32;
10 let weight = 2_f32.powf( i - 23.0 );
```

f. 把权重值加到 mantissa 上。

```
11 mantissa += weight;
```

> **解析 Rust 的浮点数字面量，比看起来更难**
>
> Rust 的数字字面量是能够直接调用方法的。比如，要得到与 1.2 最接近的整数，Rust 使用方法 `1.2_f32.ceil()`，而不是使用函数 `ceil(1.2)`。这样当然很方便，但也可能会导致问题。
>
> 举例来说，单目的减号运算符，其优先级低于方法调用的优先级，因此有可能会导致非预期的运算错误。这时，使用括号将其括起来，向编译器明确表达你的意图，通常会很有用。比如要计算-1^0，需要使用括号将其括起来，如下所示。
>
> ```
> (-1.0_f32).powf(0.0)
> ```
>
> 而不是像下面这样写。
>
> ```
> -1.0_f32.powf(0.0)
> ```
>
> 这个表达式会被解释成$-(1^0)$。因为-1^0和$-(1^0)$在数学上都是合法的，所以省略了这对括号，Rust 也不会报错。

5.4.5 剖析一个浮点数

如 5.4 节所述，浮点数是一个包含 3 个域的容器。5.4.1～5.4.3 节为我们提取这些域提供了工具。接下来，让我们把这些工具应用起来。

我们在清单 5.10 中实现了一个双向转换过程。此代码先是从一个编码为 f32 的数字 42.42 中，把这几个域分别提取成单独的部分，然后把已经提取出来的这些部分重新组装起来，创建出另一个数字。要将一个浮点数的位数据转换为这个浮点数的数字本身，需要经过如下 3 个步骤。

(1) 提取容器里面对应的位数据的值（代码参见第 1～26 行 to_parts()）。

(2) 把这些值的原始位模式解码为实际的值（代码参见第 28～47 行 decode()）。

(3) 执行算术运算，把科学记数法表示的值转换为普通的数字（代码参见第 49～55 行 decode()）。

运行清单 5.10，输出的信息如下所示。此输出以两种形式展示了编码为 f32 的数字 42.42 的内部结构：

```
42.42 -> 42.42
field  | as bits | as real number
sign   |       0 | 1
```

```
exponent | 10000100 | 32
mantissa | 01010011010111000010100 | 1.325625
```

在清单 5.10 中，deconstruct_f32()使用了位处理技术，提取浮点数的每个域；decode_f32_parts()
展示了把这几个域转换为对应的数字的方法；f32_from_parts()方法把这几个部分合并到一起，创
建出一个十进制的小数。清单 5.10 的源代码保存在 ch5/ch5-visualizing-f32.rs 文件中。

清单 5.10　解构一个浮点数的值

```
1  const BIAS: i32 = 127;
2  const RADIX: f32 = 2.0;          ── 在 std :: f32 模块中可以访问到类似的常量。
3
4  fn main() {                      ◁── main()函数可以被愉快地放在文件开头的位置，而不会有任何问题。
5    let n: f32 = 42.42;
6
7    let (sign, exp, frac) = to_parts(n);
8    let (sign_, exp_, mant) = decode(sign, exp, frac);
9    let n_ = from_parts(sign_, exp_, mant);
10
11   println!("{} -> {}", n, n_);
12   println!("field | as bits | as real number");
13   println!("sign | {:01b} | {}", sign, sign_);
14   println!("exponent | {:08b} | {}", exp, exp_);
15   println!("mantissa | {:023b} | {}", frac, mant);
16 }
17
18 fn to_parts(n: f32) -> (u32, u32, u32) {
19   let bits = n.to_bits();
20                                       使用移位操作移除不需要的 31 个位数据，只保留符号位。
21   let sign = (bits >> 31) & 1;     ◁──
22   let exponent = (bits >> 23) & 0xff;  ◁──  先移除 23 个不需要的位数据，然后使用逻辑
23   let fraction = bits & 0x7fffff ;  ◁──      与掩码操作过滤高位的数据。
24
25   (sign, exponent, fraction)      ◁──  使用一个与掩码操作，只保留 23 个最低有效位。
26 }
27                         尾数部分在这里叫作 fraction(分
28 fn decode(            数)，执行了解码操作以后，才
29   sign: u32,          管这部分数据叫作尾数。
30   exponent: u32,                              把符号位转换成 1.0 或者-1.0。在这里，
31   fraction: u32                               -1.0_f32 需要用括号括起来，用于表明运
32 ) -> (f32, f32, f32) {                        算的优先级，这是因为方法调用的优先级
33   let signed_1 = (-1.0_f32).powf(sign as f32);  ◁──  高于单目减号运算符。
34
35   let exponent = (exponent as i32) - BIAS;     指数必须先转为 i32，因为减去 BIAS 以后的
36   let exponent = RADIX.powf(exponent as f32);  ── 结果有可能是负数。接下来，还需要把它转换
37                                                    为 f32，这样才能把它用于指数幂的运算中。
38   for i in 0..23 {
39     let mask = 1 << i;
40     let one_at_bit_i = fraction & mask;
41     if one_at_bit_i != 0 {
42       let i_ = i as f32;                   ── 用 5.4.4 节中描述的逻辑来解码尾数。
43       let weight = 2_f32.powf( i_ - 23.0 )
44       mantissa += weight;
45     }
46   }
```

```
47
48    (signed_1, exponent, mantissa)
49 }
50
51 fn from_parts(        ◄────   在中间步骤中直接使用了 f32 的值,有一些"作弊"
52    sign: f32,                 的意思。希望这个"作弊"行为是可以被原谅的。
53    exponent: f32,
54    mantissa: f32,
55 ) -> f32 {
56    sign * exponent * mantissa
57 }
```

了解了从字节数据中解析各个位的方法,这意味着,当需要解析从网络中传入的无类型字节数据时,你将更有底气。

5.5 定点数格式

除了可以使用浮点数格式来表示十进制小数,你还可以使用定点数格式。定点数可以用来表示分数,并且是在没有浮点单元(FPU)的 CPU(比如微控制器)上进行计算的一种选择。与浮点数不同的是,定点数不会为了适应不同的表示范围而移动小数点的位置。在例子中,我们将使用定点数格式来紧凑地表示-1..=1 的数值。虽然它损失了精度,但是节省了大量的空间。[1]

Q 格式,是一种使用单个字节的定点数格式。[2] 它是得州仪器公司为嵌入式计算设备而开发的。我们将要实现的这种格式,叫作 **Q7**,是 Q 格式的一个特定的版本。它的名字 **Q7** 表示,它会用 7 位来表示数字,然后加 1 位用于符号位。我们将会使用隐藏于 i8 中的 7 位数据来伪装出该类型的小数性质,这也意味着 Rust 编译器将能够帮助我们跟踪该值的符号。我们还将派生几个 trait,例如 PartialEq 和 Eq,这个操作可以非常容易地让类型获得比较运算的能力。

清单 5.11 展示了 **Q7** 格式的定义,摘自清单 5.14,其源代码保存在 ch5/ch5-q/src/lib.rs 文件中。

清单 5.11 Q7 格式的定义
```
1 #[derive(Debug,Clone,Copy,PartialEq,Eq)]
2 pub struct Q7(i8);        ◄──── Q7 是一个元组结构体。
```

上述代码创建了一个只包含匿名字段的结构体(例如 Q7(i8)),这种形式的结构体叫作元组结构体。如果某些字段不打算被直接访问到,元组结构体就提供了一种简洁的符号表示形式。在清单 5.11 中没有展示出来,元组结构体可以通过添加逗号分隔的多个类型来包含多个字段。

---

[1] 这种做法在机器学习社区中被称为量化模型。

[2] **Q** 常常写作 Q,这个符号是代表有理数集合的数学符号。有理数可以表示成两个整数组成的分数形式,例如 1/3。

注意，这里的#[derive(...)]代码块要求 Rust 替你来实现几个 trait。

- Debug——用于 println!() 宏（以及其他一些宏），让 Q7 可以通过{:?}语法来转换成一个字符串。
- Clone——让 Q7 可以使用.clone()方法来进行复制。这个可以派生是因为 i8 实现了 Clone trait。
- Copy——在有可能发生所有权错误的地方，能够实现廉价和隐式的复制。从形式上来讲，这让 Q7 从一个使用移动语义的类型变成了一个使用复制语义的类型。
- PartialEq——让 Q7 的值可以使用相等运算符（==）来进行比较。
- Eq——向 Rust 表明，所有可能的 Q7 值都可以与任何其他可能的 Q7 值进行比较。

Q7 只是用于存储和传输数据的数字类型，它最重要的一个功能就是能够与浮点数进行类型的相互换转。清单 5.12 展示了其与 f64 的相互转换，摘自清单 5.14，其源代码保存在 ch5/ch5-q/src/lib.rs 文件中。

清单 5.12 从 f64 到 Q7 的转换

```
4  impl From<f64> for Q7 {
5      fn from (n: f64) -> Self {
6          // assert!(n >= -1.0);
7          // assert!(n <= 1.0);
8          if n >= 1.0 {                      把任何超出取值范围的输入，强制设定到取值范围内。
9              Q7(127)
10         } else if n <= -1.0 {
11             Q7(-128)
12         } else {
13             Q7((n * 128.0) as i8)
14         }
15     }
16 }
17
18 impl From<Q7> for f64 {                    与我们在 5.4.5 节中所用的迭代方法是等价的。
19     fn from(n: Q7) -> f64 {
20         (n.0 as f64) * 2_f64.powf(-7.0)
21     }
22 }
```

清单 5.12 中的两个 impl From<T> for U 代码块，告诉了 Rust 应该如何把类型 T 转换为类型 U。

- 第 4 行和第 18 行引入了 impl From<T> for U 代码块。std::convert::From trait 作为标准预包含的一部分，以 From 的名称被包含在局部作用域中。它要求类型 U 实现 from()，以一个 T 的值作为其唯一的参数。
- 第 6~7 行表示一个可选的行为，用于处理非预期的输入数据：程序将会崩溃。在这里没有使用，但在你自己的项目里是可以使用的。

■ 第 13～16 行截断了超出范围的输入。依照程序的目标，我们知道是不会出现超出范围的输入的，所以也能够接受丢失信息的风险。

> **提示** 使用 From 这个 trait 的转换在数学上应该是等价的。对于有可能会失败的类型转换，可以考虑实现 std::convert::TryFrom 这个 trait 来作为替代。

我们也可以利用 From<f64>的实现，从而很快地实现从 f32 到 Q7 的转换。这个转换如清单 5.13 所示（摘自清单 5.14，其源代码保存在 ch5/ch5-q/src/lib.rs 文件中）。

清单 5.13　借助于 f64 执行从 f32 到 Q7 的转换

```
22 impl From<f32> for Q7 {
23     fn from(n: f32) -> Self {
24         Q7::from(n as f64)
25     }
26 }
27
28 impl From<Q7> for f32 {
29     fn from(n: Q7) -> f32 {
30         f64::from(n) as f32
31     }
32 }
```

◁ 根据设计，从 f32 到 f64 的转换是安全的。如果一个数值能够被表示为 32 位的形式，那么它也能被表示为 64 位的形式。

◁ 通常情况下，把 f64 转换为 f32，会有丢失精度的风险。但是，在此应用程序中这种风险是不存在的，因为我们要转换的值，其取值范围只在-1 和 1 之间。

至此，我们实现了两个浮点数类型的转换。但是我们怎么能知道，这些代码的效果和预期是一致的呢？我们应该如何测试呢？有关测试的问题，Rust 提供了 cargo 这个工具，此工具为单元测试提供了非常好的支持。

清单 5.14 给出了实现 Q7 格式的完整代码。但是要执行测试代码，需要先进入 crate 的根目录，然后执行 cargo test 命令。从清单 5.14 的项目中执行 cargo test 后，输出信息如下所示：

```
$ cargo test
   Compiling ch5-q v0.1.0 (file:///path/to/ch5/ch5-q)
    Finished dev [unoptimized + debuginfo] target(s) in 2.86 s
     Running target\debug\deps\ch5_q-013c963f84b21f92

running 3 tests
test tests::f32_to_q7 ... ok
test tests::out_of_bounds ... ok
test tests::q7_to_f32 ... ok
test result: ok. 3 passed; 0 failed; 0 ignored; 0 measured; 0 filtered out

   Doc-tests ch5-q

running 0 tests

test result: ok. 0 passed; 0 failed; 0 ignored; 0 measured; 0 filtered out
```

清单 5.14 实现了 Q7 格式及其与 f32 和 f64 类型的相互转换，其源代码保存在 ch5/ch5-q/src/lib.rs 文件中。

清单 5.14　实现 Q7 格式及其与 f32 和 f64 类型的相互转换的完整代码

```
1  #[derive(Debug,Clone,Copy,PartialEq,Eq)]
2  pub struct Q7(i8);
3
4  impl From<f64> for Q7 {
5      fn from (n: f64) -> Self {
6          if n >= 1.0 {
7              Q7(127)
8          } else if n <= -1.0 {
9              Q7(-128)
10         } else {
11             Q7((n * 128.0) as i8)
12         }
13     }
14 }
15
16 impl From<Q7> for f64 {
17     fn from(n: Q7) -> f64 {
18         (n.0 as f64) * 2f64.powf(-7.0)
19     }
20 }
21
22 impl From<f32> for Q7 {
23     fn from (n: f32) -> Self {
24         Q7::from(n as f64)
25     }
26 }
27
28 impl From<Q7> for f32 {
29     fn from(n: Q7) -> f32 {
30         f64::from(n) as f32
31     }
32 }
33
34 #[cfg(test)]                  ←── 在此文件中定义了一个子模块。
35 mod tests {
36     use super::*;            ←── 把父模块中的元素导入此子模块的局部作用域中。那些
37     #[test]                       被标记为 pub 的语法项，在这里都是可以访问到的。
38     fn out_of_bounds() {
39         assert_eq!(Q7::from(10.), Q7::from(1.));
40         assert_eq!(Q7::from(-10.), Q7::from(-1.));
41     }
42
43     #[test]
44     fn f32_to_q7() {
45         let n1: f32 = 0.7;
46         let q1 = Q7::from(n1);
47
48         let n2 = -0.4;
49         let q2 = Q7::from(n2);
50
51         let n3 = 123.0;
52         let q3 = Q7::from(n3);
```

```
53
54          assert_eq!(q1, Q7(89));
55          assert_eq!(q2, Q7(-51));
56          assert_eq!(q3, Q7(127));
57      }
58
59      #[test]
60      fn q7_to_f32() {
61          let q1 = Q7::from(0.7);
62          let n1 = f32::from(q1);
63          assert_eq!(n1, 0.6953125);
64
65          let q2 = Q7::from(n1);
66          let n2 = f32::from(q2);
67          assert_eq!(n1, n2);
68      }
69 }
```

Rust 模块系统的简单介绍

Rust 有一个强大的、符合工效学的模块系统。但是为了保持示例的简单性，本书并没有着重介绍模块系统。下面给出了一些基本的指引信息。

- 模块是包的组成部分。
- 模块可以通过项目的目录结构来定义。在 src/目录下的子目录中，如果包含 mod.rs 这个文件，那么该子目录就成了一个模块的目录。
- 模块也可以在同一个文件中，使用 mod 关键字来定义。
- 模块可以任意嵌套。
- 一个模块中的所有的成员（包括其子模块），默认都是私有的。一个模块中的私有项，在该模块及其后代模块中是可以被访问的。
- 使用前缀pub 关键字，可以将语法项设为公开的。pub 关键字有一些特殊的语法。
  a. pub(crate)会将一个语法项导出给 crate 中的其他模块使用。
  b. pub(super)会将一个语法项导出给父模块使用。
  c. pub(in path)会将一个语法项导出给 path 这个路径下的模块使用。
  d. pub(self)显式地保持该语法项为私有的。
- 要从其他模块中将某些语法项导入局部作用域中，需要使用 use 关键字。

5.6 从随机字节中生成随机概率

这里给出了一个有意思的练习，可用于检验你对前面讲解的知识的掌握情况。假定有一个随机字节（u8）的源数据，你想要将其转换为 0 和 1 之间的浮点数（f32）。如果使用 mem::transmute 直接将输入的字节转换为 f32/f64，就会导致生成的浮点数在取值范围上的巨大变化，无法很好地控制输出的浮点数的取值范围。我们用除法运算来从一个任意的输入字节中生成一个位于 0 和 1 之间的 f32，如清单 5.15 所示。

清单 5.15 使用除法运算从一个 u8 中产生一个在[0,1]区间的 f32

```
fn mock_rand(n: u8) -> f32 {
    (n as f32) / 255.0    ◁——— 255 是 u8 能表示的最大值。
}
```

因为除法运算的速度比较慢，除了简单地除以一个字节可能表示的最大值这个方法，可能还有其他速度更快的方法来完成这个任务。也许我们可以假设指数值是一个恒定的常量，然后让输入的位数据执行移位操作，将移位后的值作为尾数，以便让结果的取值范围能够落在 0 和 1 之间。清单 5.16 使用了位操作，这是所能实现的最好结果。

在此代码中，将指数值设定为-1，表示为 0b01111110（十进制的 126），让输入的字节源数据执行移位操作后，可以达到的结果的取值范围在 0.5 和 0.998 之间。然后使用减法和乘法进行规范化操作，可以使取值范围在 0.0 和 0.996 之间。是否还有其他更好的解决办法呢？

清单 5.16 从一个 u8 中产生一个在[0,1]区间的 f32

```
1 fn mock_rand(n: u8) -> f32 {
2
3     let base: u32 = 0b0_01111110_00000000000000000000000;
4
5     let large_n = (n as u32) << 15;        ◁— 先将输入字节 n 对齐到 32 位，然后通过左移 15 位的操作让数值变大。
6
7     let f32_bits = base | large_n;         ◁— 使用按位或操作，把上一步转换后的输入字节合并到基础字节数据 base 中。
8
9     let m = f32::from_bits(f32_bits);      ◁— f32_bits 的类型是 u32，把它解释为一个 f32 的值。
10
11    2.0 * ( m - 0.5 )                      ◁— 规范化输出结果的取值范围。
12 }
```

作为一个完整的程序，在清单 5.16 中的 mock_rand() 的基础上，我们简单添加了一些验证的程序。如清单 5.17（参见 ch5/ch5-u8-to-mock-rand.rs）所示，不使用除法，从一个任意的输入字节中产生一个 0 和 1 之间的 f32。下面给出它的输出信息：

```
max of input range: 11111111 -> 0.99609375
mid of input range: 01110111 -> 0.46484375
min of input range: 00000000 -> 0
```

清单 5.17 不使用除法产生一个 0 和 1 之间的 f32

```
1 fn mock_rand(n: u8) -> f32 {
2     let base: u32 = 0b0_01111110_00000000000000000000000;
3     let large_n = (n as u32) << 15;
4     let f32_bits = base | large_n;
5     let m = f32::from_bits(f32_bits);
6     2.0 * ( m - 0.5 )
7 }
8
9 fn main() {
```

```
10      println!("max of input range: {:08b} -> {:?}", 0xff, mock_rand(0xff));
11      println!("mid of input range: {:08b} -> {:?}", 0x7f, mock_rand(0x7f));
12      println!("min of input range: {:08b} -> {:?}", 0x00, mock_rand(0x00));
13 }
```

5.7　实现一个 CPU 模拟器以建立函数也是数据的观念

关于计算，有一个说起来很平常同时又非常吸引人的细节之处就是，指令也只是一些数字而已。运算和要执行运算的数据会共享相同的编码格式。这就意味着，作为通用的计算设备，你的计算机可以通过软件的实现来模拟其他计算机的指令集。虽然我们不能拆开 CPU 来查看其工作原理，但是我们可以用程序代码来构造一个虚拟的 CPU。

通过本节的学习，你将会了解到计算机在基础层面上是如何运行的。本节还将为你介绍函数是如何运行的，以及术语指针的含义。我们并没有使用汇编语言，实际上我们直接使用了十六进制来编写程序。本节还会介绍另一个术语，你以前可能听到过：栈（stack）。

我们将实现 CHIP-8 系统的一个子集。CHIP-8 系统最初出现在 20 世纪 70 年代，并且得到了当时许多制造商的支持，但是拿今天的标准来看，它还是相当初级的（它是为编写游戏而创建的，而不是用于编写商业或科学领域的应用程序的）。

当时有一种叫作 COSMAC VIP 的设备，它使用的就是 CHIP-8 CPU。此设备只支持单色显示，显示分辨率为 64 像素×32 像素，内存大小为 2KB，CPU 主频是 1.76MHz 的，此设备当时的售价是 275 美元。此外，你需要自己将其组装成计算机。值得一提的是，在此设备上能运行的众多游戏中，还包含由全球首位女性游戏开发者 Joyce Weisbecker 编写的游戏。

5.7.1　CPU 原型 1：加法器

我们将从一段最小化的核心代码开始，逐步地加深理解。接下来，让我们先来构建只支持一个指令的模拟器，这个指令就是"加法"。要了解清单 5.22 中都发生了什么，有以下 3 个重点需要学习。

- 熟悉新的术语。
- 如何解释操作码（opcode）。
- 理解主循环。

1．与 CPU 仿真相关的术语

要处理 CPU 和仿真涉及一些术语的学习，你需要花点儿时间来理解下面的这些术语。

- 操作（operation，经常缩写为 op）：指该系统本身支持的过程。当你进一步探索时，你可能也会遇到与此术语等价的一些说法，例如"由硬件实现的"或者"固有操作"等。

- 寄存器: 一种数据的容器, CPU 能够直接访问保存在其中的数据。对于大多数的操作, 必须先把操作数移动到寄存器中才能执行该操作。具体到 CHIP-8 中, 它的每个寄存器都是一个 u8。
- 操作码: 就是一个数字, 对应某个具体的操作。在 CHIP-8 平台上, 操作码既包含具体的操作, 也包含用于保存操作数的寄存器。

2. 定义 CPU

我们想要支持的第一个操作就是加法运算。加法运算需要使用两个寄存器 (x 和 y), 用于存放操作数, 然后把 y 与 x 的值相加, 并将结果保存到 x 中。在实现此功能的过程中, 我们会使用尽可能少的代码。起初, CPU 中只有两个寄存器和一个用于存放单个操作码的存储位置, 如清单 5.18 所示。

清单 5.18 CPU 的定义

```
struct CPU {
    current_operation: u16,     ◀──────── CHIP-8 的所有操作码都是 u16 类型的。
    registers: [u8; 2],         ◀──────── 对加法运算来说, 这两个寄存器就足够了。
}
```

现在, 这个 CPU 还没有任何作用。想要执行加法运算, 我们还需要做以下几个步骤的工作, 但是暂时还不具备在内存中存储数据的能力。

(1) 初始化 CPU。

(2) 把 u8 的值加载到 registers (寄存器) 中。

(3) 把加法运算的操作码加载到 current_operation (当前的操作码) 中。

(4) 执行此加法运算的操作。

3. 把值加载到寄存器中

CPU 的启动过程含有把数据写入 CPU 结构体的步骤。初始化 CPU 的代码如清单 5.19 所示 (摘自清单 5.22)。

清单 5.19 初始化 CPU

```
32 fn main() {
33   let mut cpu = CPU {
34     current_operation: 0,     ◀──────── 使用无操作 (什么都不做) 来初始化。
35     registers: [0; 2],
36   };
37
38   cpu.current_operation = 0x8014;
39   cpu.registers[0] = 5;
40   cpu.registers[1] = 10;        ◀──────── 寄存器只支持 u8 的值。
```

清单 5.19 中的第 38 行，在没有上下文的情况下是很难解释的。常量 0x8014 是 CPU 将要解码的操作码。要解码这个操作码，需要把它拆分成如下 4 个部分。

- 8 表示此操作需要使用两个寄存器。
- 0 对应 cpu.registers[0]，即寄存器 0。
- 1 对应 cpu.registers[1]，即寄存器 1。
- 4 表示此操作是加法运算。

4. 理解模拟器的主循环

现在数据已经加载上了，CPU 已经准备好去完成一些任务。run() 方法会执行模拟器的主要任务，这个任务就是模拟 CPU 循环，工作模式如下（参见清单 5.20）。

(1) 读取操作码（最终，应该要模拟出从内存中读取）。

(2) 解码出指令。

(3) 使用 match 把解码后的指令匹配到已知的操作码上。

(4) 把执行具体操作的这个任务分派到一个对应的函数中。

清单 5.20 读取操作码等

```
 6  impl CPU {
 7    fn read_opcode(&self) -> u16 {          如果引入了从内存中读取的功能，read_opcode() 会变得更复杂。
 8      self.current_operation
 9    }
10
11    fn run(&mut self) {
12      // loop {          ←——— 现在，先不让此代码运行在一个循环中。
13        let opcode = self.read_opcode();
14
15        let c = ((opcode & 0xF000) >> 12) as u8;
16        let x = ((opcode & 0x0F00) >> 8) as u8;          操作码的解码过程，具体的细节会在后文
17        let y = ((opcode & 0x00F0) >> 4) as u8;          详细解释。
18        let d = ((opcode & 0x000F) >> 0) as u8;
19
20        match (c, x, y, d) {          把真正执行此操作的任务，分配到负
21            (0x8, _, _, 0x4) => self.add_xy(x, y),   ←——  责执行该操作的"硬件电路"上。
22            _ => todo!("opcode {:04x}", opcode),   ←——  一个全功能的模拟器，包含许多不同
23        }          的操作任务。
24      // }   ←——— 现在，先不让此代码运行在一个循环中。
25    }
26
27    fn add_xy(&mut self, x: u8, y: u8) {
28      self.registers[x as usize] += self.registers[y as usize];
29    }
30  }
```

5. 如何解释 CHIP-8 操作码

对 CPU 来说，能够解释具体的操作码（例如 0x8014）是很重要的。对于 CHIP-8 操作码

的解释过程，以及相关变量的命名约定，此处将给出一个详细的介绍。

CHIP-8 操作码是一个 u16 类型的值，由 4 个部分组成。每个组成部分都是半个字节。因为在 Rust 中没有表示 4 位的类型，所以把 u16 的值拆分为 4 个部分是有点儿费事的。而且根据具体上下文的需要，这些 CHIP-8 的半字节常常会经过重新组合后，形成 8 位的或者 12 位的值，这些情况会让事情变得更加复杂。

为了简化对操作码的各组成部分的讲解，我们先来介绍一些标准的术语。每个操作码由两个字节组成：高字节和低字节。每个字节又由两个"半字节"组成，分别是高半字节和低半字节。图 5.7 展示了这些术语。

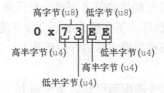

图 5.7　表示 CHIP-8 操作码的各组成部分的术语

CHIP-8 的文档手册介绍了几个变量，包括 kk、nnn、x 和 y。表 5.3 列举了这些变量的位宽、位置和描述。

表 5.3　　　　　　　　　　　　　　　　CHIP-8 操作码的相关变量

变量	位宽	位置	描述
n *	4	低字节、低半字节	字节数量
x	4	高字节、低半字节	CPU 寄存器
y	4	低字节、高半字节	CPU 寄存器
c †	4	高字节、高半字节	操作码组
d †‡	4	低字节、低半字节	操作码子组
kk ‡	8	低字节、双半字节	整数
nnn ‡	12	高字节、低半字节和低字节、双半字节	内存地址

带注释符号 * 的，n 和 d 占用相同的位置，它们会在互斥的上下文中使用。
带注释符号 † 的，变量名 c 和 d 只在本书中用到，并不在 CHIP-8 的手册中。
带注释符号 ‡ 的，在 CPU 原型 3 中使用（参见清单 5.29）。

操作码有 3 种主要的形式，展示在图 5.8 中。操作码的解码过程，首先需要匹配高字节的高半字节，然后应用后续所对应的 3 种策略之一。

要从字节数据中提取出各个半字节，我们需要用到右移位（>>）操作和按位逻辑与（&）操作。我们在本书的 5.4.2～5.4.4 节中介绍过这两种操作。清单 5.21 展示了在当前的问题中来应用这两个位级的操作。

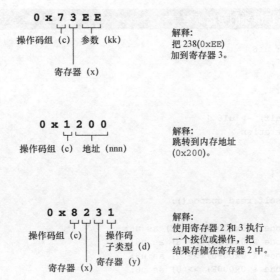

图 5.8 CHIP-8 操作码解码过程的多条路径。具体使用
哪种方式取决于最左侧半字节的值

清单 5.21 从操作码中提取出多个变量

```
fn main() {
  let opcode: u16 = 0x71E4;

  let c = (opcode & 0xF000) >> 12;
  let x = (opcode & 0x0F00) >> 8;
  let y = (opcode & 0x00F0) >> 4;
  let d = (opcode & 0x000F) >> 0;
  assert_eq!(c, 0x7);
  assert_eq!(x, 0x1);
  assert_eq!(y, 0xE);
  assert_eq!(d, 0x4);

  let nnn = opcode & 0x0FFF;
  let kk = opcode & 0x00FF;

  assert_eq!(nnn, 0x1E4);
  assert_eq!(kk, 0xE4);
}
```

先使用与（&）操作进行过滤，把想要的那个半字节保留下来，然后把这个半字节的位数据右移位到最低有效位的位置上。使用十六进制表示只是出于方便，每个十六进制的数字位表示二进制的 4 个位。一个 0xF 的值就选中了单个半字节所有的位数据。

opcode 中的这 4 个半字节，在处理以后会拆分出 4 个独立的变量。

若想要多个半字节，可以通过增加过滤器的宽度来一次性选中更多的半字节。为此，在这里向右移位就不是必需的了。

现在，我们已经能够解码指令。下一个步骤就该是实际地执行解码出的指令。

5.7.2 CPU 原型 1 完整的清单

清单 5.22（参见 ch5/ch5-cpu1/ src/main.rs 文件）展示了加法器的原型模拟器的完整代码。

清单 5.22　实现 CHIP-8 模拟器的初始版本

```
1 struct CPU {
2   current_operation: u16,
3   registers: [u8; 2],
4 }
5
6 impl CPU {
7   fn read_opcode(&self) -> u16 {
8     self.current_operation
9   }
10
11   fn run(&mut self) {
12     // loop {
13       let opcode = self.read_opcode();
14
15       let c = ((opcode & 0xF000) >> 12) as u8;
16       let x = ((opcode & 0x0F00) >> 8) as u8;
17       let y = ((opcode & 0x00F0) >> 4) as u8;
18       let d = ((opcode & 0x000F) >> 0) as u8;
19
20       match (c, x, y, d) {
21         (0x8, _, _, 0x4) => self.add_xy(x, y),
22         _ => todo!("opcode {:04x}", opcode),
23       }
24     // }
25   }
26
27   fn add_xy(&mut self, x: u8, y: u8) {
28     self.registers[x as usize] += self.registers[y as usize];
29   }
30 }
31
32 fn main() {
33   let mut cpu = CPU {
34     current_operation: 0,
35     registers: [0; 2],
36   };
37
38   cpu.current_operation = 0x8014;
39   cpu.registers[0] = 5;
40   cpu.registers[1] = 10;
41
42   cpu.run();
43
44   assert_eq!(cpu.registers[0], 15);
45
46   println!("5 + 10 = {}", cpu.registers[0]);
47 }
```

这个加法器所做的事情并不多。程序执行后，会输出如下所示的一行信息：

```
5 + 10 = 15
```

5.7.3　CPU 原型 2：累加器

已实现了的 CPU 原型 1 能够执行单个指令（加法），而 CPU 原型 2（累加器），能够顺序执行多个指令。这个累加器包含内存、一个主循环以及一个变量，这个变量指向下一条要执行的指令，变量名叫作 position_in_memory。清单 5.26 在清单 5.22 的基础上，做了如下几处实质性的改动。

- 添加了 4 KB 的内存（第 8 行）。
- 包含完整的主循环和停止条件（第 14～31 行）。在循环的每一次迭代中，CPU 会访问 position_in_memory 变量中的内存地址，并从中解码出具体的操作码。接着，变量 position_in_memory 会通过自增来指向下一条指令的内存地址，然后执行刚才解码的那个操作码。此 CPU 会持续运行，直到遇到停止条件，即操作码 0x0000。
- 去掉了 CPU 结构体中的 current_instruction 字段，把读取指令的方法改成了在主循环中从内存中的字节数据里去解码出指令（第 15～17 行）。
- 将操作码写入内存（第 51～53 行）。

1．给 CPU 扩展出支持内存访问的能力

我们需要做出一些修改，以使 CPU 更有用。首先，计算机是需要内存的。

清单 5.23 摘自清单 5.26，提供了 CPU 原型 2 的定义。CPU 原型 2 包含几个用于计算的通用目的寄存器 registers 以及一个特殊目的寄存器 position_in_memory。出于方便，我们把该系统的内存也包含在此结构体中。

清单 5.23　定义一个 CPU 结构体

```
1 struct CPU {
2   registers: [u8; 16],
3   position_in_memory: usize,    ◁──── 使用 usize 而不是 u16 与最初的规范是不同的，但我们
4   memory: [u8; 0x1000],                使用 usize，因为 Rust 允许此类型被用于索引。
5 }
```

这个 CPU 的如下一些功能是非常新颖的。

- 具有 16 个寄存器，这意味着，一个十六进制数（从 0 到 F）就足以寻址到这些寄存器。这使得所有操作码可以紧凑地表示为 u16 的值。
- CHIP-8 只有 4096 字节的 RAM（用十六进制表示为 0x1000）。这使得 CHIP-8 的 usize 类型相当于只有 12 位的位宽，即 2^{12} = 4096，而这 12 位成了前面讨论过的 *nnn* 变量。

本书在以下两个方面偏离了标准做法。

- 我们叫作"内存位置"（position in memory）的这个术语，通常被称为"程序计数器"（program counter）。对初学者来说，要记住程序计数器的作用可能很困难。因此，本书使用了一个能反映其用途的名称。

■ 在 CHIP-8 的技术规范的描述中，最前面的 512 字节（0x100）为系统保留，而其他字节区域是可以给程序使用的。在这个实现中会放宽这个限制。

2．从内存中读取操作码

在 CPU 结构体中增加了 memory 以后，我们就需要相应地更新 read_opcode() 方法了。如清单 5.24（摘自清单 5.26）所示，从内存中读出一个操作码，此过程需要把两个 u8 的值合并为一个 u16。

清单 5.24　从内存中读出一个操作码

```
 8 fn read_opcode(&self) -> u16 {
 9   let p = self.position_in_memory;
10   let op_byte1 = self.memory[p] as u16;
11   let op_byte2 = self.memory[p + 1] as u16;
12
13   op_byte1 << 8 | op_byte2          ◁
14 }
```

要创建一个 u16 类型的操作码，我们使用逻辑或操作，把内存中的两个值合并到一起。这两个值需要先转换为 u16，如果不先做这个转换，左移位会将所有的位数据都设为 0。

3．处理整数溢出

在 CHIP-8 中，最后一个寄存器被用作进位标志。如果进位标志被设置，这表明有一个操作在 u8 大小的寄存器中的产生了溢出。清单 5.25 摘自清单 5.26，展示了处理这个溢出的方法。

清单 5.25　在 CHIP-8 中处理执行操作时产生的溢出

```
34 fn add_xy(&mut self, x: u8, y: u8) {
35   let arg1 = self.registers[x as usize];
36   let arg2 = self.registers[y as usize];
37
38   let (val, overflow) = arg1.overflowing_add(arg2);   ◁
39   self.registers[x as usize] = val;
40
41   if overflow {
42     self.registers[0xF] = 1;
43   } else {
44     self.registers[0xF] = 0;
45   }
46 }
```

对于 u8 类型来说，overflowing_add() 方法的返回类型为 (u8, bool)。如果检测到溢出则返回值中这个布尔类型的值为 true。

4．CPU 原型 2 完整的清单

清单 5.26（参见 ch5/ch5-cpu2/src/main.rs 文件）展示了第二个可运行的模拟器：累加器。

清单 5.26　为模拟器增加了处理多个指令的能力

```
1 struct CPU {
2   registers: [u8; 16],
```

```
 3   position_in_memory: usize,
 4   memory: [u8; 0x1000],
 5 }
 6
 7 impl CPU {
 8   fn read_opcode(&self) -> u16 {
 9     let p = self.position_in_memory;
10     let op_byte1 = self.memory[p] as u16;
11     let op_byte2 = self.memory[p + 1] as u16;
12
13     op_byte1 << 8 | op_byte2
14   }
15
16   fn run(&mut self) {
17     loop {                                    持续执行，而不是只处理一条指令。
18       let opcode = self.read_opcode();
19       self.position_in_memory += 2;           自增 position_in_memory，指向下一条指令。
20
21       let c = ((opcode & 0xF000) >> 12) as u8;
22       let x = ((opcode & 0x0F00) >> 8)  as u8;
23       let y = ((opcode & 0x00F0) >> 4)  as u8;
24       let d = ((opcode & 0x000F) >> 0)  as u8;
25                                               当遇到的操作码为 0x0000 时，此处
26       match (c, x, y, d) {                    的短路功能会终止函数的执行。
27           (0, 0, 0, 0) => { return; },
28           (0x8, _, _, 0x4) => self.add_xy(x, y),
29           _ => todo!("opcode {:04x}", opcode),
30       }
31     }
32   }
33
34   fn add_xy(&mut self, x: u8, y: u8) {
35     let arg1 = self.registers[x as usize];
36     let arg2 = self.registers[y as usize];
37
38     let (val, overflow) = arg1.overflowing_add(arg2);
39     self.registers[x as usize] = val;
40
41     if overflow {
42       self.registers[0xF] = 1;
43     } else {
44       self.registers[0xF] = 0;
45     }
46   }
47 }
48
49 fn main() {
50   let mut cpu = CPU {
51     registers: [0; 16],
52     memory: [0; 4096],
53     position_in_memory: 0,
54   };
55
```

```
56    cpu.registers[0] = 5;
57    cpu.registers[1] = 10;
58    cpu.registers[2] = 10;
59    cpu.registers[3] = 10;                    使用值来初始化几个寄存器。
60
61    let mem = &mut cpu.memory;
62    mem[0] = 0x80; mem[1] = 0x14;             加载操作码 0x8014，0x8014 的意思是把寄
63    mem[2] = 0x80; mem[3] = 0x24;             存器 1 的值加到寄存器 0 上。
64    mem[4] = 0x80; mem[5] = 0x34;
65                                              加载操作码 0x8024，0x8024 的意思是把寄存
66    cpu.run();                                器 2 的值加到寄存器 0 上。
67
68    assert_eq!(cpu.registers[0], 35);         加载操作码 0x8034，0x8034 的意思是把寄存
69                                              器 3 的值加到寄存器 0 上。
70    println!("5 + 10 + 10 + 10 = {}", cpu.registers[0]);
71 }
```

执行此代码后，CPU 原型 2 会输出令人印象深刻的数学计算结果：

```
5 + 10 + 10 + 10 = 35
```

5.7.4　CPU 原型 3：调用函数

我们几乎快要构建完成模拟器的全部机制了。本节会为你增加调用函数的能力。不过，在没有编程语言支持的情况下，任何程序仍然需要直接使用二进制来编写。除了实现函数以外，本节还将尝试验证在本章开始时就提出的一个观念——函数也是数据。

1. 给 CPU 扩展出对于栈的支持能力

想要构建函数，我们需要额外实现一些操作码，如下所示。

- 函数调用，使用 CALL 操作码（0x2nnn，其中 nnn 是一个内存地址），把 position_in_memory 设置为 nnn，是函数的地址。
- 函数返回，使用 RETURN 操作码（0x00EE），把 position_in_memory 设置为函数调用之前的内存地址。

为了使这些操作码能够一起工作，CPU 需要有一些专用的内存来存储地址。这些专用内存称为栈。每一次发生调用（CALL）会将一个地址添加到栈中，在这个过程中，会先让栈指针自增，然后把 nnn 写入自增后的栈指针指向的位置。每一次发生返回（RETURN），会删除栈顶位置的那个地址，这个过程实际上是通过栈指针的自减操作来实现的。清单 5.27 摘自清单 5.29，给出了模拟 CPU 的细节。

清单 5.27　模拟 CPU 的细节，其中包含栈和栈指针

```
1 struct CPU {
2    registers: [u8; 16],
3    position_in_memory: usize,       栈的最大高度是 16。在 16 次嵌套的函数
4    memory: [u8; 4096],              调用后，此程序将会发生栈溢出。
5    stack: [u16; 16],
```

```
6    stack_pointer: usize,
7 }
```

把 stack_pointer（栈指针）的类型设为 usize，可以
让在 stack（栈）中索引值的操作变得更容易。

2. 定义一个函数并把它加载到内存中

在计算机科学中，函数只是一个可以由 CPU 执行的字节序列。[1] CPU 从第一个操作码开始，然后一直执行到最后。接下来的几段代码展示了如何从一个字节序列开始，然后将其转换为在 CPU 原型 3 中可以执行的代码。

（1）定义一个函数。该函数执行两个加法运算，然后返回——比较简单，但是提供了有用的信息。该函数有 3 个操作码。该函数的内部结构用类似于汇编语言的符号来表示：

```
add_twice:
    0x8014
    0x8014
    0x00EE
```

（2）将操作码转换为 Rust 的数据类型。将这 3 个操作码转换为 Rust 的数组语法，需要用方括号将它们括起来，并使用逗号分隔每个数字。现在这个函数已经变成了一个数组 [u16;3]：

```
let add_twice: [u16;3] = [
    0x8014,
    0x8014,
    0x00EE,
];
```

我们希望在下一步能够处理一个字节，所以会把数组 [u16;3] 进一步分解为数组 [u8;6]：

```
let add_twice: [u8;6] = [
    0x80, 0x14,
    0x80, 0x14,
    0x00, 0xEE,
];
```

（3）将该函数加载到 RAM 中。假设我们希望将该函数加载到内存地址 0x100，这里有两个选择。首先，如果函数可以作为一个切片，我们可以用 copy_from_slice() 方法将其复制到 memory 中：

```
fn main() {
    let mut memory: [u8; 4096] = [0; 4096];
    let mem = &mut memory;

    let add_twice = [
        0x80, 0x14,
        0x80, 0x14,
        0x00, 0xEE,
    ];
mem[0x100..0x106].copy_from_slice(&add_twice);
```

---

[1] 该字节序列也必须被标记为可执行。标记过程参见 6.1.4 节中的解释。

```
println!("{:?}", &mem[0x100..0x106]);    ⟵  输出[128, 20, 128, 20, 0, 238]。
}
```

另一种方法是在内存中直接覆盖字节,可以达到同样的效果,而且不需要一个临时的数组:

```
fn main() {
  let mut memory: [u8; 4096] = [0; 4096];
  let mem = &mut memory;

  mem[0x100] = 0x80; mem[0x101] = 0x14;
  mem[0x102] = 0x80; mem[0x103] = 0x14;
  mem[0x104] = 0x00; mem[0x105] = 0xEE;
                                                   输出[128, 20, 128, 20, 0, 238]。
  println!("{:?}", &mem[0x100..0x106]);⟵
}
```

最后一个代码段所采取的方法,正是在清单 5.29 中第 96~98 行的 main() 函数中所使用的。现在我们知道了如何将一个函数加载到内存中,是时候来学习如何要求 CPU 来实际地调用它了。

3.实现 CALL 和 RETURN 操作码

调用一个函数有如下 3 个步骤。

(1)在栈上保存当前的内存位置。

(2)自增栈指针。

(3)把当前内存位置设置为预期的内存地址。

从一个函数中返回的过程与调用过程是相反的,如下所示。

(1)自减栈指针。

(2)从栈中取回调用前的内存地址。

(3)把当前内存位置设置为预期的内存地址。

清单 5.28 摘自清单 5.29,聚焦于 call() 方法和 ret() 方法。

清单 5.28　添加了 call() 方法和 ret() 方法

```
41 fn call(&mut self, addr: u16) {
42     let sp = self.stack_pointer;
43     let stack = &mut self.stack;
44
45     if sp > stack.len() {
46         panic!("Stack overflow!")
47     }
48
49     stack[sp] = self.position_in_memory as u16;  ⟵
50     self.stack_pointer += 1;  ⟵
51     self.position_in_memory = addr as usize;  ⟵
52 }
53
54 fn ret(&mut self) {
55     if self.stack_pointer == 0 {
```

把当前 position_in_memory 的值加入栈。此内存地址比调用位置高两个字节,因为它已在 run() 方法的方法体中执行了自增。

自增 self.stack_pointer。这个操作能防止在栈中已保存的 self.position_in_memory 被覆盖,在后面函数返回时还需要用到这个值。

修改 self.position_in_memory 的值,其作用是跳转到修改后的地址。

```
56          panic!("Stack underflow");
57      }
58
59      self.stack_pointer -= 1;
60      let call_addr = self.stack[self.stack_pointer];
61      self.position_in_memory = call_addr as usize;
62 }
```

跳转到调用之前的地址，也就是在
前面函数调用时保存的那个地址。

4．CPU 原型 3 完整的清单

现在，代码都准备好了，接下来我们把这些代码段组装成一个可运行的程序。清单 5.29
中的代码能够计算一个（硬编码的）数学表达式。运行清单 5.29 中的代码，输出信息如下：

```
5 + (10 * 2) + (10 * 2) = 45
```

在这个计算中并没有你已经习惯的那种源代码，你需要通过解释十六进制的数字来执行这个计
算。为了帮助你理解，我们给出了图 5.9 所示的图解说明，展示了当运行 cpu.run() 的时候，在 CPU
的内部都发生了什么。图 5.9 中的箭头反映了在程序的执行过程中变量 cpu.position_in_memory
的状态变化。

清单 5.29 展示了 CPU 原型 3 这个完整的模拟器。你可以在 ch5/ch5-cpu3/ src/main.rs 文件
中找到此源代码。

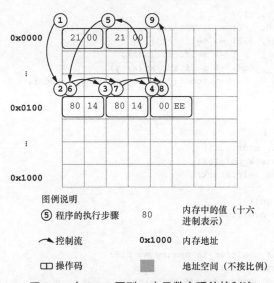

图 5.9 在 CPU 原型 3 中函数实现的控制流

清单 5.29 模拟 CPU 的细节，其中包含用户定义的函数

```
1 struct CPU {
2   registers: [u8; 16],
3   position_in_memory: usize,
4   memory: [u8; 4096],
```

```
 5    stack: [u16; 16],
 6    stack_pointer: usize,
 7 }
 8
 9 impl CPU {
10    fn read_opcode(&self) -> u16 {
11      let p = self.position_in_memory;
12      let op_byte1 = self.memory[p] as u16;
13      let op_byte2 = self.memory[p + 1] as u16;
14
15      op_byte1 << 8 | op_byte2
16    }
17
18    fn run(&mut self) {
19      loop {
20        let opcode = self.read_opcode();
21        self.position_in_memory += 2;
22
23        let c = ((opcode & 0xF000) >> 12) as u8;
24        let x = ((opcode & 0x0F00) >> 8) as u8;
25        let y = ((opcode & 0x00F0) >> 4) as u8;
26        let d = ((opcode & 0x000F) >> 0) as u8;
27
28        let nnn = opcode & 0x0FFF;
29        // let kk = (opcode & 0x00FF) as u8;
30
31        match (c, x, y, d) {
32          ( 0, 0,   0,   0) => { return; },
33          ( 0, 0, 0xE, 0xE) => self.ret(),
34          (0x2, _,   _,   _) => self.call(nnn),
35          (0x8, _,   _, 0x4) => self.add_xy(x, y),
36          _                  => todo!("opcode {:04x}", opcode),
37        }
38      }
39    }
40
41    fn call(&mut self, addr: u16) {
42      let sp = self.stack_pointer;
43      let stack = &mut self.stack;
44
45      if sp > stack.len() {
46        panic!("Stack overflow!")
47      }
48
49      stack[sp] = self.position_in_memory as u16;
50      self.stack_pointer += 1;
51      self.position_in_memory = addr as usize;
52    }
53
54    fn ret(&mut self) {
55      if self.stack_pointer == 0 {
56        panic!("Stack underflow");
57      }
58
```

```
59      self.stack_pointer -= 1;
60      let addr = self.stack[self.stack_pointer];
61      self.position_in_memory = addr as usize;
62    }
63
64    fn add_xy(&mut self, x: u8, y: u8) {
65      let arg1 = self.registers[x as usize];
66      let arg2 = self.registers[y as usize];
67
68      let (val, overflow_detected) = arg1.overflowing_add(arg2);
69      self.registers[x as usize] = val;
70
71      if overflow_detected {
72        self.registers[0xF] = 1;
73      } else {
74        self.registers[0xF] = 0;
75      }
76    }
77  }
78
79  fn main() {
80    let mut cpu = CPU {
81      registers: [0; 16],
82      memory: [0; 4096],
83      position_in_memory: 0,
84      stack: [0; 16],
85      stack_pointer: 0,
86    };
87
88    cpu.registers[0] = 5;
89    cpu.registers[1] = 10;
90
91    let mem = &mut cpu.memory;
92    mem[0x000] = 0x21; mem[0x001] = 0x00;    ◁——— 设置操作码 0x2100：在 0x100 处调用函数。
93    mem[0x002] = 0x21; mem[0x003] = 0x00;    ◁——— 设置操作码 0x2100：同样是在 0x100 处调用函数。
94    mem[0x004] = 0x00; mem[0x005] = 0x00;    ◁
                                                   设置操作码 0x0000：停止执行（严格意义上并非是
                                                   必要的，因为 cpu.memory 是用空字节初始化的）。
96    mem[0x100] = 0x80; mem[0x101] = 0x14;    ◁——— 设置操作码 0x8014：把寄存器 1 的值加到寄存器 0 上。
97    mem[0x102] = 0x80; mem[0x103] = 0x14;    ◁
98    mem[0x104] = 0x00; mem[0x105] = 0xEE;    ◁    设置操作码 0x8014：把寄存器 1 的值加到寄存器 0 上。
99                                                  设置操作码 0x00EE：函数返回。
100   cpu.run();
101
102   assert_eq!(cpu.registers[0], 45);
103   println!("5 + (10 * 2) + (10 * 2) = {}", cpu.registers[0]);
104 }
```

　　如果你研究此系统的原始文档，就会发现比起简单跳转到一个预定义的内存位置，真实的函数要更复杂。不同的操作系统和 CPU 体系结构，在函数调用的约定以及函数的具体能力方面会有所不同。有的约定会要求把操作数加入栈，而有的则会要求把操作数插入已定义的寄存器。尽管某个特定系统的机制可能会有所不同，然而大致的过程与你刚刚看到过的这个过程是类似的。

5.7.5　CPU 4：添加额外功能

使用一些额外的操作码，就可以在你的早期 CPU 内实现乘法和更多的功能。要查看本书的源代码，可以访问 1.4 节给出的网址。尤其值得关注的是 ch5/ch5-cpu4 这个示例，因为这是一个 CHIP-8 规范的更完整的实现。

学习有关 CPU 和数据的最后一步是了解控制流的工作方式。在 CHIP-8 中，控制流的工作方式是比较寄存器中的值，然后依据结果的不同来修改 position_in_memory 的值。在 CPU 里是没有 while 循环或 for 循环的，在编程语言中创建出这些控制流的机制是编译器开发者的艺术。

本章小结

- 相同的位模式可以代表不同的东西，这依赖于它的类型。
- 在 Rust 的标准库中，整数类型有一个固定的宽度。当试图增加其值并超过一个整数的最大值，就会产生一个错误，称为整数上溢出（overflow）。反之减少其值并超过其最小值产生的错误，则被称为整数下溢出（underflow）。
- 在编译程序时启用优化功能（例如，使用 cargo build --release），在这种情况下，由于运行时检查被禁用，你的程序就有可能会出现整数上溢出或下溢出。
- 字节序指的是在多字节类型中字节的布局。每个 CPU 制造商决定了其芯片的字节序。一个为小端序的 CPU 编译出的程序，如果试图在大端序的 CPU 系统上运行，就会出现故障。
- 小数数字主要由浮点数类型来表示。Rust 的 f32 和 f64 类型所遵循的标准是 IEEE 754。这些类型又被称为单精度和双精度浮点数。
- 在 f32 和 f64 类型中，对相同位模式的数值进行比较，结果有可能是不相等的（例如，f32::NAN != f32::NAN）；而对不同位模式的数值进行比较，结果有可能是相等的（例如，-0 == 0）。因此，f32 和 f64 只满足了部分等价关系（偏等性关系）。程序员在比较浮点数值是否相等的时候，应该要注意这一点。
- 位操作对于操作数据结构的内部是很有用的。然而，这样做往往是非常不安全的。
- 定点数格式也是可用的。这类格式通过编码一个数值，将其作为分子，并使用一个隐含的分母的方式表示一个数字。
- 当你想支持类型转换时，需要实现 std::convert::From。但在转换有可能会失败的情况下，使用 std::convert::TryFrom 则是首选的方案。
- CPU 的操作码是一个数字，代表的是一条指令，而不是数据；内存地址也只是数字；函数调用的仅仅是数字的序列。

第 6 章　内存

本章主要内容
- 指针是什么，为什么说有些指针是智能的。
- 术语栈和堆是什么意思。
- 一个程序是如何查看到它的内存的。

本章将介绍系统程序员应了然于心的一些知识，具体的内容是有关计算机内存的工作方式的。本章想要成为指针和内存管理的最易理解的指南。你将学习到应用程序是如何与操作系统进行交互的。理解了这些知识，程序员能够利用这些知识来优化程序的性能，同时最小化程序的内存占用。

内存是个共享的资源，而操作系统是其"仲裁者"。为了让事情变得更容易，操作系统会用"谎言"告诉你的程序，有多少内存可用以及具体的内存位置。要发现这些谎言背后的真相，就需要我们先了解一些前置的知识——本章前两节给出了这些前置知识的讲解。

本章所介绍的内容是逐层递进的，后面一节介绍的内容都是基于前面一节的。本章介绍的内容都基于假定你并不了解这一主题的知识，所以本章会涉及相当多的理论知识，不过所有这些内容都是通过示例来讲解的。

在本章中，你还会创建出本书中的第一个图形化的应用程序。本章几乎没有介绍新的 Rust 语法，但是要讲解的知识点还是相当密集的。你将学习如何去构造指针，如何使用原生的 API 与操作系统交互，还有如何利用 Rust 的外部函数接口（FFI）与别的程序进行交互。

6.1　指针

指针是计算机通过引用来间接访问数据的方式。这个话题往往带有神秘色彩，但其实指针并不神秘。如果你读过一本书的目录，就算是用过指针了。指针只是指引你到其他地方的一些数字而已。

如果你以前从未接触过系统编程，那么需要先了解各种相关的术语，这些术语阐释了你不太熟悉的概念。值得庆幸的是，隐藏在抽象概念之下的这些内容，理解起来并不太困难。首先要了解的就是在本章中所使用的各种图例符号。图 6.1 展示了如下 3 个概念。

- 箭头指向内存中的某些位置，这些位置是在运行时而不是在编译时决定的。
- 代表指针的单独方格表示一个内存块，每个这样的内存块都具有一个 usize 的宽度。而在别的图里，一个方格可能代表的是一个字节，也可能是一个位。
- 在值这个标签的下方，有个长方形的大格子，里面有 3 个小方格，表示有 3 个相邻的内存块。

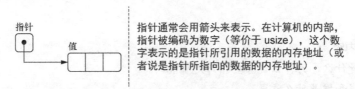

指针通常会用箭头来表示。在计算机的内部，指针被编码为数字（等价于 usize），这个数字表示的是指针所引用的数据的内存地址（或者说是指针所指向的数据的内存地址）。

图 6.1　本章中用于表示指针的图例符号。在 Rust 代码中，最常见的指针就是&T 和&mut T，其中 T 是值的类型

对新手来说，指针是"可怕"的，同时又是"八面威风"的。想要正确地使用指针，就需要你清楚地知道自己的程序是如何在内存中布局的。想象一下，你正在读一本书的目录，目录里说第 4 章是从第 97 页开始的，可实际上第 4 章的开头在第 107 页上——这个问题会令你沮丧，但是至少不会影响你阅读第 4 章的内容。

计算机虽然不会感到沮丧，但是在类似的情况下，当一个指针指向了错误的位置时，它也不可能像人那样来应对这种错误的状况。它将持续运行，不管正确或不正确，就好像这个指针被指定了正确的位置一样。指针带来的隐患是，因为使用了指针，你可能会引入一些很难调试甚至是无法调试的错误。

我们可以这样认为，某个程序在内存中存储的数据，被分散地存放在物理 RAM 中的某些位置上。要使用这个物理 RAM，就需要有某种适当的检索系统，而地址空间就是那个检索系统。

指针被编码为内存地址，使用 usize 类型的整数来表示。一个内存地址会指向地址空间中某个位置。就现在来讲，可以先把地址空间想象成是这个样子的：就是在这个地址空间中，你所有的内存都被并排地放在了一行里。

为什么内存地址要编码为 usize 的类型？当然，64 位的计算机不可能拥有 2^{64} 字节这么大的内存。地址空间的范围是由操作系统和 CPU 提供的一种表面上的形式。不管系统中实际可用的 RAM 数量有多少，应用程序只是知道一个顺序的字节序列。我们会在本章的 6.4 节中讨

论这个工作原理。

> **注意** 另一个有意思的例子是 Option<T> 这个类型。Rust 使用了空指针优化技术,来确保 Option<T> 在编译后的二进制文件中占用 0 字节。它的变体 None 是由一个空指针来表示的(一个指向无效内存的指针),这就让它的变体 Some(T) 不需要额外的间接访问。

引用、指针和内存地址有什么区别?

引用、指针和内存地址有着使人迷惑的相似性。

- 内存地址通常简称为地址,一个内存地址是一个数字,并且恰好指向了内存中的一个字节。内存地址是由汇编语言提供的一种抽象概念。
- 指针有时又叫作原始指针,一个指针是一个内存地址,并且指向了某个类型的值。指针是由高级语言提供的一种抽象概念。
- 引用是指针,在动态大小类型的情况下,一个引用是一个指针以及一个有额外保证的整数。引用是由 Rust 提供的一种抽象概念。

编译器能够确定许多类型的有效字节的跨度。例如,当编译器创建出一个指向了 i32 的指针时,它可以验证 4 字节可以编码为一个整数。这比简单地拥有一个内存地址更有用,因为这个内存地址可能指向也可能没有指向任何有效的数据类型。不幸的是,程序员要负责确保那些在编译时大小未知的类型的有效性。

相比指针,Rust 的引用能提供更多的好处。

- 引用总是指向有效的数据。Rust 的引用,只有在访问其引用对象是合法的情况下才能使用。我相信你现在已经熟悉 Rust 的这一核心原则了!
- 引用被正确地对齐为 usize 的倍数。由于技术上的原因,当要求 CPU 获取未对齐的内存时,CPU 的行为会变得很不稳定,而且此时它们的运行速度会变慢很多。为了缓解这个问题,Rust 的类型实际上包括填充的字节,这样创建出的对这些类型的引用,就不会拖慢你的程序了。
- 引用能够为动态大小的类型提供这样的保证:对于在内存中没有固定宽度的类型,Rust 会确保在内部指针的旁边保留一个长度。这样一来,Rust 就可以确保应用程序在使用该类型的时候,永远不会超出该类型所在的内存区域。

> **注意** 内存地址和其他两个高级抽象之间的区别在于,高级抽象拥有它们的引用对象的类型信息。

6.2 探索 Rust 的引用和指针类型

本节教你如何使用 Rust 的几种指针类型。在本书中讨论这几种类型时,我们设法遵循以下准则。

- 引用——Rust 编译器将为其提供安全性保证。
- 指针——指向某些更原始的东西。这意味着我们将自己负责维护其安全性（隐含不安全的含义）。
- 原始指针（raw pointer）——用于某些必须明确指出其不安全性的类型。

在本节中，我们将扩展清单 6.1 中引入的通用代码段。此清单的源代码保存在 ch6/ch6-pointer-intro.rs 文件中。在此清单中，有两个全局变量 B 和 C，我们使用引用来指向它们。这些引用分别保存着 B 和 C 的地址。图 6.2 和图 6.3 给出了清单 6.1 运行情况的示意。

清单 6.1　使用引用来模仿指针

```
static B: [u8; 10] = [99, 97, 114, 114, 121, 116, 111, 119, 101, 108];
static C: [u8; 11] = [116, 104, 97, 110, 107, 115, 102, 105, 115, 104, 0];

fn main() {
    let a = 42;
    let b = &B;
    let c = &C;

    println!("a: {}, b: {:p}, c: {:p}", a, b, c);
}
```

简单起见，我们在本示例中使用了相同类型的引用。在后面的示例中，为了展示智能指针与原始指针的区别，需要使用不同的类型。

{:p} 这个语法告诉 Rust，把变量当作指针来执行格式化。也就是说，要求输出该值所指向的内存地址。

变量 c 和 b 是引用的。引用在 32 位 CPU 上是 4 字节的，在 64 位 CPU 上是 8 字节的。

假定 a 是一个 i32，它需要占用 4 字节的内存。

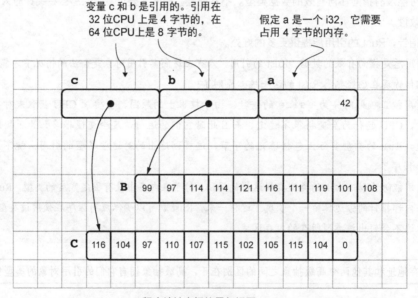

程序地址空间的局部视图

图 6.2　一个抽象的视图，展示出两个指针、一个标准的整数是如何运作的。

这里有个重要的经验是，程序员可能事先不知道所引用的数据的位置

在清单 6.1 中，main() 中有 3 个变量。a 很简单，它只是一个整数。而其他两个就比较有

意思了：b 和 c 都是引用。它们引用了两个不透明的数组 B 和 C。就现在来讲，先将 Rust 的引用简单看作等同于指针就行了。在 64 位计算机上运行清单 6.1 所示的代码段后，输出信息如下所示：

```
a: 42, b: 0x556fd40eb480, c: 0x556fd40eb48a
```
◁——— 在你的计算机上运行此代码时，具体的内存地址可能会不同。

　　图 6.3 给出了同一个示例程序的另一个视图，其中包含一个虚构的地址空间，这个地址空间一共有 49 字节，并且在此视图中假定指针宽度为 2 字节（16 位）。在此图中，你会注意到，变量 b 和 c 在内存中看起来是不同的，尽管它们在清单 6.1 中是相同的类型。那是因为清单 6.1 对你"说谎"了。稍后我们会给出一个更接近图 6.3 的示例代码，并且会讲解其中的细节。

　　如图 6.2 所示，将指针描绘为指向不相连的数组的箭头，这种示意的描绘方式存在一个问题：它们不再强调，地址空间是连续的并且是在所有变量之间共享的。

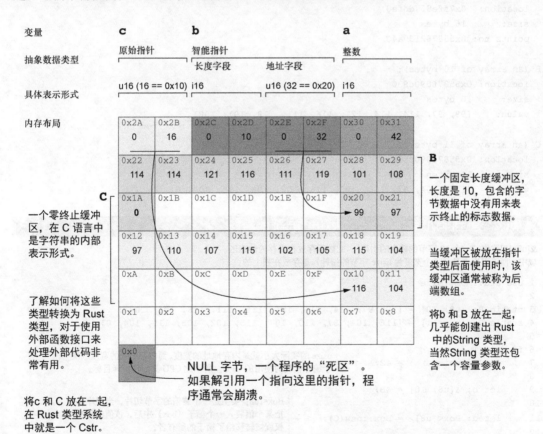

图 6.3　示例代码 6.1 的地址空间示意。此示意图展示了地址（通常使用十六进制来表示）和整数（通常使用十进制来表示）之间的关系。白色的单元格代表未使用的内存

为了更深入地了解底层实际发生的事情，清单 6.2 生成了更多的输出。为了更准确地与图 6.3 中所表示的形式相匹配，在这段代码中，我们使用了更复杂的类型而不仅仅是使用了引用。下面给出了清单 6.3 的输出：

```
a  (an unsigned integer):
  location: 0x7ffe8f7ddfd0
  size:     8 bytes
  value:    42

b (a reference to B):
  location: 0x7ffe8f7ddfd8
  size:     8 bytes
  points to: 0x55876090c830

c (a "box" for C):
  location: 0x7ffe8f7ddfe0
  size:     16 bytes
  points to: 0x558762130a40

B (an array of 10 bytes):
  location: 0x55876090c830
  size:     10 bytes
  value:    [99, 97, 114, 114, 121, 116, 111, 119, 101, 108]

C (an array of 11 bytes):
  location: 0x55876090c83a
  size:     11 bytes
  value:    [116, 104, 97, 110, 107, 115, 102, 105, 115, 104, 0]
```

清单 6.2   通过指向几种不同的类型，来对比引用和 Box<T>

&[u8; 10]读作"一个 10 字节的数组的引用"。此数组存放在内存的静态区域中，而该引用本身（一个宽度为 usize 字节的指针）是存放在栈上的。

```
 1 use std::mem::size_of;
 2
 3 static B: [u8; 10] = [99, 97, 114, 114, 121, 116, 111, 119, 101, 108];
 4 static C: [u8; 11] = [116, 104, 97, 110, 107, 115, 102, 105, 115, 104, 0];
 5
 6 fn main() {
 7     let a: usize       = 42;        ◄─── usize 的实际大小就是内存地址的宽度，而内存地址的宽度取决
 8                                          于编译代码时使用的 CPU。所以此 CPU 又叫作编译目标。
 9     let b: &[u8; 10] = &B;
10                                     ┌── Box<[u8]>类型是一个装箱的字节切片。当程序员
11     let c: Box<[u8]> = Box::new(C); ◄── 把某个值装入一个箱子（box）中后，该值的所有
12                                     └── 权就被转移给了箱子的所有者。
13     println!("a (an unsigned integer):");
14     println!("  location: {:p}", &a);
15     println!("  size:     {:?} bytes", size_of::<usize>());
```

```
16    println!("  value:     {:?}", a);
17    println!();
18
19    println!("b (a reference to B):");
20    println!("  location: {:p}", &b);
21    println!("  size:     {:?} bytes", size_of::<&[u8; 10]>());
22    println!("  points to: {:p}", b);
23    println!();
24
25    println!("c (a \"box\" for C):");
26    println!("  location: {:p}", &c);
27    println!("  size:     {:?} bytes", size_of::<Box<[u8]>>());
28    println!("  points to: {:p}", c);
29    println!();
30
31    println!("B (an array of 10 bytes):");
32    println!("  location: {:p}", &B);
33    println!("  size:     {:?} bytes", size_of::<[u8; 10]>());
34    println!("  value:     {:?}", B);
35    println!();
36
37    println!("C (an array of 11 bytes):");
38    println!("  location: {:p}", &C);
39    println!("  size:     {:?} bytes", size_of::<[u8; 11]>());
40    println!("  value:     {:?}", C);
41 }
```

如果你对从 B 和 C 中解码出文本的过程感兴趣,可查看清单 6.3 中给出的简短程序,此程序(几乎)创建出了一个类似于图 6.3 中所展示的内存地址布局。此代码包含了一些 Rust 的新功能,而且有一些比较"神秘"的语法,这些语法我们之前还没有介绍过。稍后我们会详细解释这些语法。

一种智能指针类型,能够从其指针位置读取数据而无须先复制它。

CStr 是一个类似于 C 字符串的类型,它让 Rust 能够读取以 0 作为结束标志的字符串。

```
use std::borrow::Cow;  ◄──

use std::ffi::CStr;  ◄──
```

c_char 是 Rust 中 i8 类型的别名,但对于特定的平台,它可能会存在一些细微的差别。

```
use std::os::raw::c_char;  ◄──

static B: [u8; 10] = [99, 97, 114, 114, 121, 116, 111, 119, 101, 108];
static C: [u8; 11] = [116, 104, 97, 110, 107, 115, 102, 105, 115, 104, 0];
fn main() {
    let a = 42;  ◄──
```

在这里引入了每个变量,在后面的 println! 中才能够访问到。假如把创建 b 和 c 的两行代码放到下面的 unsafe 块中,那么在后面超出了作用域后,输出语句那里就访问不到了。

```
  let b: String;

  let c: Cow<str>;        ◁──

  unsafe {
    let b_ptr = &B as *const u8 as *mut u8;

    b = String::from_raw_parts(b_ptr, 10, 10);   ◁──

    let c_ptr = &C as *const u8 as *const c_char;   ◁──

    c = CStr::from_ptr(c_ptr).to_string_lossy();   ◁──
  }
  println!("a: {}, b: {}, c: {}", a, b, c);
}
```

Cow 接收一个类型参数，即它所指向的数据类型。str 是 CStr.to_string_lossy() 的返回类型，所以放在这里是合适的。

引用不能直接转换为*mut T，而后者正是 String::from_raw_parts()所需要的类型。但是，*const T 可以转换为*mut T，所以就有了这个二次类型转换的语法。

String::from_raw_parts()接收 3 个参数，一个参数是指向字节数组的指针 (*mut T)，另两个是大小和容量参数。

我们把一个*const u8 转换为*const i8，后者就是 c_char 的别名。在这里，转换到 i8 之所以能够成功，是因为依据 ASCII 标准，数据一定都是小于 128 的。

String 是一种智能指针类型。它包含一个指向后端数组的指针和一个用于存储其大小的字段。

从概念上讲，CStr::from_ptr()负责读取指针指向的数据，直到遇到 0 为止，然后利用读取到的结果数据生成一个 Cow<str>。

在清单 6.3 中，Cow 是 copy on write 的缩写，意思是写时复制。当缓冲区数据由外部来源提供时，使用这种智能指针类型会很方便。其由于避免了复制的操作，从而提高了运行时性能。`std::ffi` 是 Rust 标准库中的外部函数接口模块。`use std::os::raw::c_char;`这行代码并不是必需的，但它可以让代码的意图更明确。虽然 C 在其标准中并未定义 char 类型的宽度，然而实际上它的宽度就是一个字节。在`std::os::raw`模块的文档中检索此类型的别名 c_char 可以看到具体的区别。

要理解清单 6.3，需要先来学习一些相关的基础知识。接下来，我们先来学习原始指针是什么，然后讨论围绕原始指针构建出来的许多功能丰富的替代方案。

6.2.1 Rust 中的原始指针

一个原始指针是一个没有 Rust 的标准保证的内存地址。它们在本质上是不安全的。举例来说，与引用（&T）不同，原始指针可以是 NULL（空）的。

原始指针的语法有点儿奇怪，不可变和可变的原始指针分别表示为*const T 和*mut T。也就是说，虽然它们都是单一的类型，但是包含了 3 个词条标记：星号、const 或 mut，以及它们的类型 T。一个指向 String 的不可变的原始指针表示为*const String，一个指向 i32 的可变的原始指针则记为*mut i32。在我们开始实践指针的操作之前，还需要先了解下面两个有用的知识点。

- *const T 和*mut T 的差别是很小的。它们可以彼此自由转换，并且可以互换使用。它们因为类型的名称本身很明确，还有着源代码内的文档的作用。
- Rust 的引用（&mut T 和&T）会被向下编译为原始指针。这意味着，我们不需要冒险进入 unsafe 块，就可以得到原始指针的性能。

清单 6.4 给出了一个小例子，使用一个 i64 的值创建一个原始指针。然后输出这个值和它的内存地址，输出地址需要使用{:p}语法。

清单 6.4 创建一个原始指针（*const T）

```
fn main() {
    let a: i64 = 42;
    let a_ptr = &a as *const i64;

    println!("a: {} ({:p})", a, a_ptr);
}
```

把 a 的引用（&a）转换为指向 i64 的常量原始指针（*const i64）。

输出 a 的值（42）以及它在内存中的地址（0x7FF…）。

指针和内存地址有时可以互换使用。它们都是整数，用于表示在虚拟内存中的一个位置。但是，从编译器的角度来看，这两者有一个重要的区别。Rust 的指针类型*const T 和*mut T，总是指向 T 的起始字节，并且它们还知道 T 类型的字节宽度。而内存地址则不同，它可以引用内存中任意的位置。

一个 i64 是 8（64 除以 8）字节宽。因此，如果将 i64 存储在地址 0x7FFFD，那么必须从 RAM 中提取 0x7FFD 和 0x8004 之间的每个字节，才能以此重新创建出这个整数的值。从指针中取出地址，然后依据该地址从 RAM 中提取出数据的过程，称为解引用一个指针。清单 6.5 展示了如何将一个引用转换为原始指针，然后使用 std::mem::transmute() 来识别这个值的地址。

清单 6.5 识别一个值的地址

```
fn main() {
    let a: i64 = 42;
    let a_ptr = &a as *const i64;
    let a_addr: usize = unsafe {
      std::mem::transmute(a_ptr)
    };

    println!("a: {} ({:p}...0x{:x})", a, a_ptr, a_addr + 7);
}
```

把*const i64 解释为 usize 类型。使用 transmute()是非常不安全的，但是这让我们可以暂缓引入更多的语法。

从底层实现上来看，引用（&T 和&mut T）是被实现为原始指针的。但是引用是带有额外的保证的，所以始终应该被优先考虑。

警告 访问一个原始指针的值始终是不安全的，需要小心处理。

在 Rust 代码中使用原始指针就像使用烟火一样。通常情况下，效果令人称奇；而有时会令人很痛苦；在偶尔的情况下，甚至会很"悲惨"。在 Rust 代码中，原始指针通常由操作系统或第三方库来处理。

为了展示它的不稳定性，让我们来看一个使用 Rust 原始指针的简单示例。从任意的一个整数创建出一个任意类型的指针是完全合法的。解引用这个指针的过程必须发生在一个 unsafe 块中，就像在下面这个代码段中展示的一样。一个 unsafe 块所隐含的意思，就是程序员对任何后果都要负全部的责任。

```
fn main() {
    let ptr = 42 as *const Vec<String>;    ◁── 你可以安全地从任何整数值中创建出指针。
                                               很显然，一个 i32 不是一个 Vec<String>，但
    unsafe {                                   在这里，Rust 很乐意忽略这一点。
        let new_addr = ptr.offset(4);
        println!("{:p} -> {:p}", ptr, new_addr);
    }
}
```

重申一次，原始指针是不安全的。它们的诸多特点表明，在日常 Rust 编程中是非常不建议使用原始指针的。

- 原始指针并不拥有它们的值。当访问它们的时候，Rust 编译器也不会检查所引用的数据是否仍然有效。
- 让多个原始指针都指向同一个数据，这也是允许的。这样每一个原始指针都可以对此数据进行读/写访问。在这种情况下，Rust 是不会去保证共享数据的有效性的。

尽管有上面的这些警告，但仍然有少数的情况，是需要使用原始指针的，如下所示。

- 有一种情况，是不可避免地要使用原始指针的。这种情况就是，有些操作系统调用或者是某些第三方的代码需要用到原始指针。在与 C 代码提供的外部接口打交道时，这时使用原始指针就是很常见的了。
- 当共享访问某些数据是必需的，并且运行时性能又非常关键的时候。也许你的应用程序中有多个组件需要平等地访问一些计算成本较高的变量。在这种情况下，可能会出现一个组件中的某些低级错误影响到其他所有的组件的情况，如果你愿意冒这个风险，那么原始指针将是可供选择的最后手段之一。

6.2.2 Rust 指针的生态系统

既然原始指针是不安全的，那么有没有更安全的替代选择呢？这个替代选择就是智能指针。在 Rust 社区中，智能指针除了具有解引用内存地址的能力之外，还拥有某些"超能力"。你可能听到过包装类型这个术语。Rust 的智能指针类型常常是对原始指针进行包装，并且为它们添加了额外语义的。

在 C 社区中，智能指针的定义较为狭窄。在 C 社区中，术语智能指针通常表示的是，与 Rust 中的 core::ptr::Unique、core::ptr::Shared 和 std::rc::Weak 这些类型对等的 C 类型。稍后我们将会介绍这几种类型。

> **注意** 术语胖指针指的是内存布局。瘦指针，例如原始指针，就是一个 usize 的大小。而胖指针通常具有两个 usize 的大小，偶尔也会有超过这个大小的胖指针。

Rust 在其标准库中有很多的指针类型（和类似指针的类型）。每一种类型都有它们各自的作用和优缺点。考虑到它们各自的独特属性，我们没有直接把它们写到一个列表里。让我们把这些指针类型模拟成卡牌类角色扮演游戏中的一个个角色吧，如图 6.4 所示。

Raw Pointer

*mut T 和 *const T，这哥俩是指针世界中的"自由激进分子"。速度非常快，但是非常不安全。

能力
· 速度非常快。
· 能与外部世界进行交互。

弱点
· 不安全。

Box\<T>

在箱子中存放的任何东西。能够接受几乎任何类型，用于长时间的存储，也是新的"安全编程时代"的主力。

能力
· 在一个叫作"堆"的集中存储位置保存一个值。

弱点
· 占用更多空间。

Rc\<T>

引用计数指针，Rc\<T> 是 Rust 中能干、但好奇重的"薄记员"是谁、在什么时候、借用了什么东西，它都非常清楚。

能力
· 共享访问某些值。

弱点
· 占用更多空间。
· 带来运行时开销。
· 非线程安全。

Arc\<T>

Arc\<T> 是 Rust 中的"使节"。它能够跨线程共享访问某些值，并且能够保证各线程共享访问时互不冲突。

能力
· 共享访问某些值。
· 线程安全。

弱点
· 占用更多空间。
· 带来运行时开销。

Cell\<T>

Cell\<T> 擅长的是变形，它能够修改不可变的值。

能力
· 内部可变性。

弱点
· 占用更多空间。
· 性能低。

RefCell\<T>

使用 RefCell\<T>，可以在不可变引用中执行修改。这种古怪的能力会带来一些开销。

能力
· 内部可变性。
· 可以嵌套在 Rc 和 Arc 中使用，Rc 和 Arc 只能接受不可变的引用。

弱点
· 占用更多空间。
· 带来运行时开销。
· 缺少编译时保证。

Cow\<T>

如果你只是需要读它，为什么还要在上面写下一些东西呢？可能是你想要在上面做出一些修改吧。这就是 Cow 的作用了。

能力
· 当需要只读访问时，避免写入。

弱点
· 可能会占用更多空间。

String

String 向我们展示了如何构建安全的抽象，它可以把它当作一个如何处理用户输入的不确定性的指南。

能力
· 按需动态增长。
· 在运行时保证编码正确性。

弱点
· 分配的空间大小可能会超过实际的需要。

Vec\<T>

程序中的主要存储系统。随着值的创建和销毁，Vec\<T> 始终保持数据的有序性。

能力
· 按需动态增长。

弱点
· 分配的空间大小可能会超过实际的需要。

RawVec\<T>

Vec\<T> 的底层基石，当然也是其他许多动态大小类型的底层基石。它知道该如何根据需要给数据提供一个"家"。

能力
· 按需动态增长。
· 与内存分配器一起工作，找到要分配的空间。

弱点
· 一般不会直接应用在你的代码中。

Unique\<T>

一个值的唯一拥有者，唯一能保证拥有完全的控制的指针。

能力
· 诸如 String 等类型的基础类型，需要独占值。

弱点
· 不适合直接在应用程序代码中使用。

Shared\<T>

要想实现共享所有权是困难的。使用 Shared\<T> 能让此功能的实现稍微容易一些。

能力
· 共享所有权。
· 能够分配 T 类型大小的内存，甚至这个 T 是零大小的也可以，那就无须占用内存空间了。

弱点
· 不适合直接在应用程序代码中使用。

图 6.4 虚构的角色扮演卡牌游戏，描述了 Rust 的智能指针类型的特点

　　此处介绍的各种指针类型将在本书中广泛地使用。因此，我们会在需要的时候再给出更完整的讲解。现在，在其中的一些卡牌的"能力"一栏中提到了两个新颖的属性：内部可变性和共享所有权。这两个属性值得讨论。

　　对于内部可变性，你可能希望在一个方法中通过其中一个参数获取一个不可变的值，但是又想让该值具有可变性。如果你愿意为此付出一些运行时开销，那么假装一个不可变性就是可能的。如果方法需要此参数是一个拥有所有权的值，那么可以把参数包装在 Cell\<T> 中。如果

需要的是引用，则可以包装在 RefCell<T> 中。在使用引用计数类型 Rc<T> 和 Arc<T> 时，如果只能接收不可变的参数，那么可以把 Cell<T> 或 RefCell<T> 包装在其中，这种用法也很常见，包装后的类型看起来类似 Rc<RefCell<T>>。这种类型意味着，你付出了两次运行时开销，但很明显其在使用时更具灵活性。

对于共享所有权，某些对象，例如网络连接或访问某些可能的操作系统服务，可能很难塑造成这样一种模式，即在任何给定时间都能够进行读/写访问的一个位置。如果程序的两个部分能够共享访问同一个资源，那么代码就可以得到简化。Rust 允许你这样做，但是代价是需要付出一些运行时开销。

6.2.3　智能指针构建块

你可能会遇到"希望使用自己的语义构建智能指针类型"这样的情况。你或许发表了新的研究论文，并且希望将其结果纳入自己的工作中；或许你正在进行研究！无论如何，注意到 Rust 的指针类型是可扩展的可能会很有用——也就是说，它们在设计时就考虑了扩展性。

所有面向程序员的指针类型，比如 Box<T>，是基于更原始的类型构建的，这些类型存在于 Rust 中路径较深的地方，通常位于 Core 或 alloc 模块中。另外，C++ 的智能指针类型在 Rust 中有相对应的类型。当你在研究构建自己的智能指针类型时，以下是一些有用的出发点。

- core::ptr::Unique：它是许多类型的基础类型，例如 String、Box<T>，还有 Vec<T> 的底层指针字段。
- core::ptr::Shared：它是 Rc<T> 和 Arc<T> 的基础类型，能够处理需要共享访问的情况。

此外，在某些情况下，以下工具也非常方便。

- 内部深度互连的数据结构可以从类型 std::rc::Weak 和 std::arc::Weak 中获益，这两个类型分别对应于单线程和多线程的场景。它们允许访问 Rc/Arc 内部的数据，而不会增加其引用计数。这样可以防止指针永无休止地循环。
- alloc::raw_vec::RawVec 为实现 Vec<T> 和 VecDeq<T> 提供了底层支持。VecDeq<T> 是一个可扩展的双端队列，我们在本书中还没有见到过。对于任何给定的类型，它知道应该如何以智能的方式来分配和释放内存。
- std::cell::UnsafeCell 是实现 Cell<T> 和 RefCell<T> 的底层类型。如果你想让你的类型能够提供内部可变性，那么此类型的实现是很值得研究的。

构建新的安全指针的全面介绍，需要深入 Rust 的内部。这些构建块的内部实现中还有着它们自己的更底层的构建块。不过，解释其中的每个细节与本章的目标相去甚远。

6.3 为程序提供存储数据的内存

在本节中，我们试图讲明白两个术语：栈和堆。这两个术语通常出现在很多事先假设你已经知道它们含义的上下文中。本节内容则不属于这种情况。我们会详细讲解它们是什么，为什么是这样，以及如何利用这些知识让程序更精简、更快速。

有些人不喜欢深入了解过多的细节，那么只需知道栈和堆的显著区别就可以了

■ 栈的速度快。

■ 堆的速度慢。

这个区别引出了下面的要点："如果你拿不定主意，优先选择使用栈。"要把数据放在栈中，编译器在编译时必须知道该类型的大小。所以把这个要点转换到 Rust 中，就是"当你拿不定主意时，要使用实现了 Sized 的那些类型"。

现在你已经知道了这个要点，下面我们来学习何时该选择那条较慢的路，当你想要更快的速度时又该如何避免走上那条较慢的路。

6.3.1 栈

对于栈，通常的描述是这样的：想象一叠在商用厨房的橱柜里等待被使用的餐盘。厨师从这叠盘子中取出一个个盘子来装食物，而洗碗工则在上面放上新盘子。

在计算领域中，栈的基本单元是栈帧，也叫作分配记录。你可能习惯性地想到，在一个栈帧中有一组变量以及其他的数据。像计算领域中的许多描述一样，栈和堆的类比只是部分适用的。尽管栈通常被类比成在橱柜中等待被使用的一叠餐盘，但实际上这个类比的画面是不准确的。一些区别如下所示。

■ 栈实际上包含两个级别的对象：栈帧和数据。

■ 栈允许程序员去访问存储在其中的多个单元元素，而不仅仅是访问其顶部的条目。

■ 栈可以包含任意大小的元素，而不是像餐盘类比所暗示的那样，所有的元素必须是同样的大小。

那么，为什么栈叫作"栈"呢？这是因为它的使用模式。栈中的条目是按照后进先出（LIFO）的方式来使用的。

栈中的条目就叫作栈帧。当发生函数调用时，栈帧就被创建出来。当一个程序在执行时，在 CPU 中有一个游标会更新，以反映出栈帧的当前地址。这个游标叫作栈指针。当在函数内调用函数时，随着栈的增长，栈指针的值会减小。当函数返回时，栈指针的值增加。

在函数调用过程中，栈帧包含了函数的状态。当在函数内调用某个函数时，旧的那个函数的值会及时有效地冻结。栈帧也叫作活动帧，有时又称为分配记录。[1]

---

[1] 更准确一点，当在栈上分配时，相应活动帧就称为栈帧。

不像餐盘类比中那样，每个栈帧都可以是不同的大小。栈帧包含用于存放函数参数的空间，一个指向原始调用位置的指针，以及一些局部变量（不包含在堆中分配的数据）。

> **注意** 如果你不熟悉调用位置这个术语是什么意思，可以参考第 5 章中的相关内容。

为了更全面地了解正在发生的事情，我们考虑进行一次思考实验。假设有一位在商用厨房[1]中勤快而颇为固执的厨师，这位厨师拿到每张餐桌的订单以后，会把订单放到一个"队列"中。这位厨师的记性很不好，所以他会把当前正在处理的订单记录到自己的记事本上。一旦有了新的订单，他会更新他的记事本去指向新的订单。随着订单的完成，他会修改记事本去指向"队列"中的下一个条目。这对顾客来说是很糟糕的，因为修改记事本的操作是按照后进先出的方式来进行的。在明天午餐高峰的时候，希望你的订单不会是较早提交的之一。

在这个实验中，厨师的记事本起到了栈指针的作用。而栈本身是由变长的订单组成的，用来表示栈帧。与栈帧类似，餐馆的订单中有一些元数据。比如，餐桌的桌号就充当了返回地址的角色。

栈的主要作用是为局部变量创建空间。那么，为什么栈是快速的呢？一个函数的所有变量是紧挨着排列在内存中的。这就加快了访问的速度。

从工效学的角度，去改善一个只能接收 String 或者只能接收&str 的函数

作为一个库程序的开发者，如果你的函数既可以接收&str 类型的参数，也可以接收 String 类型的参数，这样就简化了下游应用程序的开发。不幸的是，这两种类型有着非常不同的内存表示。&str 是分配在栈上的，而 String 是分配在堆上的。这意味着这两种类型是不能轻易地相互转换的，也就是说，这种转换是有较大开销的。利用 Rust 的泛型功能，让函数能接收这两种类型的参数还是可能的。

接下来，让我们来看一个用于验证密码强度的简单示例。考虑到我们使用这个示例的目的，我们假定只要密码的长度不少于 6 个字符，就认为这是一个强密码。下面的代码展示了如何通过检查密码的长度来验证密码：

```
fn is_strong(password: String) -> bool {
    password.len() > 5
}
```

is_strong()这个函数只能接收 String 类型的参数。这意味着下面的代码不能正常执行：

```
let pw = "justok";
let is_strong = is_strong(pw);
```

使用泛型代码可以提供帮助。如果函数参数需要的是只读访问的，那么可以使用函数签名 fn x<T: AsRef<str>> (a: T)来代替函数签名 fn x(a: String)。这个函数签名看起来很奇怪，它读作"函数 x 接收一个类型为 T 的 password 参数，T 实现了 AsRef<str>"。在这里，只要是实现了

---

[1] 编辑注：商用厨房是指饭店、餐厅等饮食业的厨房。

AsRef<str>的类型就可以被当作一个 str 的引用类型来使用，甚至当它实际上并不是一个 str 的引用类型时，也可以被当作这种类型来使用。

改进后的代码段可以接收实现 AsRef<str>的任意类型 T。现在使用的是新的签名：

```
fn is_strong<T: AsRef<str>>(password: T) -> bool {   ◄──── 提供一个 String 或&str 类型的
    password.as_ref().len() > 5                             值作为 password 参数。
}
```

如果参数需要读/写访问，一般来说，你可以使用 AsRef<str>的"堂兄弟"trait AsMut<T>。但在本示例中，&'static str 是不可变的，所以我们需要使用另一个策略：隐式转换。

这种策略可以要求 Rust 只接收某一类的类型，只要这些类型能够被转换为 String 就可以。在下面这个例子的函数中，Rust 将会根据情况自动执行这个转换，然后我们就可以在这个新创建出来的 String 上应用任何必要的业务逻辑了。这样我们就可以绕过&str 是不可变的值这个问题了。

```
fn is_strong<T: Into<String>>(password: T) -> bool {
    password.into().len() > 5
}
```

这个隐式转换的策略有一个很明显的问题。假如在程序逻辑中对于某个 password 变量需要多次调用这个函数，那么这个自动的隐式转换就会多次创建 password 的 String 版本的值，在这种情况下，就不如在调用这个库的应用程序中采用显式转换效率高了。显式转换方式将会创建一次 String，然后重用这个值。

6.3.2　堆

本节介绍堆。堆是程序内存中的一个区域，用来存储那些在编译时大小未知的类型。

那么，"编译时大小未知"是什么意思呢？在 Rust 中，这包含两个意思。一个意思是能够按需增长和收缩的那些类型。明显的例子就是 String 和 Vec<T>。除此之外，还有另一些类型，虽然这些类型在运行时不会改变其大小，但是它们不能告知 Rust 编译器该分配多少内存。这一类型叫作动态大小类型。切片类型（例如[T]）就是常见的这一类型。切片是没有编译期长度的。在内部实现中，它们是指针，指向数组的某个部分。但是切片实际上表示的是该数组中的某些元素。

另一个例子是 trait 对象，在本书中我们还没有讲过。trait 对象允许将多个类型楔入同一个容器中，从而让 Rust 可以模仿动态语言中的某些特性。

堆是什么？

学完 6.4 节中有关虚拟内存的内容后，你将会对堆是什么有更完整的理解。现在，让我们先来关注堆不是什么。一旦明确了这些要点，然后我们再回来了解某种形式的真相。

"堆"这个词本身就暗示着无组织性。一个更接近的类比就是某些中型公司的仓库。当货物送达以后（当变量创建出来以后），仓库需要腾出可用的空间。随着该公司把仓库中的货物运走，这些货物占用的资源以及仓库的空间就可以给新送达的货物使用了。随着时间的推移，货物不断地进出仓库，仓库空间中就会出现一些空隙，可能慢慢地里面摆放的货物就会有些杂乱。但是总的来说，仓库中存放的这些货物还是有一定的秩序的。

另一个错误的认知就是，常常将之与数据结构中的那个堆混淆——这个堆与数据结构中提到的那个堆是没有关系的。数据结构中的堆，经常被用来创建优先级队列，它本身是一个非常聪明的工具。但在这里，这个堆完全是使人分心的。我们要讲的这个堆，不是一种数据结构，而是内存中的一个区域。

现在让我们来做进一步的解释。从具体使用的角度来看，有个关键的不同点就是，在堆上的变量必须通过指针才能被访问到，而在栈上的变量则不需要。

下面我们看一个非常简单的例子，假设有两个变量 a 和 b，它们都用来表示整数，分别表示 40 和 60。然而在其中的一个变量中，该整数恰好是放在堆中的。

```
let a: i32 = 40;
let b: Box<i32> = Box::new(60);
```

现在，让我们展示刚刚提到的那个关键的区别。下面的代码不能通过编译：

```
let result = a + b;
```

装箱后的值赋值给了 b，箱子里面的值只能通过指针访问到。要想访问这个值，我们需要把它解引用。解引用操作符是一个单目操作符*，放在变量名的前面：

```
let result = a + *b;
```

初次接触这个语法，你可能有点儿不太适应，因为这个符号也是乘法的符号，但你见得多了，就会觉得自然一些了。清单 6.6 展示了一个完整的例子。在堆上创建变量，隐含的意思是通过指针类型创建该变量，例如 Box<T>。

清单 6.6　在堆上创建变量

```
fn main() {
    let a: i32 = 40;              ◁——— 40 是存储在栈上的。
    let b: Box<i32> = Box::new(60);    ◁——— 60 是存储在堆上的。

    println!("{} + {} = {}", a, b, a + *b);    ◁——
}                                              想要访问 60，我们需要先解引用。
```

如果想感受堆是什么、当程序运行的时候在内存中发生了什么，让我们先来看一个小例子。在这个例子中，我们要做的就是，在堆上创建一些数字，然后把它们的值加起来。清单 6.7 给出了这个小例子，运行其中的代码后，程序产生的输出信息很简单：两个 3。不过，在这里，真正重要的是程序内存的内部发生了什么，而不是代码的运行结果。

清单 6.7 的源代码保存在 ch6/ch6-heap-via-box/src/main.rs 文件中。图 6.5 展示了随着代码的运行程序内存情况的示意。我们先来看看此程序的输出：

3 3

清单 6.7　使用 Box<T>，在堆上分配和释放内存

```
1 use std::mem::drop;
2
3 fn main() {
4     let a = Box::new(1);
5     let b = Box::new(1);
6     let c = Box::new(1);
7
8     let result1 = *a + *b + *c;
9
10    drop(a);
11    let d = Box::new(1);
12    let result2 = *b + *c + *d;
13
14    println!("{} {}", result1, result2);
15 }
```

手动导入 drop() 到局部作用域。

在堆上分配值。

单目操作符*叫作解引用操作符，它会返回箱子里面的值，result1 的值为3。

调用 drop()，会释放出这部分内存，以便留作他用。

清单 6.7 在堆上放置了 4 个值，稍后又删掉其中的一个值。这里包含一些新的、我们可能还不太熟悉的语法，值得对之进行讲解或者回顾。

■ Box::new(T)，在堆上分配了 T。Box（箱子）这个术语，如果从字面上的意义去理解，可能带有"欺骗性"。被"装箱"的东西存放在堆上，并且在栈上有一个指向它的指针。这在图 6.5 的第一栏中展示出来了，在地址 0xfff 的位置上保存了数字 0x100，这就表示它指向在地址 0x100 位置上的值 1。但是，实际上并不存在任何表示箱子的字节来将值封装起来，而且值本身也不会以某种方式隐藏起来。

■ std::mem::drop 把函数 drop() 导入局部作用域中。drop() 用于在对象所在的作用域结束之前删除该对象。

　　实现了 Drop 的类型，就会有一个 drop() 方法，但是在用户代码中显式调用它是不合法的。而使用 std::mem::drop 则可以绕过这个规则。

■ 在变量之前、紧挨着变量的这个星号（*a, *b, *c, *d）是单目操作符，叫作解引用操作符。解引用一个 Box<T>会返回其中的 T。在例子中，变量a、b、c、d 是都指向整数的引用。

图 6.5 中的 6 栏展示了示例当中的 6 行代码在运行时内存里面发生的情况。每一栏中上面的矩形框表示栈，下面的矩形框则表示堆。图 6.5 省略了一些细节，但应该能够帮助你直观地了解栈和堆之间的关系。

> **注意**　如果你有使用代码调试工具的经验，并且想要通过代码调试工具来了解程序运行的情况，那么你需要确保使用不带优化的方式来编译代码。具体来说，需要使用 cargo build（或者 cargo run），而不要使用 cargo build --release。使用--release 参数实际上就会把所有的内存分配和运算逻辑都执行了优化。如果你想手动调用 rustc 来编译，就要使用命令 rustc --codegen opt-level=0 来执行编译。

随着时间的推移，程序的执行情况

```
let a = Box::new(1)
        let b = Box::new(1)
                let c = Box::new(1)
                    let result1 = *a + *b + *c;
                            drop(a)
                        let d = Box::new(1)
```

随着时间的推移，内存布局的变化情况

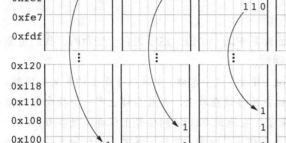

在堆上分配 i32 的值，同时有一个表示该值地址的指针保存在栈上（整数装箱）。

把3个整数加到一起，把它们的总和放到栈上。

在堆上，此装箱的值可能并没有被删除，但是内存分配器已经将此位置标记为空闲以供重用。

a 曾经占用的空间，现在被 d 重用了。

如何解释这张图

上面的矩形框代表栈。

栈是向下增长的，而不是像它的名字所暗示的那样向上增长。

简单起见，本示例中的地址空间大小是 4096 字节。在更现实的场景中，比如在 64 位 CPU 的架构中，地址空间的大小为 2^{64}。

下面的矩形框代表堆。

堆的起始地址在底部，还要再加上一个偏移量，在此处就是 256（0x100）。

0 和该偏移量之间的空间是保留给此程序的可执行指令，以及在此程序的整个生命期持续存在的一些变量来使用的。

Rust的超能力

变量 a 的生命周期在此时结束了。

现在访问这个内存地址是无效的。在栈上，这个数据依然存在，但是在safe Rust中，要访问到它已经是不可能的了。

图 6.5 在执行清单 6.7 的过程中，该程序内存布局的示意

6.3.3 什么是动态内存分配?

在任何给定的时刻,一个运行中的程序均需使用固定数量的内存字节来完成其工作。当此程序想要使用更多的内存时,它就需要向操作系统发出请求。这个过程就叫作动态内存分配,如图 6.6 所示。动态内存分配的过程有如下 3 个步骤。

(1) 通过发起一个系统调用来向操作系统请求内存。在类 UNIX 操作系统里,此系统调用是 alloc();而在 Windows 里,该调用是 HeapAlloc()。

(2) 在此程序里使用刚刚分配好的这部分内存。

(3) 对类 UNIX 操作系统来说,通过 free() 释放不再需要的内存,将其归还给操作系统;对 Windows 来说,使用的是 HeapFree()。

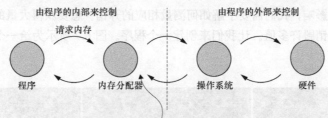

图 6.6 动态内存分配的概念化示意。图中展示了在程序中从内存请求的发起直到
请求结束的过程,此外还涉及其他几个相关的组件。在每个环节中,
组件都有可能使该过程短路并快速返回

事实表明,在程序与操作系统之间还有一个中间的媒介:内存分配器。内存分配器是一个专业的子程序,它被秘密地嵌入你的程序中。它能够执行优化操作,使得操作系统和 CPU 减少了大量的工作。

接下来,让我们来考察动态内存分配对性能产生的影响,以及降低此影响的一些策略。在开始之前,让我们先来回顾,为什么在栈和堆之间存在着这种性能上的差异。我们只需回想栈和堆的抽象化概念,它们并不是作为计算机内存的物理分区而存在的。那么,是什么导致了这两者之间不同的性能特征呢?

访问在栈上的数据的速度是非常快的,因为一个函数的局部变量一旦被分配在栈上,它们就会彼此相邻地驻留在 RAM 中——有时将其称为连续的布局。

连续的布局对缓存是非常友好的 (cache-friendly)。而在堆上分配的变量,是极不可能彼此相邻的。此外,访问在堆上的数据,还涉及指针的解引用,其中隐含着要执行页表查找操作以及对主内存的访问。表 6.1 展示了这些区别。

表 6.1   栈和堆之间的差异

栈	堆
简单	复杂
安全	危险*
速度快	速度慢
死板的	灵活的

*在 safe Rust 中不存在这种危险！

使用栈保存数据能提高速度，但同时存在着权衡和取舍。保存在栈上的数据结构，在程序运行的整个生命期里，必须保持同样的大小；而保存在堆上的数据结构则更加灵活，因为它们是通过指针来访问的，而指针是可以改变的。

要想量化这些影响，我们需要了解如何测量相应的开销。想要获得大量的测量数据，我们需要让程序创建并销毁许多值。让我们来创建一个程序。图 6.7 所示为给一个视频游戏实现的画面背景元素。

图 6.7   清单 6.9 的运行结果

运行清单 6.9 的代码，你应该会看到在屏幕上出现一个窗口，窗口中有深灰色的背景。白色雪花样的小点将从底部开始浮起，并随着它们接近顶部而逐渐消失。如果你查看控制台的输出，就会看到出现了数字流。这些具体的含义我们将会在讨论代码时再给出解释。清单 6.9 包含如下 3 个主要的部分。

- 一个内存分配器（结构体 ReportingAllocator），负责记录动态内存分配完成所需的时间。
- 结构体 World（世界）和 Particle（粒子）的定义，以及它们随着时间变化的行为。
- main() 函数，负责处理窗口的创建和初始化。

清单 6.8（参见 ch6/ch6-particles/Cargo.toml 文件）展示了程序（见清单 6.9）的依赖项。清单 6.9 的源代码保存在 ch6/ch6-particles/main.rs 文件中。

清单 6.8 为清单 6.9 构建依赖项

```
[package]
name = "ch6-particles"
version = "0.1.0"
authors = ["TS McNamara <author@rustinaction.com>"]
edition = "2018"

[dependencies]
piston_window = "0.117"      ◄───  为 piston 游戏引擎的核心功能提供了一个包装器。这将使我们可以轻
                                   松地在屏幕上绘制内容，而且基本上与宿主机的环境是无关的。

piston2d-graphics = "0.39"   ◄───  提供了向量数学运算功能，这对模拟出移动是很重要的。

rand = "0.8"   ◄───  提供了随机数生成器，以及相关的功能。
```

清单 6.9 一个图形化应用程序，创建并销毁许多堆分配的对象

rand 提供了随机数生成器和相关的功能。

graphics::math::Vec2d 提供了二维向量的数学运算和转换功能。

```
 1 use graphics::math::{Vec2d, add, mul_scalar};   ◄───
 2
 3 use piston_window::*;   ◄───
 4
 5 use rand::prelude::*;       piston_window 提供了创建 GUI 程序的工具，可以在窗口中绘制各种形状。
 6
 7 use std::alloc::{GlobalAlloc, System, Layout};   ◄───  std::alloc 提供了控制内存分配的工具。
 8
 9 use std::time::Instant;   ◄───  std::time 提供了对系统时钟的访问功能。
10
11                          #[global_allocator]这个属性注解，标识出它所注解的值（ALLOCATOR）满足
12 #[global_allocator]      GlobalAlloc trait。
13 static ALLOCATOR: ReportingAllocator = ReportingAllocator;
14
15 struct ReportingAllocator;    ◄───
16                                     程序一旦运行，会把每次的内存分配所花时间
17 unsafe impl GlobalAlloc for ReportingAllocator {    输出到标准输出上。这就给出了动态内存分配
18   unsafe fn alloc(&self, layout: Layout) -> *mut u8 {    所用时间的一个相当准确的测量信息。
19     let start = Instant::now();
20     let ptr = System.alloc(layout);   ◄───
21     let end = Instant::now();
22     let time_taken = end - start;          把实际的内存分配工作交给系统默认的内存分配器去完成。
23     let bytes_requested = layout.size();
24
25     eprintln!("{}\t{}", bytes_requested, time_taken.as_nanos());
26     ptr
27   }
28
29   unsafe fn dealloc(&self, ptr: *mut u8, layout: Layout) {
30     System.dealloc(ptr, layout);
31   }
32 }
33
34 struct World {
35   current_turn: u64,
36   particles: Vec<Box<Particle>>,
37   height: f64,               所包含的数据，在程序的整个生命期内都会用到。
38   width: f64,
39   rng: ThreadRng,
```

```
40 }
41
42 struct Particle {
43   height: f64,
44   width: f64,
45   position: Vec2d<f64>,          定义二维空间中的一个对象。
46   velocity: Vec2d<f64>,
47   acceleration: Vec2d<f64>,
48   color: [f32; 4],
49 }
50
51 impl Particle {
52   fn new(world : &World) -> Particle {
53     let mut rng = thread_rng();
54     let x = rng.gen_range(0.0..=world.width);     从窗口底部的一个随机位置开始。
55     let y = world.height;
56     let x_velocity = 0.0;
57     let y_velocity = rng.gen_range(-2.0..0.0);    随着时间的推移，垂直上升。
58     let x_acceleration = 0.0;
59     let y_acceleration = rng.gen_range(0.0..0.15);  随着时间的推移，上升的速度逐渐加快。
60
61     Particle {
62       height: 4.0,
63       width: 4.0,
64       position: [x, y].into(),
65       velocity: [x_velocity, y_velocity].into(),
66       acceleration: [x_acceleration,                into()方法把类型为[ f64; 2 ]的数组转换成 Vec2d。
67                      y_acceleration].into(),
68       color: [1.0, 1.0, 1.0, 0.99],    ◁─── 插入完全饱和和透明度极低的白色。
69     }
70   }
71
72   fn update(&mut self) {
73     self.velocity = add(self.velocity,
74                         self.acceleration);    ◁┐
75     self.position = add(self.position,          把某个点移动到下一个位置上。
76                         self.velocity);    ◁┘
77     self.acceleration = mul_scalar(
78       self.acceleration,
79       0.7                                 降低点在屏幕上移动速度的增长率。
80     );
81     self.color[3] *= 0.995;    ◁─── 随着时间的推移，缓慢地让点变得更透明。
82   }
83 }
84
85 impl World {
86   fn new(width: f64, height: f64) -> World {
87     World {                                    使用 Box<Particle> 而不是简单地使用
88       current_turn: 0,                         Particle，这使得在创建每个点的时候，
89       particles: Vec::<Box<Particle>>::new(),  ◁─── 都会有一个额外的内存分配。
90       height: height,
91       width: width,
92       rng: thread_rng(),
93     }
```

```
94    }
95
96    fn add_shapes(&mut self, n: i32) {
97      for _ in 0..n.abs() {
98        let particle = Particle::new(&self);
99        let boxed_particle = Box::new(particle);
100       self.particles.push(boxed_particle);
101     }
102   }
103
104   fn remove_shapes(&mut self, n: i32) {
105     for _ in 0..n.abs() {
106       let mut to_delete = None;
107
108       let particle_iter = self.particles
109         .iter()
110         .enumerate();
111
112       for (i, particle) in particle_iter {
113         if particle.color[3] < 0.02 {
114           to_delete = Some(i);
115         }
116         break;
117       }
118
119       if let Some(i) = to_delete {
120         self.particles.remove(i);
121       } else {
122         self.particles.remove(0);
123       };
124     }
125   }
126
127   fn update(&mut self) {
128     let n = self.rng.gen_range(-3..=3);
129
130     if n > 0 {
131       self.add_shapes(n);
132     } else {
133       self.remove_shapes(n);
134     }
135
136     self.particles.shrink_to_fit();
137     for shape in &mut self.particles {
138       shape.update();
139     }
140     self.current_turn += 1;
141   }
142 }
143
144 fn main() {
145   let (width, height) = (1280.0, 960.0);
146   let mut window: PistonWindow = WindowSettings::new(
```

创建一个 Particle，作为一个局部变量保存在栈上。

获取 particle 的所有权，然后把它的数据移动到堆上，并且在栈上创建一个指向此数据的引用。

把此引用推到 self.shapes 中。

particle_iter 被分割为自己的变量，以便更容易地适配页面。

在 n 次迭代中，每次都删除其中的第一个不可见的点。如果没有不可见的点了，则删除最早创建的那个点。

返回一个从-3 到 3（包括 3 但不包括-3）的随机整数。

```
147    "particles", [width, height]
148  )
149  .exit_on_esc(true)
150  .build()
151  .expect("Could not create a window.");
152
153  let mut world = World::new(width, height);
154  world.add_shapes(1000);
155
156  while let Some(event) = window.next() {
157    world.update();
158
159    window.draw_2d(&event, |ctx, renderer, _device| {
160      clear([0.15, 0.17, 0.17, 0.9], renderer);
161
162      for s in &mut world.particles {
163        let size = [s.position[0], s.position[1], s.width, s.height];
164        rectangle(s.color, size, ctx.transform, renderer);
165      }
166    });
167  }
168 }
```

清单 6.9 是一个非常长的代码示例，希望此示例中没有你觉得陌生的代码。在此示例代码末尾，我们用到了 Rust 的闭包语法。此处是对 window.draw_2d() 的调用，调用的第二个参数是用两个竖线包围的几个变量名 (|ctx, renderer, _device|{...})。这两个竖线里面放的是该闭包的参数，后面紧跟的花括号中放的则是闭包体。

闭包是一个以内嵌（in-line）的方式来定义的函数，它能够访问到相邻作用域中的变量。通常也叫作匿名函数或者 lambda 函数。

闭包是 Rust 惯用代码中的常见特性，但是本书会尽量避免使用闭包，这是为了让那些有命令式编程背景和面向对象编程背景的程序员更易于理解。有关闭包的内容，我们会在第 11 章中详细介绍。就现在而言，把闭包当作定义函数的一种便捷方式就足够了。接下来，让我们收集一些证据，来证明在堆上分配变量（数百万次），可能会对代码性能产生的影响。

6.3.4　分析动态内存分配的影响

如果在一个终端窗口中运行清单 6.9 中的程序，在这个终端窗口中，你就会看到有两列数字立刻就把这个终端填满了。这两列数字分别表示，每次分配的字节数量以及完成这次分配请求所花费的时长，时长的单位是纳秒。你可以将这些输出的信息发送到一个文件中，以供进一步分析之用。清单 6.10 给出了具体的操作步骤，通过重定向标准错误，把 ch6-particles 的输出发送到一个文件中。

清单 6.10　创建一份内存分配的报告

```
$ cd ch6-particles
```

```
$ cargo run -q 2> alloc.tsv     ◁——|  使用安静模式来运行 ch6-particles。

$ head alloc.tsv     ◁——|  显示输出文件中开头 10 行的内容。
4        219
5        83
48       87
9        78
9        93
19       69
15       960
16       40
14       70
16       53
```

从开头 10 行的内容中能看出一个有意思的情况，内存分配的速度与要分配的空间大小并没有什么直接的相关性。把每次堆分配的统计信息绘制成可视化的图，这种情况就能更明显地显现出来，如图 6.8 所示。

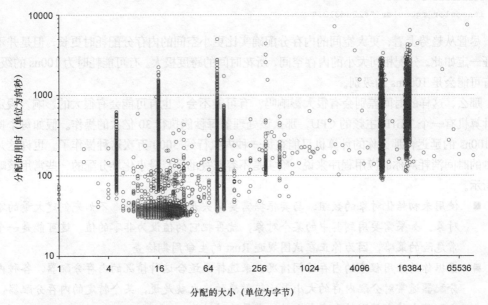

图 6.8　把堆分配的耗费时长和分配的空间大小绘制成图，可以显示出两者之间并没有明显的相关性。分配内存所花费的时间基本上是不可预测的，即使多次请求分配相同大小的内存，情况也是如此

如果你想自己尝试生成图 6.8 这样的图，可以使用清单 6.11（参见 ch6/alloc.plot 文件）展示的 gnuplot 脚本，并且可以根据需要来适当调整这个脚本。

清单 6.11　使用 gnuplot 脚本来生成图 6.8 这样的图
```
set key off
set rmargin 5
```

```
set grid ytics noxtics nocbtics back
set border 3 back lw 2 lc rgbcolor "#222222"

set xlabel "Allocation size (bytes)"
set logscale x 2
set xtics nomirror out
set xrange [0 to 100000]

set ylabel "Allocation duration (ns)"
set logscale y
set yrange [10 to 10000]
set ytics nomirror out

plot "alloc.tsv" with points \
    pointtype 6 \
    pointsize 1.25 \
    linecolor rgbcolor "#22dd3131"
```

尽管从趋势上看，更大空间的内存分配确实比更小空间的内存分配耗时更长，但是并不能保证一定如此。分配相同大小的内存空间，所花时间的跨度极大。有可能耗时为 100ns 的级别，也有可能会是 1000ns 的级别。

那么，这样的时间差别会有很大影响吗？有可能不会，也有可能会有很大的影响。假定你的计算机有一个 3 GHz 主频的 CPU，那么该处理器每秒能执行 30 亿次的操作。假如每个操作有 100ns 的延迟，那么你的计算机只能在每一秒内执行约 3000 万次这种操作了。也许这几百纳秒的时间消耗对你的应用程序来说，确实是不容忽视的呢！最小化堆分配的一些常用策略如下所示。

- 使用未初始化对象的数组。与其根据需要从头开始创建对象，不如先创建大量的零值对象。如果需要用到其中的某个对象，就再把它的值设为非零的值。这可能是一个非常危险的策略，因为你正在试图规避 Rust 的生命周期检查。

- 根据你的应用程序的内存访问情况，来选择最适合这种情况的内存分配器。各种内存分配器通常对分配内存的大小是比较敏感的，也就是说，某个特定的内存分配器，在分配某个特定范围的内存大小时，有最佳的性能。

- 可以了解 arena::Arena 和 arena::TypedArena。使用它们可以即时创建对象，而 alloc() 和 free() 仅在创建和销毁 arena（内存池）时才会被调用。

6.4　虚拟内存

本节将讲解虚拟内存这个术语的含义和它存在的原因，以帮助你利用这些知识来提高程序的运行速度。如果 CPU 能够更快速地访问内存，它们的运算速度也会更快。了解计算机体系结构中的某些动态特性，可以帮助你让 CPU 更有效地访问内存。

6.4.1 背景

笔者花了太多的时间玩电脑游戏。这些游戏的确既好玩又很有挑战，但后来笔者也经常会这样想"假如我在十几岁的时候，能够去做一些更有用的事情，是不是会更好呢？"

在玩游戏时，偶尔会有某位玩家加入其中，以近乎完美的射击"干掉"了所有人，而且他的生命值居然还能保持着不可思议的高值。这时候，就会有玩家痛斥他"作弊!"，但是这对游戏中的战斗来说，也是没有什么用的。当我在游戏中被"干掉"等待着下一轮游戏开始的时候，我很好奇这位玩家是怎么做到的，想知道他对这个游戏究竟做了什么样的调整。

通过学习本节的示例，你将会构建出一个工具的核心部分，通过这个工具能够查看到正在运行的程序中的值，甚至还能够修改这些值。

和虚拟内存有关的一些术语

这个领域中的术语格外晦涩难懂。这些术语，通常与数十年前人们在设计最早期的计算机时所做出的那些决定有着紧密的联系。这里给出了其中一些最重要的术语的快速参考。

- 页（page）——在实际内存中的固定大小的字块。以 64 位操作系统为例，典型值是 4KB。
- 字（word）——与指针大小相同的任何类型。这对应于 CPU 寄存器的宽度。在 Rust 中，usize 和 isize 都是一个字长的类型。
- 页错误（page fault）——当请求的一个有效内存地址不在当前的物理 RAM 中时，CPU 就会引发此错误。这就会向操作系统发出信号，必须至少将一个页交换回内存中。
- 页交换（swapping）——当请求的时候，从主存中迁移一个页的内存数据，将其临时存储在磁盘上。
- 虚拟内存（virtual memory）——从应用程序的角度看到的内存视图。一个应用程序能访问到的全部数据，都是位于该程序本身的地址空间中的，而这个地址空间是由操作系统提供的。
- 实际内存（real memory）——从操作系统的角度看到的该系统中可用的物理内存。在许多技术文献中，实际内存的定义是独立于物理内存的，而物理内存这个术语在电气工程领域用得更多一些。
- 页表（page table）——由操作系统负责维护的一个数据结构，用来管理从虚拟内存到实际内存的地址翻译。
- 段（segment）——一个段就是虚拟内存中的一个块。虚拟内存被分成许多块，这样可以尽量地减小在虚拟内存地址和物理内存地址之间的地址翻译所需的空间。
- 段错误（segmentation fault）——当请求了一个非法的内存地址时，CPU 就会引发一个段错误。

■ MMU——内存管理单元（Memory Management Unit）的英文缩写，它是 CPU 中的一个组件，用来管理内存地址翻译的。它维护一个保存着最近转换过的地址的高速缓存（cache），这个缓存叫作 TLB，是翻译旁视缓冲区（Translation Lookaside Buffer）的英文缩写，不过 TLB 这个术语现在已经过时了。

到目前为止，在本书中，尚未在任何技术层面上给出定义的一个术语是进程（process）。如果你以前知道"进程"这个术语，可能会奇怪为什么本书把它忽略了——本书会在讲解并发的时候再来适当地介绍这个术语。就现在来说，术语进程，还有术语操作系统进程，你可以认为它们都是表示一个正在运行的程序就行。

6.4.2　第一步：让一个进程来扫描它自己的内存

从直观上来说，一个程序的内存就是一系列的字节，从 0 的位置开始到 n 的位置结束。如果一个程序使用了 100 KB 的 RAM，那么 n 的值大概是 100000。接下来，让我们使用示例来进行测试。

我们会创建一个小命令行程序来查看内存，开始位置为 0，结束位置为 10000。因为这是个很小的程序，所以它占用的内存不会超过 10000 字节。下面给出的这个示例程序，并不会如预期那样去执行，而会崩溃。学完本节内容后，你就会知道这个程序为什么会发生崩溃了。

清单 6.12 展示了这个命令行程序，其源代码保存在 ch6/ch6-memscan-1/src/main.rs 文件中。此清单尝试逐个字节地扫描一个运行中的程序的内存，从 0 开始，并用到了创建原始指针和解引用（读取）原始指针的语法。

清单 6.12　尝试逐个字节地扫描一个运行中的程序的内存

```
1 fn main() {
2    let mut n_nonzero = 0;
3
4    for i in 0..10000 {
5        let ptr = i as *const u8;
6        let byte_at_addr = unsafe { *ptr };
7
8        if byte_at_addr != 0 {
9            n_nonzero += 1;
10        }
11    }
12
13    println!("non-zero bytes in memory: {}", n_nonzero);
14 }
```

把 i 转换为 *const T 类型，一个 u8 类型的原始指针。原始指针允许程序员去查看原始内存地址。在这里，我们把每个地址视为一个单元，而不考虑实际上大部分的值都是跨越多个字节的。

解引用指针，也就是读取地址 i 处的值。另一种说法是"读取此指针所指向的值"。

清单 6.12 所示程序崩溃的原因是试图去解引用一个 NULL（空）指针。当 i 的值等于 0 时，ptr 根本不可能解引用成功。顺便说一下，这也是所有原始指针解引用的操作必须放在 unsafe

块中的原因。

那么，我们是不是应该尝试从非 0 的内存地址开始呢？假定此程序是可执行代码，则至少应有数千字节的非 0 数据可以进行迭代。如清单 6.13 所示，扫描一个进程的内存，这次从 1 开始，以避免解引用空指针。

清单 6.13　扫描一个进程的内存

```
1 fn main() {
2     let mut n_nonzero = 0;
3                                   ◄─┤ 这次从 1 开始而不是从 0 开始，以避免空指针异常。
4     for i in 1..10000 {
5         let ptr = i as *const u8;
6         let byte_at_addr = unsafe { *ptr };
7
8         if byte_at_addr != 0 {
9             n_nonzero += 1;
10        }
11    }
12
13    println!("non-zero bytes in memory: {}", n_nonzero);
14 }
```

很遗憾，这段代码也解决不了问题。清单 6.13 所示程序还是会崩溃。在执行此代码时，非 0 字节中的数字根本不会输出到控制台中。这会引发所谓的段错误。

如果 CPU 和操作系统检测到你的程序试图访问其无权访问的内存区域，就会产生段错误。内存中的区域被分成许多段，这也就解释了"段错误"这个名称的由来。

让我们再来尝试另一种不同的方法。这次，我们不试图扫描内存字节了，而是查找已知存在的某些东西的地址。在前面，我们花了不少时间来学习有关指针的知识，现在让我们学以致用。我们在清单 6.14 中创建了多个值，然后来查看它们的地址。

每次运行清单 6.14 中的代码，（可能）生成的值都是不同的。这里给出一个代码运行的输出结果：

```
GLOBAL:    0x7ff6d6ec9310
local_str: 0x7ff6d6ec9314
local_int: 0x23d492f91c
boxed_int: 0x18361b78320
boxed_str: 0x18361b78070
fn_int:    0x23d492f8ec
```

可以看到，这些值看起来很分散，有很大的跨度。因此，尽管程序（希望）仅需要几千字节的 RAM，但有一些变量存在于很大范围的位置里。这就是虚拟地址。

我们在对比讲解堆和栈时介绍过，栈的起始位置在地址空间的顶部，堆的起始位置则在地址空间的底部附近。从上面的运行结果来看，最大的一个值是 `0x7ff6d6ec9314`。这个值近似等于 $2^{64} \div 2$。这是由于操作系统为其自身保留了一半的地址空间。

清单 6.14 所示的代码返回了在一个程序中的几个变量的地址，用来检查它的地址空间。此清单的源代码保存在 ch6/ch6-memscan-3/src/main.rs 文件中。

清单 6.14 在一个程序中返回几个变量的地址

```
static GLOBAL: i32 = 1000;        ◁——     创建一个全局静态（global static）变量，在 Rust
                                           程序中，这是一个全局变量。
fn noop() -> *const i32 {
    let noop_local = 12345;       ◁——     在 noop() 中创建一个局部变量，它存在于
    &noop_local as *const i32     ◁——     main() 函数外部的一个内存地址中。
}
                                           把 noop_local 的地址转换为一个原始指针，然
                                           后返回这个原始指针。
fn main() {
    let local_str = "a";
    let local_int = 123;
    let boxed_str = Box::new('b');           创建了多个类型的值，其中一些值是在堆上的。
    let boxed_int = Box::new(789);
    let fn_int = noop();

    println!("GLOBAL:    {:p}", &GLOBAL as *const i32);
    println!("local_str: {:p}", local_str as *const str);
    println!("local_int: {:p}", &local_int as *const i32);
    println!("boxed_int: {:p}", Box::into_raw(boxed_int));
    println!("boxed_str: {:p}", Box::into_raw(boxed_str));
    println!("fn_int:    {:p}", fn_int);}
```

现在，你可以很好地访问已存储的值的地址了。实际上，你也掌握了如下两条经验。

- 访问某些内存地址是非法的。如果程序试图访问超出范围的内存，那么操作系统将会中止你的程序。
- 内存地址并不是任意的。尽管这些值似乎在地址空间中分散得很远，但是它们却在某些"口袋"里聚集在一起。

在继续了解"作弊程序"之前，让我们退一步，先来看看在幕后运行的一个系统，该系统用于将这些虚拟内存地址翻译为物理地址。

6.4.3 把虚拟地址翻译为物理地址

要在一个程序里访问数据，需要将虚拟地址翻译为物理地址，而虚拟地址是程序自身能访问到的唯一地址。这个地址翻译的过程涉及很多组件，包括此应用程序本身、操作系统、CPU、RAM 硬件，以及偶尔还有硬盘驱动器和其他一些设备。CPU 负责执行地址翻译，而操作系统负责存储这些指令。

CPU 中的内存管理单元就是为这个地址翻译的任务而设计的。对每个在运行中的程序来说，每个虚拟地址都被映射到一个对应的物理地址上。这些指令也被保存在内存中（一个预定义的地址）。这意味着，在最坏的情况下，每次尝试访问内存地址会有两次内存查找的操作。而这个"最坏的情况"是可以避免的。

CPU 维护着一个缓存，其中保存着最近翻译过的地址。也就是说，CPU 有自己的（快速）

"内存"，能够加速对内存的访问。由于历史原因，这个缓存被称为翻译旁视缓冲区。对要优化程序性能的程序员来讲，应让数据结构保持简单，并尽量避免深层嵌套。如果应用程序使得 TLB 的容量被用完，可能就会导致昂贵的开销（在 x86 处理器中典型的 TLB 容量大约为100 页）。

想要更深入地了解地址翻译系统是如何运作的，通常会涉及十分复杂的细节。虚拟地址被分为许多块，这些块叫作页，典型的页大小为 4KB。这种做法避免了要为每个应用程序中的每个变量保存一个地址翻译映射。每页具有统一的大小还有助于避免出现称为内存碎片的现象，内存碎片指的是在 RAM 可用空间中出现的空闲却无法使用的空间。

> **注意**　这只是一般性的指南。在某些环境中，OS 和 CPU 协同来管理内存的细节会有很大的不同。比如在类似微控制器这样的受限环境中，可以直接使用实际地址来寻址。

当数据驻留在虚拟内存的页面中时，操作系统和 CPU 会"耍一些有意思的花招"。举例如下。

- 虚拟地址空间允许操作系统进行超分配。也就是说，程序可以请求的内存比机器实际能提供的物理内存更多。
- 那些不活动的内存页可以逐字节地被交换到磁盘上，直到有活动的应用程序请求这些数据为止。这个交换的操作常常被用在内存争用较高的时段，但也可以根据操作系统的要求，更广泛地使用交换。
- 还可以执行一些其他空间占用方面的优化，比如压缩。程序本身会看到它的内存是完整的。但是在后台，操作系统针对该程序不经济的数据使用量执行了压缩。
- 多个程序能够快速共享数据。如果程序请求一个很大的零值块，比如一个新创建出来的数组，则操作系统可能会指向一个零值填充的页面，而该页面当前正由其他 3 个程序在使用。这些程序都不会知道其他程序正在查看相同的物理内存，并且这些零值在它们的虚拟地址空间中具有不同的位置。
- 分页可以加快共享库的加载速度。作为前一个要点的特例情况，如果一个共享库已经被另一个程序加载过了，那么操作系统可以通过让新程序指向旧数据的方式，来避免再次把这个共享库加载到内存中。
- 分页提高了程序之间的安全性。如前文所述，访问地址空间中的某些部分是非法的。操作系统还可以为其添加其他的属性。如果某个程序试图去写入一个具有只读属性的页面，那么操作系统将终止该程序的执行。

在日常开发工作中，要想有效地利用虚拟内存系统，那么就需要考虑在 RAM 中的数据表示形式。下面列出了一些指引。

- 让程序中的热数据的大小保持在 4KB 以内。这样就可以有非常快的查找速度。
- 如果 4KB 的大小满足不了应用需求，那么下一个目标就是让数据的大小保持在 4KB ×100 以内。这个粗略的指导值意味着 CPU 可以很好地维护地址翻译缓存来支持程序。

- 避免使用指针形式实现的深度嵌套的数据结构。如果某个指针指向了另一个虚拟内存页面，那么对性能的影响将是很大的。
- 检测嵌套循环的顺序。CPU 从 RAM 硬件中读取小块的字节数据，称为一个缓存行。在处理数组时，可以通过调查执行的是列级操作还是行级操作来充分利用此优势。

还有一点也需要注意：使用虚拟化，即多了一层虚拟内存地址翻译的过程，性能也自然会打折扣了。如果你是在一个虚拟机里运行一个应用程序，虚拟化层（hypervisor）也必须为虚拟机操作系统进行地址的翻译。这就是为什么有许多 CPU 都附带"虚拟化支持"，此项技术可以减少这些额外的开销。如果在虚拟机中再运行 Docker 这样的容器，又会增加另外一层的间接性访问，从而增加额外的延迟。想要获得裸机性能，就要在裸机上运行应用程序。

一个可执行文件是如何转变成一个程序的虚拟地址空间的？

可执行文件又称为二进制文件，它的布局结构与图 6.5 所示的那个地址空间有很多相似之处。

虽然确切的过程还要取决于操作系统和具体的文件格式，但是在这里给出了一个代表性示例。我们之前讨论过地址空间中的每个段，都是由二进制文件中对应的部分来描述的。当可执行文件启动时，操作系统会把文件中各个部分的字节数据加载到合适的位置。一旦创建出虚拟地址空间，操作系统就会指示 CPU 跳转到.text 段的起始位置，然后程序就开始执行。

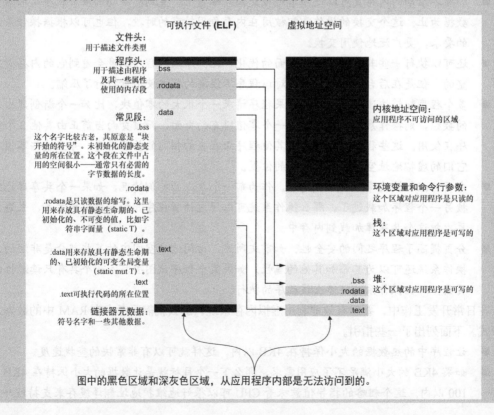

图中的黑色区域和深灰色区域，从应用程序内部是无法访问到的。

6.4.4 第二步：通过操作系统来扫描地址空间

我们要在运行时扫描程序的内存，因为操作系统维护着在虚拟地址和物理地址之间进行地址映射的指令。也许我们可以让操作系统来告诉我们此时的情况？

操作系统给应用程序提供了一个发起请求的接口——系统调用。在 Windows 中，KERNEL.DLL 提供了必要的功能，能够查看和操控一个运行中进程的内存。

> **注意** 为什么选择 Windows？因为有很多 Rust 程序员使用 Windows 作为其开发平台。它的函数名称也相当好，而且不需要预先了解 POSIX API 那样的前置知识。

如果运行清单 6.16，你应该能看到很多输出信息。其中有不少的输出内容都类似于下面这样：

```
MEMORY_BASIC_INFORMATION {                        ←  这个结构体是在 Windows API 中定义的。
    BaseAddress: 0x00007ffbe8d9b000,
    AllocationBase: 0x0000000000000000,
    AllocationProtect: 0,                            这些字段是 Windows API 中定义的枚举体，它
    RegionSize: 17568124928,                         们是用整数来表示的。可以把它们解码为枚举
    State: 65536,                                    体的变体名，但是如果不向此清单中添加额外
    Protect: 1,                                      的代码，就无法使用这些变体名。
    Type: 0
}
MEMORY_BASIC_INFORMATION {
    BaseAddress: 0x00007fffffe0000,
    AllocationBase: 0x00007fffffe0000,
    AllocationProtect: 2,
    RegionSize: 65536,
    State: 8192,
    Protect: 1,
    Type: 131072
```

清单 6.15（参见 ch6/ch6-meminfo-win/Cargo. toml 文件）展示了清单 6.16 的依赖项。

清单 6.15　清单 6.16 的依赖项

```
[package]
name = "meminfo"
version = "0.1.0"
authors = ["Tim McNamara <author@rustinaction.com>"]
edition = "2018"

[dependencies]
winapi = "0.2" #         ←  定义了一些有用的类型别名。
kernel32-sys = "0.2" #   ←
                         提供了使用 KERNEL.DLL 来与 Windows API 进行交互的功能。
```

清单 6.16（参见 ch6/ch6-meminfo-win/src/main.rs 文件）展示了如何使用 Windows API 来查看内存。

清单 6.16　使用 Windows API 来查看内存

```rust
use kernel32;
use winapi;

use winapi::{
    DWORD,          ◄──  在 Rust 里，这个
                         类型叫作 u32。
    HANDLE,
    LPVOID,
    PVOID,      ◄──
    SIZE_T,     ◄── u64 对应这台计算机的 usize。
    LPSYSTEM_INFO,    ◄──
    SYSTEM_INFO,
    MEMORY_BASIC_INFORMATION as MEMINFO,
};
fn main() {
    let this_pid: DWORD;
    let this_proc: HANDLE;
    let min_addr: LPVOID;
    let max_addr: LPVOID;
    let mut base_addr: PVOID;
    let mut proc_info: SYSTEM_INFO;
    let mut mem_info: MEMORY_BASIC_INFORMATION;
    const MEMINFO_SIZE: usize = std::mem::size_of::<MEMINFO>();

    unsafe {        ◄──
        base_addr = std::mem::zeroed();
        proc_info = std::mem::zeroed();
        mem_info = std::mem::zeroed();
    }
    unsafe {           ◄──
        this_pid = kernel32::GetCurrentProcessId();
        this_proc = kernel32::GetCurrentProcess();
        kernel32::GetSystemInfo(
          &mut proc_info as LPSYSTEM_INFO
        );
    };

    min_addr = proc_info.lpMinimumApplicationAddress;
    max_addr = proc_info.lpMaximumApplicationAddress;

    println!("{:?} @ {:p}", this_pid, this_proc);
    println!("{:?}", proc_info);
    println!("min: {:p}, max: {:p}", min_addr, max_addr);

    loop {  ◄──
        let rc: SIZE_T = unsafe {
            kernel32::VirtualQueryEx(    ◄──
                          this_proc, base_addr,
                          &mut mem_info, MEMINFO_SIZE as SIZE_T)
        };
        if rc == 0 {
            break
        }
```

多个内部 API 使用的没有关联类型的指针类型（可以接收任何类型的指针）。在 Rust 里，std::os::raw::c_void 定义了 void 指针。一个 HANDLE（句柄）是在 Windows 中指向一些不透明资源的指针。

在 Windows 里，数据类型的名称常常会用一个前缀代表类型的缩写。P 代表指针，LP 代表长指针（例如 64 位的指针）。

指向一个 SYSTEM_INFO 结构体的指针。

在 Windows 内部定义的一些结构体。

这些变量的初始化代码会放在 unsafe 块中。为了使其在外部作用域中能够被访问到，所以需要在这里定义。

这个代码块保证了所有内存被初始化。

在这个代码块中，是发起系统调用的代码。

此函数没有使用返回值，而是使用了 C 的惯用法，来把运行结果提供给调用方。我们提供一个指向某个预定义结构体的指针，然后在函数返回后读取该结构体的新值，以查看其结果。

为了方便，此处重命名了这些变量。

这个循环完成了扫描地址空间的工作。

这个系统调用，提供了这个正在运行的程序的内存地址空间中一个指定段的信息，此指定段的起始位置的地址是 base_addr。

```
        println!("{:#?}", mem_info);
        base_addr = ((base_addr as u64) + mem_info.RegionSize) as PVOID;
    }
}
```

终于，我们已经可以探索一个地址空间，而不会导致操作系统"杀掉"程序。现在，问题仍然存在，我们该如何查看各个变量并对其进行修改？

6.4.5　第三步：读取和写入进程内存中的字节数据

操作系统提供了用于读取和写入内存的工具，甚至在其他程序中也可以完成。这是多种工具程序都会用到的一种基础技术，其中包括即时编译器（JIT）、程序调试器，还有帮助人们在游戏中"作弊"的程序。在 Windows 中，这个过程一般来说看起来像下面这个 Rust 风格的伪代码：

```
let pid = some_process_id;
OpenProcess(pid);

loop address space {
    *call* VirtualQueryEx() to access the next memory segment

    *scan* the segment by calling ReadProcessMemory(),
    looking for a selected pattern

    *call* WriteProcessMemory() with the desired value
}
```

Linux 使用 `process_vm_readv()` 和 `process_vm_writev()` 提供了一个更简单的 API。它们的功能类似于 Windows 中的 `ReadProcessMemory()` 和 `WriteProcessMemory()`。

内存管理是一个复杂的领域，有很多的抽象层级。本章试图把重点放在那些对程序员的工作来说最重要的内容上。现在，当你再去读与低级编码技术有关的文章时，你应该更了解这些相关的术语了。

本章小结

- 从 CPU 的角度来看，指针、引用和内存地址是同一个东西。但从编程语言的角度来看，它们都有着很大的不同。
- 字符串以及其他许多数据结构都是由一个指针指向一个底层的数组来实现的。
- 智能指针指的是行为像指针但有着额外能力的数据结构。它们几乎总是会产生空间上的开销。此外，它们的数据可能包括整数长度和容量字段，或者更复杂的一些东西（比如锁）。
- Rust 中有丰富的智能指针类型。具有更多功能的类型通常也会产生更大的运行时开销。
- 标准库中的智能指针类型是使用许多底层构建块构建出来的，你也可以使用它们来定义自己的智能指针。
- 堆和栈是由操作系统和编程语言提供的抽象概念。从 CPU 的角度看，它们并不存在。
- 操作系统常常会提供诸如内存分配的机制，可以利用这些机制来查看程序的行为。

第 7 章 文件与存储

本章主要内容
- 了解在物理存储设备中数据是如何表示的。
- 把你自己的数据结构写入你希望的文件格式。
- 构建一个用于读取文件和查看文件内容的工具。
- 创建一个有效并且可以免遭损坏的键值存储。

在数字化的媒介上永久地存储数据比看起来要复杂得多，本章会带你了解其中的一些细节。要将 RAM 保存的临时性信息传输到（半）永久的存储介质中，并且能够在以后再次检索它，需要通过多个层级的软件间接地来实现。

本章为 Rust 开发人员介绍了一些新概念，例如如何将项目构造为库包（library crate）。之所以要学习这些内容，是因为本章要实现一个"雄心勃勃"的项目。在本章的最后，你将构建出一个有效的键值存储——它可以保证在任何阶段发生硬件故障都不会破坏数据的完整性。在本章中，我们还将完成几个支线任务。例如，我们将实现奇偶校验位的检查，还会探讨对一个值求哈希意味着什么。首先，让我们来看看是否可以为文件中的原始字节序列创建一些模式。

7.1 文件格式是什么？

文件格式是将数据作为单个的、有序的字节序列进行处理的标准。诸如硬盘驱动器这样的存储介质，在按顺序来串行地读写大块数据时，速度是最快的。这与内存中的数据结构形成对比，后者受数据布局结构的影响较小。

文件格式存在很大的设计空间，需要在性能、可读性和可移植性之间进行权衡。某些文件格式具有高度的可移植性和自描述性。还有一些文件格式仅在单一的环境中可访问，它们不能被第三方工具读取，但是具有很高的性能。

表 7.1 列出了几种文件格式，一定程度上展示了这种设计空间。这几种文件格式的内部模式是使用相同的源文本生成的。通过对文件中的每个字节进行颜色编码，我们可以看到这几种表示形式在结构上的差异。

表 7.1　　使用威廉·莎士比亚的《无事生非》生成的 4 种数字化版本的内部呈现，源文本来自古登堡计划

这个剧本的纯文本版本只包含可输出的字符。此图中的深灰色表示的是字母和标点符号，而白色则表示空白符。在视觉上，此图看起来非常嘈杂，缺乏内部的结构化。这是因为此文件的表示形式是自然语言，而自然语言本身就是变长的。如果是具有一定规则的、重复结构的文件，例如一个用于存放浮点数数组的文件格式的设计，看起来会非常不同。

EPUB 格式实际上是带有定制文件扩展名的 ZIP 压缩存档。此文件有许多字节都不在可输出类别的范围内，在此图中这样的数据用中度灰色的像素来表示。

MOBI 格式包含 4 条空字节（0x00），用黑色像素来表示。这些黑色条状的区域可能代表某种工程化权衡的结果。从某种意义上讲，这些空字节数据浪费了空间。但是它们很可能是作为分隔不同区域的填充而存在的，在之后可以非常容易地解析出文件中的不同区域。

此文件的另一个特点就是文件的大小要比其他版本文件的更大。这可能表示，比起纯文本版本的文件来，此文件隐藏了更多的数据。这些额外的数据可能包括诸如字体这样的用于显示的元素，还有用于限制复制的加密密钥等。

这个 HTML 的文件包含很高比例的空白符。这些空白符用白色的像素来表示。像 HTML 这样的标记语言往往会添加很多空白符，用于提高可读性。

7.2　创建你自己的用于存储数据的文件格式

当需要处理长期存储的数据时，一种合适的做法是使用经过考验的数据库。然而，许多系统仍然会使用纯文本文件来存储数据。比如，各种配置文件通常被设计为既是人类可读的，又是机器可读的。Rust 的生态系统在把数据转换为多种磁盘存储格式方面提供了出色的支持。

使用 serde 和 bincode 把数据写入磁盘

serde 是一个软件包，可用于在 Rust 中的值和许多格式之间执行序列化（serialize）和反序列化（deserialize）。每种格式有其独有的优点：有些格式是人类可读的；有些格式则是更紧凑的，以便能够通过网络快速地传输。

使用 serde 时，你会意外地发现需要编写的样板代码量很少。作为一个示例，让我们使用有关尼日利亚的卡拉巴尔市（Calabar）的统计数据，并使用多种输出格式来存储它们。首先，假定代码中有一个名为 City 的结构体。serde 包提供了 Serialize 和 Deserialize 这两个 trait，并且在大多数需要实现这两个 trait 的代码中，都会使用派生注解的形式来完成：

```
#[derive(Serialize)]
struct City {
    name: String,
    population: usize,
    latitude: f64,
    longitude: f64,
}
```

提供了让多种外部的格式与 Rust 代码进行交互的工具。

用卡拉巴尔市的相关数据来填充此结构体，代码是很简单的。如下面这段代码所示：

```
let calabar = City {
    name: String::from("Calabar"),
    population: 470_000,
    latitude: 4.95,
    longitude: 8.33,
};
```

现在，要把变量 calabar 转换为 JSON 编码的 String 格式。执行这个转换，只有一行代码：

```
let as_json = to_json(&calabar).unwrap();
```

除了支持 JSON 格式，serde 能支持的格式还有很多。清单 7.2 给出了类似的示例，其中使用了两种鲜为人知的格式，即 CBOR 和 bincode。CBOR 和 bincode 比 JSON 格式更为紧凑，而代价就是，这两种格式只是机器可读的。

清单 7.2 的输出信息展示了变量 calabar 在使用多种编码格式时不同的字节表示：

```
$ cargo run
  Compiling ch7-serde-eg v0.1.0 (/rust-in-action/code/ch7/ch7-serde-eg)
    Finished dev [unoptimized + debuginfo] target(s) in 0.27s
```

```
      Running 'target/debug/ch7-serde-eg'
json:
{"name":"Calabar","population":470000,"latitude":4.95,"longitude":8.33}

cbor:
[164, 100, 110, 97, 109, 101, 103, 67, 97, 108, 97, 98, 97, 114, 106,
112, 111, 112, 117, 108, 97, 116, 105, 111, 110, 26, 0, 7, 43, 240, 104,
108, 97, 116, 105, 116, 117, 100, 101, 251, 64, 19, 204, 204, 204, 204,
204, 205, 105, 108, 111, 110, 103, 105, 116, 117, 100, 101, 251, 64, 32,
168, 245, 194, 143, 92, 41]

bincode:
[7, 0, 0, 0, 0, 0, 0, 0, 67, 97, 108, 97, 98, 97, 114, 240, 43, 7, 0, 0,
0, 0, 0, 205, 204, 204, 204, 204, 204, 19, 64, 41, 92, 143, 194, 245, 168,
32, 64]

json (as UTF-8):
{"name":"Calabar","population":470000,"latitude":4.95,"longitude":8.33}

cbor (as UTF-8):
�dnamegCalabarjpopulation+�hlatitude�@������ilongitude�@ ��\)

bincode (as UTF-8):
Calabar�+������@)\���� @
```

要下载此项目，可以在终端控制台中输入以下命令：

```
$ git clone https://github.com/rust-in-action/code rust-in-action
$ cd rust-in-action/ch7/ch7-serde-eg
```

要想手动创建此项目，可以创建一个类似于下面这样的目录结构，并使用来自 ch7/ch7-serde-eg 目录中清单 7.1 和清单 7.2 的代码来填充其内容：

```
ch7-serde-eg
├──── src
│     main.rs ◄───────── 见清单 7.2。
└──── Cargo.toml ◄─────── 见清单 7.1。
```

清单 7.1　为清单 7.2 声明依赖项并设置其他一些软件的元数据

```
[package]
name = "ch7-serde-eg"
version = "0.1.0"
authors = ["Tim McNamara <author@rustinaction.com>"]
edition = "2018"

[dependencies]
bincode = "1"
serde = "1"
serde_cbor = "0.8"
serde_derive = "1"
serde_json = "1"
```

清单 7.2　把一个 Rust 结构体序列化为多种格式

```
1 use bincode::serialize as to_bincode;
2 use serde_cbor::to_vec as to_cbor;
3 use serde_json::to_string as to_json;
4 use serde_derive::{Serialize};
5
6 #[derive(Serialize)]
7 struct City {
8     name: String,
9     population: usize,
10     latitude: f64,
11     longitude: f64,
12 }
13
14 fn main() {
15     let calabar = City {
16         name: String::from("Calabar"),
17         population: 470_000,
18         latitude: 4.95,
19         longitude: 8.33,
20     };
21
22     let as_json    =    to_json(&calabar).unwrap();
23     let as_cbor    =    to_cbor(&calabar).unwrap();
24     let as_bincode = to_bincode(&calabar).unwrap();
25
26     println!("json:\n{}\n", &as_json);
27     println!("cbor:\n{:?}\n", &as_cbor);
28     println!("bincode:\n{:?}\n", &as_bincode);
29     println!("json (as UTF-8):\n{}\n",
30         String::from_utf8_lossy(as_json.as_bytes())
31     );
32     println!("cbor (as UTF-8):\n{:?}\n",
33         String::from_utf8_lossy(&as_cbor)
34     );
35     println!("bincode (as UTF-8):\n{:?}\n",
36         String::from_utf8_lossy(&as_bincode)
37     );
38 }
```

这些函数被重新命名，以便在使用时缩短代码的长度。

这会让 serde_derive 软件包来自行编写必要的代码，用来执行在内存中的 City 和磁盘中的 City 的转换。

序列化为不同的格式。

7.3　实现一个 hexdump 的克隆

　　hexdump 是一个很好用的用来查看文件内容的工具，它通常会从文件中获取一个字节流，然后以十六进制数字对的形式来输出这些字节。表 7.2 给出了一个示例。你在前几章中已经知道，两个十六进制数字能够表示的数字范围是从 0 到 255，这就是单个字节内的位模式可表示的数字范围。我们将调用克隆工具 fview（file view 的缩写，意思是文件查看）。运行 fview，部分输出信息如表 7.2 所示。

表 7.2	fview 的运行情况

fview 的输入信息	`fn main() {`
	`println!("Hello, world!");`
	`}`

fview 的输出信息	`[0x00000000] 0a 66 6e 20 6d 61 69 6e 28 29 20 7b 0a 20 20 20`
	`[0x00000010] 20 70 72 69 6e 74 6c 6e 21 28 22 48 65 6c 6c 6f`
	`[0x00000020] 2c 20 77 6f 72 6c 64 21 22 29 3b 0a 7d`

除非你很熟悉十六进制的表示法，否则 fview 的输出可能显得相当不透明。如果有过查看类似输出信息的经验，那么你可能会注意到这些字节里没有大于 0x7e (127) 的。此外，也极少有小于 0x21 (33) 的，其中一个例外是 0x0a (10)。0x0a 表示的是换行符 (\n)。这些字节模式就是我们要处理的纯文本输入源中的各种标记符号。

我们在清单 7.4 中给出了构建 fview 的完整的源代码。由于需要引入一些 Rust 中的新特性，因此我们会分几步来完成整个程序。

我们会从清单 7.3 开始，在这里，使用字符串字面量作为输入，并且会生成在表 7.2 中列出的输出信息。此代码中展示了多行的字符串字面量的使用，并且通过 std::io::prelude 来引入 std::io 中的一些 trait。利用 std::io::Read 这个 trait，可以把&[u8]类型当作文件来读取。此清单的源代码保存在 ch7/ch7-fview-str/src/main.rs 文件中。

清单 7.3　一个 hexdump 的克隆，使用了硬编码的输入信息来模拟文件 I/O

```
1  use std::io::prelude::*;
2
3  const BYTES_PER_LINE: usize = 16;
4  const INPUT: &'static [u8] = br#"
5  fn main() {
6      println!("Hello, world!");
7  }"#;
8
9  fn main() -> std::io::Result<()> {
10     let mut buffer: Vec<u8> = vec!();
11     INPUT.read_to_end(&mut buffer)?;
12
13     let mut position_in_input = 0;
14     for line in buffer.chunks(BYTES_PER_LINE) {
15         print!("[0x{:08x}] ", position_in_input);
16         for byte in line {
17             print!("{:02x} ", byte);
18         }
19         println!();
20         position_in_input += BYTES_PER_LINE;
21     }
22
23     Ok(())
24 }
```

prelude 导入了在 I/O 操作中常用的一些 trait，例如 Read 和 Write。你也可以手动来添加这些 trait，但是由于它们很常用，所以标准库就提供了这种便利性，这样可以让你的代码更精简。

当你使用原始字符串字面量 (raw string literal) 来构建多行的字符串字面量时，双引号是不需要转义的（注意这里的 r 前缀和#分隔符）。额外的那个 b 前缀表示，应该把这里的字面量数据视为字节数据(&[u8])，而不是 UTF-8 文本数据(&str)。

创建出内部缓冲区的空间，供程序的输入来使用。

读取输入信息，并将其插入内部缓冲区。

输出当前位置的信息，最多 8 位，不足 8 位则在左侧用零填充。

输出一个换行符到标准输出中，这是一种简便的方法。

我们了解了 fview 的预期操作，现在再来扩展一下功能，使其能够读取真实的文件。清单

7.4 给出了一个基本的 hexdump 克隆，展示了在 Rust 中应该如何打开一个文件并遍历此文件的内容。清单 7.4 的源代码保存在 ch7/ch7-fview/src/main.rs 文件中。

清单 7.4　在 Rust 中打开一个文件并遍历此文件的内容

```
1  use std::fs::File;
2  use std::io::prelude::*;
3  use std::env;                           修改这个常量的值，可以改变程序的输出信息。
4
5  const BYTES_PER_LINE: usize = 16;  ◄──┘
6
7  fn main() {
8    let arg1 = env::args().nth(1);
9
10   let fname = arg1.expect("usage: fview FILENAME");
11
12   let mut f = File::open(&fname).expect("Unable to open file.");
13   let mut pos = 0;
14   let mut buffer = [0; BYTES_PER_LINE];
15
16     while let Ok(_) = f.read_exact(&mut buffer) {
17       print!("[0x{:08x}] ", pos);
18       for byte in &buffer {
19           match *byte {
20               0x00 => print!(". "),
21               0xff => print!("## "),
22               _ => print!("{:02x} ", byte),
23           }
24       }
25
26       println!("");
27       pos += BYTES_PER_LINE;
28     }
29 }
```

清单 7.4 引入了一些新的 Rust 语法。下面就让我们来看看其中一些新语法的构造。

■ while let Ok(_) {...} —— 使用这个流程控制结构，程序会持续执行循环，直到 f.read_exact() 已经没有可供读取的字节数据返回 Err 为止。

■ f.read_exact() —— 由 Read 这个 trait 提供的方法，会从数据源中读取数据（在本例中就是 f）然后填充数据到作为参数提供的缓冲区中。如果缓冲区满了，就会停止读取。

与清单 7.3 中使用的 chunks() 相比，f.read_exact() 为程序员提供了内存管理方面更多的控制权，但它也有一些"怪癖"。如果缓冲区的长度大于可供读取的字节数，它会返回一个错误，并且此时缓冲区的状态是未定义的。清单 7.4 还包括一些代码风格方面的额外语法。

■ 为了在不使用第三方库的情况下就能处理命令行参数，我们使用了 std::env::args()。它返回一个提供给程序的参数的迭代器。迭代器有一个 nth() 方法，它能提取到第 n 个位置上的元素。

- 所有迭代器的 nth() 方法会返回一个 Option。如果 n 大于迭代器的长度，它就会返回 None。为了处理 Option 的值，我们使用了 expect()。
- expect() 方法可以看作 unwrap() 的一个更友好的版本。一旦发生错误，expect() 会获取一个错误信息作为其参数，而 unwrap() 只是简单地引发恐慌。

直接使用 std::env::args() 意味着输入信息没有经过验证。这一点，在这个简单例子中问题不大，但是在更大型的程序中就是需要仔细考虑的地方了。

7.4 Rust 中的文件操作

到目前为止，在本章中，我们已经花了许多时间来了解如何将数据转换为字节序列。让我们花一些时间来看看另一种抽象级别——文件。在前面的内容中，我们介绍了一些基本的文件操作，例如打开文件和读取文件。本节会再介绍一些其他的有用技术，它们可以提供更细粒度的控制。

7.4.1 使用 Rust 打开一个文件并控制文件的模式

文件是由操作系统负责维护的一种抽象概念。它对外呈现为一个名字，以及一个嵌套的在原始字节数据之上的层次结构。

文件也提供了一层安全性，操作系统会强制性地给文件附加上权限（至少从原理上讲）。这可以防止以当前用户运行的 Web 服务器，去读取其他用户的文件。

std::fs::File 是与文件系统进行交互的主要类型。它有两个方法可以用于打开文件，open() 和 create()。如果你知道文件已经存在，那就应该使用 open()。表 7.3 中列出了两者之间更多的差异。

表 7.3　　在 Rust 代码中创建 File 类型的值，以及在底层文件系统中的效果

方法	当文件已经存在时的返回值	对底层文件的效果	当文件不存在时的返回值
File::open	Ok(File)*	以只读模式打开	Err
File::create	Ok(File)*	文件中已有的字节数据都会被清空，然后在这个空文件的起始位置处打开该文件	Ok(File)*

注：*表示假定当前用户有足够的权限。

如果需要更多的控制权限，可以使用 std::fs::OpenOptions。它提供了必要的选项，可以根据任何预期的应用情况来调整。清单 7.16 给出了一个很好的示例，在此代码中使用了 append（追加）模式。此应用程序需要文件是可读可写的，而且如果文件不存在，它就会创建出该文件。清单 7.5 摘自清单 7.16，展示了使用 std::fs:OpenOptions 创建一个可写的文件，并且打开文件时不会清空文件内容。

清单 7.5　使用 std::fs:OpenOptions 来创建一个可写的文件

一个建造者模式的例子。每个方法都会返回一个 OpenOptions
结构体的新实例，并且附带相关选项的集合。

```
let f = OpenOptions::new()
            .read(true)          为读取而打开文件。        开启写入。这行代码不是必需的，因为后面的 append 隐含了
            .write(true)                                  写入的选项。
            .create(true)        如果在 path 处的文件不存在，则创建一个文件出来。
            .append(true)        不会删除已经写入磁盘中的任何内容。
            .open(path)?;        打开在 path 处的文件，然后解包装中间产生的 Result。
```

7.4.2　使用 std::fs::Path 以一种类型安全的方式与文件系统进行交互

Rust 在标准库中提供了 str 和 String 的类型安全的变体，即 std::path::Path 和 std::path:: PathBuf。它们能够以跨平台的方式来使用准确的路径分隔符。Path 可以用来表示文件、目录以及相关的抽象，比如符号链接。Path 和 PathBuf 的值通常起始于普通的字符串类型，可以使用 from() 静态方法来执行类型转换：

```
let hello = PathBuf::from("/tmp/hello.txt")
```

创建了这个值以后，与它们进行交互，可以使用一些特定于路径的方法：

```
hello.extension()        返回 Some("txt")
```

对以前编写过处理路径代码的人来说，所有 API 使用起来都是比较简单的，所以在这里就不会详细介绍了。尽管如此，还是有必要讨论讨论，为什么在许多语言里都忽略的一些东西，Rust 却将其包含在语言中。

> **注意**　从实现细节上来看，std::path::Path 和 std::path::PathBuf 是在 std::ffi:: OsStr 和 std::ffi:: OsString 之上分别来实现的。这也意味着，Path 和 PathBuf 是不保证路径是合法的 UTF-8 的。

为什么要使用 Path，而不是直接处理字符串呢？以下是使用 Path 的一些很好的理由。

- 意图更清晰——Path 提供了很多有用的方法，比如 set_extension()，方法名本身就明确表述了意图。这对于程序员之后阅读代码是很有帮助的。而直接处理字符串的方式，就不能提供这种级别的自文档化了。
- 可移植性——有些操作系统对待文件系统路径时是区分大小写的，而有些操作系统又不区分大小写。假如只使用一种操作系统的约定，当之后用户最终期望遵循其主机系统的约定时，很有可能会出现问题。而且，路径分隔符是特定于操作系统的，因此也可能会有所不同。这意味着，直接使用字符串的方式来处理路径，很可能会引起可移植性方面的问题。

■ 更容易调试——如果你想要从路径/tmp/hello.txt 提取出/tmp，手动去做有可能会引
入难以察觉的 bug，而且这样的 bug 有可能只在运行时才会出现。使用/来切分该路径
字符串之后，如果算错了合适的索引数字的值，这就会引入一个 bug，而且编译时是
捕获不到这个 bug 的。

要想展示这种难以察觉的错误，可以看看各种路径分隔符。斜线在今天的操作系统里是很
常见的，但是在当初，这些约定都是花了一些时间才最终确定下来的。

■ 在 Windows 中，通常使用的是\。

■ 在类 UNIX 操作系统中，约定的分隔符是/。

■ 在以前的 macOS 中，路径分隔符是:。

■ 在 Stratus 公司的 VOS 里，路径分隔符是>。

我们在表 7.4 中比较了两种字符串类型：std::String 和 std::path::Path。

表 7.4　　　比较 std::String 和 std::path::Path，分别使用它们来提取一个文件的父目录

```fn main() { let hello = String::from("/tmp/ hello.txt"); let tmp_dir = hello.split("/").nth(0); println!("{:?}", tmp_dir); } ``` 搞错了! 这里会输出 Some("")。 使用斜线来切分 hello，然后 从返回结果的 Vec\<String\> 中获取第 0 个元素。	```use std::path::PathBuf; fn main() { let mut hello = PathBuf::from("/tmp/ hello.txt"); hello.pop(); println!("{:?}", hello.display()); } ``` 截掉了 hello 中的 最后一个元素。 成功! 这里会输出 **"/tmp"**。
使用普通的 String 代码，让你能使用熟悉的方法，但是可能会引入难以察觉的 bug，甚至在编译时也很难检测出来。在本例中，我们想要访问父路径 (/tmp)，但是使用了错误的索引数字	使用 path::Path 并不能保证你的代码完全不会出现难以察觉的错误，但可以一定程度地降低出现这类错误的可能性。Path 为常见操作提供了专门的方法，比如给一个文件设置扩展名

7.5　使用基于日志结构、仅追加的存储架构，来实现一个键值存储

现在，是时候来解决更大一些的问题了。让我们先来了解一些数据库方面的技术。在此过
程中，我们将会学习一种类型的数据库系统的内部架构，这类数据库使用了日志结构、仅追加
的模型。

把日志结构、仅追加的数据库系统作为案例来学习是非常有意义的，因为它们被设计得具
有极高的弹性和高性能。虽然要把数据存储在易变的媒体介质（例如闪存或旋转的硬盘驱动器）
上，但使用此模型的数据库仍然可以保证，数据永远不会丢失、后端数据文件永远不会损坏。

7.5.1　键值模型

actionkv 是一个键值存储，它可以存储和检索任意长度的字节序列（[u8]）。每个字节序
列由两个部分组成：第一个部分是一个键，第二个部分是一个值。由于&str 类型在内部是用

[u8] 来表示的，所以在表 7.5 中使用纯文本表示法，而不是二进制的等价方式。

表 7.5　　　　　　　　　键和值（分别是几个国家和其首都）

键	值
"Cook Islands" (库克群岛)	"Avarua" (阿瓦鲁阿)
"Fiji" (斐济)	"Suva" (苏瓦)
"Kiribati" (基里巴斯)	"South Tarawa" (塔拉瓦)
"Niue" (纽埃)	"Alofi" (阿洛菲)

这个键值模型可以完成简单的查询，比如"斐济的首都在哪里？"，但是不支持更复杂的查询，比如"列出所有的太平洋岛屿国家的首都"。

7.5.2　讲解 actionkv v1：一个带有命令行接口的内存中的键值存储

这是键值存储的第一个版本，这个版本的 actionkv 向我们展示了我们将要使用的 API，并引入了主要的库代码。这些库代码不会再更改，因为随后要实现的两个系统都会在此库之上来构建。在讲解具体代码以前，还有一些前置知识需要介绍。

与本书中前面介绍的那些项目不同，这一次，我们开始使用库的模板（cargo new --lib actionkv）。它的文件结构如下所示：

```
actionkv
├──src
│   ├──akv_mem.rs
│   └──lib.rs
└──Cargo.toml
```

程序员使用一个库包可以构建出在项目中可重用的抽象。为此，我们将会在多个可执行程序中使用同一个 lib.rs。为了避免将来产生歧义，我们需要描述此项目会生成哪些二进制可执行文件。

要做到这一点，需要在项目的 Cargo.toml 文件中使用两对方括号（[[bin]]）提供一个 bin 的分段，如清单 7.6（参见 ch7/ch7-actionkv1/Cargo.toml 文件）中的第 14~16 行所示。两对方括号表示这个分段是可以重复使用的。

清单 7.6　定义依赖项和其他元数据

```
1 [package]
2 name = "actionkv"
3 version = "1.0.0"
4 authors = ["Tim McNamara <author@rustinaction.com>"]
5 edition = "2018"
6
7 [dependencies]
8 byteorder = "1.2"
```

使用额外的 trait 扩展了许多 Rust 类型，让它们能够以可重复的、易于使用的方式被写入磁盘和读回到程序中。

```
 9 crc = "1.7"          ◁──┐   提供了我们想要使用的校验和功能。
10                          │
11 [lib]
12 name = "libactionkv"     ┌   Cargo.toml 中的这个分段，为你将要构建出的库给出一个名字。注
13 path = "src/lib.rs"      │   意，一个 crate 中只可以有一个库。
14
15 [[bin]]              ◁──────  [[bin]]分段，可以有多个，定义了将从此包中构建出的可
16 name = "akv_mem"              执行文件。双方括号语法是必需的，因为它明确地将这
17 path = "src/akv_mem.rs"       个 bin 描述为一个或多个 bin 元素的一部分。
```

actionkv 项目最后会由多个文件组成。图 7.1 展示了这些文件之间的关系，以及它们如何协同工作来构建名为 akv_mem 的可执行文件，这个可执行文件在项目的 Cargo.toml 文件的分段中进行了描述。

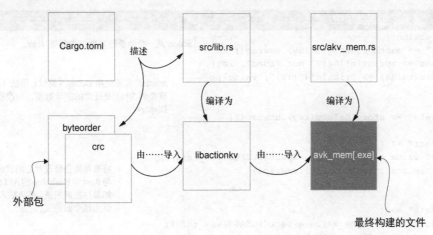

图 7.1　概要性地展示在 ActionKV 项目中不同文件及其依赖项是如何协同工作的。此项目的 Cargo.toml 协调了许多行为，最终将生成一个可执行文件

7.6　Actionkv v1：前端代码

actionkv 的公共 API 由 4 种操作组成：get（获取）、delete（删除）、insert（插入）和 update（更新），如表 7.6 所示。

表 7.6　actionkv v1 支持的操作

命令	描述
get <key>	在存储中检索键对应的值
insert <key> <value>	添加一个键值对到存储中
delete <key>	从存储中删除一个键值对
update <key> <value>	使用一个新的值替代旧的值

命名是不容易的

想要访问已经保存的键值对，此 API 的名字是应该使用 `get`、`retrieve`，还是应该使用 `fetch` 呢？在设置值的时候，又应该使用以下哪个名字呢？`insert`、`store`，还是 `set`？actionkv 试图在这些决定中保持中立的态度，所以选择了直接使用由 `std::collections::HashMap` 提供的 API 的名字。

清单 7.7 摘自清单 7.8，展示了前面提到的命名方面的考虑。在这个项目中，我们使用了 Rust 的匹配工具，即 match 语法，来有效地处理命令行参数，并且把它们分派给恰当的内部函数来处理。

清单 7.7　展示了公共的 API

```
32 match action {
33   "get" => match store.get(key).unwrap() {          ←  action 是一个命令行参数，类型是 &str。
34     None => eprintln!("{:?} not found", key),
35     Some(value) => println!("{:?}", value),←        println! 需要使用 Debug（调试）语法（{:?}），
36   },                                                 这是因为[u8]是任意的字节数据，并没有实现
37                                                      Display。
38   "delete" => store.delete(key).unwrap(),
39
40   "insert" => {
41     let value = maybe_value.expect(&USAGE).as_ref();←
42     store.insert(key, value).unwrap()                将来可能会修改此处的代码，使其
43   }                                                  与 Rust 中 HashMap 的 API 相兼容。
44                                                      如果存在旧的值，那么插入操作会
45   "update" => {                                      返回这个旧的值。
46     let value = maybe_value.expect(&USAGE).as_ref();
47     store.update(key, value).unwrap()
48   }
49
50   _ => eprintln!("{}", &USAGE),
51 }
```

清单 7.8 给出了 actionkv v1 版的完整代码。请注意，此代码将与文件系统交互的具体工作委托给了一个名为 `store` 的 `ActionKV` 实例。`ActionKV` 具体的工作机制将会在 7.7 节中进行讲解。此清单的源代码保存在 ch7/ch7-actionkv1/src/akv_mem.rs 文件中。

清单 7.8　在内存中的键值存储的命令行应用程序

```
1 use libactionkv::ActionKV;           ←        尽管 src/lib.rs 是存在于我们的项目中的，但
2                                                是在我们项目中的 src/bin.rs 文件，会把它视
3 #[cfg(target_os = "windows")]                  为与任何其他的包一样，同等对待。
4 const USAGE: &str = "
5 Usage:                                         此处的 cfg 属性注解，可以让 Windows 用户在此
6     akv_mem.exe FILE get KEY                    应用的帮助文档中看到正确的文件扩展名。这个
7     akv_mem.exe FILE delete KEY                 属性注解将会在后文中进行讲解。
8     akv_mem.exe FILE insert KEY VALUE
9     akv_mem.exe FILE update KEY VALUE
```

```
10 ";
11
12 #[cfg(not(target_os = "windows"))]
13 const USAGE: &str = "
14 Usage:
15     akv_mem FILE get KEY
16     akv_mem FILE delete KEY
17     akv_mem FILE insert KEY VALUE
18     akv_mem FILE update KEY VALUE
19 ";
20
21 fn main() {
22     let args: Vec<String> = std::env::args().collect();
23     let fname = args.get(1).expect(&USAGE);
24     let action = args.get(2).expect(&USAGE).as_ref();
25     let key = args.get(3).expect(&USAGE).as_ref();
26     let maybe_value = args.get(4);
27
28     let path = std::path::Path::new(&fname);
29     let mut store = ActionKV::open(path).expect("unable to open file");
30     store.load().expect("unable to load data");
31
32     match action {
33         "get" => match store.get(key).unwrap() {
34             None => eprintln!("{:?} not found", key),
35             Some(value) => println!("{:?}", value),
36         },
37
38         "delete" => store.delete(key).unwrap(),
39
40         "insert" => {
41             let value = maybe_value.expect(&USAGE).as_ref();
42             store.insert(key, value).unwrap()
43         }
44
45         "update" => {
46             let value = maybe_value.expect(&USAGE).as_ref();
47             store.update(key, value).unwrap()
48         }
49
50         _ => eprintln!("{}", &USAGE),
51     }
52 }
```

使用条件编译来定制要编译的内容

Rust 提供了出色的工具，可以根据编译器目标体系结构来更改要编译的内容。通常情况下，编译器目标体系结构就是指目标主机的操作系统与 CPU 的组合。根据某些编译时的条件来改变要编译的内容，这就叫作条件编译。

要想在你的项目中添加条件编译，需要使用 cfg 属性来注解你的源代码。cfg 需要与目标参数一起使用，这些目标参数是由 rustc 在编译期提供的。

　　清单 7.9（摘自清单 7.8）提供了一个程序用法的字符串，其在命令行工具程序中通常作为快速浏览的文档，在此段代码中，这个字符串提供了对应于多个操作系统的版本。这部分代码被复制到了该清单中，在此段代码中使用了条件编译来提供 const USAGE 的两个定义。如果在Windows 中构建此项目，那么该字符串中会额外包含文件扩展名.exe。而生成的二进制可执行文件只会包含与当前目标相关的那部分数据。

清单 7.9　条件编译的使用

```
3 #[cfg(target_os = "windows")]
4 const USAGE: &str = "
5 Usage:
6     akv_mem.exe FILE get KEY
7     akv_mem.exe FILE delete KEY
8     akv_mem.exe FILE insert KEY VALUE
9     akv_mem.exe FILE update KEY VALUE
10 ";
11
12 #[cfg(not(target_os = "windows"))]
13 const USAGE: &str = "
14 Usage:
15     akv_mem FILE get KEY
16     akv_mem FILE delete KEY
17     akv_mem FILE insert KEY VALUE
18     akv_mem FILE update KEY VALUE
19 ";
```

　　在用于匹配具体条件的匹配操作符中，没有表示不等于的否定操作符。也就是说，#[cfg(target_os != "windows")]是不能通过编译的。在这种情况下，有一个类似函数的语法可以作用于对应的匹配上。使用#[cfg(not(...))]来表示否定；想要匹配一个列表中的元素，则可以使用#[cfg(all(...))]和#[cfg(any(...))]。最后，可以在调用 cargo 或 rustc时来调整 cfg 属性，需要添加--cfg ATTRIBUTE 这个命令行参数。

　　能够触发编译更改的条件有很多，表 7.7 给出了部分编译条件的概要。

表 7.7　　　　　　　　　　　可以用在 cfg 属性中的匹配项以及可用的选项

属性	可用的选项	说明
target_arch	aarch64, arm, mips, powerpc, powerpc64, x86, x86_64	不是排他性的列表
target_os	android, bitrig, dragonfly, freebsd, haiku, ios, linux, macos, netbsd, redox, openbsd, windows	不是排他性的列表
target_family	unix, windows	—
target_env	"", gnu, msvc, musl	这一项通常是空的字符串（""）
target_endian	big, little	—
target_pointer_width	32, 64	目标架构的指针大小（按位）。用于 isize、usize、*const 和*mut 类型

续表

属性	可用的选项	说明
`target_has_atomic`	`8, 16, 32, 64, ptr`	支持原子操作的整数的大小。在执行原子操作期间，CPU 负责防止共享数据出现竞态条件，但有性能开销。原子一词表示不可分割的意思
`target_vendor`	`apple, pc, unknown`	没有选项，只用于简单的布尔检查
`test`	—	
`debug_assertions`	—	没有选项，只用于简单的布尔检查。此属性用于在非优化构建中，并且支持 debug_assert!宏

7.7 理解 ACTIONKV 的核心：LIBACTIONKV 包

在 7.6 节中构建的命令行应用程序，把具体的工作分派给了 `libactionkv::ActionKV`。结构体 ActionKV 负责管理与文件系统的交互，以及编码和解码来自磁盘中的格式数据。图 7.2 描述了这些关系。

7.7.1 初始化 ActionKV 结构体

清单 7.10 摘自清单 7.8，展示了 `libactionkv::` ActionKV 的初始化过程。要创建一个 `libactionkv::` ActionKV 的实例，有以下两个步骤。

（1）创建指向存储数据的文件。

（2）把这个文件中的数据加载为内存中的索引。

图 7.2 `libactionkv` 与项目中其他组件的关系

清单 7.10 初始化 libactionkv::ActionKV

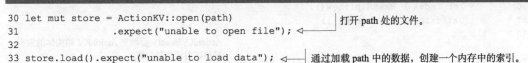

```
30 let mut store = ActionKV::open(path)          打开 path 处的文件。
31               .expect("unable to open file");  ◁
32
33 store.load().expect("unable to load data");   ◁  通过加载 path 中的数据，创建一个内存中的索引。
```

这两步都会返回 Result，这也是调用 `.expect()` 的原因。让我们来看看 `ActionKV::open()` 和 `ActionKV::load()` 的实现代码。`open()` 会打开磁盘中的文件，`load()` 会把现有数据的偏移量加载到内存里的索引中。此代码使用了两个类型别名，即 `ByteStr` 和 `ByteString`：

```
type ByteStr = [u8];
```

我们会把 `ByteStr` 类型别名用作数据类型，而且会把这个数据当作字符串来使用，但实际上它是二进制（原始字节）形式的。它基于文本的对等类型是内置的 str 类型。与 str 不同的是，ByteStr 不保证包含的是有效的 UTF-8 文本。

str 和 [u8]（或者是它的别名 ByteStr），在实际使用中通常见到的都是引用的形式：&str 和 &[u8]（或者 &ByteStr）。这种形式又叫作切片。

```
type ByteString = Vec<u8>;
```

在示例中，当我们想使用一个类似于 String 的类型时，主要用的就是 ByteString 这个别名。它也是一个可以包含任意二进制数据的类型。清单 7.11 摘自清单 7.18，展示了 ActionKV::open() 的用法。

清单 7.11　ActionKV::open() 的用法

```
12 type ByteString = Vec<u8>;  ◁           此代码中有很多地方都需要处理 Vec<u8> 类型的数据。又因为它们与
13                                          String 具有相同的使用方式，所以别名 ByteString 还是很有用的。
14 type ByteStr = [u8];  ◁
15                                   与前一个别名的情况类似，ByteStr 的使用方式类似于 &str 的。
16 #[derive(Debug, Serialize, Deserialize)]  ◁
17 pub struct KeyValuePair {                     让编译器自动生成序列化的代码，以便将 KeyValuePair
18     pub key: ByteString,                      （键值对）的数据写入磁盘。Serialize（序列化）和
19     pub value: ByteString,                    Deserialize（反序列化）的内容参见 7.2.1 节。
20 }
21
22 #[derive(Debug)]
23 pub struct ActionKV {
24     f: File,
25     pub index: HashMap<ByteString, u64>,  ◁    维护一个从键到文件位置的映射。
26 }
27
28 impl ActionKV {
29     pub fn open(path: &Path) -> io::Result<Self> {
30         let f = OpenOptions::new()
31                 .read(true)
32                 .write(true)
33                 .create(true)
34                 .append(true)
35                 .open(path)?;
36         let index = HashMap::new();
37         Ok(ActionKV { f, index })
38     }
                                                ActionKV::load() 会填充 ActionKV 结构体的索引，
79 pub fn load(&mut self) -> io::Result<()> {  ◁   将键映射到文件位置。
80
81   let mut f = BufReader::new(&mut self.f);
82                                               File::seek() 返回距离文件开头位置的字节
83   loop {                                      数，并将其作为该索引中的值。
84     let position = f.seek(SeekFrom::Current(0))?;  ◁
85
86     let maybe_kv = ActionKV::process_record(&mut f);  ◁   ActionKV::process_record() 从文件的当
                                                            前位置读取一条记录。
```

```
87
88    let kv = match maybe_kv {
89    Ok(kv) => kv,
90    Err(err) => {
91      match err.kind() {
92        io::ErrorKind::UnexpectedEof => {
93          break;
94        }
95        _ => return Err(err),
96      }
97    }
98    };
99
100   self.index.insert(kv.key, position);
101 }
102
103 Ok(())
104 }
```

Unexpected（未预期的）是相对的。此应用程序可能没有预料到会遇到文件末尾，但是我们知道文件的内容是有限的，所以需要处理这种情况。

Eof 是什么？

Rust 中的文件操作可能会返回的一个错误类型是 std::io::ErrorKind::UnexpectedEof（未预期的 Eof）。那么 "Eof" 指的是什么呢？这是指文件末尾，是操作系统提供给应用程序的一种约定。实际上，在文件的内部，文件末尾处并不存在什么特殊的标记或者分隔符。

Eof 是一个零字节（0u8）。当从一个文件中读取数据时，操作系统会告诉应用程序，从存储中已经成功读取了多少字节的数据。如果没有成功地从磁盘中读取到任何字节数据，但是也没有检测到错误情况的发生，操作系统就会假定已经到达了文件末尾，因此应用程序也会这样认为。

之所以这样做是可行的，是因为操作系统具体负责与物理设备进行交互。当应用程序读取文件时，该应用程序会通知操作系统它想要访问磁盘。

7.7.2　处理单条记录

actionkv 在磁盘上的表示形式使用了一个已公布的标准。这个标准最初是为 Riak 数据库的原始实现而开发的 Bitcask 存储后端的一种实现。Bitcask 隶属于一个文件格式家族，该文件格式家族在文献资料中被称为日志结构的哈希表。

Riak 是什么？

Riak 是一个数据库。它是在 "NoSQL 运动" 的高峰期被开发出来的，作为它竞争对手的类似系统有 MongoDB、Apache CouchDB 和 Tokyo Tyrant 等。Riak 与其他系统的区别在于，它对失败的适应能力较强。

虽然从性能上讲，Riak 比竞争对手更慢，但是可以保证不会丢失数据。之所以能够提供这样的保证，部分原因是其在数据格式上的明智选择。

Bitcask 按照规定的方式存放每条记录。图 7.3 展示了 Bitcask 文件格式中的一个单条记录。

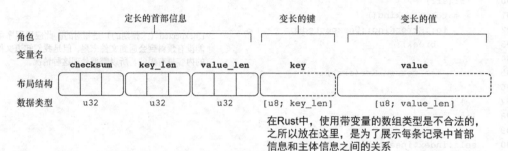

图 7.3 Bitcask 文件格式中的一条记录。要解析一条记录，先要读取首部信息；
然后利用此首部信息来读取这条记录的主体信息；最后，使用首部信息提供的校验和
来校验这条记录的主体信息的完整性

每个键值对的最前面都有 12 字节的首部信息。这些字节数据描述了记录的长度（key_len +
val_len）和它的内容（checksum，即校验和）。

process_record() 是 actionkv 中处理记录的函数。首先，读取用来表示 3 个整数的 12
字节，这 3 个整数分别是校验和、键的长度和值的长度；其次，利用这些值从磁盘中读取剩
下的数据，然后校验内容是否符合预期。清单 7.12 摘自清单 7.16，展示了这个处理过程。

清单 7.12 主要关注的是 ActionKV::process_record() 方法

```
41 fn process_record<R: Read>(
42     f: &mut R
43 ) -> io::Result<KeyValuePair> {
44     let saved_checksum =
45         f.read_u32::<LittleEndian>()?;
46     let key_len =
47         f.read_u32::<LittleEndian>()?;
48     let val_len =
49         f.read_u32::<LittleEndian>()?;
50     let data_len = key_len + val_len;
51
52     let mut data = ByteString::with_capacity(data_len as usize);
53
54     {
55         f.by_ref()
56             .take(data_len as u64)
57             .read_to_end(&mut data)?;
58     }
```

f 可以是实现了 Read 的任何类型，比如用于读取文件的一个类型，&[u8] 也是可以用在这里的类型。

byteorder 包允许以确定的方式来读取磁盘上的整数，更多内容将会在后文中讨论。

在这里使用 f.by_ref()，是因为 take(n) 会创建一个新的 Read 值。在一个短生命期的代码块中使用一个引用，让我们可以绕过所有权的问题。

```
59      debug_assert_eq!(data.len(), data_len as usize);
60
61      let checksum = crc32::checksum_ieee(&data);
62      if checksum != saved_checksum {
63       panic!(
64         "data corruption encountered ({:08x} != {:08x})",
65         checksum, saved_checksum
66       );
67      }
68
69      let value = data.split_off(key_len as usize);
70      let key = data;
71
72      Ok( KeyValuePair { key, value } )
73 }
```

debug_assert!这个测试在优化构建中是关闭的，启用调试构建（debug build）可以有更多的运行时检查。

一个 checksum 就是一个数字，可以用来校验从磁盘中读取的字节数据与预期是否一致。这个校验的过程参见 7.7.4 节。

split_off(n) 方法会把一个 Vec<T> 在 n 处切分成两个。

7.7.3　以确定的字节顺序将多字节二进制数据写入磁盘

代码面临的一个挑战是，它需要能按照确定的字节顺序，把多字节的数据存储到磁盘中。这听起来好像挺容易，而实际上，不同的计算平台在如何读取数字方面是存在差异的。例如，在有些计算平台上，读取一个 i32 的 4 字节是按从左到右的顺序来读取的，而另一些计算平台，则是从右到左的。假定某个应用程序被设计为需要在一台计算机上写入数据，而在另外一台计算机上加载这些数据，在这种情况下，字节顺序就可能是一个问题了。

Rust 生态系统在这方面提供了一些支持，在 byteorder 包中扩展了一些类型，这些扩展类型实现了标准库中的 std::io::Read 和 std::io::Write 这两个 trait。std::io::Read 和 std::io::Write 通常是和 std::io::File 关联在一起的，但是也存在其他一些类型实现了这两个 trait，例如 [u8] 和 TcpStream。byteorder 包中的这些扩展类型，能够保证按照要求使用确定的顺序来解释多字节的数据，可以是小端序或者大端序。

想要了解键值存储的工作原理，先了解 byteorder 是如何工作的，将会有所帮助。清单 7.14 给出了一个示例，展示了 byteorder 包的核心功能。第 11～23 行的代码展示了如何写入文件，第 28～35 行展示了如何从文件中读取。其中有两行关键的代码：

```
use byteorder::{LittleEndian};
use byteorder::{ReadBytesExt, WriteBytesExt};
```

byteorder::LittleEndian 以及与它同级别的字节序 BigEndian 和 NativeEndian（后两个字节序在清单 7.14 中没有用到），这些类型是用来声明如何将多字节数据写入磁盘和从磁盘中读取的。byteorder::ReadBytesExt 和 byteorder::WriteBytesExt 是两个 trait。从某种意义上说，这两个 trait 在代码中是不可见的。

这两个 trait 扩展了基本类型的方法，比如 f32 和 i16，而且不需要写额外的样板代码。使用 use 语句将它们导入作用域以后，会立刻给这些在 byteorder 包的源代码中实现过的类型

（实际上，指的就是这些基本类型）添加上额外的功能。Rust 作为一种静态类型的语言，这种转换是发生在编译期的。从运行中的程序的视角来看，整数始终能够按预定义的字节顺序将其自身写入磁盘。

执行清单 7.14 的程序，会生成一个字节模式的可视化展现，这些字节模式是按小端序写出的 1_u32、2_i8 和 3.0_f64，再进一步创建出可视化的展现效果，如下所示：

```
[1, 0, 0, 0]
[1, 0, 0, 0, 2]
[1, 0, 0, 0, 2, 0, 0, 0, 0, 0, 0, 8, 64]
```

清单 7.13 展示清单 7.14 中项目的元数据信息。清单 7.13 的源代码保存在 ch7/ch7-write123/Cargo.toml 文件中。清单 7.14 的源代码保存在 ch7/ch7-write123/src/main.rs 文件中。

清单 7.13　清单 7.14 中项目的元数据信息

```
[package]
name = "write123"
version = "0.1.0"
authors = ["Tim McNamara <author@rustinaction.com>"]
edition = "2018"

[dependencies]
byteorder = "1.2"
```

清单 7.14　把整数写入磁盘

> 因为文件支持 seek()，即拥有向前或者向后移动到不同的位置上的能力，要让 Vec<T> 能够模拟文件，必须要额外做一些事情。而 io::Cursor 就是做这个的，它使得位于内存中的 Vec<T> 在行为上类似于文件。

```
 1 use std::io::Cursor;
 2 use byteorder::{LittleEndian};
 3 use byteorder::{ReadBytesExt, WriteBytesExt};
 4
 5 fn write_numbers_to_file() -> (u32, i8, f64) {
 6     let mut w = vec![];
 7
 8     let one: u32   = 1;
 9     let two: i8    = 2;
10     let three: f64 = 3.0;
11
12     w.write_u32::<LittleEndian>(one).unwrap();
13     println!("{:?}", &w);
14
15     w.write_i8(two).unwrap();
16     println!("{:?}", &w);
17
18     w.write_f64::<LittleEndian>(three).unwrap();
19     println!("{:?}", &w);
20
```

第 1 行注释：这个类型在此程序中调用多个 read_*() 和 write_*() 方法时，作为这些方法的类型参数来使用。

第 3 行注释：这两个 trait 提供了 read_*() 和 write_*() 方法。

第 6 行注释：这个变量名 w 是 writer 的缩写。

第 15 行注释：单字节的类型 i8 和 u8，显然，因为它们是单字节类型，所以不会接收字节序的参数。

右侧注释：把值写入"磁盘"。这些方法会返回 io::Result，在这里我们使用简单处理，直接把它给"吞掉了"，因为除非运行该程序的计算机出现严重问题，否则这些方法不会失败。

```
21  (one, two, three)
22 }
23
24 fn read_numbers_from_file() -> (u32, i8, f64) {
25   let mut r = Cursor::new(vec![1, 0, 0, 0, 2, 0, 0, 0, 0, 0, 0, 8, 64]);
26   let one_ = r.read_u32::<LittleEndian>().unwrap();
27   let two_ = r.read_i8().unwrap();
28   let three_ = r.read_f64::<LittleEndian>().unwrap();
29
30   (one_, two_, three_)
31 }
32
33 fn main() {
34   let (one, two, three) = write_numbers_to_file();
35   let (one_, two_, three_) = read_numbers_from_file();
36
37   assert_eq!(one, one_);
38   assert_eq!(two, two_);
39   assert_eq!(three, three_);
40 }
```

7.7.4 使用校验和来验证 I/O 错误

actionkv v1 还没有方法能验证它从磁盘读取的数据与之前写入的数据是否一致。也许最初的写入过程还没有执行完成，就发生某种状况导致中断了。在这种情况下，虽然我们可能无法恢复原始数据，但是如果能够识别这个问题，就可以给用户发出警报。

解决此问题的一个已成为"套路"的方法是，使用一种称为校验和的技术。它的工作方式如下。

- 保存到磁盘——在将数据写入磁盘之前，会在这些字节数据上应用校验函数（有多种不同的校验方法可供选择）。此校验函数的返回结果就是校验和，会与原始数据一起被写入磁盘。校验和本身的字节数据是不另外计算校验和的。如果在将校验和本身的字节数据写入磁盘时发生了故障，稍后也会发现这个错误。

- 从磁盘中读取——读取数据以及已保存的校验和，在这些数据上应用该校验函数。然后比较两次调用校验函数的返回结果。如果这两个结果不匹配，说明肯定有错误发生，同时应该认为此数据已经损坏。

你应该选用哪种校验函数呢？与计算机科学中的许多事情一样，这取决于多种因素，比如你的需求。一个理想的校验和的函数应该具备如下特征。

- 相同的输入总是返回同样的结果。
- 不相同的输入总是返回不一样的结果。
- 计算校验和的速度要够快。
- 要容易实现。

我们在表 7.8 中对这些校验和模式进行了比较，给出了它们之间的差异，如下所示。

- 奇偶校验位既简单又快速，但是有点儿容易出错。

- CRC32（循环冗余校验，其返回值为 32 位）会更复杂一些，但它的返回结果也更值得信任。

- 密码学散列函数，比前两个都更复杂，同时它的速度也要慢得多，但是它能够提供非常高的可信度。

表 7.8   针对多个校验和模式的简化评估

校验和模式	返回结果的大小	简单性	速度	稳定性
奇偶校验位	1 位	★★★★★	★★★★★	★★☆☆☆
CRC32（循环冗余校验，其返回值为 32 位）	32 位	★★★☆☆	★★★★☆	★★★☆☆
cryptographic hash function（密码学散列函数）	128～512 位（或更多）	★☆☆☆☆	★★☆☆☆	★★★★★

你可能见过这些模式，这取决于你的具体应用领域。在更传统的应用领域中，可能会使用更简单的校验和系统，例如奇偶校验位或 CRC32。

实现奇偶校验位的检查

本节的这一部分内容将实现一个比较简单的校验和模式：奇偶校验位。奇偶校验位会在一个位级数据流中，计算数字 1 出现的个数。它的计算结果只会占用一个数据位，代表其计数结果是奇数还是偶数。

传统上，奇偶校验位常用于在嘈杂的通信系统中进行错误检测，例如通过诸如与无线电波相关的模拟系统传输数据的场景。例如，文本的 ASCII 编码具有一种特殊的属性，在这种情况下使用奇偶校验的模式会非常方便。在 ASCII 编码中一共有 128 个字符，而且只需要 7 个数据位的存储空间（$128 = 2^7$）。因而在每个字节中正好剩下 1 个空闲的数据位。

某些软件系统也会在更大的字节流数据中包含奇偶校验位。清单 7.15 展示了一个实现，它的输出信息比较详细（啰唆）。在第 1～10 行的代码中列出了 `parity_bit()` 函数，它会获取一个任意的字节流，然后返回一个 u8 的值，来表示输入的位数据的计数结果是奇数还是偶数。清单 7.15 的代码执行后，会产生如下所示的输出信息：

```
input: [97, 98, 99]
97 (0b01100001) has 3 one bits
98 (0b01100010) has 3 one bits
99 (0b01100011) has 4 one bits
output: 00000001

input: [97, 98, 99, 100]
97 (0b01100001) has 3 one bits
98 (0b01100010) has 3 one bits
99 (0b01100011) has 4 one bits
100 (0b01100100) has 3 one bits
result: 00000000
```

input: [97, 98, 99]表示的是 b"abc"，这就是在 Rust 编译器内部所见到的数据。

input: [97, 98, 99, 100]表示的是 b"abcd"。

> 注意   此清单中的代码保存在 ch7/ch7-paritybit/src/main.rs 文件中。

清单 7.15 实现奇偶校验位检查

```
 1 fn parity_bit(bytes: &[u8]) -> u8 {
 2   let mut n_ones: u32 = 0;
 3
 4   for byte in bytes {
 5     let ones = byte.count_ones();
 6     n_ones += ones;
 7     println!("{} (0b{:08b}) has {} one bits", byte, byte, ones);
 8   }
 9   (n_ones % 2 == 0) as u8
10 }
11
12 fn main() {
13   let abc = b"abc";
14   println!("input: {:?}", abc);
15   println!("output: {:08x}", parity_bit(abc));
16   println!();
17   let abcd = b"abcd";
18   println!("input: {:?}", abcd);
19   println!("result: {:08x}", parity_bit(abcd))
20 }
```

获取一个字节切片作为参数 bytes，并返回一个单字节作为输出。此函数可以很容易地返回一个布尔值，但是在这里返回 u8，可以让这个返回结果在之后能够移位到某个期望的位置上。

Rust 的所有整数类型，都配有 count_ones() 方法和 count_zeros() 方法。

有多种方法可以用来优化这个函数。一种很简单的方法就是，可以硬编码一个类型为 const [u8; 256] 的数组，数组中的 0 和 1 与预期的结果相对应，然后用每个字节对此数组进行索引。

7.7.5　向已存在的数据库中插入一个新的键值对

我们在 7.6 节的内容中讨论过，代码需要支持 4 种操作：插入、获取、更新和删除。我们使用的是仅追加的设计模型，这意味着最后的两个操作要实现为插入操作的某种变体。

你可能注意到了，在 load() 方法中，其内部的 loop 循环会一直执行，直至到达文件末尾。这就让我们可以用最近更新的数据，来覆盖过时的数据，也包括删除操作。插入一条新记录的步骤，与 7.7.2 节中给出的 process_record() 方法几乎是完全相反的。示例如下：

```
164 pub fn insert(
165   &mut self,
166   key: &ByteStr,
167   value: &ByteStr,
168 ) -> io::Result<()> {
169   let position = self.insert_but_ignore_index(key, value)?;
170
171   self.index.insert(key.to_vec(), position);
172   Ok(())
173 }
174
175 pub fn insert_but_ignore_index(
176   &mut self,
177   key: &ByteStr,
178   value: &ByteStr,
179 ) -> io::Result<u64> {
180   let mut f = BufWriter::new(&mut self.f);
181
182   let key_len = key.len();
```

key.to_vec() 把 &ByteStr 类型转换为 ByteString。

std::io::BufWriter 是一个类型，它能够把多次的小数据量的 write() 调用，批量地处理为更少次数的实际磁盘操作。使用它能够提高吞吐量，同时还可以让应用程序的代码保持整洁。

```
183    let val_len = value.len();
184    let mut tmp = ByteString::with_capacity(key_len + val_len);
185
186    for byte in key {
187        tmp.push(*byte);
188    }
189
190    for byte in value {
191        tmp.push(*byte);
192    }
193
194    let checksum = crc32::checksum_ieee(&tmp);
195
196    let next_byte = SeekFrom::End(0);
197    let current_position = f.seek(SeekFrom::Current(0))?;
198    f.seek(next_byte)?;
199    f.write_u32::<LittleEndian>(checksum)?;
200    f.write_u32::<LittleEndian>(key_len as u32)?;
201    f.write_u32::<LittleEndian>(val_len as u32)?;
202    f.write_all(&mut tmp)?;
203
204    Ok(current_position)
205 }
```

通过迭代一个集合来产生另一个集合，这种
方式显得有点笨拙，但是能完成我们的任务。

7.7.6　actionkv 的完整清单

在键值存储中，libactionkv 负责执行繁重的工作。在前文的内容中，你已经见过其中的
大部分代码了。清单 7.16 展示了 actionkv 项目的完整代码，其源代码保存在 ch7/ch7-actionkv1/
src/lib.rs 文件中。

清单 7.16　actionkv 项目的完整代码

```
 1 use std::collections::HashMap;
 2 use std::fs::{File, OpenOptions};
 3 use std::io;
 4 use std::io::prelude::*;
 5 use std::io::{BufReader, BufWriter, SeekFrom};
 6 use std::path::Path;
 7
 8 use byteorder::{LittleEndian, ReadBytesExt, WriteBytesExt};
 9 use crc::crc32;
10 use serde_derive::{Deserialize, Serialize};
11
12 type ByteString = Vec<u8>;
13 type ByteStr = [u8];
14
15 #[derive(Debug, Serialize, Deserialize)]
16 pub struct KeyValuePair {
17   pub key: ByteString,
18   pub value: ByteString,
19 }
```

```
20
21  #[derive(Debug)]
22  pub struct ActionKV {
23    f: File,
24    pub index: HashMap<ByteString, u64>,
25  }
26
27  impl ActionKV {
28    pub fn open(
29      path: &Path
30    ) -> io::Result<Self> {
31      let f = OpenOptions::new()
32        .read(true)
33        .write(true)
34        .create(true)
35        .append(true)
36        .open(path)?;
37      let index = HashMap::new();
38      Ok(ActionKV { f, index })
39    }
40
41    fn process_record<R: Read>(   ◁──────── process_record()，假定 f 已经在该文件中的正确位置上。
42      f: &mut R
43    ) -> io::Result<KeyValuePair> {
44      let saved_checksum =
45        f.read_u32::<LittleEndian>()?;
46      let key_len =
47        f.read_u32::<LittleEndian>()?;
48      let val_len =
49        f.read_u32::<LittleEndian>()?;
50      let data_len = key_len + val_len;
51
52      let mut data = ByteString::with_capacity(data_len as usize);
53
54      {
55        f.by_ref()                    ◁──── 在这里使用 f.by_ref()，是因为 take(n) 会创建一个
56          .take(data_len as u64)            新的 Read 值。在一个短生命期的代码块中使用一
57          .read_to_end(&mut data)?;         个引用，我们就可以避开所有权的问题。
58      }
59      debug_assert_eq!(data.len(), data_len as usize);
60
61      let checksum = crc32::checksum_ieee(&data);
62      if checksum != saved_checksum {
63        panic!(
64          "data corruption encountered ({:08x} != {:08x})",
65          checksum, saved_checksum
66        );
67      }
68
69      let value = data.split_off(key_len as usize);
70      let key = data;
71
72      Ok(KeyValuePair { key, value })
73    }
```

```
74
75    pub fn seek_to_end(&mut self) -> io::Result<u64> {
76    self.f.seek(SeekFrom::End(0))
77    }
78
79    pub fn load(&mut self) -> io::Result<()> {
80      let mut f = BufReader::new(&mut self.f);
81
82      loop {
83        let current_position = f.seek(SeekFrom::Current(0))?;
84
85        let maybe_kv = ActionKV::process_record(&mut f);
86        let kv = match maybe_kv {
87          Ok(kv) => kv,
88          Err(err) => {
89           match err.kind() {
90             io::ErrorKind::UnexpectedEof => {
91               break;
92             }
93             _ => return Err(err),
94           }
95          }
96        };
97
98        self.index.insert(kv.key, current_position);
99      }
100
101   Ok(())
102   }
103
104   pub fn get(
105     &mut self,
106     key: &ByteStr
107   ) -> io::Result<Option<ByteString>> {
108     let position = match self.index.get(key) {
109       None => return Ok(None),
110       Some(position) => *position,
111     };
112
113     let kv = self.get_at(position)?;
114
115     Ok(Some(kv.value))
116   }
117
118   pub fn get_at(
119     &mut self,
120     position: u64
121   ) -> io::Result<KeyValuePair> {
122     let mut f = BufReader::new(&mut self.f);
123     f.seek(SeekFrom::Start(position))?;
124     let kv = ActionKV::process_record(&mut f)?;
125
126     Ok(kv)
127   }
```

行 90 处注释：
"Unexpected" 是相对的。应用程序可能并没有预料会遇到文件结尾，但是我们会预料到文件中的内容数据是有限的。

行 107 处注释：
把 Option 包装在 Result 中，这样既可以允许出现 I/O 错误的情况，还可以允许出现缺失值的情况。

```
128
129    pub fn find(
130      &mut self,
131      target: &ByteStr
132    ) -> io::Result<Option<(u64, ByteString)>> {
133      let mut f = BufReader::new(&mut self.f);
134
135      let mut found: Option<(u64, ByteString)> = None;
136
137      loop {
138        let position = f.seek(SeekFrom::Current(0))?;
139
140        let maybe_kv = ActionKV::process_record(&mut f);
141        let kv = match maybe_kv {
142          Ok(kv) => kv,
143          Err(err) => {
144            match err.kind() {
145              io::ErrorKind::UnexpectedEof => {          ◁────┐  "Unexpected" 是相对的。应用程序可能并没有
146                break;                                          预料会遇到文件结尾，但是我们会预料到文件
147              }                                                 中的内容数据是有限的。
148              _ => return Err(err),
149            }
150          }
151        };
152
153        if kv.key == target {
154          found = Some((position, kv.value));
155        }
156
157        // 重要的是，要保持循环，直到文件的末尾，以防键被覆盖
158
159      }
160
161      Ok(found)
162    }
163
164    pub fn insert(
165      &mut self,
166      key: &ByteStr,
167      value: &ByteStr
168    ) -> io::Result<()> {
169      let position = self.insert_but_ignore_index(key, value)?;
170
171      self.index.insert(key.to_vec(), position);
172      Ok(())
173    }
174
175    pub fn insert_but_ignore_index(
176      &mut self,
177      key: &ByteStr,
178      value: &ByteStr
179    ) -> io::Result<u64> {
180      let mut f = BufWriter::new(&mut self.f);
181
```

```
182    let key_len = key.len();
183    let val_len = value.len();
184    let mut tmp = ByteString::with_capacity(key_len + val_len);
185
186    for byte in key {
187      tmp.push(*byte);
188    }
189
190    for byte in value {
191      tmp.push(*byte);
192    }
193
194    let checksum = crc32::checksum_ieee(&tmp);
195
196    let next_byte = SeekFrom::End(0);
197    let current_position = f.seek(SeekFrom::Current(0))?;
198    f.seek(next_byte)?;
199    f.write_u32::<LittleEndian>(checksum)?;
200    f.write_u32::<LittleEndian>(key_len as u32)?;
201    f.write_u32::<LittleEndian>(val_len as u32)?;
202    f.write_all(&tmp)?;
203
204    Ok(current_position)
205  }
206
207  #[inline]
208  pub fn update(
209    &mut self,
210    key: &ByteStr,
211    value: &ByteStr,
212  ) -> io::Result<()> {
213    self.insert(key, value)
214  }
215
216  #[inline]
217  pub fn delete(
218    &mut self,
219    key: &ByteStr,
220  ) -> io::Result<()> {
221    self.insert(key, b"")
222  }
223 }
```

　　如果你走到了这里，那么的确值得庆贺一下。你已经实现了一个键值存储，可以很好地用它存储和检索你要扔给它的"任何东西"了。

7.7.7　使用 HashMap 和 BTreeMap 来处理键和值

　　大部分编程语言可以处理键值对。为了让各种编程语言背景的学习者能够有所收获，我们需要介绍一下接下来的这个任务，还有支持此任务的数据结构，如下所示。

- 具有计算机科学背景的人更喜欢使用术语 hash table（哈希表）。
- Perl 和 Ruby 把 table 给省略了，就叫作 hashes（哈希）。
- lua 使用术语 table（表）。
- 有许多社区会借用某种比喻来命名此数据结构，比如叫作字典（一个词条与一个定义相关联），又或者叫作映射（有些程序员遵从数学家的叫法，从一个值映射到另一个值）。
- 还有其他一些社区更愿意根据此数据结构所起到的作用来命名它们。
- PHP 管它们叫作关联数组。
- JavaScript 的对象，通常被实现为键值对集合，因此使用更通用的术语对象就足够了。
- 有些静态类型的语言愿意根据它们的实现方式来为其命名。
- C++和 Java 会区分 hash map（哈希映射）和 tree map（树状图）。

Rust 使用术语 HashMap 和 BTreeMap 来定义相同抽象数据类型的两种实现。从命名方式上来讲，Rust 最接近于 C++和 Java。本书中，在使用术语键值对集合与关联数组时，指的都是这个抽象数据类型本身；在使用术语哈希表时，指的是使用哈希表来实现的关联数组；而 HashMap 则指的是哈希表的 Rust 实现。

哈希是什么？求哈希又是什么？

如果你不理解术语哈希的含义，那么还是应该先弄清楚，因为它与为了把非整数键映射到值而做出的实现决策有关。

- HashMap 是通过哈希函数实现的。计算机科学家会这样理解，这暗示了在一般情况下的某种行为模式。它们通常具有常数查找时间，使用大 O 表示法记为 $O(1)$（在某些近乎"病态"的情况下它们的性能可能会受到影响——我们很快将会看到这种特殊情况）。
- 哈希函数会把变长的值映射到具有固定长度的值上。实际上，哈希函数的返回值是一个整数。这些固定长度的值可以用来构建非常有效的查找表，这个内部的查找表就称为哈希表。

下面这个例子给出了一个非常基本的哈希函数，输入类型是&str，简单地把一个字符串的首字符解释为一个无符号整数。也就是说，使用字符串的首字符作为哈希值。

```
fn basic_hash(key: &str) -> u32 {
    let first = key.chars()          ← .chars() 迭代器，把字符串转换为一系列的 char
                    .next()             值，每个 char 值长度为 4 字节。
                    .unwrap_or('\0');  ← 返回一个 Option，它可能是 Some(char)，如果 key
    u32::from(first)                     是空字符串，那么它的返回值就是 None。
}                                      把 first 的内存数据解释为一个 u32，
                                       虽然它的类型是 char。
```

如果是空字符串，提供 NULL 作为默认值。unwrap_or()的行为和 unwrap()的差不多，只是当遇到 None 的时候，unwrap_or()会给出一个值，而不是引发恐慌而崩溃。

basic_hash 可以获取任何字符串作为输入——一个可能的输入的无限集合——并以确定的方式为所有这些输入返回固定宽度的结果。这很棒！basic_hash 的速度非常快，但是它也存在着明显的缺陷。

如果有多个输入以相同的字符开头（例如 Tonga 和 Tuvalu），那么它们会返回相同的输出结果。如果把一个无限输入空间映射到一个有限空间，都会发生类似的情况，但发生在这里就会非常糟糕。自然语言文本并不是均匀分布的。

哈希表，也包括 Rust 的 HashMap，要处理这种称为哈希冲突的现象，就要为具有相同哈希值的键提供备份的存储位置。这个二级存储通常是 Vec<T>，我们管它叫作冲突存储。当发生冲突时，就需要访问这个冲突存储，并按照从前向后的顺序来扫描此冲突存储。随着存储的数据量不断增加，这个线性扫描的用时也会越来越长。攻击者可以利用这个特点来让正在执行哈希函数的计算机超负荷。

一般来讲，更快的哈希函数所做的工作更少，这样可以避免受到攻击。当函数的输入在已定义的范围内时，它们也会有最好的执行效果。

要想全面了解哈希表的实现原理，涉及的内部细节太多了。但是对于希望从程序中获得最佳的性能和内存使用效率的程序员来说，这是一个很吸引人的话题。

7.7.8　创建一个 HashMap 并用值来填充它

清单 7.17 给出了一个键值对集合，编码为 JSON 格式，用于展示 JSON 格式的关联数组的用法。

清单 7.17　JSON 格式的关联数组的用法

```
{
  "Cook Islands": "Avarua",
  "Fiji": "Suva",
  "Kiribati": "South Tarawa",
  "Niue": "Alofi",
  "Tonga": "Nuku'alofa",
  "Tuvalu": "Funafuti"
}
```

Rust 在标准库中没有提供 HashMap 的字面量语法。要插入一些元素，再获取这些元素，如清单 7.18（参见 ch7/ch7-pacific-basic/src/main.rs 文件）所示。执行代码后，清单 7.18 在控制台上生成如下所示的一行输出：

```
Capital of Tonga is: Nuku'alofa
```

清单 7.18　一个示例，展示了 HashMap 的基本操作

```
1 use std::collections::HashMap;
2
3 fn main() {
4   let mut capitals = HashMap::new();     ◁────┐  在这里，键和值的类型声明不是必需的，
5                                                │  因为 Rust 编译器可以将之推断出来。
6   capitals.insert("Cook Islands", "Avarua");
7   capitals.insert("Fiji", "Suva");
8   capitals.insert("Kiribati", "South Tarawa");
```

```
 9   capitals.insert("Niue", "Alofi");
10   capitals.insert("Tonga", "Nuku'alofa");
11   capitals.insert("Tuvalu", "Funafuti");
12
13   let tongan_capital = capitals["Tonga"];  ◁————  HashMap 实现了 Index，这就允许使
14                                                    用方括号索引的风格来检索值。
15   println!("Capital of Tonga is: {}", tongan_capital);
16 }
```

把所有内容写成方法的调用，有时会感觉过于啰唆而没有必要。在更广泛的 Rust 生态系统的支持下，你可以将 JSON 字符串字面量直接写到 Rust 代码中。这样做还有一个非常好的优点是，这些转换是在编译时完成的，这意味着不会损失运行时的性能。运行清单 7.19 的代码，输出也只有一行：

```
Capital of Tonga is: "Nuku'alofa"  ◁———  json! 宏会返回一个 String 的包装器，双引号也
                                          包含在其中，这是它的默认表示形式。
```

清单 7.19（参见 ch7/ch7-pacific-json/src/main.rs 文件）用到了 crate serde-json，这样你就可以在 Rust 源代码中放入 JSON 字面量了。

清单 7.19 使用 serde-json 来包含 JSON 字面量

```
 1 #[macro_use]                          把 serde_json 包合并到此包中，并使用它的宏。这个语法会
 2 extern crate serde_json;              把 json! 宏导入作用域中[1]。
 3
 4 fn main() {
 5   let capitals = json!({  ◁————
 6     "Cook Islands": "Avarua",         json! 会接收一个 JSON 字面量(这个 JSON 字面量
 7     "Fiji": "Suva",                   是由字符串组成的 Rust 表达式)，这个宏会把 JSON
 8     "Kiribati": "South Tarawa",       字面量转换成类型为 serde_json::Value 的 Rust 值，
 9     "Niue": "Alofi",                  这个类型是枚举体，能够表示 JSON 规范中所描述
10     "Tonga": "Nuku'alofa",            的所有类型。
11     "Tuvalu": "Funafuti"
12   });
13
14   println!("Capital of Tonga is: {}", capitals["Tonga"])
15 }
```

7.7.9 从 HashMap 和 BTreeMap 中来检索值

键值存储所能够提供的主要操作，就是访问它们的值。有两种方式可以实现这一点。为了展示这两种方式，假设我们已经有了如清单 7.19 中给出的初始化的 capitals（我们已经展示过的）。第一种方式是通过方括号来访问值：

```
capitals["Tonga"]  ◁——— 返回 "Nuku'alofa"。
```

这种方式会返回该值的一个只读的引用（当处理包含字符串字面量的示例时，这里存在一定的"欺骗性"，因为它们作为引用的状态有些变形）。在 Rust 文档中，这是指&V，其中&表

---

[1] 译者注：导入 json! 宏可以使用新的语法来替换这两行代码 use serde_json::json;

示只读引用，而 V 是值的类型。如果键不存在，程序将会引发恐慌。

> **注意** 索引表示法支持所有实现了 Index trait 的类型。

访问 capitals["Tonga"] 实际上是 capitals.index("Tonga") 的一个语法糖。

第二种方式是使用 HashMap 上的.get()方法。它会返回一个 Option<&V>，这提供了从缺失值的情况中恢复的机会。举例来说：

capitals.get("Tonga") ◁—— 返回 Some("Nuku'alofa")

HashMap 支持的其他一些重要操作如下。

■ 删除键值对，使用.remove()方法。

■ 迭代键、值或键值对，分别使用.keys()、.values()和.iter()方法，还有对应的可读/写的变体.keys_mut()、.values_mut()和.iter_mut()。

没有方法能够迭代数据的一个子集。要想做到这一点，就需要用到 BTreeMap。

7.7.10 在 HashMap 和 BTreeMap 之间如何选择

如果你不确定应该选择哪一个后端数据结构，这里有一些简单的指导：使用 HashMap，除非你有很好的理由才使用 BTreeMap。当键之间存在一个自然的顺序，而且你的应用程序也会用到这个顺序的时候，使用 BTreeMap 会更快。表 7.9 给出了选择使用哪种键值映射的具体实现需要考虑的相关因素。

表 7.9　　　　　　　　选择使用哪种键值映射的具体实现需要考虑的相关因素

std::collections::HashMap 使用默认的哈希函数（在文献中称为 SipHash）	加密安全且可抵抗拒绝服务攻击，但比其他可选的哈希函数慢
std::collections::BTreeMap	对于具有固有顺序的键很有用，缓存一致性可以提高速度

让我们用一个小例子来展示一下这两种使用场景。我们使用荷兰某商会的投资额（investment）作为键值对。代码详见清单 7.20，编译并运行后，生成如下所示的输出：

```
$ cargo run -q
Rotterdam invested 173000
Hoorn invested 266868
Delft invested 469400
Enkhuizen invested 540000
Middelburg invested 1300405
Amsterdam invested 3697915
smaller chambers: Rotterdam Hoorn Delft
```

清单 7.20　BTreeMap 的范围查询和按顺序迭代的能力

```
1 use std::collections::BTreeMap;
2
```

```
 3  fn main() {
 4    let mut voc = BTreeMap::new();
 5
 6    voc.insert(3_697_915, "Amsterdam");
 7    voc.insert(1_300_405, "Middelburg");
 8    voc.insert( 540_000, "Enkhuizen");
 9    voc.insert( 469_400, "Delft");
10    voc.insert( 266_868, "Hoorn");
11    voc.insert( 173_000, "Rotterdam");
12
13    for (guilders, kamer) in &voc {
14      println!("{} invested {}", kamer, guilders);
15    }
16
17    print!("smaller chambers: ");
18    for (_guilders, kamer) in voc.range(0..500_000) {
19      print!("{} ", kamer);
20    }
21    println!("");
    }
```

排
序
。

BTreeMap 允许你使用范围 (range)
语法进行迭代，以此来选择操作全
部键的一部分。

7.7.11 给 actionkv v2.0 添加数据库索引

数据库和文件系统是比单文件应用大得多的软件。存储和检索系统有非常大的设计空间，
这就是为什么人们总是在开发新的数据库和文件系统。但是，所有这些系统中都会有一个组件，
该组件是数据库背后的真正智慧。

在 7.5.2 节中构建的 actionkv v1 存在一个主要的问题，影响了它的启动时间。每次启动的
时候，都需要根据键存储的位置来重建它的索引。让我们给 actionkv 添加一个功能，把它的索
引和数据一起保存到同一个文件中。其实这个任务并不难，而且不需要修改 libactionkv 的代码，
只是在前端部分需要增加少量的代码。在项目文件夹中，目录结构更新了，且增加了一个新的
文件，如清单 7.21 所示。

清单 7.21 ActionKV v2.0，更新后的项目结构

```
actionkv
├── src
│   ├── akv_disk.rs          此项目中增加的文件。
│   ├── akv_mem.rs
│   └── lib.rs               此文件中有两处更新，增加一个新的二进制包以及一些相关依赖项。
└── Cargo.toml
```

在项目的 Cargo.toml 文件中，使用第二个 [[bin]] 的条目来增加一些新的依赖项，如清单
7.22（参见 ch7/ch7-actionkv2/Cargo.toml 文件）的最后 3 行所示。

清单 7.22 actionkv v2.0，更新后的 Cargo.toml 文件

```
[package]
name = "actionkv"
```

```
version = "2.0.0"
authors = ["Tim McNamara <author@rustinaction.com>"]
edition = "2018"

[dependencies]
bincode = "1"
byteorder = "1"
crc = "1"          ┐  新的依赖项，用于辅助将索引写入磁盘。
serde = "1"
serde_derive = "1" ┘

[lib]
name = "libactionkv"
path = "src/lib.rs"

[[bin]]
name = "akv_mem"
path = "src/akv_mem.rs"

[[bin]]
name = "akv_disk"   ┐  新的可执行文件的定义。
path = "src/akv_disk.rs" ┘
```

当使用 get 操作来访问一个键时，为了找到它在磁盘上的位置，我们首先需要从磁盘中加载索引，并将其转换为内存表示形式。清单 7.23 摘自清单 7.24。actionkv 在磁盘上的实现包括一个隐藏的 INDEX_KEY 值，该值让 actionkv 可以快速访问文件中的其他记录。

清单 7.23　主要关注点是在清单 7.8 基础上的代码更改

INDEX_KEY 是此数据库中索引的内部隐藏的名字。

```
46 match action {
47   "get" => {
48     let index_as_bytes = a.get(&INDEX_KEY)
49                          .unwrap()
50                          .unwrap();
51
52     let index_decoded = bincode::deserialize(&index_as_bytes);
53
54     let index: HashMap<ByteString, u64> = index_decoded.unwrap();
55
56     match index.get(key) {
57       None => eprintln!("{:?} not found", key),
58       Some(&i) => {
59         let kv = a.get_at(i).unwrap();
60         println!("{:?}", kv.value)
61       }
62     }
63   }
```

这里需要调用两次 unwrap()，因为 a.index 是 HashMap，会返回一个 Option，而值本身也保存在一个 Option 里，为了方便将来进行删除。

检索一个值现在需要先获取索引，然后确定其在磁盘上的正确位置。

清单 7.24（参见 ch7/ch7-actionkv2/src/akv_disk.rs 文件）展示了一个键值存储，在各次运行之间持久化它的索引数据。

清单 7.24　在各次运行之间持久化索引数据

```
1 use libactionkv::ActionKV;
2 use std::collections::HashMap;
3
4 #[cfg(target_os = "windows")]
5 const USAGE: &str = "
6 Usage:
7     akv_disk.exe FILE get KEY
8     akv_disk.exe FILE delete KEY
9     akv_disk.exe FILE insert KEY VALUE
10    akv_disk.exe FILE update KEY VALUE
11 ";
12
13 #[cfg(not(target_os = "windows"))]
14 const USAGE: &str = "
15 Usage:
16    akv_disk FILE get KEY
17    akv_disk FILE delete KEY
18    akv_disk FILE insert KEY VALUE
19    akv_disk FILE update KEY VALUE
20 ";
21
22 type ByteStr = [u8];
23 type ByteString = Vec<u8>;
24
25 fn store_index_on_disk(a: &mut ActionKV, index_key: &ByteStr) {
26   a.index.remove(index_key);
27   let index_as_bytes = bincode::serialize(&a.index).unwrap();
28   a.index = std::collections::HashMap::new();
29   a.insert(index_key, &index_as_bytes).unwrap();
30 }
31
32 fn main() {
33   const INDEX_KEY: &ByteStr = b"+index";
34
35   let args: Vec<String> = std::env::args().collect();
36   let fname = args.get(1).expect(&USAGE);
37   let action = args.get(2).expect(&USAGE).as_ref();
38   let key = args.get(3).expect(&USAGE).as_ref();
39   let maybe_value = args.get(4);
40
41   let path = std::path::Path::new(&fname);
42   let mut a = ActionKV::open(path).expect("unable to open file");
43
44   a.load().expect("unable to load data");
45
46   match action {
47     "get" => {
```

```
48        let index_as_bytes = a.get(&INDEX_KEY)
49                                        .unwrap()
50                                        .unwrap();
51
52        let index_decoded = bincode::deserialize(&index_as_bytes);
53
54        let index: HashMap<ByteString, u64> = index_decoded.unwrap();
55
56        match index.get(key) {
57          None => eprintln!("{:?} not found", key),
58          Some(&i) => {
59            let kv = a.get_at(i).unwrap();
60            println!("{:?}", kv.value) ◁
61          }
62        }
63      }
64
65  "delete" => a.delete(key).unwrap(),
66
67  "insert" => {
68    let value = maybe_value.expect(&USAGE).as_ref();
69    a.insert(key, value).unwrap();
70    store_index_on_disk(&mut a, INDEX_KEY);    ◁
71  }
72
73  "update" => {
74    let value = maybe_value.expect(&USAGE).as_ref();
75    a.update(key, value).unwrap();
76    store_index_on_disk(&mut a, INDEX_KEY);    ◁
77  }
78  _ => eprintln!("{}", &USAGE),
79 }
80 }
```

要输出值，我们需要使用 Debug 语法，因为一个[u8]的值可能包含任意字节数据。

每当数据发生变化时，此索引也必须更新。

本章小结

■ 在内存中的数据结构与存储在文件中或通过网络发送的原始字节流之间进行转换，这被称为序列化和反序列化。在 Rust 中，serde 是这两项任务的最流行的选择。

■ 与文件系统的交互几乎总是意味着要处理 std::io::Result。Result 用于处理正常控制流之外的错误。

■ 文件系统路径有自己的类型：std::path::Path 和 std::pathBuf。虽然这增加了学习负担，但实现这些让你可以避免直接把路径当作字符串来处理可能出现的常见错误。

■ 要减少传输和存储过程中的数据损坏风险，需要使用校验和以及奇偶校验位。

- 使用库包可以更容易地管理复杂的软件项目。库可以在项目之间共享，而且你可以让这些库更加模块化。

- 在 Rust 标准库中，有两种主要的数据结构用于处理键值对：HashMap 和 BTreeMap。除非你很清楚你想使用 BTreeMap 提供的功能，否则请使用 HashMap。

- cfg 属性和 cfg!宏让你可以编译特定平台的代码。

- 要输出到标准错误，需要使用 eprintln!宏。它的 API 与用于输出到标准输出的 println!宏的是一样的。

- Option 类型用于指示值可能缺失的情况，比如要从一个空的列表中获取一个元素。

第 8 章　网络

本章主要内容
- 实现一个网络栈。
- 处理局部作用域中的多个错误类型。
- 了解何时应使用 trait 对象。
- 在 Rust 中实现状态机。

在本章中，我们会反复实现创建 HTTP 请求的功能，每次都会剥离一层抽象。我们会从使用对用户友好的库开始，然后逐步剥离抽象，直到只剩下原始 TCP 数据包的处理为止。拥有辨别 IP 地址和 MAC 地址的能力，会让你给你的朋友留下深刻的印象。你还将了解到为什么我们会从 IPv4 直接过渡到 IPv6。

你将在本章中学到很多 Rust 的知识，其中大部分内容与高级的错误处理技术有关，尤其是在结合使用上游软件包的时候，这些技术更是必不可少的。本章使用了较长的篇幅，专门来介绍错误处理，其中还包含对 trait 对象（trait object）的深入介绍。

网络是很难用一章的内容就介绍清楚的主题，其每一层都是一个复杂的子话题。如果有网络专家正在阅读本章，发现我在这样一个多样化主题上的处理缺乏深度，希望他们不要太计较。

图 8.1 概述了本章要介绍的主题。在本章中，我们要讲解的项目有实现 DNS 解析、生成符合标准的 MAC 地址，还有多个示例是介绍生成 HTTP 请求的，还加入了一点儿角色扮演的游戏，以达到帮助读者轻松学习的效果。

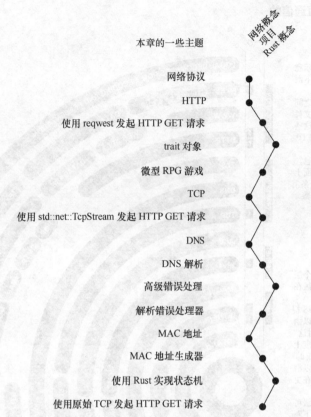

本章的一些主题

网络协议

HTTP

使用 reqwest 发起 HTTP GET 请求

trait 对象

微型 RPG 游戏

TCP

使用 std::net::TcpStream 发起 HTTP GET 请求

DNS

DNS 解析

高级错误处理

解析错误处理器

MAC 地址

MAC 地址生成器

使用 Rust 实现状态机

使用原始 TCP 发起 HTTP GET 请求

图 8.1 本章主题。本章将理论讲解和实践练习进行了有益的组合

8.1 全部的网络体系都在 7 个分层中

与其尝试学习全部的网络协议栈，不如把学习的焦点放在其中某些更实用的部分。本书的大多数读者都应该接触过 Web 编程，而大多数的 Web 编程都会涉及与某种框架的交互。让我们顺着这个思路来看看。

HTTP 是 Web 框架能够理解的协议。因此了解更多有关 HTTP 的知识，有助于我们从 Web 框架中获取最大的性能。这些知识还可以帮助我们更容易地诊断所遇到的各种问题。图 8.2 展示了用于在互联网上传输内容的各种网络协议。

网络由多个层级所组成。如果你在这个领域是个新手，首先不要被这么多的缩写词吓倒。要记住的最重要的一点是，较低的层级是不了解在其上方发生的事情的，而较高的层级也不了解在其下方发生的事情。较低的层级接收一个字节流，然后将之向上传递。较高的层级不在乎消息是如何发送过来的，它只想要发送过来的这些消息。

计算机是如何相互通信的

简介

一个网络协议栈的示意图。每一层都要依赖它下面的各个层。

偶尔会出现层与层之间的重叠。例如，HTML 文件中可以包含某些指令，这些指令能够覆盖那些由 HTTP 提供的指令。

如果要接收一条消息，就必须让这条消息自下而上地经过每一层。要发送一条消息，则需要经过相反的步骤。

如何阅读

纵向查看相邻的两个层级，通常表明这两个层级在此位置进行交互。

例外情况包括由 TLS 提供的加密，网络寻址可以由 IPv4 或 IPv6 提供，同时这些虚拟的层级在很大程度上对物理链路是一无所知的（而物理链路的影子会以潜在的和可靠的形式出现在更高的一层）。

空隙表示更高的层级可以直接穿过此空隙到达下面的层级。例如，域名和 TLS 安全，对 HTTP 的功能来讲就不是必需的。

图例说明

本章中会讨论的协议。

在本层级上使用的协议。

表示在本层级上还存在着数以百计的其他协议。

表示此协议是可用的，但还没有被广泛地推行。

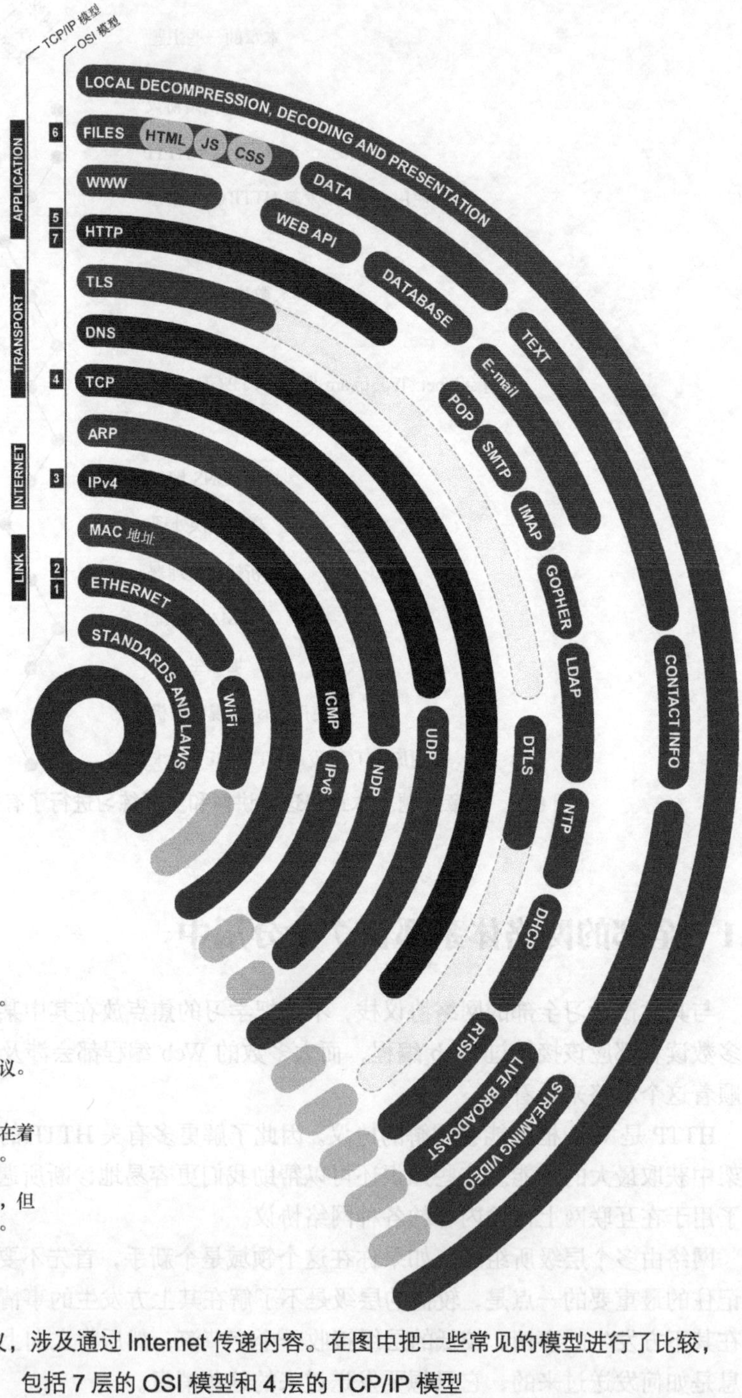

TCP/IP 模型
OSI 模型

LOCAL DECOMPRESSION, DECODING AND PRESENTATION

APPLICATION	6	FILES	HTML	JS	CSS
	5	WWW	DATA
	7	HTTP	WEB API

DATABASE

TLS
DNS
TEXT

TRANSPORT | 4 | TCP
E-mail
POP
ARP
SMTP

INTERNET | 3 | IPv4
IMAP
MAC 地址
GOPHER

LINK | 2 | ETHERNET
1
LDAP

STANDARDS AND LAWS
WiFi
ICMP
IPv6
NDP
UDP
DTLS
NTP
CONTACT INFO
DHCP
RTSP
LIVE BROADCAST
STREAMING VIDEO

图 8.2　多层的网络协议，涉及通过 Internet 传递内容。在图中把一些常见的模型进行了比较，包括 7 层的 OSI 模型和 4 层的 TCP/IP 模型

让我们来考虑一个例子：HTTP。HTTP 是一个应用层协议。它的任务就是传输内容，比如 HTML、CSS、JavaScript、WebAssembly 模块、图片、视频以及一些其他的格式。这些其他的格式通常包括使用一些压缩和编码的标准的其他嵌入式格式。HTTP 本身经常会冗余地包含一些在它下面的某个层级提供的信息，比如 TCP 层。在 HTTP 层和 TCP 层之间有一个 TLS。TLS（Transport Layer Security，传输层安全协议）已经取代了众所周知的 SSL（Secure Socket Layer，安全套接字层），使用了这个协议后，就在 HTTP 上加一个 S，成为 HTTPS。

TLS 在未加密的连接上提供了加密的信息传递。TLS 是在 TCP 之上实现的。TCP 位于许多其他的协议之上，这些其他的协议会顺着协议栈一路向下，直到指定电压能被解释为 0 和 1。到目前为止，这个故事已经够复杂的了，但是还有更复杂的呢！作为一个计算机用户，正如你在处理这些问题的过程中可能看到过的那样，这些层级之间是会像水彩画上的水彩一样互相渗透的。

HTML 就包含一种机制，能够用于增补 HTTP 中省略的指令，又或者覆盖 HTTP 中已指定的指令：<meta>标签的 `http-equiv` 属性。HTTP 可以向下来调整 TCP。HTTP 头 "Connection: keep-alive" 指示 TCP 在收到该 HTTP 消息后保持此连接。而这一类的交互在整个网络协议栈的范围内都可能会出现。图 8.2 提供了一个网络协议栈的示意。即便看起来如此复杂的图，也仍然是高度简化的。

尽管如此，我们还是要尝试在一章的内容中尽可能地实现更多的层级。在本章结束的时候，你将会用一个虚拟的网络设备和你自己创建的最小的 TCP 实现来发送 HTTP 请求，还会使用一个你自己创建的 DNS 解析器。

8.2 使用 reqwest 来生成一个 HTTP GET 请求

第一个实现示例会使用一个 HTTP 的高级别的库。我们将使用 reqwest 库，因为这个库的主要关注点就是，让 Rust 程序员能够很容易地创建一个 HTTP 请求。

尽管这个代码示例非常短，但 reqwest 库完整实现的特性是非常多的。除了能够正确解释 HTTP 首部，它也能够处理诸如内容重定向之类的情况。最重要的是，这个库知道如何正确处理 TLS。

除了扩展网络能力，reqwest 还可以用于验证内容的编码，并确保将其作为有效的 `String` 来发送给你的应用程序。较低级别的实现都不具备上面提到的这些功能。清单 8.2 的项目结构如下所示：

```
ch8-simple/
├──src
│   └──main.rs
└──Cargo.toml
```

清单 8.1（参见 ch8/ch8- simple/Cargo.toml 文件）展示了清单 8.2 的元数据。

清单 8.1 清单 8.2 的 crate 元数据

```
[package]
name = "ch8-simple"
version = "0.1.0"
authors = ["Tim McNamara <author@rustinaction.com>"]
edition = "2018"

[dependencies]
reqwest = "0.9"
```

清单 8.2（参见 ch8/ch8-simple/src/main.rs 文件）展示了如何使用 reqwest 创建一个 HTTP 请求。

清单 8.2 使用 reqwest 创建一个 HTTP 请求

```
1  use std::error::Error;
2
3  use reqwest;
4
5  fn main() -> Result<(), Box<dyn Error>> {      ◁
6    let url = "http://www.rustinaction.com/";      Box<dyn std::error::Error> 表示一个 trait
7    let mut response = reqwest::get(url)?;          对象，我们会在 8.3 节中介绍。
8
9    let content = response.text()?;
10   print!("{}", content);
11
12   Ok(())
13 }
```

如果你以前做过 Web 编程，那么清单 8.2 对你来说应该是很简单的。reqwest::get()发出一个 HTTP GET 请求，该请求的 URL 由 url 来表示。response 变量保存着一个用来表示服务器响应的结构体。response.text()方法会返回一个 Result，在确认了它的内容是一个合法的 String 以后，它将提供对 HTTP 响应体的访问。

但是，这里还有一个问题：这个 Result 的错误端的返回类型 Box<dyn std::error::Error>到底是什么？这是 trait 对象的一个使用示例，它让 Rust 能够支持运行时的多态性。trait 对象是具体类型的代理对象。Box<dyn std::error::Error>表示一个 Box（一个指针），它可以指向实现了 std::error::Error 的任何类型。

使用能理解 HTTP 的库，可以让程序省略许多细节。举例如下。

- 知道何时该关闭连接。HTTP 具有相关规则，能够告知各方连接在何时结束。当手动创建请求时，我们无法使用此功能。相反，我们会让连接尽可能长时间地保持打开状态，并希望服务器端将负责关闭连接。

- 把字节流转换为内容。把消息体从[u8]转换为 String（也可能是图片、视频或其他的内容）的规则，是作为协议的一部分进行处理的。由于 HTTP 允许以多种方法来压缩内容，并以多种纯文本格式进行编码，因此手动处理可能会很麻烦。

- 插入或省略端口号。HTTP 的端口默认是 80。使用专为 HTTP 定制的库，例如 reqwest，让你可以忽略这个端口号。但如果要使用通用的 TCP 的包来手动构建请求，我们就需要显式地给出端口号了。
- 解析 IP 地址。TCP 实际上是不了解类似 www.rustinaction.com 的域名的。此库可替我们解析 www.rustinaction.com 的 IP 地址。

8.3 trait 对象

本节会详细介绍 trait 对象。你将开发出一个奇幻角色扮演游戏——rpg 项目。如果你要专注于网络，可以随时跳至 8.4 节。

接下来，我们会给出大量的术语。打起精神来，你会做得很好！首先，我们会介绍 trait 对象的目标是什么，以及它能做什么，而不会去关注它是什么。

8.3.1 trait 对象能做什么?

trait 对象有多种用途，而最直接的用途就是，允许你创建容纳多种类型的容器。尽管你的游戏玩家可能会选择不同的游戏角色，并且每种角色都是在其自己的 struct（结构体）中定义的，但是你需要将它们都视为一种类型。Vec<T>在这里不起作用，因为我们在不引入某种包装对象的情况下，无法轻易地将类型 T、U 和 V 楔入 Vec<T>。

8.3.2 trait 对象是什么?

trait 对象添加了一种多态性的形式，提供了在多个类型之间共享一个接口的能力，这种能力是通过动态分派添加到 Rust 中的。trait 对象类似于泛型对象，而泛型是通过静态分派来提供多态性的。选择使用泛型还是 trait 对象，通常涉及磁盘空间和时间上的权衡与取舍。

- 泛型会使用更多的磁盘空间，同时具有更快的运行时速度。
- trait 对象会使用更少的磁盘空间，但会有很小的运行时开销，这是由指针的间接访问所导致的。

trait 对象是动态大小类型（dynamically-sized type），这意味着它们实际上总是出现在指针的后面。trait 对象有 3 种语法形式：&dyn Trait、&mut dyn 和 Box<dyn Trait>。[1] 这 3 种形式的主要差别是，Box<dyn Trait>是拥有所有权的 trait 对象，而其他两个都是借用的形式。

---

[1] 在以前的 Rust 代码中，你可能会看到&Trait 和 Box<Trait>。虽然这是合法的语法，但是这些形式都已经被官方弃用了。强烈建议使用 dyn 关键字。

8.3.3 创建一个微型的角色扮演游戏：rpg 项目

清单 8.4 是这个游戏的起始代码。游戏中有以下 3 种角色（character）：人族（humans）、精灵族（elves）和矮人族（dwarves）。这 3 种角色分别由结构体 Human、Elf 和 Dwarf 来表示。

游戏中的角色会和一些装备进行互动。这些装备由 Thing 类型来表示。Thing 是一个枚举体，现在可以用来表示宝剑（swords）和配饰（trinkets）。而且现在只有一种互动的形式：魔法（enchantment）。要想对一个装备"施放魔法"，需要调用 enchant() 方法：

```
character.enchant(&mut thing)
```

如果魔法施放成功，代表此装备的 thing 就会闪闪发光。如果施放魔法出现问题而失败了，这个 thing 就会变成一个配饰。在清单 8.4 中，我们创建了几个游戏角色，形成了一个团队（party），使用的语法如下：

```
58 let d = Dwarf {};
59 let e = Elf {};
60 let h = Human {};
61
62 let party: Vec<&dyn Enchanter> = vec![&d, &h, &e];
```

虽然 d、e 和 h 分别属于不同的类型，使用类型提示 &dyn Enchanter 会告知编译器，把这些值都当作 trait 对象来对待。这样一来，它们就可以归属到同一种类型了。

实际上在施放魔法（吟唱咒语）时，需要选择一个施法者（spellcaster）。为此，我们使用了 rand 软件包：

```
58 let spellcaster = party.choose(&mut rand::thread_rng()).unwrap();
59 spellcaster.enchant(&mut it)
```

choose 方法来自 rand::seq::SliceRandom 这个 trait，在清单 8.4 中会将其导入作用域里。在团队中会随机选出一个角色。然后这个角色会尝试在对象 it 上施放魔法。编译并运行清单 8.4，下面给出了输出结果的一种变体情况：

```
$ cargo run
...
   Compiling rpg v0.1.0 (/rust-in-action/code/ch8/ch8-rpg)
    Finished dev [unoptimized + debuginfo] target(s) in 2.13s
     Running 'target/debug/rpg'
Human mutters incoherently. The Sword glows brightly.

$ target/debug/rpg
Elf mutters incoherently. The Sword fizzes, then turns into a worthless
    trinket.
```

使用此命令，无须重新编译，就可以再次执行此程序。

清单 8.3 展示了这个奇幻角色扮演游戏的元数据。这个 rpg 项目的元数据的源代码保存在 ch8/ch8-rpg/Cargo.toml 文件中。

清单 8.3　这个 rpg 项目的 crate 元数据

```
[package]
name = "rpg"
version = "0.1.0"
authors = ["Tim McNamara <author@rustinaction.com>"]
edition = "2018"

[dependencies]
rand = "0.7"
```

　　清单 8.4 给出了一个 trait 对象的使用示例。使用这个 trait 对象，让一个容器能够保存几种类型的数据。清单 8.4 的源代码保存在 ch8/ch8-rpg/src/main.rs 文件中。

清单 8.4　使用 trait 对象&Enchanter

```
 1 use rand;
 2 use rand::seq::SliceRandom;
 3 use rand::Rng;
 4
 5 #[derive(Debug)]
 6 struct Dwarf {}
 7
 8 #[derive(Debug)]
 9 struct Elf {}
10
11 #[derive(Debug)]
12 struct Human {}
13
14 #[derive(Debug)]
15 enum Thing {
16     Sword,
17     Trinket,
18 }
19
20 trait Enchanter: std::fmt::Debug {
21     fn competency(&self) -> f64;
22
23     fn enchant(&self, thing: &mut Thing) {
24         let probability_of_success = self.competency();
25         let spell_is_successful = rand::thread_rng()
26             .gen_bool(probability_of_success);          ◁──
27
28         print!("{:?} mutters incoherently. ", self);
29         if spell_is_successful {
30             println!("The {:?} glows brightly.", thing);
31         } else {
32             println!("The {:?} fizzes, \
33                     then turns into a worthless trinket.", thing);
34             *thing = Thing::Trinket {};
```

gen_bool() 产生一个布尔值，其中 true 的出现比例与其参数值成正比。比如参数值是 0.5，则表示有 50% 的可能会返回 true。

```
35        }
36      }
37 }
38
39 impl Enchanter for Dwarf {
40    fn competency(&self) -> f64 {
41       0.5                          ◄─────────────┐
42    }                                             │
43 }                             矮人族是差劲的施法者，他们的咒语常常会失败。
44 impl Enchanter for Elf {
45    fn competency(&self) -> f64 {
46       0.95                         ◄─────────────┐
47    }                                             │
48 }                                    精灵族吟唱的咒语很少会失败。
49 impl Enchanter for Human {
50    fn competency(&self) -> f64 {
51       0.8                          ◄─────────────┐
52    }                                             │
53 }                             人族擅长给装备施放魔法，很少出现失误。
54
55 fn main() {
56    let mut it = Thing::Sword;
57
58    let d = Dwarf {};
59    let e = Elf {};              我们可以把不同类型的成员放到同一个 Vec
60    let h = Human {};            中，因为这些成员都实现了这个 Enchanter
61
62    let party: Vec<&dyn Enchanter> = vec![&d, &h, &e];  ◄
63    let spellcaster = party.choose(&mut rand::thread_rng()).unwrap();
64
65    spellcaster.enchant(&mut it);
66 }
```

trait 对象是 Rust 语言中一个强大的构造。从某种意义上说，它们提供了一种驾驭 Rust 精确的类型系统的途径。在学习此项语言特性的更多细节时，你将遇到一些专门的术语。trait 对象是类型擦除（type erasure）的一种形式。在调用 enchant() 的时候，编译器是无权访问这些对象的原始类型的。

trait 与类型的对比

对初学者而言，Rust 语法令人沮丧的一件事是，trait 对象与类型参数看起来非常相似。但是类型和 trait 是在不同的地方使用的。举例来说，考虑下面这样两行代码：

```
use rand::Rng;
use rand::rngs::ThreadRng;
```

虽然这两者都与随机数生成器有关，但是它们大不相同。rand::Rng 是一个 trait，rand::rngs::ThreadRng 则是一个结构体。而 trait 对象让这种区别变得更为困难。

当用在一个函数参数或者类似的位置上时，&dyn Rng 这种形式表示的是实现了 Rng 的某种东西的一个引用，而&ThreadRng 这种形式是一个 ThreadRng 的引用。随着使用经验的不断增加，trait 和类型之间的区别将变得更容易掌握。类型和 trait 被使用在不同的位置上。下面是一些常见的 trait 对象的使用场景。

- 创建异质对象的集合。
- 作为返回值。trait 对象让函数能够返回多个具体的类型。
- 支持动态分派，从而在运行时而不是在编译时来确定所要调用的函数。

在 Rust 2018 发布之前，这种状况甚至比现在更混乱。那时还没有 dyn 关键字，这意味着需要根据上下文来决定应该使用&Rng 还是&ThreadRng。

从某种意义上讲，trait 对象并不是面向对象程序员所理解的那种对象，其也许更接近混合类（mixin class）。trait 对象不会独立存在，它们是某些其他类型的代理。

还可以把 trait 对象类比成单个对象，该对象是由另一个具体的类型以某种授权的形式来进行委托的。在清单 8.4 中，&Enchanter 被委托来代表 3 种具体的类型。

8.4 TCP

现在让我们来看 TCP（Transmission Control Protocol，传输控制协议）。Rust 标准库为我们提供了跨平台的创建 TCP 请求的工具。接下来，让我们来应用这些工具。清单 8.6 会创建一个 HTTP GET 请求，下面给出项目的文件结构：

```
ch8-stdlib
├── src
│   └──main.rs
└── Cargo.toml
```

清单 8.5（参见 ch8/ch8-stdlib/Cargo.toml 文件）展示了清单 8.6 的项目元数据。

清单 8.5　清单 8.6 的项目元数据

```
[package]
name = "ch8-stdlib"
version = "0.1.0"
authors = ["Tim McNamara <author@rustinaction.com>"]
edition = "2018"

[dependencies]
```

清单 8.6 展示了如何使用 Rust 标准库中的 std::net::TcpStream 来构造一个 HTTP 的 GET 请求。其源代码保存在 ch8/ch8-stdlib/src/main.rs 文件中。

清单 8.6　构造一个 HTTP 的 GET 请求

```
1 use std::io::prelude::*;
```

```
2  use std::net::TcpStream;
3
4  fn main() -> std::io::Result<()> {
5    let host = "www.rustinaction.com:80";
6
7    let mut conn =
8      TcpStream::connect(host)?;
9
10   conn.write_all(b"GET / HTTP/1.0")?;
11   conn.write_all(b"\r\n")?;
12
13   conn.write_all(b"Host: www.rustinaction.com")?;
14   conn.write_all(b"\r\n\r\n")?;
15
16   std::io::copy(
17     &mut conn,
18     &mut std::io::stdout()
19   )?;
20
21   Ok(())
22 }
```

必须显式指定端口号（80），TcpStream 并不知道这将成为一个 HTTP 的请求。

在许多的网络协议中，都是用\r\n 来表示换行符的。

两个换行符表示本次请求结束。

std::io::copy() 会把字节流从一个 Reader 写到一个 Writer 中。

有关清单 8.6 的一些补充解释如下。

- 在代码第 10 行中，我们指定了 HTTP 1.0。使用 HTTP 1.0 可以确保在服务器发送响应后关闭此连接。然而，HTTP 1.0 并不支持 "keep alive"（保持活动状态）的请求。如果使用 HTTP 1.1，默认会启用 "keep alive"，这实际上会使这段代码变得混乱，因为服务器将拒绝关闭此连接，直到它收到另一个请求，可是客户端已经不会再发送一个请求了。

- 在代码第 13 行中，我们提供了主机名。我们在第 7~8 行中建立连接时已经使用了这个确切的主机名，所以你可能会觉得这行代码是多余的。然而，你应该记住的一点是，此连接是通过 IP 地址建立起来的，其中并没有主机名。当使用 TcpStream::connect() 连接到服务器的时候，它只使用一个 IP 地址。通过添加 HTTP 首部的 Host 信息，我们把这些信息重新注入上下文。

8.4.1　端口号是什么？

端口号是纯虚拟的，只是简单的 u16 的值。端口号允许在一个 IP 地址上托管多个服务。

8.4.2　把主机名转换为 IP 地址

到目前为止，我们已经为 Rust 提供了主机名 www.rustinaction.com。但是，要通过 Internet 发送消息，IP（Internet Protocol，互联网协议）需要使用 IP 地址。TCP 对域名一无所知，要把域名转换为 IP 地址，我们需要依赖于域名系统（DNS）以及称为域名解析的这个处理过程。

我们可以通过询问一台服务器来解析名称，而这些服务器可以递归地询问其他的服务器。DNS 请求可以通过 TCP 来发送，包括使用 TLS 加密，但也可以通过 UDP（User Datagram Protocol，用户数据报协议）来发送。我们将在这里使用 DNS，因为它对我们的学习目标（HTTP）很有用。

为了说明从域名到 IP 地址的转换是如何进行的，我们会创建一个小应用程序来执行这个转换。这个程序的名字是 `resolve`，在清单 8.9 中给出了源代码。`resolve` 会使用公共 DNS 服务，但是你也可以使用 `-s` 参数来轻松添加自己的 DNS 服务。

`resolve` 仅能了解 DNS 协议的一小部分，但这一小部分就足以满足我们的需要了。此项目使用了外部的包，`trust-dns`，用以完成繁重的工作。`trust-dns` 非常忠实地实现了 RFC 1035（定义了 DNS）以及多个后来的 RFC，并使用了从中衍生的术语。表 8.1 概要地列出了一些的术语，这些术语对于理解 DNS 很有帮助。

表 8.1　一些术语以及它们的关联关系，这些术语在 RFC 1035、trust_dns 包和清单 8.9 中有所使用

术语	定义	用代码来表示

domain name（域名）	正如你在日常提及"域名"时所想的，域名就是一个名字。
	域名在技术上的定义涵盖了一些特殊情况，例如，被编码为一个（.）的根域，以及域名是不区分大小写的。
		在结构体 `trust_dns::domain::Name` 中定义
		
		`pub struct Name {`
		　`is_fqdn: bool,` ◄─── fqdn 表示完全限定域名。
		　`labels: Vec<Label>,`
		`}`

message（报文）	一个报文就是一种容器格式，用于表示发送到 DNS 服务器的请求（称为 queries，即查询）以及返回给客户端的响应（称为 answers，即应答）。
	报文必须包含一个首部（header），而其他的字段都不是必需的。用于表示报文的 Message 结构体包含多个 Vec<T>字段。这些字段不需要包装在 Option 中，当它们的长度为 0 时，就表示缺失值的情况
		在结构体 `trust_dns::domain::Name` 中定义
		
		`struct Message {`
		　`header: Header,`
		　`queries: Vec<Query>,`
		　`answers: Vec<Record>,`
		　`name_servers: Vec<Record>,`
		　`additionals: Vec<Record>,`
		　`sig0: Vec<Record>,` ◄───
		　`edns: Option<Edns>,` ◄───
		`}`
		　　edns 表示报文是否包含扩展的 DNS。
		
		sig0 是用于验证报文完整性的加密签名记录，在 RFC 2535 中定义。

message type（报文类型）	报文类型用来表示此报文是查询报文还是应答报文。查询也可以是更新（update）的，这是代码忽略的功能	在枚举体 `trust_dns::op::MessageType` 中定义
		
		`pub enum MessageType {`
		　`Query,`
		　`Response,`
		`}`

message ID（报文标识号码）	报文发送方用于关联查询和应答的一个数字	`u16`

resource record type（资源记录类型）	资源记录类型指的是 DNS 代码，如果你配置过域名，那么可能见过这些 DNS 代码。值得注意的是，trust_dns 处理无效代码的方式。	在枚举体 `trust_dns::rr::record_type::RecordType` 中定义
		
		`pub enum RecordType {`
		　`A,`

续表

术语	定义	用代码来表示

resource record type
（资源记录类型）
	RecordType 枚举体中有一个 Unknown(u16)的变体，这个变体可用于表示无法理解的代码	```
		AAAA,
		ANAME,
		ANY,
		// ...
		Unknown(u16),
		ZERO,
		}
		``

query（查询）	一个查询包含我们要查找的 DNS 详细信息的域名和记录类型。此外这些 trait 还包含 DNS 类别，让查询能够区分是通过 Internet 还是通过其他的传输协议发送的报文	在结构体 trust_dns::op::Query 中定义
		``
		pub struct Query {
		    name: Name,
		    query_type: RecordType,
		    query_class: DNSClass,
		``

opcode（操作码）	从某种意义上说，操作码是报文类型的子类型。这是一种可扩展的机制，用于扩展将来的新功能。例如，RFC 1035 中定义了 Query（查询）和 Status（状态）操作码，但是其他的操作码就是在后来的 RFC 中定义的。Notify（通知）和 Update(更新)是分别在 RFC 1996 和 RFC 2136 中定义的	在枚举体 trust_dns::op::OpCode 中定义
		``
		pub enum OpCode {
		    Query,
		    Status,
		    Notify,
		    Update,
		``

此协议涉及许多选项、类型和子类型，我猜想这是由某些现实的原因造成的。清单 8.7 摘自清单 8.9，此代码展示了一个请求报文的构造过程，此报文会询问：“尊敬的 DNS 服务器，域名 domain_name IPv4 地址是什么？”

清单 8.7　使用 Rust 构造一个 DNS 报文

```
35 let mut msg = Message::new();          一个报文就是一个容器，用于查询（或应答）。
36 msg
37    .set_id(rand::random::<u16>())       生成一个 u16 类型的随机数。
38    .set_message_type(MessageType::Query)
39    .add_query(                          在同一个报文中可以包含多个查询。
40        Query::query(domain_name, RecordType::A)
41    )                                    IPv6 地址的记录类
42    .set_op_code(OpCode::Query)          如果此 DNS 服务器不知道答案，可以  型是 AAAA。
43    .set_recursion_desired(true);        发出询问其他 DNS 服务器的请求。
```

现在，是时候查看代码了。它具有以下结构。

- 解析命令行参数。
- 使用 trust_dns 类型构建一个 DNS 报文。
- 把结构化的数据转换为一个字节流。
- 通过网络发送这些字节。

接下来，我们需要接收服务器的响应，解码传入的字节，然后把结果输出。错误处理代码仍然有点儿“丑陋”，多次调用了 unwrap() 和 expect()。我们很快会在 8.5 节中来解决这个问题。完成一个命令行应用程序的最后步骤就非常简单了。

要运行 resolve 应用程序，只需给定一个域名，它就会输出一个 IP 地址：

```
$ resolve www.rustinaction.com 35.185.44.232
```

在清单 8.8 和清单 8.9 中给出了此项目的源代码。在试验此项目时，你可能希望使用 cargo run 的一些功能来加快你的试验过程：

```
$ cargo run -q -- www.rustinaction.com    ◀──── 这会把出现在--右侧的参数都发送给编译后的可执行文件。而
35.185.44.232                                   -q 参数，会屏蔽编译环节全部的中间过程的输出信息。
```

要想从官方的源代码仓库来编译 resolve 应用程序，可以在终端控制台上执行以下的命令：

```
$ git clone https:/ /github.com/rust-in-action/code rust-in-action
Cloning into 'rust-in-action'...

$ cd rust-in-action/ch8/ch8-resolve
                                              下载此项目的依赖项以及编译代码的过程，可能需要一些时
$ cargo run -q -- www.rustinaction.com    ◀── 间。-q 标志会屏蔽中间过程的输出信息。通过添加两个短横
35.185.44.232                                 线（--）可以向编译后的可执行文件发送在其后给出的参数。
```

如果想从头开始手动地进行编译和构建，可以按照以下步骤来建立此项目的结构：

（1）在终端中，执行以下命令：

```
$ cargo new resolve
     Created binary (application) 'resolve' package

$ cargo install cargo-edit
...

$ cd resolve

$ cargo add rand@0.6
     Updating 'https://github.com/rust-lang/crates.io-index' index
       Adding rand v0.6 to dependencies

$ cargo add clap@2
     Updating 'https://github.com/rust-lang/crates.io-index' index
       Adding rand v2 to dependencies

$ cargo add trust-dns@0.16 --no-default-features
     Updating 'https://github.com/rust-lang/crates.io-index' index
       Adding trust-dns v0.16 to dependencies
```

（2）项目结构建立起来以后，你可以对照着清单 8.8 来检查 Cargo.toml 的内容。清单 8.8 的源代码保存在 ch8/ch8-resolve/Cargo.toml 中。

（3）使用清单 8.9 中的代码来替换 src/main.rs 中的内容。清单 8.9 的源代码保存在文件 ch8/ch8-resolve/src/main.rs 中。

下面这个代码段给出了此项目文件结构的一个视图，还给出了与之关联的清单编号：

```
ch8-resolve
 ├── Cargo.toml        ◄───  见清单 8.8。
 └── src
      └── main.rs      ◄───  见清单 8.9。
```

清单 8.8　resolve 应用程序的元数据

```
[package]
name = "resolve"
version = "0.1.0"
authors = ["Tim McNamara <author@rustinaction.com>"]
edition = "2018"

[dependencies]
rand = "0.6"
clap = "2.33"
trust-dns = { version = "0.16", default-features = false }
```

清单 8.9　一个命令行实用工具，可以把域名解析为 IP 地址

```
 1 use std::net::{SocketAddr, UdpSocket};
 2 use std::time::Duration;
 3
 4 use clap::{App, Arg};
 5 use rand;
 6 use trust_dns::op::{Message, MessageType, OpCode, Query};
 7 use trust_dns::rr::domain::Name;
 8 use trust_dns::rr::record_type::RecordType;
 9 use trust_dns::serialize::binary::*;
10
11 fn main() {
12   let app = App::new("resolve")
13     .about("A simple to use DNS resolver")
14     .arg(Arg::with_name("dns-server").short("s").default_value("1.1.1.1"))
15     .arg(Arg::with_name("domain-name").required(true))
16     .get_matches();
17
18   let domain_name_raw = app
19     .value_of("domain-name").unwrap();          把命令行参数转换为一个有类型的域名。
20   let domain_name =
21     Name::from_ascii(&domain_name_raw).unwrap();
22
23   let dns_server_raw = app
24     .value_of("dns-server").unwrap();            把命令行参数转换为一个有类型的 DNS 服务器。
25   let dns_server: SocketAddr =
26     format!("{}:53", dns_server_raw)
27     .parse()
28     .expect("invalid address");
```

```
29
30   let mut request_as_bytes: Vec<u8> =
31     Vec::with_capacity(512);
32   let mut response_as_bytes: Vec<u8> =
33     vec![0; 512];
34
35   let mut msg = Message::new();
36   msg
37     .set_id(rand::random::<u16>())
38     .set_message_type(MessageType::Query)
39     .add_query(Query::query(domain_name, RecordType::A))
40     .set_op_code(OpCode::Query)
41     .set_recursion_desired(true);
42
43   let mut encoder =
44     BinEncoder::new(&mut request_as_bytes);
45   msg.emit(&mut encoder).unwrap();
46
47   let localhost = UdpSocket::bind("0.0.0.0:0")
48     .expect("cannot bind to local socket");
49   let timeout = Duration::from_secs(3);
50   localhost.set_read_timeout(Some(timeout)).unwrap();
51   localhost.set_nonblocking(false).unwrap();
52
53   let _amt = localhost
54     .send_to(&request_as_bytes, dns_server)
55     .expect("socket misconfigured");
56
57   let (_amt, _remote) = localhost
58     .recv_from(&mut response_as_bytes)
59     .expect("timeout reached");
60
61   let dns_message = Message::from_vec(&response_as_bytes)
62     .expect("unable to parse response");
63
64   for answer in dns_message.answers() {
65     if answer.record_type() == RecordType::A {
66       let resource = answer.rdata();
67       let ip = resource
68         .to_ip_addr()
69         .expect("invalid IP address received");
70       println!("{}", ip.to_string());
71     }
72   }
73 }
```

在此清单的后面，解释了为什么要使用两种初始化形式。

Message 表示一个 DNS 报文，它是一个容器，可以用于保存查询，也可以保存其他信息，例如应答。

在这里指定了这是一个 DNS 查询，而不是 DNS 应答。在通过网络传输时，这两者具有相同的表示形式，但在 Rust 的类型系统中则是不同的。

使用 BinEncoder 把这个 Message 类型转换为原始字节。

0.0.0.0:0 表示在一个随机的端口号上监听所有的地址，实际的端口号将由操作系统来分配。

    清单 8.9 包含了一些值得讲解的业务逻辑。第 30～33 行使用了两种形式来初始化 Vec<u8>，代码如下所示。这是为什么呢？

```
30  let mut request_as_bytes: Vec<u8> =
31    Vec::with_capacity(512);
```

```
32  let mut response_as_bytes: Vec<u8> =
33    vec![0; 512];
```

这两种形式产生的结果存在微妙的区别。

- **■** `Vec::with_capacity(512)` 创建了一个 `Vec<T>`，长度为 0，容量（capacity）为 512。
- **■** `vec![0; 512]` 创建了一个 `Vec<T>`，长度为 512，容量为 512。

从底层数组上看，这两者是一样的，但是在长度上有着明显的不同。在第 58 行代码中调用了 `.recv_from()`，**trust-dns crate** 包含对 `response_as_bytes` 的检查，会检查它是否有足够的空间。此检查使用了长度字段，而且如果长度不满足，此检查会导致程序崩溃。知道如何在初始化时进行一些细微调整，对满足 API 的预期来说是很有用的。

DNS 是如何支持 UDP 的连接的

UDP 没有长连接的概念。与 TCP 不同，UDP 的报文都是短期的和单向的。换句话说，UDP 不支持双向的通信（没有双工通信的模式）。但是，DNS 是需要从 DNS 服务器向客户端发回一个响应的。

这意味着，要想让 UDP 能够进行双向通信，双方都必须既充当客户端又充当服务器，具体的角色取决于通信时的上下文情况。这种上下文的情况是由构建在 UDP 之上的协议来定义的。比如，若使用 DNS，则客户端可以作为一个 UDP 服务器，用来接收 DNS 服务器的回复。表 8.2 给出了此过程的流程。

表 8.2	通信流程	
阶段	DNS 客户端的角色	DNS 服务器的角色
从 DNS 客户端发送请求	UDP 客户端	UDP 服务器
从 DNS 服务器发送回复	UDP 服务器	UDP 客户端

回顾一下，本节中，我们的总体任务是创建 HTTP 请求。HTTP 是构建在 TCP 之上的。但是，我们在发起请求的时候只有一个域名，因此需要使用 DNS。但是 DNS 主要是通过 UDP 来传输的，所以，我们需要临时转移目标来学习 UDP。

现在应该继续学习 TCP 了。在此之前，我们需要先来学习如何组合来自多个依赖包的多种错误类型。

8.5　以符合工效学的方式处理来自多个包的错误

Rust 的错误处理是安全而精细的，但是它也带来了一些挑战。当一个函数包含了两个来自上游包的 `Result` 类型时，`?` 操作符就不再起作用了，因为它只能理解一种类型。在重构域解析代码将之和 TCP 代码一起使用时，错误处理方式是很重要的。本节将会讨论其中的一些挑战以及一些应对的策略。

8.5.1　问题：无法返回多种错误类型

如果只存在一种错误类型 E，返回 Result<T, E>就是非常有效的。但是当我们想要处理多种错误类型时，事情就变得更加复杂了。

> **提示**　对于单文件的例子，需要使用 rustc <**文件名**>来编译代码，而不是使用 cargo build。例如，如果文件的文件名是 io-error.rs，那么命令就是 rustc io-error.rs && ./io-error[.exe]这样的。

首先，让我们来看一个简单的示例，此代码展示了单个错误类型的情况。我们将尝试打开一个不存在的文件。运行清单 8.10 所示的程序后，会输出一条信息，这个输出信息是用 Rust 的语法形式展示的报错信息：

```
$ rustc ch8/misc/io-error.rs && ./io-error
Error: Os { code: 2, kind: NotFound, message: "No such file or directory" }
```

这个程序带来的用户体验肯定是不好的，但是这让我们有机会来学习新的语言特性。运行清单 8.10（参见 ch8/misc/io-error.rs 文件）中的代码，会产生一个 I/O 错误。

清单 8.10　一个 Rust 程序运行后会产生一个 I/O 错误

```
1 use std::fs::File;
2
3 fn main() -> Result<(), std::io::Error> {
4     let _f = File::open("invisible.txt")?;
5
6     Ok(())
7 }
```

现在，我们在 main()函数中再引入一种错误类型。运行清单 8.11（参见 ch8/misc/multierror.rs 文件）中的代码，会导致一个编译错误。我们将使用几种不同的处理方式，让代码能够通过编译。

清单 8.11　一个试图返回多种 Result 类型的函数

```
1 use std::fs::File;
2 use std::net::Ipv6Addr;
3
4 fn main() -> Result<(), std::io::Error> {          File::open() 返回 Result<(), std::io::Error>。
5     let _f = File::open("invisible.txt")?;  ◁─┘
6
7     let _localhost = "::1"          "".parse::<Ipv6Addr>() 返回 Result<Ipv6Addr, std::net::AddrParseError> 。
8         .parse::<Ipv6Addr>()?;
9
10    Ok(())
11 }
```

要编译清单 8.11，进入 ch8/misc 目录中，然后使用 rustc 来编译。这将会产生相当严重的错误，不过这个错误信息也是很有帮助的：

```
$ rustc multierror.rs
error[E0277]: '?' couldn't convert the error to 'std::io::Error'
 --> multierror.rs:8:25
  |
4 | fn main() -> Result<(), std::io::Error> {
  |              -------------------------- expected 'std::io::Error'
                                           because of this
...
8 |     .parse::<Ipv6Addr>()?;
  |                         ^ the trait 'From<AddrParseError>'
                            is not implemented for 'std::io::Error'
  |
  = note: the question mark operation ('?') implicitly performs a
          conversion on the error value using the 'From' trait
  = help: the following implementations were found:
            <std::io::Error as From<ErrorKind>>
            <std::io::Error as From<IntoInnerError<W>>>
            <std::io::Error as From<NulError>>
  = note: required by 'from'

error: aborting due to previous error

For more information about this error, try 'rustc --explain E0277'.
```

如果你不知道问号运算符（?）在做什么，就会很难理解这个错误信息。在错误信息中多次出现过的 std::convert::From 是什么？好的，这个?运算符，其实是 try!宏的语法糖。try! 宏会执行如下两种分支功能。

■ 如果它检测到 Ok(value)，该表达式的求值结果就是 value。

■ 反之，如果是 Err(err)，try!宏（问号操作符）会先尝试把 err 转换为调用它的函数中定义的那个错误类型，然后提前返回。

下面使用 Rust 风格的伪代码来展示 try!宏大致的执行逻辑：

```
macro try {
  match expression {
    Result::Ok(val) => val,  ◁──── 如果表达式 expression 匹配
                                    到了 Result::Ok(val)，则会
                                    使用 val 作为求值结果。
    Result::Err(err) => {                如果它匹配到的是 Result::Err(err)，
      let converted = convert::From::from(err);  ◁──  那么先把它转换为外部函数的错误
      return Result::Err(converted);  ◁──           类型，然后提前返回。
    }
  });                              这里的 return 是从调用它的函数中
}                                  返回，而不是从 try! 宏本身返回。
```

现在，再回来看清单 8.11，我们就能明白这个 try!宏都做了什么了：

```
4 fn main() -> Result<(), std::io::Error> {        File::open() 返回的就是 std::io::Error，所
5   let _f = File::open("invisible.txt")?;  ◁──     以不需要做类型转换。
```

```
 6
 7   let _localhost = "::1"
 8      .parse::<Ipv6Addr>()?;
 9
10   Ok(())
11 }
```

".parse() 带着错误类型 std::net::AddrParseError，然后遇到了 ?操作符。可是我们并没有定义应该如何把 std::net::AddrParseError 转换为 std::io::Error，因此编译就失败了。

除了让你不必显式地使用模式匹配来提取值或者返回一个错误，如果有必要，?运算符还会尝试把它的参数转换为相应的错误类型。由于 main() 函数的签名是 main() -> Result<(), std::io::Error>，因此 Rust 会尝试把 parse::<Ipv6Addr>() 所产生的 std::net::AddrParseError 转换为 std::io::Error。不用担心，我们可以修复这个问题！在本章的 8.3 节中，我们介绍了 trait 对象。现在这种情况，我们就可以使用 trait 对象来处理。

使用 Box<dyn Error>作为 main()函数中的错误类型的变体，让我们可以有所进展。关键字 dyn 是 dynamic（动态）的缩写，这暗示着它所带来的这种灵活性是存在一定的运行时开销的。运行清单 8.12 中的代码会产生如下所示的输出：

```
$ rustc ch8/misc/traiterror.rs && ./traiterror
Error: Os { code: 2, kind: NotFound, message: "No such file or directory" }
```

我觉得，这是一种很有限的进展形式，但毕竟也是有所进展了。我们绕过了在前面遇到的那个错误。但是毕竟我们已经让编译器不报错了，这也正是我们想要的。

接下来，继续前进，让我们来看看清单 8.12。在需要处理来自多个上游包的多种错误时，你可以在返回类型中使用 trait 对象，这样可以简化错误的处理。你可以在 ch8/misc/traiterror.rs 文件中找到此清单的源代码。

清单 8.12　在返回类型中使用 trait 对象

```
 1 use std::fs::File;
 2 use std::error::Error;
 3 use std::net::Ipv6Addr;
 4
 5 fn main() -> Result<(), Box<dyn Error>> {
 6
 7   let _f = File::open("invisible.txt")?;
 8
 9   let _localhost = "::1"
10      .parse::<Ipv6Addr>()?
11
12   Ok(())
13 }
```

Box<dyn Error> 是一个 trait 对象，表示实现了 Error 的任何类型。

错误类型是 std::io::Error。

错误类型是 std::net::AddrParseError。

在这里，把 trait 对象包装在 Box 中是必需的步骤，因为 trait 对象的大小（在栈上的字节数）在编译时是未知的。在清单 8.12 的这个例子中，此 trait 对象可能会是来自 File::open()的，也可能是来自"::1".parse()的。实际发生的情况取决于在运行时遇到的状况。一个 Box

在栈上的大小是已知的。这就是它存在的理由，可以用它来指向一些编译时在栈上大小未知的类型，例如 trait 对象就是这样的类型。

8.5.2 通过定义错误类型来包装下游的错误

我们想要解决的问题是：每个依赖包都定义了自己的错误类型，那么一个函数中的多种错误类型就妨碍了返回 Result。我们考虑采用的第一个策略是使用 trait 对象，但是使用 trait 对象是有潜在的重大缺陷的。

使用 trait 对象也称为类型擦除。这种方式会让 Rust 不能明确地知道，错误的发生是源于上游的。在 Result 中使用 Box<dyn Error>来作为错误类型的变体，就意味着在某种意义上讲，来自上游的错误的类型丢失了。现在，原始的各种错误类型都将被转换成完全相同的同一种类型。

保留上游的错误类型也是有可能的，但是需要我们做更多的工作。我们需要把上游的错误拉到自己的类型中。在稍后需要上游错误（比如向用户报告错误）时，我们可以通过模式匹配来提取这些错误。下面给出这种错误处理方式的步骤。

(1) 定义一个枚举体，用此枚举体中的变体来包含上游的错误。

(2) 使用#[derive(Debug)]来注解这个枚举体。

(3) 实现 std::fmt::Display。

(4) 实现 std::error::Error。由于我们实现了 Debug 和 Display，因此实现 Error 就非常容易了。

(5) 使用 map_err()，把上游的错误转换到这个综合的错误类型中。

> **注意** 你可能还没见过 map_err()函数。稍后我们用到它时会讲解它的作用。

讲解完这些步骤，我们就可以结束这个话题的讨论了，但是这里还有一个可选的额外步骤，可以在工效学方面提供进一步的改善。我们可以实现 std::convert::From，这样就不需要再调用 map_err()了。首先，让我们回头看看，这个会导致编译失败的清单 8.11：

```
use std::fs::File;
use std::net::Ipv6Addr;

fn main() -> Result<(), std::io::Error> {
  let _f = File::open("invisible.txt")?;

  let _localhost = "::1"
    .parse::<Ipv6Addr>()?;

  Ok(())
}
```

此代码之所以会编译失败，是因为""".parse::<Ipv6Addr>()无法返回一个 std::io::Error。
我们最终想要的代码类似于清单 8.13 所示的样子。

清单 8.13　我们想要的代码的一个假想例子

```
 1 use std::fs::File;
 2 use std::io::Error;          ┐
 3 use std::net::AddrParseError; │  把上游的错误类型导入局部作用域。
 4 use std::net::Ipv6Addr;       ┘
 5
 6 enum UpstreamError{
 7   IO(std::io::Error),
 8   Parsing(AddrParseError),
 9 }
10
11 fn main() -> Result<(), UpstreamError> {
12   let _f = File::open("invisible.txt")?
13     .maybe_convert_to(UpstreamError);
14
15   let _localhost = "::1"
16     .parse::<Ipv6Addr>()?
17     .maybe_convert_to(UpstreamError);
18
19   Ok(())
20 }
```

1. 定义一个枚举体，用此枚举体中的变体来包含上游的错误

首先要做的就是返回一个类型，这个类型可以保存上游的各种错误类型。在 Rust 中，枚
举体可以很好地起到这个作用。虽然清单 8.13 不能通过编译，但是已经完成了这个步骤。我们
稍微整理了导入的路径位置：

```
use std::io;
use std::net;

enum UpstreamError{
  IO(io::Error),
  Parsing(net::AddrParseError),
}
```

2. 使用#[derive(Debug)]来注解这个枚举体

这一步很容易。只有一行代码更改——最好的一种代码更改。要注解这个枚举体，我们添
加了#[derive(Debug)]，如下所示：

```
use std::io;
use std::net;

#[derive(Debug)]
enum UpstreamError{
```

```
  IO(io::Error),
  Parsing(net::AddrParseError),
}
```

3. 实现 std::fmt::Display

这一步我们有一些"作弊"，只是简单地使用 Debug 来实现 Display。我们知道这样做是可行的，因为错误类型是必须定义 Debug 的。下面是更新后的代码：

```
use std::fmt;
use std::io;
use std::net;

#[derive(Debug)]
enum UpstreamError{
  IO(io::Error),
  Parsing(net::AddrParseError),
}

impl fmt::Display for UpstreamError {
  fn fmt(&self, f: &mut fmt::Formatter<'_>) -> fmt::Result {
    write!(f, "{:?}", self)       ◁──── 借助 Debug 的 "{:?}" 语法来实现 Display。
  }
}
```

4. 实现 std::error::Error

这一步的代码更改也很容易。为了得到想要的最终代码，让我们来做出以下的代码更改：

```
use std::error;       ◁──── 把 std::error::Error trait 导入局部作用域。
use std::fmt;
use std::io;
use std::net;

#[derive(Debug)]
enum UpstreamError{
  IO(io::Error),
  Parsing(net::AddrParseError),
}

impl fmt::Display for UpstreamError {
  fn fmt(&self, f: &mut fmt::Formatter<'_>) -> fmt::Result {
    write!(f, "{:?}", self)
  }
}
                              ┌─ 遵从默认的方法来实现。编译器将会
impl error::Error for UpstreamError { }  ◁─┘  把默认实现的代码填充到空白处。
```

这个 impl 块——好吧，我们依赖由编译器提供的默认实现代码——特别简洁。在

std::error::Error 中定义的所有方法均提供了默认的实现，所以我们要求编译器替我们做了全部的工作。

5. 使用 map_err()

接下来，在代码中添加了 map_err()，把上游的错误转换到这个综合的错误类型中。再回头看看清单 8.13，我们希望 main() 是类似下面这个样子的：

```
fn main() -> Result<(), UpstreamError> {
  let _f = File::open("invisible.txt")?
    .maybe_convert_to(UpstreamError);

  let _localhost = "::1"
    .parse::<Ipv6Addr>()?
    .maybe_convert_to(UpstreamError);

  Ok(())
}
```

我们无法给出上面的代码，但是可以给出下面的代码：

```
fn main() -> Result<(), UpstreamError> {
  let _f = File::open("invisible.txt")
    .map_err(UpstreamError::IO)?;

  let _localhost = "::1"
    .parse::<Ipv6Addr>()
    .map_err(UpstreamError::Parsing)?;

  Ok(())
}
```

这段新代码可以正常运行。下面我们介绍它的工作方式。map_err() 函数可以把一个错误映射到一个函数中。此外，枚举体 UpstreamError 的变体，是可以在这里被当作函数来使用的。在末尾处需要有?操作符，否则在代码有机会转换相应的错误之前，此函数可能已经返回了。

清单 8.14 给出了完整的新代码。运行代码后，在控制台上会产生如下所示的信息：

```
$ rustc ch8/misc/wraperror.rs && ./wraperror
Error: IO(Os { code: 2, kind: NotFound, message: "No such file or directory" })
```

为了保留类型安全性，我们用了清单 8.14（参见 ch8/misc/wraperror.rs）中的新代码。

清单 8.14　把上游错误包装到我们自己的类型中

```
1 use std::io;
2 use std::fmt;
3 use std::net;
4 use std::fs::File;
```

```
 5 use std::net::Ipv6Addr;
 6
 7 #[derive(Debug)]
 8 enum UpstreamError{
 9   IO(io::Error),
10   Parsing(net::AddrParseError),
11 }
12
13 impl fmt::Display for UpstreamError {
14   fn fmt(&self, f: &mut fmt::Formatter<'_>) -> fmt::Result {
15     write!(f, "{:?}", self)
16   }
17 }
18
19 impl error::Error for UpstreamError { }
20
21 fn main() -> Result<(), UpstreamError> {
22   let _f = File::open("invisible.txt")
23     .map_err(UpstreamError::IO)?;
24
25   let _localhost = "::1"
26     .parse::<Ipv6Addr>()
27     .map_err(UpstreamError::Parsing)?;
28
29   Ok(())
30 }
```

我们还可以更进一步，移除对 map_err() 的调用。但是要做到这一点，我们需要实现 From。

6.　实现 std::convert::From，这样就不需要再调用 map_err() 了

std::convert::From trait 只有一个必需的方法，就是 from()。我们需要两个 impl 块，以便让两个上游错误类型都变成可转换的。代码如下所示：

```
impl From<io::Error> for UpstreamError {
  fn from(error: io::Error) -> Self {
    UpstreamError::IO(error)
  }
}
impl From<net::AddrParseError> for UpstreamError {
  fn from(error: net::AddrParseError) -> Self {
    UpstreamError::Parsing(error)
  }
}
```

现在，main() 可以变回很简单的形式了：

```
fn main() -> Result<(), UpstreamError> {
  let _f = File::open("invisible.txt")?;
  let _localhost = "::1".parse::<Ipv6Addr>()?;

  Ok(())
}
```

清单 8.15 给出了完整的代码。实现 From 会给库 crate 的编写者带来额外的语法上的负担。但是这简化了下游程序员的工作，当使用该 crate 时，将带来更加轻松的体验。你可以在 ch8/misc/wraperror2.rs 文件中找到此清单的源代码。

清单 8.15　为错误包装器的类型实现 std :: convert :: From

```
1  use std::io;
2  use std::fmt;
3  use std::net;
4  use std::fs::File;
5  use std::net::Ipv6Addr;
6
7  #[derive(Debug)]
8  enum UpstreamError{
9    IO(io::Error),
10   Parsing(net::AddrParseError),
11 }
12
13 impl fmt::Display for UpstreamError {
14   fn fmt(&self, f: &mut fmt::Formatter<'_>) -> fmt::Result {
15     write!(f, "{:?}", self)
16   }
17 }
18
19 impl error::Error for UpstreamError { }
20
21 impl From<io::Error> for UpstreamError {
22   fn from(error: io::Error) -> Self {
23     UpstreamError::IO(error)
24   }
25 }
26
27 impl From<net::AddrParseError> for UpstreamError {
28   fn from(error: net::AddrParseError) -> Self {
29     UpstreamError::Parsing(error)
30   }
31 }
32
33 fn main() -> Result<(), UpstreamError> {
34   let _f = File::open("invisible.txt")?;
35   let _localhost = "::1".parse::<Ipv6Addr>()?;
36
37   Ok(())
38 }
```

8.5.3　使用 unwrap() 和 expect() 来 "作弊"

处理多种错误类型的最后的手段就是使用 unwrap() 和 expect()。有了在一个函数中处理多种错误类型的工具，我们就可以继续自己的 Rust 学习之旅了。

> **注意** 在编写 main() 函数时，这是一种合理的使用方法，但是并不建议库的作者使用这种方法。因为库用户可不希望他们自己的程序因存在某些无法控制的东西而崩溃。

8.6　MAC 地址

在清单 8.9 中，你实现过一个 DNS 解析器。我们可以用它把一个主机名转换成一个 IP 地址。有了 IP 地址，现在我们想要建立到这个地址的连接。

IP 让设备之间可以通过 IP 地址来相互联系，但是这还不够。联网还需要使用以太网标准（几乎所有的从 1998 年起发展起来的，或者仍在使用的网络都使用以太网标准），每个联网的硬件有唯一的标识符。为什么还需要第二个数字？这个问题的答案，一部分出于技术原因，另一部分则出于历史原因。

以太网和互联网在一开始是相互独立地发展的。以太网的主要关注点是局域网（LAN），而互联网的发展是为了实现网络之间的通信。以太网是共享同一个物理链路的设备所能理解的寻址系统（除了物理链路，也可以是一个无线电链路，比如 Wi-Fi、蓝牙或者其他无线技术）。

也许更好的表达方式是，这些共享电子的设备（见图 8.3）都需要使用介质访问控制（Medium Access Control，MAC）地址。MAC 地址与 IP 地址的一些区别如下所示。

- IP 地址是分层的，而 MAC 地址则不分层。从数字上看起来很近的地址，在物理上或组织机构上并不一定是很近的。
- MAC 地址具有 48 位（6 字节）的宽度。而 IP 地址的宽度则分为对应于 IPv4 的 32 位（4 字节）和对应于 IPv6 的 128 位（16 字节）。

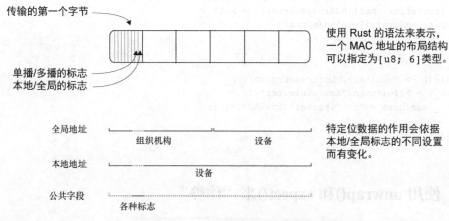

图 8.3　MAC 地址的内存布局

MAC 地址有如下两种形式。

- 在设备制造时，就设置好了全局管理地址（universally administered address）或者叫作全局地址（universal address）。制造商使用由 IEEE 注册管理机构分配的前缀，而其余位的设置方案，制造商则可以自行选择。

- 本地管理地址（locally administered address）又称为本地地址（local address），允许网络设备创建自己的 MAC 地址，而无须注册。如果你需要在软件中自行设置设备的 MAC 地址，请确保将地址设置为本地地址的格式。

MAC 地址有两种模式：单播（unicast）和多播（multicast）。这两者的传输行为是一致的。在设备决定是否接收一个数据帧的时候，才会对这两者进行区分。数据帧是以太网协议中的术语，在这个层级上用于表示字节的切片。与数据帧类似的术语包括数据包、包装和封装。在图 8.4 中展示了单播 MAC 地址与多播 MAC 地址的区别。

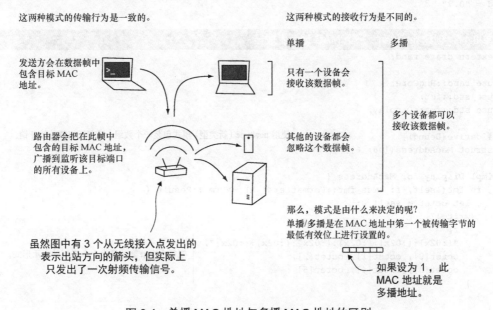

图 8.4　单播 MAC 地址与多播 MAC 地址的区别

单播地址用于在直接接触的两个点之间传输信息（例如在笔记本电脑和路由器之间）。无线接入点在某种程度上使问题复杂化了，但不会改变基本原理。一个多播地址可以由多个接收方来接收，而单播则只有一个接收方。单播这个术语在某种程度上具有误导性。发送一个以太网数据包需要涉及两个以上的设备。使用单播地址会改变的是设备在接收数据包时的行为，而不是通过有线（或无线电波）传输哪些数据。

生成 MAC 地址

稍后在 8.8 节中，我们会开始介绍原始 TCP，并会在清单 8.22 中创建一个虚拟硬件设备。为了让所有的东西都能够与我们进行通信，我们需要学习如何为虚拟设备分配 MAC 地址。清单 8.17 中的 macgen 项目能够为我们生成 MAC 地址。清单 8.16（参见 ch8/ch8-mac/Cargo.toml）展示了此项目的元数据。

清单 8.16　macgen 项目的元数据

```
[package]
name = "ch8-macgen"
version = "0.1.0"
authors = ["Tim McNamara <author@rustinaction.com>"]
edition = "2018"

[dependencies]
rand = "0.7"
```

清单 8.17　创建 macgen，一个 MAC 地址生成器

```
 1 extern crate rand;
 2
 3 use rand::RngCore;
 4 use std::fmt;
 5 use std::fmt::Display;
 6
 7 #[derive(Debug)]                              使用 newtype（新类型）模式包装一个数组，没有任何额外的开销。
 8 struct MacAddress([u8; 6]);  ◁
 9
10 impl Display for MacAddress {
11   fn fmt(&self, f: &mut fmt::Formatter<'_>) -> fmt::Result {
12     let octet = &self.0;
13     write!(
14       f,
15       "{:02x}:{:02x}:{:02x}:{:02x}:{:02x}:{:02x}",     把每个字节都转换为十六进制的表示形式。
16       octet[0], octet[1], octet[2],
17       octet[3], octet[4], octet[5]
18     )
19   }
20 }
21
22 impl MacAddress {
23   fn new() -> MacAddress {
24     let mut octets: [u8; 6] = [0; 6];
25     rand::thread_rng().fill_bytes(&mut octets);
26     octets[0] |= 0b_0000_0011;   ◁
27     MacAddress { 0: octets }                    把 MAC 地址设置为本地分配和单播的模式。
28   }
29
30   fn is_local(&self) -> bool {
31     (self.0[0] & 0b_0000_0010) == 0b_0000_0010
32   }
```

```
33
34   fn is_unicast(&self) -> bool {
35     (self.0[0] & 0b_0000_0001) == 0b_0000_0001
36   }
37 }
38
39 fn main() {
40   let mac = MacAddress::new();
41   assert!(mac.is_local());
42   assert!(mac.is_unicast());
43   println!("mac: {}", mac);
44 }
```

清单 8.17 中的代码应该是清晰易读的。不过，第 25 行包含一些相对晦涩的语法。octets[0]
|= 0b_0000_0011，这句代码会把在图 8.3 中描述过的两个标志位强制设置为 1 的状态。这会
把生成的每个 MAC 地址都指定为本地分配和单播的模式。

8.7 使用 Rust 的枚举体来实现状态机

处理网络消息需要了解的另一个前置知识是能够定义一个状态机。代码需要适应网络连接
上的状态变化。

清单 8.22 包含一个状态机，它的实现是由一个 `loop` 循环、一个 `match` 匹配和一个 Rust
枚举体所组成的。因为 Rust 是基于表达式的，所以控制流操作符也有返回值。在每一次的循
环中，代表状态的 state 的值都会被修改。清单 8.18 展示了一个状态机的伪代码，是通过在一
个枚举体上面反复执行 `match` 来实现的。

清单 8.18　一个状态机的伪代码实现

```
enum HttpState {
    Connect,
    Request,
    Response,
}

loop {
    state = match state {
        HttpState::Connect if !socket.is_active() => {
            socket.connect();
            HttpState::Request
        }

        HttpState::Request if socket.may_send() => {
            socket.send(data);
            HttpState::Response
        }

        HttpState::Response if socket.can_recv() => {
            received = socket.recv();
            HttpState::Response
        }
```

```
        HttpState::Response if !socket.may_recv() => {
            break;
        }
        _ => state,
    }
}
```

当然，还有更高级的方法来实现一个有限状态机，但这个实现方式是最简单的。我们将会在稍后的清单 8.22 中来使用这种实现方式，即使用枚举体让状态机中状态的转换成为类型系统本身的一部分。

但是在前面的内容中，我们处理网络的方法还是太高级了。为了更深入一些，我们还需要从操作系统那里获得一些帮助。

8.8 原始 TCP

要与原始 TCP 数据包进行集成，通常需要使用 root 用户或者超级管理员用户的身份进行访问。如果未经授权的用户要求发出原始网络请求，操作系统就开始变得"脾气暴躁"起来。但是我们可以想办法来规避这个问题（在 Linux 上），具体方法就是，通过创建一个代理设备，让没有超级管理员权限的用户也可以直接进行通信。

> **如果没有 Linux，怎么办？**
>
> 　　如果你运行的是其他操作系统，也有许多虚拟化的方式可以选择使用。下面给出几种选择。
>
> ■ Multipass 项目：在 macOS 和 Windows 主机上都提供了非常快的 Ubuntu 虚拟机。
>
> ■ 在 Windows 上，另一种选择就是使用 WSL，即 Windows 下的 Linux 子系统。
>
> ■ Oracle 的 VirtualBox 是一个开源项目，在许多宿主机操作系统中都提供了非常好的支持。

8.9 创建一个虚拟网络设备

想要完成本节的内容，你需要创建出虚拟的网络硬件。使用虚拟的硬件可以提供更多的控制权来自由地分配 IP 地址和 MAC 地址。这样还可以避免改变硬件设置，因为改变硬件的设置有可能会影响到网络连接的能力。要创建一个名为 tap-rust 的 TAP 设备，你需要在 Linux 终端中执行下面这些命令：

```
$ sudo \          ←── 以 root 用户权限来执行。
>   ip tuntap \   ←── 告诉 ip，我们正在管理 TUN/TAP 设备。
>     add \       ←── 使用 add 子命令。
>     mode tap \  ←── 使用 TUN 隧道模式。
>     name tap-rust \ ←┐ 为设备指定唯一的名字。
>     user $USER      ←┘
                      ┐ 为非 root 用户授予访问权限。
```

　　如果命令执行成功，`ip` 不会输出任何信息。想要确认 tap-rust 设备已经添加上了，我们可以使用子命令 `ip tuntap list`。命令执行后，在输出的设备列表中，你应该能看到这个 tap-rust设备：

```
$ ip tuntap list
tap-rust: tap persist user
```

　　至此，我们已经创建了一个网络设备。接下来还需要为其分配 IP 地址，并且告诉系统把数据包转发给它。开启此功能的代码如下所示：

```
$ sudo ip link set tap-rust up    ◁——建立一个叫作 tap-rust 的网络设备，并且启用它。
$ sudo ip addr add 192.168.42.100/24 dev tap-rust
                                                      ◁——  为此设备分配 IP 地址
                                                            192.168.42.100。
$ sudo iptables \            通过附加一条新规则 (-A POSTROUTING)，
>   -t nat\                  动态地把 IP 地址映射到一个设备上 (-j
>   -A POSTROUTING \         MASQUERADE)，让 IP 数据包能够到达这个
>   -s 192.168.42.0/24 \     源 IP 地址掩码 (-s 192.168.42.0/24)。
>   -j MASQUERADE

                                        启用内核的 IPv4 包转发功能。
$ sudo sysctl net.ipv4.ip_forward=1  ◁——
```

　　下面的代码展示了如何删除这个设备，这时（当你学习完本章的内容后）在命令中就需要使用 del 而不是 add 了：

```
$ sudo ip tuntap del mode tap name tap-rust
```

8.10　原始 HTTP

　　现在，我们应该具备了所需要的全部知识，来应对在 TCP 层级上使用 HTTP 的挑战。mget 项目（mget 是 manually get 的缩写）的代码分别放在清单 8.20～清单 8.23 中。这是一个很大的项目，但是你会发现从理解和构建的角度来说，它都是非常令人满意的。每个文件都有不同的作用，如下所示。

- main.rs（清单 8.20）——处理命令行参数解析，并把其他文件提供的功能组织在一起。在这里，还用到了在 8.5.2 节中概述过的合并错误类型的处理过程。
- ethernet.rs（清单 8.21）——使用清单 8.17 中的逻辑来生成 MAC 地址，并在由 smoltcp定义的 MAC 地址类型和我们自己定义的 MAC 地址类型之间进行转换。
- http.rs（清单 8.22）——它做的工作最多。它负责与服务器进行交互以创建 HTTP 请求的工作。
- dns.rs（清单 8.23）——执行 DNS 解析，把一个域名转换为一个 IP 地址。

　　需要承认的是，清单 8.22 中的代码，是源自 smoltcp 包本身提供的 HTTP 客户端的示例。此包的作者 whitequark 建立了一个非常棒的网络库。mget 项目的文件结构如下：

```
ch8-mget
├──   Cargo.toml   ◄─── 见清单 8.19。
└──   src   ◄─── 见清单 8.20。
      ├──   main.rs   ◄───
      ├──   ethernet.rs ◄──── 见清单 8.21。
      ├──   http.rs   ◄──── 见清单 8.22。
      └──   dns.rs   ◄───
                    └─── 见清单 8.23。
```

要从源代码控制处下载并运行 mget 项目，需要在命令行中执行以下命令：

```
$ git clone https:/ /github.com/rust-in-action/code rust-in-action
Cloning into 'rust-in-action'...
```

```
$ cd rust-in-action/ch8/ch8-mget
```

下面是项目设置说明，给那些喜欢逐步手动来完成的读者做参考（省略了输出信息）。

（1）在命令行中输入以下命令：

```
$ cargo new mget
$ cd mget
$ cargo install cargo-edit
$ cargo add clap@2
$ cargo add url@02
$ cargo add rand@0.7
$ cargo add trust-dns@0.16 --no-default-features
$ cargo add smoltcp@0.6 --features='proto-igmp proto-ipv4 verbose log'
```

（2）检查此项目的 Cargo.toml 文件是否与清单 8.19 匹配。

（3）在 src 目录中，把清单 8.20 的内容填充到 main.rs 中。类似地，把清单 8.21 对应到 ethernet.rs，把清单 8.22 对应到 http.rs，把清单 8.23 对应到 dns.rs。

清单 8.19（参见 ch8/ch8-mget/Cargo.toml 文件）展示了 mget 的元数据。

清单 8.19   mget 的元数据

```
[package]
name = "mget"
version = "0.1.0"
authors = ["Tim McNamara <author@rustinaction.com>"]
edition = "2018"
                              提供命令行参数解析的功能。
[dependencies]
                              用来选择一个随机的端口号。
clap = "2"
rand = "0.7"
smoltcp = {   ◄─── 提供了一个 TCP 的实现。
  version = "0.6",
  features = ["proto-igmp", "proto-ipv4", "verbose", "log"]
}
trust-dns = {   ◄───
  version = "0.16",
                              允许连接到 DNS 服务器。
  default-features = false
}
url = "2"   ◄─── 用于 URL 的解析和验证。
```

　　清单 8.20（参见 ch8/ch8-mget/ src/main.rs 文件）展示了项目中的命令行解析和整体协调的功能。

清单 8.20　mget 命令行解析和整体协调

```
 1 use clap::{App, Arg};
 2 use smoltcp::phy::TapInterface;
 3 use url::Url;
 4
 5 mod dns;
 6 mod ethernet;
 7 mod http;
 8
 9 fn main() {
10   let app = App::new("mget")
11     .about("GET a webpage, manually")
12     .arg(Arg::with_name("url").required(true))  <
13     .arg(Arg::with_name("tap-device").required(true))  <
14     .arg(
15       Arg::with_name("dns-server")
16         .default_value("1.1.1.1"),  <
17     )
18     .get_matches();  <
19
20   let url_text = app.value_of("url").unwrap();
21   let dns_server_text =
22     app.value_of("dns-server").unwrap();
23   let tap_text = app.value_of("tap-device").unwrap();
24
25   let url = Url::parse(url_text)
26     .expect("error: unable to parse <url> as a URL");  <
27
28   if url.scheme() != "http" {  <
29     eprintln!("error: only HTTP protocol supported");
30     return;
31   }
32
33   let tap = TapInterface::new(&tap_text)  <
34     .expect(
35       "error: unable to use <tap-device> as a \
36        network interface",
37   );
38
39   let domain_name =
40     url.host_str()  <
41       .expect("domain name required");
42
43   let _dns_server: std::net::Ipv4Addr =
44   dns_server_text
45     .parse()
46     .expect(  <
47       "error: unable to parse <dns-server> as an \
48        IPv4 address",
```

需要一个 URL 才能从中下载数据。

需要使用 TAP 网络设备来连接。

让用户可以选择要使用哪个 DNS 服务器。

解析命令行参数。

验证命令行参数。

```
49     );
50
51     let addr =
52       dns::resolve(dns_server_text, domain_name) ◄──── 把 URL 的域名转换成可以用于连接的 IP 地址。
53         .unwrap()
54         .unwrap();
55                                                    生成一个随机的 Unicode 编码形式的 MAC
56     let mac = ethernet::MacAddress::new().into(); ◄── 地址。
57
58     http::get(tap, mac, addr, url).unwrap(); ◄──── 创建 HTTP GET 请求
59
60 }
```

清单 8.21（参见 ch8/ch8-mget/src/ethernet.rs）生成了 MAC 地址，并且在由 smoltcp 定义
的 MAC 地址类型和自定义的 MAC 地址类型之间进行转换。

清单 8.21 MAC 地址类型转换和 MAC 地址生成

```
 1 use rand;
 2 use std::fmt;
 3 use std::fmt::Display;
 4
 5 use rand::RngCore;
 6 use smoltcp::wire;
 7
 8 #[derive(Debug)]
 9 pub struct MacAddress([u8; 6]);
10
11 impl Display for MacAddress {
12   fn fmt(&self, f: &mut fmt::Formatter<'_>) -> fmt::Result {
13     let octet = self.0;
14     write!(
15       f,
16       "{:02x}:{:02x}:{:02x}:{:02x}:{:02x}:{:02x}",
17       octet[0], octet[1], octet[2],
18       octet[3], octet[4], octet[5]
19     )
20   }
21 }
22
23 impl MacAddress {
24   pub fn new() -> MacAddress {                             生成一个随机数。
25     let mut octets: [u8; 6] = [0; 6];
26     rand::thread_rng().fill_bytes(&mut octets); ◄─────┘
27     octets[0] |= 0b_0000_0010;   ◄──── 确保本地地址的位被置为 1。
28     octets[0] &= 0b_1111_1110;   ◄───┐
29     MacAddress { 0: octets }          │
30   }                                   确保单播的位被置为 0。
31 }
32
33 impl Into<wire::EthernetAddress> for MacAddress {
34   fn into(self) -> wire::EthernetAddress {
```

```
35      wire::EthernetAddress { 0: self.0 }
36   }
37 }
```

清单 8.22（参见 ch8/ch8-mget/src/http.rs 文件）展示了如何与服务器进行交互来创建 HTTP 请求。

清单 8.22　使用 TCP 原语，手动创建一个 HTTP 请求

```
 1 use std::collections::BTreeMap;
 2 use std::fmt;
 3 use std::net::IpAddr;
 4 use std::os::unix::io::AsRawFd;
 5
 6 use smoltcp::iface::{EthernetInterfaceBuilder, NeighborCache, Routes};
 7 use smoltcp::phy::{wait as phy_wait, TapInterface};
 8 use smoltcp::socket::{SocketSet, TcpSocket, TcpSocketBuffer};
 9 use smoltcp::time::Instant;
10 use smoltcp::wire::{EthernetAddress, IpAddress, IpCidr, Ipv4Address};
11 use url::Url;
12
13 #[derive(Debug)]
14 enum HttpState {
15    Connect,
16    Request,
17    Response,
18 }
19
20 #[derive(Debug)]
21 pub enum UpstreamError {
22    Network(smoltcp::Error),
23    InvalidUrl,
24    Content(std::str::Utf8Error),
25 }
26
27 impl fmt::Display for UpstreamError {
28    fn fmt(&self, f: &mut fmt::Formatter<'_>) -> fmt::Result {
29      write!(f, "{:?}", self)
30    }
31 }
32
33 impl From<smoltcp::Error> for UpstreamError {
34    fn from(error: smoltcp::Error) -> Self {
35      UpstreamError::Network(error)
36    }
37 }
38
39 impl From<std::str::Utf8Error> for UpstreamError {
40    fn from(error: std::str::Utf8Error) -> Self {
41      UpstreamError::Content(error)
42    }
43 }
44
45 fn random_port() -> u16 {
```

```
46    49152 + rand::random::<u16>() % 16384
47  }
48
49  pub fn get(
50    tap: TapInterface,
51    mac: EthernetAddress,
52    addr: IpAddr,
53    url: Url,
54  ) -> Result<(), UpstreamError> {
55    let domain_name = url.host_str().ok_or(UpstreamError::InvalidUrl)?;
56
57    let neighbor_cache = NeighborCache::new(BTreeMap::new());
58
59    let tcp_rx_buffer = TcpSocketBuffer::new(vec![0; 1024]);
60    let tcp_tx_buffer = TcpSocketBuffer::new(vec![0; 1024]);
61    let tcp_socket = TcpSocket::new(tcp_rx_buffer, tcp_tx_buffer);
62
63    let ip_addrs = [IpCidr::new(IpAddress::v4(192, 168, 42, 1), 24)];
64
65    let fd = tap.as_raw_fd();
66    let mut routes = Routes::new(BTreeMap::new());
67    let default_gateway = Ipv4Address::new(192, 168, 42, 100);
68    routes.add_default_ipv4_route(default_gateway).unwrap();
69    let mut iface = EthernetInterfaceBuilder::new(tap)
70      .ethernet_addr(mac)
71      .neighbor_cache(neighbor_cache)
72      .ip_addrs(ip_addrs)
73      .routes(routes)
74      .finalize();
75
76    let mut sockets = SocketSet::new(vec![]);
77    let tcp_handle = sockets.add(tcp_socket);
78
79    let http_header = format!(
80      "GET {} HTTP/1.0\r\nHost: {}\r\nConnection: close\r\n\r\n",
81      url.path(),
82      domain_name,
83    );
84
85    let mut state = HttpState::Connect;
86    'http: loop {
87      let timestamp = Instant::now();
88      match iface.poll(&mut sockets, timestamp) {
89        Ok(_) => {}
90        Err(smoltcp::Error::Unrecognized) => {}
91        Err(e) => {
92          eprintln!("error: {:?}", e);
93        }
94      }
95
96      {
97        let mut socket = sockets.get::<TcpSocket>(tcp_handle);
98
99        state = match state {
```

```
100        HttpState::Connect if !socket.is_active() => {
101          eprintln!("connecting");
102          socket.connect((addr, 80), random_port())?;
103          HttpState::Request
104        }
105
106        HttpState::Request if socket.may_send() => {
107          eprintln!("sending request");
108          socket.send_slice(http_header.as_ref())?;
109          HttpState::Response
110        }
111
112        HttpState::Response if socket.can_recv() => {
113          socket.recv(|raw_data| {
114            let output = String::from_utf8_lossy(raw_data);
115            println!("{}", output);
116            (raw_data.len(), ())
117          })?;
118          HttpState::Response
119        }
120
121        HttpState::Response if !socket.may_recv() => {
122          eprintln!("received complete response");
123          break 'http;
124        }
125        _ => state,
126      }
127    }
128
129    phy_wait(fd, iface.poll_delay(&sockets, timestamp))
130      .expect("wait error");
131    }
132
133  Ok(())
134 }
```

最后，用清单 8.23（参见 ch8/ch8-mget/src/dns.rs 文件）中的代码执行 DNS 解析。

清单 8.23　创建 DNS 查询，用来把域名转换为 IP 地址

```
1 use std::error::Error;
2 use std::net::{SocketAddr, UdpSocket};
3 use std::time::Duration;
4
5 use trust_dns::op::{Message, MessageType, OpCode, Query};
6 use trust_dns::proto::error::ProtoError;
7 use trust_dns::rr::domain::Name;
8 use trust_dns::rr::record_type::RecordType;
9 use trust_dns::serialize::binary::*;
10
11 fn message_id() -> u16 {
12   let candidate = rand::random();
13   if candidate == 0 {
14     return message_id();
```

```
15    }
16    candidate
17  }
18
19  #[derive(Debug)]
20  pub enum DnsError {
21    ParseDomainName(ProtoError),
22    ParseDnsServerAddress(std::net::AddrParseError),
23    Encoding(ProtoError),
24    Decoding(ProtoError),
25    Network(std::io::Error),
26    Sending(std::io::Error),
27    Receiving(std::io::Error),
28  }
29
30  impl std::fmt::Display for DnsError {
31    fn fmt(&self, f: &mut std::fmt::Formatter) -> std::fmt::Result {
32      write!(f, "{:#?}", self)
33    }
34  }
35
36  impl std::error::Error for DnsError {}
37
38  pub fn resolve(
39    dns_server_address: &str,
40    domain_name: &str,
41  ) -> Result<Option<std::net::IpAddr>, Box<dyn Error>> {
42    let domain_name =
43      Name::from_ascii(domain_name)
44        .map_err(DnsError::ParseDomainName)?;
45
46    let dns_server_address =
47      format!("{}:53", dns_server_address);
48    let dns_server: SocketAddr = dns_server_address
49      .parse()
50      .map_err(DnsError::ParseDnsServerAddress)?;
51
52    let mut request_buffer: Vec<u8> =
53      Vec::with_capacity(64);
54    let mut response_buffer: Vec<u8> =
55      vec![0; 512];
56
57    let mut request = Message::new();
58    request.add_query(
59      Query::query(domain_name, RecordType::A)
60    );
61
62    request
63      .set_id(message_id())
64      .set_message_type(MessageType::Query)
65      .set_op_code(OpCode::Query)
```

回归默认的方法。

试图使用原始文本输入来构建内部的数据结构。

因为 DNS 请求是非常小的，所以我们只需要一小块空间来存放它。

DNS 使用 UDP 传输，它的最大数据包大小是 512 字节。

DNS 报文可以存放多个查询，但在这里，我们只使用了一个单独的查询。

```
66      .set_recursion_desired(true);
67
68   let localhost =
69     UdpSocket::bind("0.0.0.0:0").map_err(DnsError::Network)?;
70
71   let timeout = Duration::from_secs(5);
72   localhost
73     .set_read_timeout(Some(timeout))
74     .map_err(DnsError::Network)?;
75
76   localhost
77     .set_nonblocking(false)
78     .map_err(DnsError::Network)?;
79
80   let mut encoder = BinEncoder::new(&mut request_buffer);
81   request.emit(&mut encoder).map_err(DnsError::Encoding)?;
82
83   let _n_bytes_sent = localhost
84     .send_to(&request_buffer, dns_server)
85     .map_err(DnsError::Sending)?;
86
87   loop {
88     let (_b_bytes_recv, remote_port) = localhost
89       .recv_from(&mut response_buffer)
90       .map_err(DnsError::Receving)?;
91
92     if remote_port == dns_server {
93       break;
94     }
95   }
96
97   let response =
98     Message::from_vec(&response_buffer)
99       .map_err(DnsError::Decoding)?;
100
101   for answer in response.answers() {
102     if answer.record_type() == RecordType::A {
103       let resource = answer.rdata();
104       let server_ip =
105         resource.to_ip_addr().expect("invalid IP address received");
106       return Ok(Some(server_ip));
107     }
108   }
109
110   Ok(None)
111 }
```

询问我们要连接的 DNS 服务器，如果它不知道答案，则替我们发出请求。

绑定到端口 0 表示，请求操作系统替我们来分配端口。

在端口上，有很小的可能性会接收到来自某个未知的发送方的另一个 UDP 消息。为了避免这种情况的发生，我们会忽略这些从不是我们所期望的 IP 地址处发来的数据包。

mget 是一个"雄心勃勃"的项目。它汇集了本章中的所有线索，代码长达百余行，但是此程序所实现的功能甚至还不如在清单 8.2 中对 request::get(url) 的调用。希望它揭示了一些有趣的途径来供你探索。可让人吃惊的是，还有更多的网络层级有待解开。我们已经很好地完成了漫长而具有挑战性的这一章。

本章小结

- 网络是复杂的。诸如 OSI 这样的标准模型，只有部分是准确的。
- trait 对象允许运行时多态性。通常情况下，程序员更喜欢泛型，因为 trait 对象会产生较小的运行时成本。然而，这种情况并不总是一目了然的。使用 trait 对象可以减少空间的占用，因为每个函数只有一个版本需要被编译。而且更少的函数也有利于缓存的一致性。
- 网络协议对于使用什么样的字节数据是有特殊的要求的。一般来说，你应该优先使用 &[u8]字面量（b"..."），而不是使用&str 字面量（"..."），以确保你能获得完全的控制。
- 有 3 种主要的策略来处理在单个作用域内的多种上游错误类型。
  - ▶ 为每个上游类型创建一个内部包装类型并实现 From。
  - ▶ 改变返回类型，使用实现了 std::error:Error 的 trait 对象。
  - ▶ 使用 .unwrap()和它的兄弟 .expect()。
- 有限状态机可以使用一个枚举体和一个循环在 Rust 中优雅地进行建模。在每次迭代中，通过返回适当的枚举体的变体来表示下一个状态。
- 为了在 UDP 中实现双向通信，通信的双方都必须能够既被当作客户端又被当作服务器。

第 9 章　时间与时间保持

本章主要内容

■　了解计算机是如何来保持时间的。

■　操作系统是如何来表示时间戳的。

■　使用 NTP 来同步世界原子钟时间。

在本章中，你会创建出一个网络时间协议（Network Time Protocol，NTP）客户端，从全球网络中的公共时间服务器上来请求当前的时间。这是一个全功能的客户端程序，你可以把它包含在自己的计算机的启动过程中，这样就可以让你的计算机与世界时间保持同步了。

了解时间在计算机中的工作原理，对于你想要构建有弹性的应用程序会有所帮助。随着时间的推移，系统时钟有可能会变慢或者变快。了解这种情况产生的原因，可以让你提前准备好以应对这个问题。

计算机中有多个物理的和虚拟的时钟。你需要一些知识来了解这些时钟各自的局限性，以及什么时候适合用哪一种时钟。了解了这些时钟的局限性，能让你培养出对微基准测试和其他时间敏感的代码的健康情况始终保持怀疑的态度。

有一些最困难的软件工程问题会涉及分布式系统，而分布式系统是需要保持时间上的一致性的。假如你有谷歌公司那样的资源，那么就有能力来维护一个网络原子时钟，能够提供延迟小于 7ms 内的全球范围的时间同步。最接近的开源分布式系统是 CockroachDB。CockroachDB 依赖于 NTP，这个分布式数据库（在全球范围内）有大约几十毫秒的延迟，但这并不意味着它就没有用了。当在一个局域网中进行部署的时候，NTP 可以让这些计算机之间只有几毫秒甚至更少的时间差。

在 Rust 方面，本章使用了大量的篇幅来讲解与操作系统内部进行的交互。你将会对 unsafe 块和使用原始指针更有信心。你将会逐渐熟悉对 chrono 的使用，在高级别的时间和时钟操作方面，chrono 软件包已经成为事实上的标准包。

9.1　背景

谈到时间，很容易想到一天有 86400（60×60×24）s。然而，地球的旋转并不是那么精确的。由于月球引起的潮汐带来的影响，以及诸如地心和地幔边界的扭矩等带来的其他影响，因此每一天的时间长度是有波动的。

软件是不能容忍这些不完善的地方的。大部分系统会假定，在大多数情况下，一秒的时间跨度都是相等的。而这种让两者不能完全匹配的情况就带来了几个问题。

2012 年，有大量的服务（其中也包括一些有很高知名度的网站，比如 Reddit 和 Mozilla 的 Hadoop 基础设施等），在其时钟中加入一个闰秒后，停止了正常的运作。有的时候，时钟可以回到过去的某个时间（本章内容并不涉及"时间旅行"）。很少有软件系统，为同一个时间戳出现两次的情况做好了准备。这种情况的出现，会让通过日志来进行调试变得很困难。要打破这个僵局，有两种选择。

- 保持每一秒的时间长度都是固定的。这对计算机来说是很好的，但对人而言就会是有点儿气人了。随着时间的推移，"正午"会向日落或日出的方向做出漂移。
- 调整每一年的时间长度，让年复一年的正午时太阳的相对位置都保持在同一个地方。这对人而言是很好的，但有的时候，对计算机来说就是非常恼火的。

在实践中，我们可以像本章的示例那样来选择这两个选项。世界原子时钟使用它自己的时区，这个特定的时区具有固定长度的秒，这种时间标准被称为 TAI（International Atomic Time，国际原子时）。而现在所使用的其他所有的时区，都是周期性地调整的，这被称为 UTC（Universal Time Coordinated，世界协调时）。

世界原子时钟都使用 TAI，并维护一个固定长度的年。UTC 大约每 18 个月给 TAI 添加一个闰秒。在 1972 年的时候，TAI 和 UTC 相差 10s。到了 2016 年，这个差异已经上升到 36s 了。

除了要应对地球变化无常的旋转速度这个问题之外，要让你自己的计算机在物理上保持准确的时间也成了一个挑战。在你的系统中（至少）有两个时钟在运行着。其中一个是靠电池供电的设备，叫作实时时钟（real-time clock）。另一个被称为系统时间（system time）。系统时间会依据计算机的主板所提供的硬件中断，而对自己进行自增。在你的系统中的某个地方，有一个石英晶体正在快速地振荡着。

与没有实时时钟的硬件平台打交道

在树莓派这个设备上并没有提供一个由电池来供电的实时时钟。当此计算机开机以后，它的系统时钟被设置成了纪元时间（epoch time）。也就是说，系统时钟被设置为自 1970 年 1 月 1 日以来所经过的秒数。在开机启动的过程中，它会使用 NTP 来校准当前的时间。

那么在没有网络连接的情况下又该怎么办呢？这正是 Cacophony（杂音）项目所面临的情况，这个项目通过使用计算机视觉技术准确地识别害虫的种类，从而开发出支持新西兰本土鸟类保护的设备。

　　这个设备的主要传感器是一个热成像摄像头。拍摄下来的素材需要用准确的时间戳来进行标注。为了实现这一点，Cacophony 项目团队决定在他们的定制板上添加一个树莓派扩展板（Raspberry Pi HAT），在这个扩展板上有一个额外的实时时钟。图 9.1 展示了 Cacophony 项目的自动害虫检测系统原型设备的内部结构。

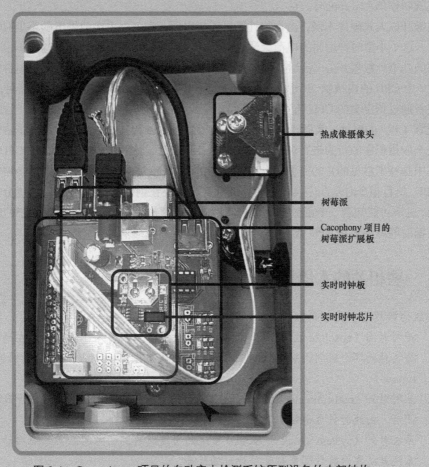

热成像摄像头

树莓派

Cacophony 项目的
树莓派扩展板

实时时钟板

实时时钟芯片

图 9.1　Cacophony 项目的自动害虫检测系统原型设备的内部结构

9.2　时间源

　　计算机是不能通过查看墙上的钟表来确定当前的具体时间的，需要自行想办法来解决查询当前时间这个问题。为了解释这种情况是如何发生的，让我们先来看看数字钟表一般是如何运作的，然后来考虑计算机系统在一些特定的限制条件下是如何运作的，比如在没有电源的情况下。

数字钟表一般是由两个部分组成的，第一个部分是某些按一定间隔产生跳动的部件，第二个部分是一对计数器。其中一个计数器在跳动发生时自增，而另一个计数器则每秒自增。在数字钟表内要确定"现在"的时间，意味着将秒的数量与某个预先确定的起始点进行比较。这个起始点就叫作纪元（epoch）。

先撇开嵌入式硬件不谈，当你的计算机关机以后，有一个由电池供电的小型时钟还在持续运行着。这个小型时钟里面的电荷会让石英晶体快速地振荡。时钟会测量这些振荡，同时更新它内部的几个计数器。在一台运行着的计算机中，CPU 的时钟频率成为计算机时钟定期跳动的来源。一个 CPU 的内核以一个固定的频率来运作。[1] 在硬件的内部，一个计数器可以通过 CPU 指令或者通过预定义的 CPU 寄存器来访问。[2]

依靠 CPU 的时钟，实际上会在一些特定的科学领域和其他的高精度领域造成问题，比如要对一个应用程序的行为进行调优分析的时候。当使用的计算机包含多个物理 CPU（这在高性能计算中是特别常见的）的时候，此计算机中的每个 CPU 对应的时钟速率都会略有不同。此外，CPU 执行指令时是乱序执行的。这就意味着，正在创建一个性能基准/调优分析的软件套件的人，是不可能知道一个函数在两个时间戳之间究竟执行了多长时间。因为乱序执行的原因，请求当前时间戳的那条 CPU 指令可能已经被移动位置了。

9.3　一些相关的术语定义

本章会涉及不少的专业术语，所以我们先给出这些相关术语的定义。

- 绝对时间（absolute time）：这个术语描述的是，如果有人向你询问现在的时间，你会告诉他的那个时间。也叫作墙上的钟表时间（wall clock time）或日历时间（calendar time）。
- 实时时钟（real-time clock）：一个内嵌在计算机主板上的物理时钟，当计算机的电源关闭后，由此时钟负责维护时间。也叫作 CMOS 时钟。
- 系统时钟（system clock）：从操作系统的角度所看到的时间。当系统启动以后，操作系统就从实时时钟那里接管了计时的任务。

所有的应用程序的时间概念都来自这个系统时钟。有的时候，系统时钟会出现跳跃式的时间改变，比如它可以被手动地设置到一个完全不同的时间点上。而这种可跳性可能会给一些应用程序带来困扰。

---

[1] 在许多处理器中，确实会对 CPU 的时钟速度进行动态的调整，以节省电力，但是从时钟的角度来看，这些调整发生的频率很低，以至于不重要。

[2] 举例来说，基于英特尔的处理器支持 RDTSC 指令。RDTSC 是 Read Time Stamp Counter 的缩写（译为读取时间戳计数器）。

- 单调递增（monotonically increasing）：一个单调递增的时钟，永远不会对两次查询给出相同的时间。这个特性对计算机应用程序来说是很有用的，它有很多优点，比如说在日志信息中就永远不会出现重复的时间戳。不幸的是，这样就阻止了时间的调整，也就意味着永远要被本地时钟的时间偏离所束缚。要记住，系统时钟并不是单调递增的。
- 稳定时钟（steady clock）：这种时钟提供了两点保证，每一秒总是等长的，并且是单调递增的。来自稳定时钟的时间值，是不太可能与系统时钟的时间或者绝对时间相一致的。这种时钟通常在计算机启动的时候以 0 作为起始值，然后随着内部计数器的进展而向上计数。虽然对想要获得绝对时间而言，这种时钟可能是没什么用处的，但是如果想要计算出两个时间点之间的时间间隔，这种时钟就是很方便的。
- 高精确度（high accuracy）：如果一个时钟的秒长是固定的，那么这个时钟就是高精确度的。两个时钟之间的时间差称为偏离（skew）。高精确度的时钟与原子时钟相比几乎没有什么偏离。在保持精确的时间方面，原子时钟是人类做出的最好的工程成果。
- 高分辨率（high resolution）：高分辨率的时钟，能够提供 10ns 或者更精准的精度。高分辨率的时钟通常是在 CPU 的芯片内部实现的，因为很少有设备能够做到在如此高的频率上来维护时间。CPU 能够做到这么高的分辨率，是因为 CPU 的运行是以周期来计的，而每个周期都具有相同的时间长度。比如一个 1GHz 的 CPU 内核执行一个周期的计算，需要花费的时间是 1ns。
- 快速时钟（fast clock）：能够非常快速地读取时间的一种时钟。然而，快速时钟为了速度，牺牲了准确性和精确度。

9.4　时间的编码

在计算机中，用来表示时间的方法有很多种。典型的做法是，使用一对 32 位的整数。其中第一个数用来表示已经过去的秒数，第二个数用来表示小于一秒的小数部分。而小数部分的精度则取决于所用的设备。

时间的起始点是可以任意指定的。在基于 UNIX 的系统中，最常见的是 UTC 时间的 1970 年 1 月 1 日。还有一些其他的起始时间点，比如 1900 年 1 月 1 日（NTP 使用的就是这个起始点），在一些最近的应用程序中会使用 2000 年 1 月 1 日作为起始点，再比如 1601 年 1 月 1 日（这是公历的起始日）。使用固定宽度的整数类型来表示时间，存在两个关键的优点和两个主要的挑战（缺点）。

- 优点如下。
  - 简单：格式易于理解。
  - 效率高：整数计算是 CPU 最喜欢的操作。

■ 缺点如下。

　▷ 固定的范围：所有固定宽度的整数类型能表示的范围都是有限的，这意味着时间最
　　终将再次回到 0 值上。

　▷ 不精确：整数是离散的，时间则是连续的。在亚秒级的精度方面，不同的系统做出
　　了不同的权衡和取舍，这会导致出现舍入上的误差。

还有一个需要注意的地方就是，使用通用的表示方法，也存在着各种实现上的不一致。下
面给出了一些常见的秒的表示形式。

■ UNIX 时间戳（UNIX timestamp）使用一个 32 位的整数，用来表示从纪元（例如 1970
年 1 月 1 日）以来的毫秒数。

■ Windows 中所使用的 FILETIME 结构体（从 Windows 2000 开始），使用一个 64 位的
无符号整数，用来表示从 1601 年 1 月 1 日（UTC 时间）以来，以 100ns 为单元的时
间增量。

■ Rust 社区的 chrono crate，使用一个 32 位的整数，用于实现 NaiveTime，并使用一个
枚举体来表示适当的时区。[1]

■ C 标准库（libc）中的 time_t（意思是 time type，时间类型，也叫作简单时间或者日
历时间）的几种变化形式如下。

　▷ 在 Dinkumware 的 libc 中，使用一个无符号长整型 unsigned long int（例如一个
　　32 位无符号整数）。

　▷ 在 GNU 的 libc 中，使用一个长整型 long int（例如一个 32 位有符号整数）。

　▷ 在 AVR 的 libc 中，使用一个 32 位无符号整数，而且是从 2000 年 1 月 1 日 0 点（UTC
　　时间）开始的。

小数的部分倾向于使用与整秒部分相同的类型，但这并不能保证。接下来，让我们来看看
时区。

时区的表示

时区是政策上的一种划分，而不是技术上的。一个软性的共识似乎已经形成，那就是另外
存储一个整数，用来表示与 UTC 相差的秒数（秒数偏移量）。

9.5　clock v0.1.0：教会一个应用程序如何报时

在开始编写 NTP 客户端之前，让我们先来学习如何读取时间。图 9.2 给出了一个简单的概
览示意，展示了一个应用程序是如何读取时间的。

---

[1] chrono 的"怪癖"相对较少，但其中一个"怪癖"是悄悄地把闰秒放入纳秒的字段。

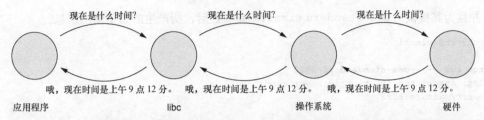

现在是什么时间?　　　　　现在是什么时间?　　　　　现在是什么时间?

哦，现在时间是上午 9 点 12 分。　　哦，现在时间是上午 9 点 12 分。　　哦，现在时间是上午 9 点 12 分。

应用程序　　　　　　　libc　　　　　　　操作系统　　　　　　硬件

图 9.2　一个应用程序从操作系统获得时间信息，这通常是由系统的 libc 实现提供的功能

清单 9.2 展示了如何读取本地时区的系统时间。你可能会觉得这段代码太短了，可能觉得这并不是一个完整的例子。但是运行代码后，会得到依据 ISO 8601 标准进行格式化后的当前时间戳。清单 9.1（参见 ch9/ch9-clock0/Cargo.toml）给出了清单 9.2 中的包的配置项。

清单 9.1　清单 9.2 中的包的配置项

```
[package]
name = "clock"
version = "0.1.0"
authors = ["Tim McNamara <author@rustinaction.com>"]
edition = "2018"


[dependencies]
chrono = "0.4"
```

清单 9.2　读取系统时间并输出到屏幕上

```
1 use chrono::Local;
2
3 fn main() {                                    向系统询问本地时区的时间。
4     let now = Local::now();  ◁
5     println!("{}", now);
6 }
```

在清单 9.2 中，这几行代码里面隐藏了很多复杂的内容。在本章的学习过程中，这些隐藏的复杂内容中的大部分都会被拿出来进行讲解。就现在来讲，你只需知道这些都是由 `chrono::Local` 提供的"魔法"就足够了。它会返回一个类型化的值，并且包含一个时区。

> **注意**　与不包含时区的时间戳进行交互，或者执行其他形式的非法的时间运算，都会导致程序拒绝编译。

9.6　clock v0.1.1：格式化时间戳以符合 ISO 8601 和电子邮件的标准

我们将要创建的这个应用程序，名字叫作 clock，用于报告当前的时间。你可以在清单 9.7 中找到此应用的完整代码。在本章接下来的内容中，这个应用程序将会被逐步地增强，支持手动设置时间，以及通过 NTP 来设置时间。但是现在，我们先看看，编译并运行清单 9.7 中的代

码，并且为其提供 --use-standard timestamp 参数后，所产生的如下输出信息。

```
$ cd ch9/ch9-clock1

$ cargo run -- --use-standard rfc2822
warning: associated function is never used: 'set'
 --> src/main.rs:12:8
   |
12 |     fn set() -> ! {
   |        ^^^
   |
  = note: '#[warn(dead_code)]' on by default
warning: 1 warning emitted
    Finished dev [unoptimized + debuginfo] target(s) in 0.01s
     Running 'target/debug/clock --use-standard rfc2822'
Sat, 20 Feb 2021 15:36:12 +1300
```

9.6.1 重构 clock v0.1.0 的代码以支持更广泛的体系结构

因为 clock 会成为一个更大的应用程序，所以花一点儿时间来为其创建"脚手架"是有意义的。在此应用程序中，我们首先要做一点儿外观结构上的改变。我们没有直接使用函数来读取时间和调整时间，我们使用的是 Clock 结构体的静态方法来做这些事。清单 9.3 摘自清单 9.7，展示了在清单 9.2 的基础上所做的更改。

清单 9.3 从本地系统时钟中读取时间

```
1 use chrono::{DateTime};
2 use chrono::{Local};
3
4 struct Clock;
5
6 impl Clock {
7     fn get() -> DateTime<Local> {      ◁——  DateTime<Local> 是一个带有本地时区信息的 DateTime。
8         Local::now()
9     }
10
11    fn set() -> ! {
12        unimplemented!()
13    }
14 }
```

这个 set() 的返回类型究竟是什么类型的呢？这个感叹号（!）会告知编译器，此函数永不返回（也就是说，不可能有返回值）。这个类型叫作 Never 类型[1]。另外，此代码中的 unimplemented!()宏（或者是它的"兄弟"，更短一点儿的 todo!()），程序如果在运行的时候执行到此处，会直接引发恐慌而崩溃。

在这个阶段，Clock 结构体只是起到一个命名空间的作用。现在添加了这个结构体，是为

---

[1] 译者注：中文称为底类型。

以后的代码修改提供一些可扩展性。随着应用程序的扩展，让 `Clock` 结构体能够包含某些状态或者实现某些 trait 以支持新的功能，那么这个结构体就会变得更有用。

> **注意** 一个不包含任何字段的结构体，称为零大小类型（zero-sized type），或者简称为 ZST。这个类型是在生成的应用程序中不占用任何存储空间，只在编译时才存在的一种结构。

9.6.2 时间的格式化

在本节中，我们来讨论如何，依据 ISO 8601、RFC 2822 和 RFC 3339 的规范，把一个时间格式化成 UNIX 时间戳或者一个已格式化的字符串。清单 9.4 摘自清单 9.7，展示了如何使用 chrono 提供的功能来生成时间戳。这个时间戳被发送到了标准输出中。

清单 9.4 格式化时间戳的方法

```
53    let now = Clock::get();
54    match std {
55        "timestamp" => println!("{}", now.timestamp()),
56        "rfc2822"   => println!("{}", now.to_rfc2822()),
57        "rfc3339"   => println!("{}", now.to_rfc3339()),
58        _ => unreachable!(),
59    }
```

clock 应用程序（感谢 chrono）支持 3 种时间格式，即时间戳、rfc 2822 以及 rfc 3339。

- 时间戳：格式化成从纪元以来的秒数，又称为 UNIX 时间戳。
- rfc 2822：对应于 RFC 2822 规范，这也是电子邮件的报文首部中用到的时间格式。
- rfc 3339：对应于 RFC 3339 规范。这个规范是一种更为常见的格式化时间的方式，并且它与 ISO 8601 标准是相关联的。不过，ISO 8601 更严格一些。每个符合 RFC 3339 标准的时间戳，也都是符合 ISO 8601 标准的，但反过来就不是这样了。

9.6.3 提供一个完整的命令行接口

命令行参数是当程序启动后由操作系统提供的运行环境中的一部分，它是以原始字符串（raw strings）的形式提供给应用程序的。Rust 对此提供了一些支持，可以利用 `std::env::args` 访问到原生类型 `Vec<String>`，但是对中等规模的应用程序来说，如果需要开发大量的参数解析的逻辑是很乏味的。

对代码来说，我们希望能够验证某些输入，以便所需的输出格式是时钟应用程序实际支持的格式。但验证输入参数的工作往往是非常复杂的。为了避免体验这种挫败感，我们使用了 clap 这个第三方库。

对新手来说，clap 库中有两个主要的类型是很有用的，即 `clap::App` 和 `clap::Arg`。每一个 `clap::Arg` 都表示一个命令行参数，以及这个参数所能表示的选项，而 `clap::App` 可以把这些参数都收集到一个单一的应用程序中。为了支持在表 9.1 中给出的这些公共 API，我们在清单 9.5 中使用了 3 个 Arg 结构体，并把它们包装在一个 App 结构体中。

清单 9.5 摘自清单 9.7，展示了如何使用 clap 来实现表 9.1 中这些 API。

表 9.1　在命令行中执行 clock 应用程序的用法示例，解析器要能够支持此表中的全部用法

用法示例	用法描述	输出举例
clock	默认的用法。输出当前时间	2018-06-17T11:25:19...
clock get	显式地给出 get 操作参数，需要使用默认的格式来输出	2018-06-17T11:25:19...
clock get --use-standard timestamp	同时提供了 get 操作参数和一个格式化的标准	1529191458
clock get -s timestamp	使用了短参数的形式，提供了 get 操作参数和一个格式化的标准	1529191458
clock set <datetime>	显式地给出 set 操作参数，需要使用默认的解析规则	—
clock set --use-standard timestamp <datetime>	提供了 set 操作参数，并且明确表示输入的时间格式是一个 UNIX 时间戳	—

清单 9.5　使用 clap 来解析命令行参数

```
18 let app = App::new("clock")
19   .version("0.1")
20   .about("Gets and (aspirationally) sets the time.")
21   .arg(
22     Arg::with_name("action")
23       .takes_value(true)
24       .possible_values(&["get", "set"])
25       .default_value("get"),
26   )
27   .arg(
28     Arg::with_name("std")
29       .short("s")
30       .long("standard")
31       .takes_value(true)
32       .possible_values(&[
33         "rfc2822",
34         "rfc3339",
35         "timestamp",
36       ])
37       .default_value("rfc3339"),
38   )
39   .arg(Arg::with_name("datetime").help(
40     "When <action> is 'set', apply <datetime>. \
41     Otherwise, ignore.",
42   ));
43
44 let args = app.get_matches();
```

这里的反斜线表示，要求
Rust 忽略后面的换行符以及
下一行开头的缩进。

clap 会自动地生成一些 clock 应用程序的用法说明，使用--help 的命令行选项就能触发这些用法说明。

9.6.4　clock v0.1.1：完整的项目代码

　　下面的这个终端会话展示了如何从公共 Git 仓库中下载并编译 clock v0.1.1 项目，其中也包含在 9.6.3 节中所提到的访问 `--help` 选项的执行过程：

```
$ git clone https://github.com/rust-in-action/code rust-in-action

$ cd rust-in-action/ch9/ch9-clock1

$ cargo build
...
   Compiling clock v0.1.1 (rust-in-action/ch9/ch9-clock1)
warning: associated function is never used: 'set'
 --> src/main.rs:12:6
  |
12 |    fn set() -> ! {
  |       ^^^
  |
  = note: '#[warn(dead_code)]' on by default

warning: 1 warning emitted

$ cargo run -- --help
...
clock 0.1
Gets and sets (aspirationally) the time.

USAGE:
    clock.exe [OPTIONS] [ARGS]

FLAGS:
    -h, --help       Prints help information
    -V, --version    Prints version information

OPTIONS:
    -s, --use-standard <std>      [default: rfc3339]
                                  [possible values: rfc2822,
                                  rfc3339, timestamp]
ARGS:
    <action>      [default: get] [possible values: get, set]
    <datetime>    When <action> is 'set', apply <datetime>.
                  Otherwise, ignore.

$ target/debug/clock
2021-04-03T15:48:23.984946724+13:00
```

这个警告会在 clock v0.1.2 中被处理和消除。

在 `--` 符号右侧的参数会传递给编译后生成的可执行文件。

直接执行 target/debug/clock 处的可执行文件。

　　想要按部就班地来创建这个项目，就需要稍微地多做一些工作。clock v0.1.1 是一个由 cargo 来管理的项目。这个标准项目的目录结构如下：

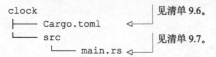

见清单 9.6。

见清单 9.7。

若要手动创建这个项目，可以遵循如下步骤。

（1）在命令行中，执行以下命令。

```
$ cargo new clock
$ cd clock
$ cargo install cargo-edit
$ cargo add clap@2
$ cargo add chrono@0.4
```

（2）将这个项目的 Cargo.toml 文件和清单 9.6 中的内容进行比较。除了作者字段，其他的配置项都应该是一样的。

（3）使用清单 9.7 中的代码替换 src/main.rs 中的内容。

清单 9.6（参见 ch9/ch9-clock1/ Cargo.toml 文件）展示了此项目的 Cargo.toml 文件。

清单 9.7（参见 ch9/ch9-clock1/src/main.rs 文件）给出了此项目的 src/main.rs 文件的内容。

清单 9.6 clock v0.1.1 软件包的配置项

```
[package]
name = "clock"
version = "0.1.1"
authors = ["Tim McNamara <author@rustinaction.com>"]
edition = "2018"

[dependencies]
chrono = "0.4"
clap = "2"
```

清单 9.7 clock v0.1.1 在命令行上生成格式化的日期

```
 1 use chrono::DateTime;
 2 use chrono::Local;
 3 use clap::{App, Arg};
 4
 5 struct Clock;
 6
 7 impl Clock {
 8   fn get() -> DateTime<Local> {
 9     Local::now()
10   }
11
12   fn set() -> ! {
13     unimplemented!()
14   }
15 }
16
17 fn main() {
18   let app = App::new("clock")
19     .version("0.1")
20     .about("Gets and (aspirationally) sets the time.")
21     .arg(
```

```
22      Arg::with_name("action")
23        .takes_value(true)
24        .possible_values(&["get", "set"])
25        .default_value("get"),
26    )
27    .arg(
28      Arg::with_name("std")
29        .short("s")
30        .long("use-standard")
31        .takes_value(true)
32        .possible_values(&[
33          "rfc2822",
34          "rfc3339",
35          "timestamp",
36        ])
37        .default_value("rfc3339"),
38    )
39    .arg(Arg::with_name("datetime").help(
40      "When <action> is 'set', apply <datetime>. \
41      Otherwise, ignore.",
42    ));
43
44  let args = app.get_matches();
45
46  let action = args.value_of("action").unwrap();
47  let std = args.value_of("std").unwrap();
48
49  if action == "set" {
50    unimplemented!()
51  }
52
53  let now = Clock::get();
54  match std {
55    "timestamp" => println!("{}", now.timestamp()),
56    "rfc2822" => println!("{}", now.to_rfc2822()),
57    "rfc3339" => println!("{}", now.to_rfc3339()),
58    _ => unreachable!(),
59  }
60 }
```

在前面，通过使用 default_value("get") 和 default_value("rfc3339")给每个参数都提供了一个默认值，所以在这两行中直接调用 unwrap() 是安全的。

因为我们还没有实现设置时间的功能，所以程序在这里会提前终止。

9.7　clock v0.1.2：设置时间

要完成设置时间这个功能还是比较复杂的，因为在这件事上每种操作系统都有着自己的机制。我们想要创建一个跨平台、可移植的工具，就需要使用特定于操作系统的条件编译。

9.7.1　相同的行为模式

清单 9.11 给出了设置时间的两种实现（Windows 的和非 Windows 的）。这两种实现都遵循了一种相同的模式。

(1) 通过解析一个命令行参数,来创建一个 `DateTime<FixedOffset>` 值。FixedOffset(固定偏移时区)是由 chrono 提供的,作为"用户提供的任意时区"的一个代理。chrono 在编译时并不知道具体是哪个时区。

(2) 把 `DateTime<FixedOffset>` 转换为 `DateTime<Local>` 以启用时区的比较功能。

(3) 实例化特定于操作系统的结构体,在执行系统调用(系统调用是由操作系统提供的函数调用)时,这个结构体需要作为参数来使用。

(4) 在 `unsafe` 块中设置系统时间。在这里需要用到 `unsafe` 块,因为需要将设置时间的具体工作委托给操作系统。

(5) 输出更新后的时间。

> **警告** 这个代码段使用函数把系统时钟设置成另外的一个时间,这种时间上的跳跃有可能会导致系统的不稳定。

有些应用程序所期望的时间是单调递增的(而不希望出现这种突然的时间跳跃)。一种更聪明(也更复杂)的办法是,在 *n* 秒的范围内来调整秒的长度,直到得到所需要的时间为止。这些功能都会在 9.6.1 节介绍过的 `Clock` 结构体中实现。

9.7.2 给使用 libc 的操作系统来设置时间

给 POSIX 兼容(POSIX-compliant)的操作系统来设置时间,我们可以通过调用 `settimeofday()` 函数来实现,此函数是由 libc 提供的。libc 就是 C 标准库,它与 UNIX 操作系统有许多历史渊源。事实上,C 语言就是为了编写 UNIX 而开发出来的。即使是在今天,要与 UNIX 的各种衍生版本进行交互,仍然需要用到 C 语言所提供的各种工具。对 Rust 程序员来说,要理解清单 9.11 存在两个"心理障碍",我们将在接下来的几节内容中来解决这些问题。

- 由 libc 提供的一些晦涩难懂的类型。
- 不熟悉以指针的形式来提供参数。

1. libc 中类型命名的约定

libc 使用了与 Rust 不同的类型命名约定。libc 在表示一个类型时,没有使用帕斯卡命名法(Pascal-Case,也叫作大驼峰命名法),而是喜欢使用小写字母来表示。例如,在 Rust 中可能使用 `TimeVal` 来表示一个类型,而在 libc 中则会使用 `timeval`。在处理类型别名时,这个约定会略有变化。在 libc 中,类型别名会在原来的类型名称后面添加上一个下画线和一个字母 t(_t)。在下面的两个代码段中,展示了一些 libc 的类型导入,以及在 Rust 中构建的与之相对应的类型。

在清单 9.8 的第 64 行中,你会看到这样的代码:

```
libc::{timeval, time_t, suseconds_t};
```

这行代码导入的 3 种类型是一个结构体的定义,两个类型别名。在 Rust 中,定义这 3 种类型的代码是类似下面这样的：

```
#![allow(non_camel_case_types)]

type time_t = i64;
type suseconds_t = i64;

pub struct timeval {
    pub tv_sec: time_t,
    pub tv_usec: suseconds_t,
}
```

time_t 表示从纪元以来所经过的秒数，suseconds_t 表示当前秒数中的小数部分。

与时间保持有关的类型和函数，会涉及很多间接性的访问。这样处理代码是为了易于实现，也就是说，这为本地的实现者（硬件的设计者）提供了机会，可以根据他们的平台要求来改变他们的实现代码中的各个方面。这种做法的结果就是，到处都在使用类型别名，而不是坚持使用已定义的整数类型。

2. 对应非 Windows 的 clock 代码

libc 提供了一个方便的函数——settimeofday()，我们会在清单 9.8 中用到这个函数。在此项目的 Cargo.toml 文件中需要添加两行额外的内容，用来把 libc 绑定为对应非 Windows 平台的包：

```
[target.'cfg(not(windows))'.dependencies]  ◁────┐ 你可以把这两行内容添加到此文件的最后。
libc = "0.2"
```

清单 9.8 摘自清单 9.11，展示了如何使用 C 的标准库 libc 来设置时间。我们可以在 Linux、BSD 以及其他类似的操作系统中使用此清单中给出的代码。

清单 9.8　在 libc 环境中设置时间

```
62 #[cfg(not(windows))]
63 fn set<Tz: TimeZone>(t: DateTime<Tz>) -> () {
64    use libc::{timeval, time_t, suseconds_t};
65    use libc::{settimeofday, timezone }
66
67    let t = t.with_timezone(&Local);
68    let mut u: timeval = unsafe { zeroed() };
69
70    u.tv_sec = t.timestamp() as time_t;
71    u.tv_usec =
72      t.timestamp_subsec_micros() as suseconds_t;
73
74    unsafe {
75      let mock_tz: *const timezone = std::ptr::null();
76      settimeofday(&u as *const timeval, mock_tz);
77    }
78 }
```

settimeofday() 中的 timezone 参数似乎是某种"历史事故"，如果给的是非空值则会产生一个错误。

t 值是来自命令行的，并且经过了解析。

把特定于操作系统的导入代码放到对应的函数里面，这样做的好处是可以避免污染全局作用域。libc::settimeofday 是一个用来修改系统时钟的函数，而 suseconds_t、time_t、 `timeval` 和 `timezone` 都是用来和这个函数进行交互的类型。

这段代码"厚着脸皮"避开了对 `settimeofday()` 函数的调用是否成功的检查,而这可能是有危险的,这个函数的调用很有可能是不成功的。这个问题将会在 clock 程序的下一次迭代的版本中得到纠正。

9.7.3 在 Windows 上设置时间

对应于 Windows 的代码和 libc 的代码是类似的,但相对有点儿冗长,因为用来设置时间的这个结构体所需要的字段,除了秒(second)和亚秒(subsecond),还有其他许多字段。在 Windows 上,与 libc 大致相当的叫作 kernel32.dll,在包含 winapi 这个包以后就可以访问 kernel32.dll 提供的 API 了。

1. Windows API 中的各种整数类型

Windows 有自己的一套整数类型的叫法。在这段代码中只用到了 WORD 类型,但是记得另外两个常见的类型也是很有用的,这两个类型是在计算机开始使用 16 位的 CPU 以后才出现的。来自 kernel32.dll 中的一些整数类型和相对应的 Rust 类型如表 9.2 所示。

表 9.2　　　　　　　　　来自 kernel32.dll 中的一些整数类型和相对应的 Rust 类型

Windows 类型	Rust 类型	描述
WORD	u16	字,它的宽度就是一个 CPU"字"的宽度,在创建 Windows 的时候就定下来了
DWORD	u32	double word,双字
QWORD	u64	quadruple word,四字
LARGE_INTEGER	i64	被定义为支撑类型,让 32 位平台和 64 位平台能够共享代码
ULARGE_INTEGER	u64	LARGE_INTEGER 的无符号版本

2. 在 Windows 系统上表示时间

Windows 提供了多个时间类型。但是,在时钟程序中,我们最感兴趣的类型是 SYSTEMTIME,当然还有一个类型叫作 FILETIME。为了避免混淆,我们在表 9.3 中分别给出了这两种类型的描述。

表 9.3　　　　　　　　　　　　　　Windows 类型和 Rust 类型的描述

Windows 类型	Rust 类型	描述
SYSTEMTIME	winapi::SYSTEMTIME	包含的字段有年、月、周、日、时、分、秒和毫秒
FILETIME	winapi::FILETIME	与 libc::timeval 是类似的,包含秒和毫秒的字段。在微软的文档中警告说,在 64 位的平台上使用此类型,如果没有注意到细致的类型转换有可能会导致恼人的溢出错误,这就是我们在这里并没有采用这个类型的原因

3．针对 Windows 的 clock 代码

因为结构体 SYSTEMTIME 包含许多字段，所以生成一个该结构体的实例就需要更长一些的代码。清单 9.9 展示了这个结构体。

清单 9.9 使用 Windows 中的 kernel32.dll 的 API 来设置时间

```
19 #[cfg(windows)]
20 fn set<Tz: TimeZone>(t: DateTime<Tz>) -> () {
21   use chrono::Weekday;
22   use kernel32::SetSystemTime;
23   use winapi::{SYSTEMTIME, WORD};
24
25   let t = t.with_timezone(&Local);
26
27   let mut systime: SYSTEMTIME = unsafe { zeroed() };
28
29   let dow = match t.weekday() {
30     Weekday::Mon => 1,
31     Weekday::Tue => 2,
32     Weekday::Wed => 3,
33     Weekday::Thu => 4,
34     Weekday::Fri => 5,
35     Weekday::Sat => 6,
36     Weekday::Sun => 0,
37   };
38
39   let mut ns = t.nanosecond();
40   let mut leap = 0;
41   let is_leap_second = ns > 1_000_000_000;
42
43   if is_leap_second {
44     ns -= 1_000_000_000;
45     leap += 1;
46   }
47
48   systime.wYear = t.year() as WORD;
49   systime.wMonth = t.month() as WORD;
50   systime.wDayOfWeek = dow as WORD;
51   systime.wDay = t.day() as WORD;
52   systime.wHour = t.hour() as WORD;
53   systime.wMinute = t.minute() as WORD;
54   systime.wSecond = (leap + t.second()) as WORD;
55   systime.wMilliseconds = (ns / 1_000_000) as WORD;
56
57   let systime_ptr = &systime as *const SYSTEMTIME;
58
59   unsafe {
60     SetSystemTime(systime_ptr);
61   }
62 }
```

> chrono::Datelike trait 提供了 weekday() 方法。在微软的开发者文档中给出了转换表。

> 作为实现细节，在 chrono 中表示闰秒是通过在纳秒字段中添加额外的一秒来实现的。要把纳秒转换为 Windows 所要求的毫秒，我们就必须要考虑到这一点。

> 从 Rust 编译器的角度来看，让其他的某些东西能够直接访问到内存是不安全的。Rust 并不能保证 Windows 内核将会有良好的行为表现。

9.7.4 clock v0.1.2：完整的清单

clock v0.1.2 项目的目录结构，和 clock v0.1.1 的目录结构是一样的，如下所示。要创建出特定于平台的行为，就需要在 Cargo.toml 中做一些调整。

```
clock
├──── Cargo.toml    ◁─────  见清单 9.10。
└──── src
      └──── main.rs ◁─────  见清单 9.11。
```

清单 9.10 和清单 9.11 给出了此项目完整的源代码。相关文件分别是 ch9/ch9-clock0/Cargo.toml 和 ch9/ch9-clock0/src/main.rs。

清单 9.10　清单 9.11 的 crate 配置项

```
[package]
name = "clock"
version = "0.1.2"
authors = ["Tim McNamara <author@rustinaction.com>"]
edition = "2018"

[dependencies]
chrono = "0.4"
clap = "2"

[target.'cfg(windows)'.dependencies]
winapi = "0.2"
kernel32-sys = "0.2"

[target.'cfg(not(windows))'.dependencies]
libc = "0.2"
```

清单 9.11　以跨平台的方式设置系统时间

```
 1 #[cfg(windows)]
 2 use kernel32;
 3 #[cfg(not(windows))]
 4 use libc;
 5 #[cfg(windows)]
 6 use winapi;
 7
 8 use chrono::{DateTime, Local, TimeZone};
 9 use clap::{App, Arg};
10 use std::mem::zeroed;
11
12 struct Clock;
13
14 impl Clock {
15   fn get() -> DateTime<Local> {
16     Local::now()
17   }
18
```

```
19   #[cfg(windows)]
20   fn set<Tz: TimeZone>(t: DateTime<Tz>) -> () {
21     use chrono::Weekday;
22     use kernel32::SetSystemTime;
23     use winapi::{SYSTEMTIME, WORD};
24
25     let t = t.with_timezone(&Local);
26
27     let mut systime: SYSTEMTIME = unsafe { zeroed() };
28
29     let dow = match t.weekday() {
30       Weekday::Mon => 1,
31       Weekday::Tue => 2,
32       Weekday::Wed => 3,
33       Weekday::Thu => 4,
34       Weekday::Fri => 5,
35       Weekday::Sat => 6,
36       Weekday::Sun => 0,
37     };
38
39     let mut ns = t.nanosecond();
40     let is_leap_second = ns > 1_000_000_000;
41
42     if is_leap_second {
43       ns -= 1_000_000_000;
44     }
45
46     systime.wYear = t.year() as WORD;
47     systime.wMonth = t.month() as WORD;
48     systime.wDayOfWeek = dow as WORD;
49     systime.wDay = t.day() as WORD;
50     systime.wHour = t.hour() as WORD;
51     systime.wMinute = t.minute() as WORD;
52     systime.wSecond = t.second() as WORD;
53     systime.wMilliseconds = (ns / 1_000_000) as WORD;
54
55     let systime_ptr = &systime as *const SYSTEMTIME;
56
57     unsafe {
58       SetSystemTime(systime_ptr);
59     }
60   }
61
62   #[cfg(not(windows))]
63   fn set<Tz: TimeZone>(t: DateTime<Tz>) -> () {
64       use libc::{timeval, time_t, suseconds_t};
65   use libc::{settimeofday, timezone};
66
67     let t = t.with_timezone(&Local);
68     let mut u: timeval = unsafe { zeroed() };
69
70     u.tv_sec = t.timestamp() as time_t;
71     u.tv_usec =
72       t.timestamp_subsec_micros() as suseconds_t;
```

```
73
74    unsafe {
75      let mock_tz: *const timezone = std::ptr::null();
76      settimeofday(&u as *const timeval, mock_tz);
77    }
78  }
79 }
80
81 fn main() {
82   let app = App::new("clock")
83     .version("0.1.2")
84     .about("Gets and (aspirationally) sets the time.")
85     .after_help(
86       "Note: UNIX timestamps are parsed as whole \
87        seconds since 1st January 1970 0:00:00 UTC. \
88        For more accuracy, use another format.",
89     )
90     .arg(
91       Arg::with_name("action")
92         .takes_value(true)
93         .possible_values(&["get", "set"])
94         .default_value("get"),
95     )
96     .arg(
97       Arg::with_name("std")
98         .short("s")
99         .long("use-standard")
100        .takes_value(true)
101        .possible_values(&[
102          "rfc2822",
103          "rfc3339",
104          "timestamp",
105        ])
106        .default_value("rfc3339"),
107    )
108    .arg(Arg::with_name("datetime").help(
109      "When <action> is 'set', apply <datetime>. \
110       Otherwise, ignore.",
111    ));
112
113  let args = app.get_matches();
114
115  let action = args.value_of("action").unwrap();
116  let std = args.value_of("std").unwrap();
117
118  if action == "set" {
119    let t_ = args.value_of("datetime").unwrap();
120
121    let parser = match std {
122      "rfc2822" => DateTime::parse_from_rfc2822,
123      "rfc3339" => DateTime::parse_from_rfc3339,
124      _ => unimplemented!(),
125    };
126
```

```
127      let err_msg = format!(
128        "Unable to parse {} according to {}",
129        t_, std
130      );
131      let t = parser(t_).expect(&err_msg);
132
133      Clock::set(t)
134    }
135
136    let now = Clock::get();
137
138    match std {
139      "timestamp" => println!("{}", now.timestamp()),
140      "rfc2822" => println!("{}", now.to_rfc2822()),
141      "rfc3339" => println!("{}", now.to_rfc3339()),
142      _ => unreachable!(),
143    }
144 }
```

9.8   改善错误处理

那些与操作系统打过交道的读者，可能会对 9.7 节中的某些代码感到失望，例如，这些代码并没有检查对 settimeofday() 和 SetSystemTime() 的调用是否真的成功了。

有多种原因都有可能会导致设置时间的操作是失败的。最明显的一个原因就是，尝试设置时间的这个用户并没有执行这个操作的权限。有一种更健壮的方法，就是让 Clock::set(t) 返回 Result。因为这涉及需要修改两个函数，而且这两个函数我们已经花时间深入地讲解过，因此，让我们来介绍一种变通的替代方法，这种方法需要用到操作系统的错误报告：

```
fn main() {
  // ...
  if action == "set" {
    // ...

    Clock::set(t);                              通过解构 Rust 类型 maybe_error，将其转换为一个容
                                                易匹配的原生 i32 的值。
    let maybe_error =
      std::io::Error::last_os_error();   ◄───
    let os_error_code =
      &maybe_error.raw_os_error();       ◄───

                                         在一个原生的整数上进行匹配，可以节省导入枚举体的代码，但是牺牲
    match os_error_code {                了类型安全性。不应该在生产环境的代码中使用这种"作弊"的方式。
      Some(0) => (),                     ◄───
      Some(_) => eprintln!("Unable to set the time: {:?}", maybe_error),
      None => (),
    }
  }
}
```

在调用了 `Clock::set(t)` 之后, Rust 会很乐意地通过 `std::io::Error::last_os_error()` 来与操作系统进行对话。进行这样的调整以后, Rust 就可以检查是否产生了错误码。

9.9 clock v0.1.3: 使用 NTP 来解决时钟之间的差异

针对正确的时间而达成一致性, 这种操作的正式名称叫作时钟同步。在时钟同步方面, 存在多个国际标准。本节将会重点介绍其中最为著名的一个国际标准, 那就是 NTP (网络时间协议)。

从 20 世纪 80 年代中期开始, NTP 就已经存在, 而且事实证明它是非常稳定的。在此协议的前 4 次修订中, 它的网络传输格式从没有改变过, 一直保持着向后的兼容性。NTP 有两种运行模式, 可以大致地描述为始终在线和请求/响应。

始终在线的模式, 允许多台计算机以点对点的方式工作, 收敛到一个一致赞同的当前时间上, 这个经过了事先商定的当前时间点也就是关于现在 (now) 的定义。这种模式会要求, 在每个设备上都存在一个持续运行的软件守护程序或者服务。虽然存在这样的特殊要求, 但是这种模式是能够实现在局域网内的严格同步的。

相比来说, 请求/响应的模式就要简单许多。本地客户端会发送一条消息来请求时间, 然后解析返回的响应, 通过这种方式来保持对流逝时间的跟踪。然后, 客户端会把原有的时间戳和服务器发来的时间戳进行比较, 此外还要考虑网络延迟等因素所导致的任何时延, 来做出一些必要的调整, 从而让本地时钟向服务器时间的方向靠拢。

你的计算机应该连接到哪台服务器上去同步时间呢? NTP 是通过建立一个层级结构来工作的。位于这个层级结构的中心的, 是一个小型的原子时钟网络。在这个小型网络中也包括一些国家级的时间服务器池。

NTP 允许客户端向更接近原子时钟的那些计算机去请求时间, 但这也只帮我们解决了其中的一部分问题。让我们来假定, 你的计算机向其他 10 台计算机去询问, 它们所认为的现在的时间。那么, 现在我们就有了针对当前时间的 10 条认定信息, 而且其中每一个来源处的网络延迟情况都会是有差异的!

9.9.1 发送 NTP 请求并解析响应

让我们来考虑一下, 在一个客户端-服务器的场景中, 你想让计算机校正自己的时间。

对于你要与之核对时间的每台计算机 (让我们称之为时间服务器), 都会有这样两条消息。

- 从计算机发送给每台时间服务器的消息, 叫作请求。
- 从时间服务器上回复的应答消息, 叫作响应。

在这两条消息中, 一共会产生 4 个时间点。注意, 这些时间点是按如下顺序出现的。

- T_1: 当发送请求时，客户端的时间戳。在代码中用 t1 表示。
- T_2: 当收到请求时，时间服务器的时间戳。在代码中用 t2 表示。
- T_3: 当发送响应时，时间服务器的时间戳。在代码中用 t3 表示。
- T_4: 当收到响应时，客户端的时间戳。在代码中用 t4 表示。

$T_1 \sim T_4$ 的这几个名称，是 RFC 2030 规范所指定的。图 9.3 展示了这几个时间戳。

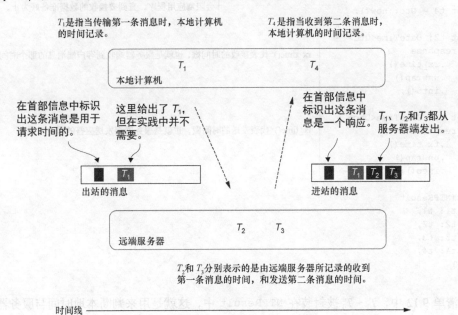

图 9.3 在 NTP 标准中定义的时间戳

要想了解上面所讲的这些内容在代码中是如何来实现的，你需要花一些时间来查看清单 9.12。第 4~14 行代码建立了一个连接，第 16~34 行代码产生了 $T_1 \sim T_4$。

清单 9.12 定义一个发送 NTP 消息的函数

```
1 fn ntp_roundtrip(
2   host: &str,
3   port: u16,
4 ) -> Result<NTPResult, std::io::Error> {
5   let destination = format!("{}:{}", host, port);
6   let timeout = Duration::from_secs(1);
7
8   let request = NTPMessage::client();
9   let mut response = NTPMessage::new();
10
11  let message = request.data;
12
13  let udp = UdpSocket::bind(LOCAL_ADDR)?;
```

```
14    udp.connect(&destination).expect("unable to connect");
15
16    let t1 = Utc::now();  ◁─────
17
18    udp.send(&message)?;
19    udp.set_read_timeout(Some(timeout))?;
20    udp.recv_from(&mut response.data)?;  ◁─────
21
22    let t4 = Utc::now();
23
24    let t2: DateTime<Utc> =
25      response
26        .rx_time()
27        .unwrap()
28        .into();
29
30    let t3: DateTime<Utc> =
31      response
32        .tx_time()
33        .unwrap()
34        .into();
35
36    Ok(NTPResult {
37      t1: t1,
38      t2: t2,
39      t3: t3,
40      t4: t4,
41    })
42 }
```

这行代码稍微有点 "作弊"，它并没有把 t1 编码到出站消息中。然而，在实践上，这样也可以很好地运行，而且需要做的工作量也会少很多。

向服务器端发送一个请求的有效载荷（在其他地方定义的）。

会阻塞应用程序，直到要接收的数据准备好为止。

rx_time() 代表接收的时间戳，也就是服务器端收到客户端消息的那个时间。

tx_time() 代表发送的时间戳，也就是服务器端发送应答的那个时间。

在清单 9.12 中，$T_1 \sim T_4$ 被封装在 NTPResult 中，这就是用来判断本地时间与服务器时间是否匹配所需要的全部信息。此协议中还包含更多的与错误处理有关的东西，但是简单起见，在这里就不再介绍了。否则，如果继续展开这部分内容，程序就真的成了一个有完全能力的 NTP 客户端。

9.9.2　依据服务器的响应来调整本地时间

假定客户端程序已经收到至少一个（希望还有更多）NTP 的响应，接下来要做的就是计算出 "正确" 的时间。但是，究竟哪个时间才是正确的呢？我们现在得到的这些都只是相对的时间戳。这些时间戳都还不是那个普遍的 "真相"（那个正确的时间）。

> **注意**　对于那些不喜欢希腊字母的读者，可以略读接下来的几段内容，甚至可以直接跳过这几段。

NTP 的文档提供了两个公式，可以帮助我们解决这个问题。我们的目标是要计算出两个值。表 9.4 展示了这两个计算公式。

■　时间的偏移量是我们最终感兴趣的地方。在官方的文档中用符号 θ（theta）来表示。如果 θ 是正数，则表示时钟走快了；如果 θ 为负数，则表示时钟走慢了。

■　网络拥塞、网络延迟和其他的一些噪音干扰，都会造成网络传输上的时间延迟。这个
时间延迟，用符号 δ（delta）来表示。如果 δ 的值是一个很大的数，则意味着读取到
的这个时间数据可靠性较低。在代码中会使用这个值，这让我们能够只遵循那些响应
速度很快的服务器。

表 9.4　　　　　　　　　　　　　　　　如何计算 NTP 中的 δ 和 θ

$\delta = (T_4 - T_1) - (T_3 - T_2)$	$(T_4 - T_1)$ 计算的是在客户端消耗的总时间。$(T_3 - T_2)$ 计算的是在服务器端消耗的总时间。这两个时间的差值，也就是 δ，表示的是两端的时钟时间差异的估计量，还要再加上网络传输和处理上的时间延迟。
$\theta = ((T_2 - T_1) + (T_4 - T_3)) / 2$	我们取这两对时间戳的平均值

这些数学计算可能会让人感到困惑，因为人们总是有一种与生俱来的愿望，想知道时间究
竟是几点。然而这是不可能知道的。我们有的只是时间上的认定信息。

NTP 被设计为每天会多次运行，随着时间的推移，相关的参与者会逐步地调整其时钟。假
定在经过了充分的时间调整以后，θ 会趋近于 0，而 δ 则会保持相对稳定。

NTP 标准针对进行这个调整的公式有着相当明确的规定。举例来说，在 NTP 标准给出的
参考实现中包括一些有用的过滤功能，能够限制由那些具有不良行为的参与者（时间服务器）
以及其他一些虚假的结果所带来的影响。但是在这件事上，我们将会"作个弊"。我们只获取
这个差值的一个加权平均结果，用 $1/\theta^2$ 来作为权重值。这样做的效果就是，极大地惩罚了那些
速度较慢的时间服务器。为了尽量地降低出现任何负面结果的可能性，还有如下措施。

■　我们会使用那些已知的"好"的参与者（时间服务器）来核对时间。尤其是，我们将
会使用由那些主要的操作系统供应商和其他一些可靠来源所提供的时间服务器，这样
做就可以尽量地减少服务器向我们发送可疑结果这种可能性。

■　不要让某个单个结果对最终结果产生过大的影响。针对给本地时间所做出的任何调整，
我们将会设置一个 200ms 的上限值。

清单 9.13 摘自清单 9.15，展示了依据多个时间服务器的响应结果来调整本地时间的
过程。

清单 9.13　依据多个时间服务器的响应结果来调整本地时间

```
175 fn check_time() -> Result<f64, std::io::Error> {
176   const NTP_PORT: u16 = 123;
177
178   let servers = [
179     "time.nist.███",
180     "time.apple.███",
181     "time.euro.apple.███",
182     "time.google.███",
183     "time2.google.███",
184   / /"time.windows.███",
185   ];
```

谷歌的时间服务器，是通过扩大一秒的长度而不是增加额外的一秒来实现闰秒
的。所以，大约每 18 个月就会有一天，此服务器所报告的时间会与其他服务
器不同。

在撰写本书时，微软的时间服务器所提供的时间要比其他的服务器提前了
15s。

```
186
187   let mut times = Vec::with_capacity(servers.len());
188
189   for &server in servers.iter() {
190     print!("{} =>", server);
191
192     let calc = ntp_roundtrip(&server, NTP_PORT);
193
194     match calc {
195       Ok(time) => {
196         println!(" {}ms away from local system time", time.offset());
197         times.push(time);
198       }
199       Err(_) => {
200         println!(" ? [response took too long]")
201       }
202     };
203   }
204
205   let mut offsets = Vec::with_capacity(servers.len());
206   let mut offset_weights = Vec::with_capacity(servers.len());
207
208   for time in &times {
209     let offset = time.offset() as f64;
210     let delay = time.delay() as f64;
211
212     let weight = 1_000_000.0 / (delay * delay);  ◁────────┐  通过大幅降低其权重，来对那些
213     if weight.is_finite() {                                │  慢速服务器进行惩罚。
214       offsets.push(offset);
215       offset_weights.push(weight);
216     }
217   }
218
219   let avg_offset = weighted_mean(&offsets, &offset_weights);
220
221   Ok(avg_offset)
222 }
```

9.9.3　在使用了不同的精度和纪元的时间表示法之间进行转换

要在 chrono 软件包中表示一秒的小数部分，可以精确到纳秒的级别，而使用 NTP 是可以表示出相差大约 250ps（皮秒）的时间的。也就是说，NTP 的精度差不多是 chrono 的 4 倍！不同的时间表示法在其内部表示形式上的这些差异，也意味着在进行相互转换时有可能会损失一定的精度。

要向 Rust 表达出在两种类型之间存在可以转换的关系，就需要用到一种机制，即 From trait。From 提供了 from() 方法。一般来说，Rust 程序员在其职业生涯的早期就会使用到这个 trait，比如 String::from("Hello world!")。

　　清单 9.14 摘自清单 9.15 中的 3 段摘要，展示了实现 std::convert::From trait 的代码。有了这些代码，我们就可以执行 .into() 的调用，就像清单 9.12 中的第 28 行和第 34 行所示的那样。

清单 9.14　在 chrono::DateTime 和 NTP 时间戳之间进行转换

```
19 const NTP_TO_UNIX_SECONDS: i64 = 2_208_988_800;←    1900 年 1 月 1 日和 1970 年 1 月 1 日之
22 #[derive(Default,Debug,Copy,Clone)]                 间的秒数。
23 struct NTPTimestamp {
24   seconds: u32,          内部类型，用来表示一个 NTP 的时间戳。
25   fraction: u32,
26 }

52 impl From<NTPTimestamp> for DateTime<Utc> {
53   fn from(ntp: NTPTimestamp) -> Self {
54     let secs = ntp.seconds as i64 - NTP_TO_UNIX_SECONDS;
55     let mut nanos = ntp.fraction as f64;
56     nanos *= 1e9;
57     nanos /= 2_f64.powi(32);
58
59     Utc.timestamp(secs, nanos as u32)       你可以使用移位操作
60   }                                          来实现这些转换,但是
61 }                                            那样做也会降低一些
62                                              代码的可读性。
63 impl From<DateTime<Utc>> for NTPTimestamp {
64   fn from(utc: DateTime<Utc>) -> Self {
65     let secs = utc.timestamp() + NTP_TO_UNIX_SECONDS;
66     let mut fraction = utc.nanosecond() as f64;
67     fraction *= 2_f64.powi(32);
68     fraction /= 1e9;
69
70     NTPTimestamp {
71       seconds: secs as u32,
72       fraction: fraction as u32,
73     }
74   }
75 }
```

　　From 也存在一个与其对等的、反向转换的 trait，就是 Into。实现了 From 以后，允许 Rust 自动生成一个 Into 的实现，但有一些高级的情况是例外的。在这些例外的情况下，开发人员很可能已经掌握了手动实现 Into 的知识，所以在这一点上可能不再需要 Rust 的帮助了。

9.9.4　clock v0.1.3：完整的清单

　　清单 9.15（参见 ch9/ch9-clock3/src/main.rs）给出了时钟应用程序的完整代码。整体来看，整个的时钟应用程序看起来相当长，而且很酷。希望在这个清单中没有需要你再花时间消化的、新的 Rust 语法！

清单 9.15 一个名为 clock 的命令行 NTP 客户端，此应用程序的完整代码

```
 1 #[cfg(windows)]
 2 use kernel32;
 3 #[cfg(not(windows))]
 4 use libc;
 5 #[cfg(windows)]
 6 use winapi;
 7
 8 use byteorder::{BigEndian, ReadBytesExt};
 9 use chrono::{
10   DateTime, Duration as ChronoDuration, TimeZone, Timelike,
11 };
12 use chrono::{Local, Utc};
13 use clap::{App, Arg};
14 use std::mem::zeroed;
15 use std::net::UdpSocket;
16 use std::time::Duration;
17
18 const NTP_MESSAGE_LENGTH: usize = 48;
19 const NTP_TO_UNIX_SECONDS: i64 = 2_208_988_800;
20 const LOCAL_ADDR: &'static str = "0.0.0.0:12300";
21
22 #[derive(Default, Debug, Copy, Clone)]
23 struct NTPTimestamp {
24   seconds: u32,
25   fraction: u32,
26 }
27
28 struct NTPMessage {
29   data: [u8; NTP_MESSAGE_LENGTH],
30 }
31
32 #[derive(Debug)]
33 struct NTPResult {
34   t1: DateTime<Utc>,
35   t2: DateTime<Utc>,
36   t3: DateTime<Utc>,
37   t4: DateTime<Utc>,
38 }
39
40 impl NTPResult {
41   fn offset(&self) -> i64 {
42     let duration = (self.t2 - self.t1) + (self.t4 - self.t3);
43     duration.num_milliseconds() / 2
44   }
45
46   fn delay(&self) -> i64 {
47     let duration = (self.t4 - self.t1) - (self.t3 - self.t2);
48     duration.num_milliseconds()
49   }
50 }
51
52 impl From<NTPTimestamp> for DateTime<Utc> {
```

> 12×4 字节（12 个 32 位整数的宽度）。

> 12300 是 NTP 默认的端口。

```
53    fn from(ntp: NTPTimestamp) -> Self {
54      let secs = ntp.seconds as i64 - NTP_TO_UNIX_SECONDS;
55      let mut nanos = ntp.fraction as f64;
56      nanos *= 1e9;
57      nanos /= 2_f64.powi(32);
58
59      Utc.timestamp(secs, nanos as u32)
60    }
61  }
62
63  impl From<DateTime<Utc>> for NTPTimestamp {
64    fn from(utc: DateTime<Utc>) -> Self {
65      let secs = utc.timestamp() + NTP_TO_UNIX_SECONDS;
66      let mut fraction = utc.nanosecond() as f64;
67      fraction *= 2_f64.powi(32);
68      fraction /= 1e9;
69
70      NTPTimestamp {
71        seconds: secs as u32,
72        fraction: fraction as u32,
73      }
74    }
75  }
76
77  impl NTPMessage {
78    fn new() -> Self {
79      NTPMessage {
80        data: [0; NTP_MESSAGE_LENGTH],
81      }
82    }
83
84    fn client() -> Self {
85      const VERSION: u8 = 0b00_011_000;
86      const MODE: u8 = 0b00_000_011;
87
88      let mut msg = NTPMessage::new();
89
90      msg.data[0] |= VERSION;
91      msg.data[0] |= MODE;
92      msg                              ◄──────┐
93    }
94
95    fn parse_timestamp(
96      &self,
97      i: usize,
98    ) -> Result<NTPTimestamp, std::io::Error> {
99      let mut reader = &self.data[i..i + 8];    ◄────
100     let seconds    = reader.read_u32::<BigEndian>()?;
101     let fraction   = reader.read_u32::<BigEndian>()?;
102
103     Ok(NTPTimestamp {
104       seconds: seconds,
105       fraction: fraction,
106     })
```

下画线隔开了 NTP 的各个字段：闰秒标志（占 2 位）、版本（占 3 位）以及模式（占 3 位）。

每个 NTP 消息的第一个字节都包含 3 个字段，但是我们只需设置其中的两个。

现在，msg.data[0] 等于 0001_1011（十进制的 27）。

获取一个首字节的切片。

```
107    }
108
109    fn rx_time(
110      &self
111    ) -> Result<NTPTimestamp, std::io::Error> {
112      self.parse_timestamp(32)
113    }
114
115    fn tx_time(
116      &self
117    ) -> Result<NTPTimestamp, std::io::Error> {
118      self.parse_timestamp(40)
119    }
120 }
121
122 fn weighted_mean(values: &[f64], weights: &[f64]) -> f64 {
123    let mut result = 0.0;
124    let mut sum_of_weights = 0.0;
125
126    for (v, w) in values.iter().zip(weights) {
127      result += v * w;
128      sum_of_weights += w;
129    }
130
131    result / sum_of_weights
132 }
133
134 fn ntp_roundtrip(
135    host: &str,
136    port: u16,
137 ) -> Result<NTPResult, std::io::Error> {
138    let destination = format!("{}:{}", host, port);
139    let timeout = Duration::from_secs(1);
140
141    let request = NTPMessage::client();
142    let mut response = NTPMessage::new();
143
144    let message = request.data;
145
146    let udp = UdpSocket::bind(LOCAL_ADDR)?;
147    udp.connect(&destination).expect("unable to connect");
148
149    let t1 = Utc::now();
150
151    udp.send(&message)?;
152    udp.set_read_timeout(Some(timeout))?;
153    udp.recv_from(&mut response.data)?;
154    let t4 = Utc::now();
155
156    let t2: DateTime<Utc> =
157      response
158        .rx_time()
159        .unwrap()
160        .into();
```

rx 代表接收。

tx 代表发送。

```
161    let t3: DateTime<Utc> =
162      response
163        .tx_time()
164        .unwrap()
165        .into();
166
167    Ok(NTPResult {
168      t1: t1,
169      t2: t2,
170      t3: t3,
171      t4: t4,
172    })
173 }
174
175 fn check_time() -> Result<f64, std::io::Error> {
176    const NTP_PORT: u16 = 123;
177
178    let servers = [
179      "time.nist.███",
180      "time.apple.███",
181      "time.euro.apple.███",
182      "time.google.███",
183      "time2.google.███",
184      //"time.windows.███",
185    ];
186
187    let mut times = Vec::with_capacity(servers.len());
188
189    for &server in servers.iter() {
190      print!("{} =>", server);
191
192      let calc = ntp_roundtrip(&server, NTP_PORT);
193
194      match calc {
195        Ok(time) => {
196          println!(" {}ms away from local system time", time.offset());
197          times.push(time);
198        }
199        Err(_) => {
200          println!(" ? [response took too long]")
201        }
202      };
203    }
204
205    let mut offsets = Vec::with_capacity(servers.len());
206    let mut offset_weights = Vec::with_capacity(servers.len());
207
208    for time in &times {
209      let offset = time.offset() as f64;
210      let delay = time.delay() as f64;
211
212      let weight = 1_000_000.0 / (delay * delay);
213      if weight.is_finite() {
214        offsets.push(offset);
```

```
215      offset_weights.push(weight);
216    }
217  }
218
219  let avg_offset = weighted_mean(&offsets, &offset_weights);
220
221  Ok(avg_offset)
222 }
223
224 struct Clock;
225
226 impl Clock {
227   fn get() -> DateTime<Local> {
228    Local::now()
229   }
230
231   #[cfg(windows)]
232   fn set<Tz: TimeZone>(t: DateTime<Tz>) -> () {
233     use chrono::Weekday;
234     use kernel32::SetSystemTime;
235     use winapi::{SYSTEMTIME, WORD};
236
237     let t = t.with_timezone(&Local);
238
239     let mut systime: SYSTEMTIME = unsafe { zeroed() };
240
241     let dow = match t.weekday() {
242       Weekday::Mon => 1,
243       Weekday::Tue => 2,
244       Weekday::Wed => 3,
245       Weekday::Thu => 4,
246       Weekday::Fri => 5,
247       Weekday::Sat => 6,
248       Weekday::Sun => 0,
249     };
250
251     let mut ns = t.nanosecond();
252     let is_leap_second = ns > 1_000_000_000;
253
254     if is_leap_second {
255       ns -= 1_000_000_000;
256     }
257
258     systime.wYear = t.year() as WORD;
259     systime.wMonth = t.month() as WORD;
260     systime.wDayOfWeek = dow as WORD;
261     systime.wDay = t.day() as WORD;
262     systime.wHour = t.hour() as WORD;
263     systime.wMinute = t.minute() as WORD;
264     systime.wSecond = t.second() as WORD;
265     systime.wMilliseconds = (ns / 1_000_000) as WORD;
266
267     let systime_ptr = &systime as *const SYSTEMTIME;
268     unsafe {
```

```
269        SetSystemTime(systime_ptr);
270      }
271    }
272
273    #[cfg(not(windows))]
274    fn set<Tz: TimeZone>(t: DateTime<Tz>) -> () {
275      use libc::settimeofday;
276      use libc::{suseconds_t, time_t, timeval, timezone};
277
278      let t = t.with_timezone(&Local);
279      let mut u: timeval = unsafe { zeroed() };
280
281      u.tv_sec = t.timestamp() as time_t;
282      u.tv_usec = t.timestamp_subsec_micros() as suseconds_t;
283
284      unsafe {
285        let mock_tz: *const timezone = std::ptr::null();
286        settimeofday(&u as *const timeval, mock_tz);
287      }
288    }
289  }
290
291  fn main() {
292    let app = App::new("clock")
293      .version("0.1.3")
294      .about("Gets and sets the time.")
295      .after_help(
296        "Note: UNIX timestamps are parsed as whole seconds since 1st \
297         January 1970 0:00:00 UTC. For more accuracy, use another \
298         format.",
299      )
300      .arg(
301      Arg::with_name("action")
302      .takes_value(true)
303      .possible_values(&["get", "set", "check-ntp"])
304      .default_value("get"),
305      )
306      .arg(
307        Arg::with_name("std")
308          .short("s")
309          .long("use-standard")
310          .takes_value(true)
311          .possible_values(&["rfc2822", "rfc3339", "timestamp"])
312          .default_value("rfc3339"),
313      )
314      .arg(Arg::with_name("datetime").help(
315        "When <action> is 'set', apply <datetime>. Otherwise, ignore.",
316      ));
317
318    let args = app.get_matches();
319
320    let action = args.value_of("action").unwrap();
321    let std = args.value_of("std").unwrap();
322
```

```
323  if action == "set" {
324    let t_ = args.value_of("datetime").unwrap();
325
326    let parser = match std {
327      "rfc2822" => DateTime::parse_from_rfc2822,
328      "rfc3339" => DateTime::parse_from_rfc3339,
329      _ => unimplemented!(),
330    };
331
332    let err_msg =
333      format!("Unable to parse {} according to {}", t_, std);
334    let t = parser(t_).expect(&err_msg);
335
336    Clock::set(t);
337
338  } else if action == "check-ntp" {
339    let offset = check_time().unwrap() as isize;
340
341    let adjust_ms_ = offset.signum() * offset.abs().min(200) / 5;
342    let adjust_ms = ChronoDuration::milliseconds(adjust_ms_ as i64);
343
344    let now: DateTime<Utc> = Utc::now() + adjust_ms;
345
346    Clock::set(now);
347  }
348
349  let maybe_error =
350    std::io::Error::last_os_error();
351  let os_error_code =
352    &maybe_error.raw_os_error();
353
354  match os_error_code {
355    Some(0) => (),
356    Some(_) => eprintln!("Unable to set the time: {:?}", maybe_error),
357    None => (),
358  }
359
360  let now = Clock::get();
361
362  match std {
363    "timestamp" => println!("{}", now.timestamp()),
364    "rfc2822" => println!("{}", now.to_rfc2822()),
365    "rfc3339" => println!("{}", now.to_rfc3339()),
366    _ => unreachable!(),
367  }
368 }
```

本章小结

■ 要跟踪流逝的时间是很困难的。数字时钟最终依靠的还是来自模拟系统中的那些模糊的信号。

- 要表示时间是很困难的。各种库和标准对所需的精度和作为开始的时间点各有不同的意见。

- 在一个分布式系统中，要确立一个事实的真相是很困难的。尽管我们不断地在"欺骗"自己，但实际上并不存在一个单一的仲裁者，能够决定现在的准确时间是多少。我们所能期望的最好的结果就是，在网络中，所有计算机在距离上是相当接近的。

- 一个没有字段的结构体类型，被称为一个零大小类型，或者简称为 ZST。这种类型在生成的应用程序中不会占用任何内存，纯粹是一种在编译期才会存在的构造。

- 使用 Rust 创建跨平台的应用程序是可能的。要添加特定于平台的函数实现就需要准确地使用 cfg 注解，然而这还是可以做到的。

- 当需要与外部的库进行对接时，比如由操作系统提供的 API，几乎总是需要一个类型转换的步骤。然而 Rust 的类型系统并没有延伸到那些不是由 Rust 创建出的库中！

- 系统调用是用来对操作系统进行函数调用的。这会引起在操作系统、CPU 和应用程序之间的复杂的交互。

- 在 Windows API 中通常会使用冗长的帕斯卡命名法来命名标识符，而来自 POSIX 传统中的那些操作系统通常会使用简洁的小写标识符。

- 在对纪元和时区等术语的含义做出假设时需要准确。表象的下面往往存在隐藏着的背景内容。

- 时间可以倒退。如果不能确保向操作系统请求到的是一个单调递增的时钟，就不要编写一个依赖于单调递增时间的应用程序。

第 10 章 进程、线程和容器

本章主要内容

- Rust 中的并发编程。
- 如何区分进程、线程和容器。
- 通道和消息传递。
- 任务队列。

到目前为止，本书几乎完全回避了系统编程中两个基本的术语——线程和进程，而只用了"程序"这个术语。在本章中，我们将会扩展词汇表。

进程、线程和容器，是为了让多个任务能够同时进行而创建出来的抽象概念。有了这些抽象概念，我们就可以实现并发（concurrency）。与并发对等的还有一个概念，叫作并行（parallelism），并行所表示的含义是，能够同时使用多个物理的 CPU 内核。

与直觉相反的是，在单个 CPU 内核上是有可能有一个并发的系统的。由于从内存中或者从 I/O 中访问数据需要很长时间，因此可以把请求数据的线程设置为阻塞（blocked）的状态。如果被阻塞的线程中有数据可用，将再次对其进行调度。

并发，或者说同时做多件事的能力，是很难引入计算机的程序的。要想有效地运用并发，会涉及一些新的概念和新的语法。

本章有一个目标，就是让你能够有信心去探索针对更高级内容的那些资料。本章会讲解一些重要的工具。作为一名应用程序的程序员，你将会对这些可以拿来即用的不同工具有更深入的理解。本章还介绍了标准库和精心设计的 crossbeam 包和 rayon 包。本章内容能教你使用这些工具，但是并没有为你提供足够多的背景知识来助你实现自己的并发包。下面列出了本章的内容大纲。

- 10.1 节将介绍 Rust 的闭包语法。闭包又叫作匿名函数或 lambda 函数。在 Rust 中这个语法是很重要的，因为在标准库中以及在许多（也许是全部）外部软件包中都会依赖这个语法来支持 Rust 的并发模型。

- 10.2 节将给出一个创建新线程的快速教程。你将了解到线程是什么，以及如何创建或者产生（spawn）新的线程。我们还会讨论为什么程序员会遭到警告——不要创建数以万计那么多的线程。

- 10.3 节将讲解函数与闭包的区别。在其他语言中，这两个概念往往是不会特意区分的，所以新手 Rust 程序员很可能会把这两个概念混淆，而这就可能会成为一个困惑之源。

- 10.4 节会给出一个大型的项目。随着这个项目的推进，你将使用多个策略来实现一个多线程的解析器以及一个代码生成器。除此之外，你还会在此过程中创建出程式化的艺术。

- 本章的最后将给出其他一些并发形式的概述，其中包括进程以及容器。

10.1　匿名函数

本章涉及的新知识点相当多，所以让我们先用一些基本语法和实际的示例，来快速介绍一些要点。稍后，我们会再回过头来补上这些概念性的、理论性的内容。

线程以及其他形式的并发代码，都会用到一种特殊形式的函数定义，而且我们在本书的大多数章节中都特意地避开了这类函数形式的使用。现在就让我们来看一看这种特殊的函数形式。作为对比，下面先给出一个普通的函数定义：

```
fn add(a: i32, b: i32) -> i32 {
    a + b
}
```

与其（大致）等价的 lambda 函数如下所示：

```
let add = |a,b| { a + b };
```

lambda 函数的语法形式，是使用一对竖线（|……|），后面再紧跟着一对花括号来表示的。这两个竖线里面是让你定义参数的地方。在 Rust 中，lambda 函数能够从所在作用域中读取到变量。这种形式也就是闭包。

与常规的函数不同，lambda 函数是不能直接在全局作用域中进行定义的。比如，清单 10.1 在 main() 函数中定义了一个匿名函数，这样就解决了上面的这个问题。此清单定义了两个函数（一个常规函数和一个 lambda 函数），然后检查这两个函数的执行结果是否相同。

清单 10.1　定义两个函数并检查执行结果

```
fn add(a: i32, b: i32) -> i32 {
    a + b
}

fn main() {
```

```
  let lambda_add = |a,b| { a + b };

  assert_eq!(add(4,5), lambda_add(4,5));
}
```

当运行清单 10.1 中的代码时，它会愉快地执行（没有任何输出）。现在，让我们来看一看如何把这个功能用起来。

10.2　产生线程

线程是操作系统提供的用来实现并发执行的主要机制。现代的操作系统能够保证，每个线程都能公平地访问 CPU 资源。学会如何创建线程（通常被称为产生线程，英文是 spawning threads）并且能够理解它所带来的影响，对于想要利用多核 CPU 的程序员是一项应该具备的基本技能。

10.2.1　引入闭包

要想在 Rust 中创建一个新线程，就需要我们把一个匿名函数传递给 std::thread::spawn()。就像在 10.1 节所讲的，匿名函数的定义需要一对竖线来提供参数，随后紧跟着一对花括号括起来的函数体。由于 spawn() 不接收任何参数，因此你通常得使用下面的这种语法形式：

```
thread::spawn(|| {
    // ...
});
```

如果新创建的这个线程想要访问在其父级作用域中所定义的变量（这种操作叫作捕获），这时 Rust 常常会"抱怨"，那些捕获到的变量必须被移动到此闭包中。要明确地指出你想要移动相应的所有权，就需要在匿名函数中使用 move 关键字：

```
thread::spawn(move || {    ◁
    // ...
});
```
move 关键字让匿名函数能够访问到其外部作用域中的变量。

那么，为什么需要使用 move 呢？在子线程中生成的闭包，潜在地可能会活得比调用它的作用域更长。因为 Rust 总是要确保所访问的数据是有效的，所以就需要把相应数据的所有权移动到闭包里。下面是使用捕获时的一些指导，有助于帮你了解这些捕获是如何工作的。

- 要减少编译时的一些问题，可以实现 Copy。
- 来自外部作用域中的值，有可能需要具有**静态**的生命周期。
- 产生的子线程有可能会比父线程活得更久。这就意味着需要通过 move 来将其所有权转到子线程中。

10.2.2 产生一个新线程

一个简单的"等待"任务，让 CPU 休眠 300ms。假如你有一个 3 GHz 的 CPU，这大约会让程序休息 10 亿个 CPU 周期。休息时，那些"电子"将会非常"放松"。执行清单 10.2 中的程序，会输出当两个执行线程都执行完毕以后此程序总的用时时长（以"墙上的钟表时间"来表示）。输出信息如下所示：

```
300.218594ms
```

清单 10.2　让一个子线程休眠 300ms

```
1 use std::{thread, time};
2
3 fn main() {
4   let start = time::Instant::now();
5
6   let handler = thread::spawn(|| {
7     let pause = time::Duration::from_millis(300);
8     thread::sleep(pause.clone());
9   });
10
11   handler.join().unwrap();
12
13   let finish = time::Instant::now();
14
15   println!("{:02?}", finish.duration_since(start));
16 }
```

如果你以前接触过多线程编程，那么可能了解代码第 11 行中的 join。join 使用得非常普遍，那么 join 究竟是什么意思呢？

join（连接）是线程隐喻的一个引申。当产生新线程的时候，这些线程被认为是从它们的父线程中复刻（forked）出来的。连接这些线（线程）的意思是把这些线（线程）重新编织在一起。

而在实际的操作中，join 的意思是等待另一个线程结束工作。join() 函数会指示操作系统推迟对正在调用的线程的调度，直到另一个线程完成工作为止。

10.2.3 产生几个线程的效果

在理想的情况下，增加了第二个新线程，可以让我们花相同的时间做出比原来多一倍的工作。其中的每个线程都能独立地完成其工作。然而遗憾的是，实际的情况并不是如此理想。这种说法进而让人形成了一种错误的印象，认为线程的创建速度很慢，并且维护起来很麻烦。本节的目标之一就是要消除这种误解。当按照计划来使用时，线程的表现是非常好的。

清单 10.3 所示的这个程序创建出了两个新线程。这两个新线程都会执行清单 10.2 中的那个单个线程所执行的工作，而且同样也测算了此程序总的时间花费。假如增加线程的过程需要花费较长时间，那么我们会看到清单 10.3 中的程序需要执行更长的时间才能完成工作。

可以看到，创建一个线程还是两个线程，对所花费时间的影响是微不足道的。与清单 10.2 相比，清单 10.3 所输出的信息几乎是相同的：

300.242328ms ⟵—— 作为对比的清单 10.2 的输出是 300.218594 ms。

在笔者的计算机上运行这两个程序，结果相差只有约 0.024ms。尽管这并不是一个健壮的基准测试组件，但是确实表明产生线程的过程是不会对性能造成巨大影响的。

清单 10.3　创建两个子线程来为我们执行任务

```
 1  use std::{thread, time};
 2
 3  fn main() {
 4    let start = time::Instant::now();
 5
 6    let handler_1 = thread::spawn(move || {
 7      let pause = time::Duration::from_millis(300);
 8        thread::sleep(pause.clone());
 9    });
10
11    let handler_2 = thread::spawn(move || {
12      let pause = time::Duration::from_millis(300);
13        thread::sleep(pause.clone());
14    });
15
16    handler_1.join().unwrap();
17    handler_2.join().unwrap();
18
19    let finish = time::Instant::now();
20
21    println!("{:?}", finish.duration_since(start));
22  }
```

如果你接触过这个领域，那么可能听说过"线程不能扩展"（threads don't scale）这句话。这又是什么意思呢？

每个线程都需要有自己的内存，言下之意就是，（如果我们创建了非常多的新线程）我们最终会耗尽系统的内存。不过，在还没有出现这种终极状况之前，新线程的创建就已经开始让其他一些方面的性能降低了。随着需要调度的线程数量的增加，操作系统调度器的工作量也在增加。当存在很多线程需要调度时，要决定下一个应该调度的是哪个线程，这个决定的过程也相应地会花费更多的时间。

10.2.4　产生很多个线程的效果

产生新线程并不是没有成本的。这个过程是需要消耗内存资源和 CPU 时间的，而且线程间的切换还会让缓存失效。

图 10.1 展示了清单 10.4 连续运行很多次以后所产生的数据。可以看到，当每个批次所产生的线程数大致低于 400 个时，多次运行的变化量相对还是较小的。但是从这个点往后看，你几乎没法

确定一个 20ms 的休眠究竟会花费多长时间。

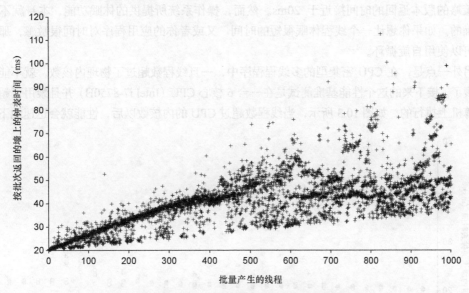

图 10.1　等待多个线程休眠 20ms 需要花费的时间

如果你觉得休眠不是一种有代表性的工作负载，不能说明问题，那么接下来图 10.2 所示的内容更能说明问题。这个程序让其中的每个线程都进入一个自旋循环（spin loop）中。

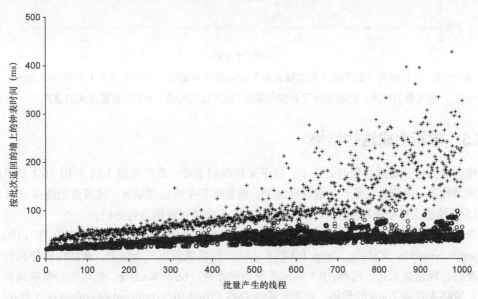

图 10.2　比较使用休眠策略（用圆圈表示）和自旋锁策略（用加号表示）分别等待 20ms
所花费的时间。此图展示了当数百个线程相互竞争时表现出的差异

现在我们对图 10.2 展示出来的一些特征稍加介绍。首先，在大约前 7 个批次中，采用自旋循环策略的版本返回的时间接近于 20ms。然而，操作系统所提供的休眠功能，本身就不是非常精确的。如果你想让一个线程休眠很短的时间，又或者你的应用程序对时间很敏感，那么这时就可以使用自旋循环。[1]

另外一点是，在 CPU 密集型的多线程程序中，一旦线程数超过了物理内核数，就不能很好地扩展了。接下来的这个性能基准测试是在一台 6 核心 CPU（Intel i7-8750H）并且禁用了超线程的计算机上执行的。如图 10.3 所示，当线程数超过 CPU 的内核数以后，性能就会迅速地下降。

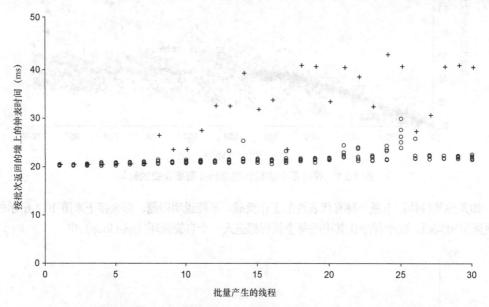

图 10.3　比较使用休眠策略（用圆圈表示）和自旋循环策略（用加号表示）分别等待 20ms 所花费的时间。此图展示了当线程数超过 CPU 核心数（6）时表现出来的差异

10.2.5　重新生成这些结果

现在我们已经看到线程的效果了，接下来让我们来看一看产生图 10.1 和图 10.2 所示的输入数据的代码。欢迎你来重新生成这些结果。要想重新生成这些结果，就需要把清单 10.4 和清单 10.5 的输出信息分别写到两个文件中，然后对这些结果数据进行分析。

清单 10.4 展示了使用休眠来让线程暂停 20ms 的代码，此源代码保存在 c10/ch10-multijoin/src/main.rs 文件中。sleep（休眠）会向操作系统发出一个请求，让线程暂停执行，直到休眠的时间结束为止。清单 10.5 展示了使用忙等待（busy waiting，也叫作忙循环或者自旋循环）策略来暂停 20ms 的代码，此源代码保存在 c10/ch10-busythreads/src/main.rs 文件中。

---

[1] 也可以同时使用这两种方法：大部分时间使用休眠，在接近尾声时使用自旋循环。

清单 10.4　使用 thread::sleep 来让线程暂停 20ms

```
1  use std::{thread, time};
2
3  fn main() {
4    for n in 1..1001 {
5      let mut handlers: Vec<thread::JoinHandle<()>> = Vec::with_capacity(n);
6
7      let start = time::Instant::now();
8      for _m in 0..n {
9        let handle = thread::spawn(|| {
10         let pause = time::Duration::from_millis(20);
11         thread::sleep(pause);
12       });
13       handlers.push(handle);
14     }
15
16     while let Some(handle) = handlers.pop() {
17         handle.join();
18     }
19
20     let finish = time::Instant::now();
21     println!("{}\t{:02?}", n, finish.duration_since(start));
22   }
23 }
```

清单 10.5　使用一个自旋循环策略来暂停 20ms

```
1  use std::{thread, time};
2
3  fn main() {
4    for n in 1..1001 {
5      let mut handlers: Vec<thread::JoinHandle<()>> = Vec::with_capacity(n);
6
7      let start = time::Instant::now();
8      for _m in 0..n {
9        let handle = thread::spawn(|| {
10         let start = time::Instant::now();
11         let pause = time::Duration::from_millis(20);
12         while start.elapsed() < pause {
13           thread::yield_now();
14         }
15       });
16       handlers.push(handle);
17     }
18
19     while let Some(handle) = handlers.pop() {
20       handle.join();
21     }
22
23     let finish = time::Instant::now();
24     println!("{}\t{:02?}", n, finish.duration_since(start));
25   }
26 }
```

清单 10.5 中的第 19~21 行的代码展示了我们所使用的控制流程，这些代码看起来有点儿奇怪。我们没有直接遍历 handlers 这个动态数组，而是通过调用 pop() 方法把这个动态数组给消耗掉。下面展示的两个代码段，对我们更熟悉的 for 循环（见清单 10.6）与我们实际使用的这个控制流机制（见清单 10.7）进行了对比。

清单 10.6　我们期望在清单 10.5 中看到的代码

```
19 for handle in &handlers {
20   handle.join();
21 }
```

清单 10.7　在清单 10.5 中实际所使用的代码

```
19 while let Some(handle) = handlers.pop() {
20   handle.join();
21 }
```

那么，为什么要使用这个更复杂的控制流机制呢？记住这一点应该会有所帮助。一旦我们连接的一个线程返回主线程，那么这个线程也就不存在了。Rust 不允许我们对已经不存在的数据保留引用。因此，要针对 handlers 中的一个线程句柄来调用 join()，就必须从 handlers 中把这个线程句柄删除。这样就带来了一个问题，一个 for 循环，在迭代的过程中是不允许修改所迭代的数据集合本身的，比如添加或删除集合中的元素。这时作为替代方案，使用 while 循环让我们在调用 handlers.pop() 的时候，可以反复地获取其中元素的可修改的访问。

清单 10.8 给出了这个自旋循环策略的一个有问题的实现代码。此代码的问题就是因为使用了我们更熟悉的 for 循环控制流，这正是我们在清单 10.5 中特意避开的一种用法。你可以在 c10/ch10-busythreads-broken/src/main.rs 文件中找到此源代码。

清单 10.8　使用一个自旋循环策略来暂停 20ms 的问题代码

```
1 use std::{thread, time};
2
3 fn main() {
4   for n in 1..1001 {
5     let mut handlers: Vec<thread::JoinHandle<()>> = Vec::with_capacity(n);
6
7     let start = time::Instant::now();
8     for _m in 0..n {
9       let handle = thread::spawn(|| {
10        let start = time::Instant::now();
11        let pause = time::Duration::from_millis(20);
12        while start.elapsed() < pause {
13          thread::yield_now();
14        }
15      });
16      handlers.push(handle);
17    }
18
```

```
19     for handle in &handlers {
20       handle.join();
21     }
22
23     let finish = time::Instant::now();
24     println!("{}\t{:02?}", n, finish.duration_since(start));
25   }
26 }
```

尝试编译清单 10.8，所产生的输出信息如下所示：

```
$ cargo run -q
error[E0507]: cannot move out of '*handle' which is behind a
shared reference
  --> src/main.rs:20:13
   |
20 |             handle.join();
   |             ^^^^^^ move occurs because '*handle' has type
   'std::thread::JoinHandle<()>', which does not implement the
   'Copy' trait

error: aborting due to previous error

For more information about this error, try 'rustc --explain E0507'.
error: Could not compile 'ch10-busythreads-broken'.

To learn more, run the command again with --verbose.
```

这个错误说的是，在这个位置上获取的引用是无效的。因为在这些线程的内部也可能会用到指向其底层的实际线程本身的引用，所以这些引用必须是有效的。

敏锐的读者应该能够知道，实际上有一个比清单 10.5 中所给出的那些代码还要简单的办法，可以用于绕过这个问题。如清单 10.9 所示，只需简单地删除这个用来表示引用的"和"符号就行了。

清单 10.9　我们可以在清单 10.5 中使用这些代码
```
19 for handle in handlers {
20   handle.join();
21 }
```

我们遇到的这个问题是一种很少见的情况，即引用一个对象比直接使用这个对象会引起更多的问题。直接迭代 handlers 可获取其元素的所有权。这样就把所有与共享访问有关的担忧都撇到一边，代码也就可以按预期那样正常地执行了。

使用 thread::yield_now()来控制出让

清单 10.5 这个忙循环包含一些不那么常见的代码。为了便于查看，我们从清单 10.5 中单独摘出这些代码，如清单 10.10 所示。接下来我们会讲解这些代码的含义。

清单 10.10　线程出让的执行代码

```
12 while start.elapsed() < pause {
13   thread::yield_now();
14 }
```

　　`std::thread::yield_now()` 会向操作系统发出一个信号，指示当前的线程应该被取消调度（unscheduled）。这段代码在当前线程中处于等待的这 20ms 里，会让其他线程继续执行。使用出让（yielding）功能的一个缺点是，我们并不知道当前线程能否准确地在恰好 20ms 后恢复执行。

　　作为出让的一个替代方案，我们可以使用函数 `std::sync::atomic::spin_loop_hint()`，这样做就不会与操作系统打交道了，而是直接向 CPU 发送（自旋循环提示）信号。CPU 收到这个提示以后可以使用某些功能（来优化这个等待过程的行为），例如省电功能。

> **注意**　`spin_loop_hint()` 这个自旋循环提示的指令并不是在所有 CPU 都支持的。在不支持该指令的平台上执行 `spin_loop_hint()` 函数，将不会产生任何效果。

10.2.6　共享的变量

　　在线程性能的基准测试中，我们在每个新线程中都创建了 `pause` 变量。如果你不明白这指的是什么，请再看一看清单 10.11（摘自清单 10.5）。

清单 10.11　没必要重复地创建多个 time::Duration 实例

```
 9 let handle = thread::spawn(|| {
10   let start = time::Instant::now();
11   let pause = time::Duration::from_millis(20); ◁————————
12   while start.elapsed() < pause {
13     thread::yield_now();
14   }
15 });
```
这个变量不需要在每个线程中都创建一次。

　　我们想要写出的代码类似于清单 10.12（参见 ch10/ch10-sharedpause-broken/src/main.rs）。

清单 10.12　试图在多个子线程中共享一个变量

```
 1 use std::{thread,time};
 2
 3 fn main() {
 4   let pause = time::Duration::from_millis(20);
 5   let handle1 = thread::spawn(|| {
 6     thread::sleep(pause);
 7   });
 8   let handle2 = thread::spawn(|| {
 9     thread::sleep(pause);
10   });
11
```

```
12    handle1.join();
13    handle2.join();
14 }
```

运行清单 10.12 中的代码，我们会看到一条很长的（但非常有帮助的）错误信息：

```
$ cargo run -q
error[E0373]: closure may outlive the current function, but it borrows
'pause', which is owned by the current function
 --> src/main.rs:5:33
  |
5 |     let handle1 = thread::spawn(|| {
  |                                 ^^ may outlive borrowed value 'pause'
6 |         thread::sleep(pause);
  |                       ----- 'pause' is borrowed here
  |
note: function requires argument type to outlive ''static'
 --> src/main.rs:5:19
  |
5 |       let handle1 = thread::spawn(|| {
  |  _____^
6 | |         thread::sleep(pause);
7 | |     });
  | |_____^
help: to force the closure to take ownership of 'pause' (and any other
references variables), use the 'move' keyword
  |
5 |     let handle1 = thread::spawn(move || {
  |                                 ^^^^^^^

error[E0373]: closure may outlive the current function, but it borrows
'pause', which is owned by the current function
 --> src/main.rs:8:33
  |
8 |     let handle2 = thread::spawn(|| {
  |                                 ^^ may outlive borrowed value 'pause'
9 |         thread::sleep(pause);
  |                       ----- 'pause' is borrowed here
  |
note: function requires argument type to outlive ''static'
 --> src/main.rs:8:19
  |
8 |       let handle2 = thread::spawn(|| {
  |  _____^
9 | |         thread::sleep(pause);
10| |     });
  | |_____^
help: to force the closure to take ownership of 'pause' (and any other
referenced variables), use the 'move' keyword
  |
8 |     let handle2 = thread::spawn(move || {
  |                                 ^^^^^^^
```

```
error: aborting due to 2 previous errors

For more information about this error, try 'rustc --explain E0373'.
error: Could not compile 'ch10-sharedpause-broken'.

To learn more, run the command again with --verbose.
```

　　要想修复这个问题，就像在 10.2.1 节中所提示的那样，只需在创建闭包的地方添加关键字 move。清单 10.13 所示的代码已经添加了 move 关键字，这样就让这个闭包的语义转变成移动语义，而这又会依赖于 Copy trait。

清单 10.13　在多个闭包中，使用在其父作用域中定义的一个变量

```
1  use std::{thread,time};
2
3  fn main() {
4    let pause = time::Duration::from_millis(20);
5    let handle1 = thread::spawn(move || {
6      thread::sleep(pause);
7    });
8    let handle2 = thread::spawn(move || {
9      thread::sleep(pause);
10   });
11
12   handle1.join();
13   handle2.join();
14 }
```

　　为什么这段代码就可以正常工作，其中所涉及的细节是很有意思的。请务必阅读 10.3 节的内容，以了解这些细节。

10.3　闭包与函数的差异

　　闭包（||{}）与函数（fn）之间是有着一定差异的。这些差异常常让闭包与函数不能互换着使用，而这一点很有可能会给学习者带来问题。

　　闭包与函数，在其内部的表现形式上是不同的。闭包是一种匿名结构体，它实现了 std::ops::FnOnce trait，同时还有可能实现了 std::ops::Fn 和 std::ops::FnMut。这些结构体在源代码中是不可见的，但是这些结构体却包含着在闭包中会用到的、存于闭包所在环境中的那些变量。

　　而函数，从实现角度看，是以函数指针的形式存在的。函数指针就是一个指向代码的指针，而不是指向数据的。在这个意义上使用的代码，指的是已被标记为可执行的计算机内存。让情况变得更为复杂的是，不会包含其所在环境中的任何变量的这类闭包，同时也是函数指针（换句话说，这类闭包被实现成函数指针了）。

迫使编译器透露闭包的类型

　　一个 Rust 闭包的具体类型在源代码中是访问不到的。闭包由编译器创建。想要得到一个闭包的具体类型，可以利用一些技巧，迫使编辑器报出一个错误来透露具体的类型，就像下面展示的这样：

```
1 fn main() {
2     let a = 20;
3
4     let add_to_a = |b| { a + b };
5         add_to_a == ();
6 }
```

闭包也是值，可以赋值给一个变量。

通过这个小技巧可以快速查看到一个值的类型。此代码试图执行一个与该值的类型有关的非法操作，这样编译器就会迅速报告一个错误信息，其中会提示该值的类型。

下面给出了作为文件/tmp/a-plus-b.rs 来编译此代码段时，编译器产生的错误信息，其中包括了我们想要的具体类型信息：

```
$ rustc /tmp/a-plus-b.rs
error[E0369]: binary operation '==' cannot be applied to type
'[closure@/tmp/a-plus-b.rs:4:20: 4:33]'
 --> /tmp/a-plus-b.rs:6:14
  |
6 |     add_to_a == ();
  |     -------- ^^ -- ()
  |     |
  |     [closure@/tmp/a-plus-b.rs:4:20: 4:33]

error: aborting due to previous error

For more information about this error, try 'rustc --explain E0369'.
```

10.4　从多线程解析器和代码生成器中程序化地生成头像

　　在本节中，我们会把在 10.2 节中学到的语法应用到一个应用程序中。假设我们希望应用程序的用户，在默认的情况下就能够有一个独特的、形象化的头像。要做到这一点的一种办法是，首先获取他们的用户名，接着利用一个哈希函数得到这些用户名的哈希摘要，然后把这些摘要数字作为输入参数，给到一些程序化的生成逻辑中。利用这种办法，所有用户会有一个看上去类似但却完全不同的默认头像。

　　应用程序创建了一些会让人产生视觉误差的线条。而绘制这些线条，是使用十六进制的字符序列（base 16 alphabet）作为类 LOGO 语言的操作码来实现的。

10.4.1　如何运行 render-hex 以及预期的输出

　　在本节中，我们将给出此应用程序的 3 个变体版本。这些版本的执行方式都是相同的。下面的这段代码展示了这个执行方式，也给出了在执行名为 render-hex 的十六进制渲染程序（见清单 10.18）时的输出信息。

```
$ git clone https://github.com/rust-in-action/code rust-in-action
...
$ cd rust-in-action/ch10/ch10-render-hex

$ cargo run -- $(
>    echo 'Rust in Action' |
>    sha1sum |
>    cut -f1 -d' '
> )
$ ls
5deaed72594aaa10edda990c5a5eed868ba8915e.svg Cargo.toml target
Cargo.lock                                   src

$ cat 5deaed72594aaa10edda990c5a5eed868ba8915e.svg
<svg height="400" style='style="outline: 5px solid #800000;"'
viewBox="0 0 400 400" width="400" xmlns="http://www.w3.org/2000/svg">
<rect fill="#ffffff" height="400" width="400" x="0" y="0"/>
<path d="M200,200 L200,400 L200,400 L200,400 L200,400 L200,400 L200,
400 L480,400 L120,400 L-80,400 L560,400 L40,400 L40,400 L40,400 L40,
400 L40,360 L200,200 L200,200 L200,200 L200,200 L200,200 L200,560 L200,
-160 L200,200 L200,200 L400,200 L400,200 L400,0 L400,0 L400,0 L400,0 L80,
0 L-160,0 L520,0 L200,0 L200,0 L520,0 L-160,0 L240,0 L440,0 L200,0"
fill="none" stroke="#2f2f2f" stroke-opacity="0.9" stroke-width="5"/>
<rect fill="#ffffff" fill-opacity="0.0" height="400" stroke="#cccccc"
stroke-width="15" width="400" x="0" y="0"/>
</svg>
```

以十六进制字符序列的形式产生一些输入信息（这些数字包括 0~9 以及 a~f）。

此项目会创建一个以输入数据作为文件名的文件。

查看具体的输出信息。

任何有效的十六进制字节流都能生成出一幅独特的图像。图 10.4 展示了使用 echo 'Rust in Action'|sha256sum 作为输入，所生成的文件中的图像。要想查看到 SVG 格式的文件经过渲染后的图像，可以使用网页浏览器或者使用 Inkscape 这样的矢量图像处理程序来打开这个文件。

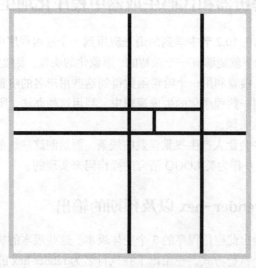

图 10.4 把 Rust in Action 的 SHA256 哈希值显示成一幅图像

10.4.2 单线程版本 render-hex 的概要介绍

render-hex 项目会把输入信息转换成一个 SVG 格式的文件。SVG 格式使用数学运算来简洁地描述图像的绘制。网页浏览器以及许多图像软件，都能够用来浏览 SVG 文件。在现在这个阶段，此程序中与多线程有关的内容很少，所以在讲解的时候我们会跳过很多细节，只给出一些简要的介绍。此程序的工作流水线（pipeline）很简单，可以分为 4 个步骤。

（1）从标准输入中接收输入信息。

（2）把输入信息解析成多个具体的操作，这些操作描述了使用一支笔在一张纸上的移动行为。

（3）把这些移动的操作等效地转换到 SVG 中。

（4）生成一个 SVG 文件。

为什么我们不能从输入中直接创建要绘制的路径数据呢？这是因为，把这个过程拆分成两个步骤，可以进行更多的转换工作。这个流水线是直接在 main() 中进行管理的。

清单 10.14（摘自清单 10.18）给出了 render-hex 中的 main() 函数，可以用于解析命令行参数以及管理 SVG 的生成流水线。清单 10.14 的源代码保存在 **ch10/ch10-render-hex/src/main.rs** 文件中。

清单 10.14 render-hex 的 main()函数

```
194 fn main() {
195     let args = env::args().collect::<Vec<String>>();
196     let input = args.get(1).unwrap();                      命令行参数解析。
197     let default = format!("{}.svg", input);
198     let save_to = args.get(2).unwrap_or(&default);
199
200     let operations = parse(input);
201     let path_data = convert(&operations);
202     let document = generate_svg(path_data);              SVG 的生成流水线。
203     svg::save(save_to, &document).unwrap();
204 }
```

1. input 的解析过程

在这部分代码中，我们要把这些十六进制的数字字符转换成多个指令，而这些指令所针对的目标是一支在画布上移动的虚拟的笔。枚举体 Operation 就是用来表示这些指令的，具体定义的代码展示在下面这个代码段中了。

> **注意** 在这个枚举体的名字中，我们使用了术语操作（Operation）而不是指令（instruction），这是为了避免和 SVG 规范里有关路径绘制的术语发生冲突。

```
#[derive(Debug, Clone, Copy)]
enum Operation {
    Forward(isize),
```

```
    TurnLeft,
    TurnRight,
    Home,
    Noop(usize),
}
```

　　要理解这些解析 input 的代码，我们需要把每个字节都视为一个独立的指令。对应的字节如果是数字，那么其将会被转换成距离，如果是字母则其会改变画笔的绘制方向。

```
fn parse(input: &str) -> Vec<Operation> {
  let mut steps = Vec::<Operation>::new();
  for byte in input.bytes() {
    let step = match byte {
    b'0' => Home,
    b'1'..=b'9' => {
      let distance = (byte - 0x30) as isize;  ◄
      Forward(distance * (HEIGHT/10))
    },
    b'a' | b'b' | b'c' => TurnLeft,
    b'd' | b'e' | b'f' => TurnRight,
    _ => Noop(byte),  ◄
    };
    steps.push(step);
  }
  steps
}
```

在 ASCII 字符的编码中，数字的部分是从 0x30（即十进制的 48）开始的，所以此代码会把 b'2' 转换成 2。要在整个 u8 的范围内来执行这样的操作有可能会引发恐慌，但是这行代码是安全的，这要归功于模式匹配所提供的保证。

这里还留有很多的机会，可以添加更多的指令，能够生成更为精细的图形，同时还不会增加解析过程的复杂性。

虽然我们不期望任何非法的字符，但在输入流中有可能会存在非法字符。在这里使用了 Noop 操作，让我们可以把解析的过程和产生输出的过程分离开来。

2. 解读指令

　　结构体 Artist 用来维护该图形的状态。从概念上来说，Artist 拿着一支笔，从坐标为 x 和 y 的位置，朝着 heading 的方向移动。

```
#[derive(Debug)]
struct Artist {
  x: isize,
  y: isize,
  heading: Orientation,
}
```

　　为了能够移动，Artist 结构体采用了几个方法，而清单 10.15（参见 ch10-render-hex/src/main.rs 文件）重点展示了其中的两个方法。其中，Rust 的 match 表达式被用于简洁地引用以及修改内部的状态。

清单 10.15　移动 Artist

```
67 fn forward(&mut self, distance: isize) {
68   match self.heading {
69     North => self.y += distance,
70     South => self.y -= distance,
71     West  => self.x += distance,
72     East  => self.x -= distance,
```

```
73   }
74 }
75
76 fn turn_right(&mut self) {
77   self.heading = match self.heading {
78     North => East,
79     South => West,
80     West => North,
81     East => South,
82   }
83 }
```

清单 10.16 给出的 convert() 函数（摘自 render-hex 项目，见清单 10.18），会用到 Artist 结构体。该函数的作用是，把从 parse() 中得到的 Vec<Operation> 转换成 Vec<Command>。该函数的输出结果稍后会被用来生成一张 SVG 的图。作为对 Logo 语言的致敬，在这里，Artist 类型的局部变量被命名为 turtle（海龟）。清单 10.16 的源代码保存在 ch10-render-hex/src/main.rs 文件中。

清单 10.16 主要关注 convert() 函数

```
131 fn convert(operations: &Vec<Operation>) -> Vec<Command> {
132   let mut turtle = Artist::new();
133   let mut path_data: Vec<Command> = vec![];
134   let start_at_home = Command::Move(
135     Position::Absolute, (HOME_X, HOME_Y).into()    ◁─── 一开始，先把海龟置于绘图区的中心位置。
136   );
137   path_data.push(start_at_home);
138
139   for op in operations {
140     match *op {
141       Forward(distance) => turtle.forward(distance),       我们不是马上就生成相应的命令，而是先修
142       TurnLeft => turtle.turn_left(),                      改海龟的内部状态。
143       TurnRight => turtle.turn_right(),
144       Home => turtle.home(),
145       Noop(byte) => {
146         eprintln!("warning: illegal byte encountered: {:?}", byte)
147       },
148     };
149     let line = Command::Line(
150       Position::Absolute,                            创建一个 Command::Line（与海龟当前的坐标位置相连接的一条直线）。
151       (turtle.x, turtle.y).into()
152     );
153     path_data.push(line);
154
155     turtle.wrap();    ◁───
156   }                          如果海龟出界了，就把它送回到中心位置来。
157   path_data
158 }
```

3. 生成 SVG 文件

生成 SVG 文件的过程是相当"机械化"的。generate_svg()（清单 10.18 中的第 161～192 行）所做的就是这个工作。

SVG 文档看起来很像 HTML 文档，虽然它们的标记和属性不同。对我们的目的来讲，<path>标签是最重要的一个。这个标签有一个 d 属性（d 是 data 的缩写），此属性描述了应该如何来绘制这个路径。convert()会生成一个 Vec<Command>，它与路径数据（path data）存在着直接的对应关系。

4. 单线程版本 render-hex 的源代码

render-hex 项目具有传统的项目结构。整个项目都被放在一个由 cargo 管理的（相当长的）main.rs 文件中。要想从公开的代码仓库中下载此项目的源代码，可以使用如下命令：

```
$ git clone https://github.com/rust-in-action/code rust-in-action
Cloning into 'rust-in-action'...
```

```
$ cd rust-in-action/ch10/ch10-render-hex
```

或者，要想手动创建此项目，可以使用下面给出的这几个命令，然后把清单 10.18 的源代码复制到 src/main.rs 文件中：

```
$ cargo new ch10-render-hex
    Created binary (application) 'ch10-render-hex' package
```

```
$ cd ch10-render-hex
```

```
$ cargo install cargo-edit
   Updating crates.io index
 Downloaded cargo-edit v0.7.0
 Downloaded 1 crate (57.6 KB) in 1.35s
 Installing cargo-edit v0.7.0
...
```

```
$ cargo add svg@0.6
   Updating 'https://github.com/rust-lang/crates.io-index' index
     Adding svg v0.6 to dependencies
```

可以将你所创建出的标准项目结构，与下面给出的这个结构加以比较：

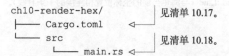

```
ch10-render-hex/
├── Cargo.toml     ◁──── 见清单 10.17。
└── src
    └── main.rs    ◁──── 见清单 10.18。
```

清单 10.17（参见 ch10/ch10-render-hex/Cargo.toml 文件）展示了这个项目的元数据。请自行检查项目中的 Cargo.toml 文件，看看相关的细节是否一致。

清单 10.17 render-hex 项目的元数据

```
[package]
name = "render-hex"
version = "0.1.0"
authors = ["Tim McNamara <author@rustinaction.com>"]
edition = "2018"


[dependencies]
svg = "0.6"
```

清单 10.18（参见 ch10-render-hex/src/ main.rs 文件）展示了单线程版本的 render-hex。

清单 10.18 render-hex 的代码

```
 1 use std::env;
 2
 3 use svg::node::element::path::{Command, Data, Position};
 4 use svg::node::element::{Path, Rectangle};
 5 use svg::Document;
 6
 7 use crate::Operation::{
 8     Forward,
 9     Home,
10     Noop,
11     TurnLeft,
12     TurnRight
13 };
14 use crate::Orientation::{
15     East,
16     North,
17     South,
18     West
19 };
20
21 const WIDTH: isize = 400;
22 const HEIGHT: isize = WIDTH;
23
24 const HOME_Y: isize = HEIGHT / 2;
25 const HOME_X: isize = WIDTH / 2;
26
27 const STROKE_WIDTH: usize = 5;
28
29 #[derive(Debug, Clone, Copy)]
30 enum Orientation {
31     North,
32     East,
33     West,
34     South,
35 }
36
37 #[derive(Debug, Clone, Copy)]
38 enum Operation {
```

枚举体类型 Operation 和 Orientation 是在后面的代码中定义的。在这里使用 use 关键字把它们都导入进来，可以去除源代码中的大量干扰。

HEIGHT 和 WIDTH 提供了绘图的边界。

常量 HOME_Y 和 HOME_X 让我们可以轻松地重置绘制的位置。这里的 Y 是纵坐标，X 是横坐标。

STROKE_WIDTH 用于输出 SVG 的一个参数，定义绘制出的线条的粗细。

在这里使用的是描述而不是数值，这样就避免了数学运算。

要想生成更丰富的输出，可以为你的程序再扩展一些可用的操作。

```
39    Forward(isize),
40    TurnLeft,
41    TurnRight,
42    Home,
43    Noop(u8),
44  }
45
46  #[derive(Debug)]
47  struct Artist {
48    x: isize,
49    y: isize,
50    heading: Orientation,
51  }
52
53  impl Artist {
54    fn new() -> Artist {
55      Artist {
56        heading: North,
57        x: HOME_X,
58        y: HOME_Y,
59      }
60    }
61
62    fn home(&mut self) {
63      self.x = HOME_X;
64      self.y = HOME_Y;
65    }
66
67    fn forward(&mut self, distance: isize) {
68      match self.heading {
69        North => self.y += distance,
70        South => self.y -= distance,
71        West => self.x += distance,
72        East => self.x -= distance,
73      }
74    }
75
76    fn turn_right(&mut self) {
77      self.heading = match self.heading {
78        North => East,
79        South => West,
80        West => North,
81        East => South,
82      }
83    }
84
85    fn turn_left(&mut self) {
86      self.heading = match self.heading {
87        North => West,
88        South => East,
89        West => South,
90        East => North,
91      }
92    }
```

使用 isize，让我们可以扩展这个示例代码，实现一个反方向的移动操作，而且不需要为此枚举体添加新的变体。

如果我们遇到非法输入，就使用 Noop。为了写入错误消息，这里我们保留了那个非法的字节。

Artist 结构体维护着当前的状态。

forward()在 match 表达式的里面修改了 self。与之形成对照的是，turn_left() 和 turn_right()在 match 表达式的外面修改了 self。

forward()在 match 表达式的里面修改了 self。与之形成对照的是，turn_left() 和 turn_right()在 match 表达式的外面修改了 self。

```
93
94   fn wrap(&mut self) {          ◁────┐  wrap() 确保了图形的绘制是保持在边界之内的。
95     if self.x < 0 {
96       self.x = HOME_X;
97       self.heading = West;
98     } else if self.x > WIDTH {
99       self.x = HOME_X;
100      self.heading = East;
101    }
102
103    if self.y < 0 {
104      self.y = HOME_Y;
105      self.heading = North;
106    } else if self.y > HEIGHT {
107      self.y = HOME_Y;
108      self.heading = South;
109    }
110  }
111 }
112
113 fn parse(input: &str) -> Vec<Operation> {
114   let mut steps = Vec::<Operation>::new();
115   for byte in input.bytes() {
116     let step = match byte {
117       b'0' => Home,
118       b'1'..=b'9' => {
119         let distance = (byte - 0x30) as isize;  ◁
120         Forward(distance * (HEIGHT / 10))
121       }
122       b'a' | b'b' | b'c' => TurnLeft,
123       b'd' | b'e' | b'f' => TurnRight,
124       _ => Noop(byte),  ◁────┐
125     };
126     steps.push(step);
127   }
128   steps
129 }
130
131 fn convert(operations: &Vec<Operation>) -> Vec<Command> {
132   let mut turtle = Artist::new();
133
134   let mut path_data = Vec::<Command>::with_capacity(operations.len());
135   let start_at_home = Command::Move(
136     Position::Absolute, (HOME_X, HOME_Y).into()
137   );
138   path_data.push(start_at_home);
139
140   for op in operations {
141     match *op {
142       Forward(distance) => turtle.forward(distance),
143       TurnLeft => turtle.turn_left(),
144       TurnRight => turtle.turn_right(),
145       Home => turtle.home(),
```

在 ASCII 字符的编码中，数字的部分是从 0x30（十进制的 48）开始的。所以此代码（byte-0x30）会把 b'2' 转换成 2。要在整个 u8 的范围内来执行这样的操作有可能会引发恐慌，但是这行代码是安全的，这要归功于模式匹配所提供的保证。

虽然我们不期望任何非法的字符，但在输入流中可能会有非法字符。在这里使用了 Noop 操作，让我们可以把解析的过程和产生输出的过程分离开来。

```
146      Noop(byte) => {
147        eprintln!("warning: illegal byte encountered: {:?}", byte);
148      },
149    };
150
151    let path_segment = Command::Line(
152      Position::Absolute, (turtle.x, turtle.y).into()
153    );
154    path_data.push(path_segment);
155
156    turtle.wrap();
157  }
158  path_data
159 }
160
161 fn generate_svg(path_data: Vec<Command>) -> Document {
162   let background = Rectangle::new()
163     .set("x", 0)
164     .set("y", 0)
165     .set("width", WIDTH)
166     .set("height", HEIGHT)
167     .set("fill", "#ffffff");
168
169   let border = background
170     .clone()
171     .set("fill-opacity", "0.0")
172     .set("stroke", "#cccccc")
173     .set("stroke-width", 3 * STROKE_WIDTH);
174
175   let sketch = Path::new()
176     .set("fill", "none")
177     .set("stroke", "#2f2f2f")
178     .set("stroke-width", STROKE_WIDTH)
179     .set("stroke-opacity", "0.9")
180     .set("d", Data::from(path_data));
181
182   let document = Document::new()
183     .set("viewBox", (0, 0, HEIGHT, WIDTH))
184     .set("height", HEIGHT)
185     .set("width", WIDTH)
186     .set("style", "style=\"outline: 5px solid #800000;\"")
187     .add(background)
188     .add(sketch)
189     .add(border);
190
191   document
192 }
193
194 fn main() {
195   let args = env::args().collect::<Vec<String>>();
196   let input = args.get(1).unwrap();
197   let default_filename = format!("{}.svg", input);
```

```
198    let save_to = args.get(2).unwrap_or(&default_filename);
199
200    let operations = parse(input);
201    let path_data = convert(&operations);
202    let document = generate_svg(path_data);
203    svg::save(save_to, &document).unwrap();
204 }
```

10.4.3 为每个逻辑上的任务产生一个线程

在 render-hex 项目中（见清单 10.18）也有几个并行化的机会。我们将重点关注其中的一个，即 parse() 函数。首先，要在此函数中添加并行化的处理，需要执行如下两个步骤。

（1）重构代码，使用函数式的风格。

（2）使用 rayon 包和它的 par_iter() 方法。

1. 使用函数式编程风格

在添加并行化处理的第一个步骤中，要把 for 循环给替换掉。这次我们不使用 for 循环了，而是要使用能够用来创建 Vec<T> 且具有函数式编程风格的那些工具，其中包括 map() 和 collect() 方法，而且还用到了高阶函数，通常是使用闭包来创建高阶函数的。

要想比较这两种风格，可以看看这两个 parse() 函数之间的差异，其中一个在清单 10.18（参见 ch10-render-hex/src/main.rs 文件）中出现过，下面再次列出了这段代码（见清单 10.19）；而另一个是更具有函数式风格的，展示在清单 10.20（参见 ch10-render-hex-functional/src/main.rs 文件）中。

清单 10.19　使用命令式的编程结构来实现 parse()

```
113 fn parse(input: &str) -> Vec<Operation> {
114    let mut steps = Vec::<Operation>::new();
115    for byte in input.bytes() {
116      let step = match byte {
117        b'0' => Home,
118        b'1'..=b'9' => {
119          let distance = (byte - 0x30) as isize;
120          Forward(distance * (HEIGHT / 10))
121        }
122        b'a' | b'b' | b'c' => TurnLeft,
123        b'd' | b'e' | b'f' => TurnRight,
124        _ => Noop(byte),
125      };
126      steps.push(step);
127    }
128    steps
129 }
```

清单 10.20　使用函数式的编程结构来实现 parse()

```
 99 fn parse(input: &str) -> Vec<Operation> {
100   input.bytes().map(|byte|{
101     match byte {
102       b'0' => Home,
103       b'1'..=b'9' => {
104         let distance = (byte - 0x30) as isize;
105         Forward(distance * (HEIGHT/10))
106       },
107       b'a' | b'b' | b'c' => TurnLeft,
108       b'd' | b'e' | b'f' => TurnRight,
109       _ => Noop(byte),
110 }}).collect()
111 }
```

清单 10.20 中的代码更短、更具声明性，也更接近于 Rust 的惯用风格。从表面上看，主要的变化就是不再需要创建一个临时的变量 steps 了。把 map() 和 collect() 合起来使用以后，这个临时变量就不再需要了：map() 会把一个函数应用到迭代器的每一个元素上，而 collect() 会把迭代器的输出保存到一个 Vec<T> 之中。

不过，与消除了临时变量相比，在这次重构之中还有一个更为基础的代码更改。这个更改为 Rust 编译器提供了更多的机会来优化代码的执行。

在 Rust 中，迭代器是一种高效的抽象。直接使用迭代器所提供的方法，可以让 Rust 编译器创建出占用最少内存的优化代码。例如，map() 方法会获取一个闭包，并将其应用到迭代器的每个元素上。Rust 在这里的"戏法"就是，map() 也会返回一个迭代器。这样就让许多转换过程可以链接到一起了。值得注意的是，尽管 map() 可能出现在源代码中的多个地方，但 Rust 常常会在编译后的二进制文件之中来优化这些函数调用。

如果程序应该执行的每个步骤都被明确地指定了，比如代码中使用了 for 循环，也就限制了编译器可以做出决定的地方的数量，而使用迭代器能让你把更多的工作委托给编译器。我们马上就会利用这种委托的能力来解锁并行化的处理。

2．使用一个并行的迭代器

在这里，我们会"作一点弊"，即使用一个 Rust 社区所提供的包 rayon。rayon 被明确地设计为给代码添加数据并行性（data parallelism）。数据并行性会把同一个函数（或者闭包）应用到不同的数据上（例如 Vec<T>）。

假设你有了基本的 render-hex 项目，那么使用 cargo 来把 rayon 添加到包的依赖项中，就需要执行 cargo add rayon@1：

```
$ cargo add rayon@1   <—— 如果 cargo add 命令不可用，需要先执行 cargo install cargo-edit。
  Updating 'https://github.com/rust-lang/crates.io-index' index
    Adding rayon v1 to dependencies
```

请确保项目的 Cargo.toml 文件中 [dependencies] 段落的内容，与清单 10.21 所列出的是一致的。你可以在 ch10-render-hex-parallel-iterator/Cargo.toml 文件中找到此清单的源代码。

清单 10.21　在 Cargo.toml 中，把 rayon 添加为依赖项

```
7 [dependencies]
8 svg = "0.6.0"
9 rayon = "1"
```

　　在 main.rs 文件的开头，添加了 rayon 和它的 prelude（预包含），如清单 10.22 所示。prelude 把多个 trait 导入了此包的作用域中。这样做的效果就是，提供了一个字符串切片上的 par_bytes() 方法以及一个字节切片上的 par_iter() 方法。这些方法让多个线程能够合作处理数据。此清单的源代码保存在 ch10-render-hex-parallel-iterator/src/main.rs 文件中。

清单 10.22　在 render-hex 项目中使用 rayon

```
3 use rayon::prelude::*;

100 fn parse(input: &str) -> Vec<Operation> {
101   input
102     .as_bytes()          ◁——┐   把字符串切片 input 转换成字节切片。
103     .par_iter()          ◁——
104     .map(|byte| match byte {
105       b'0' => Home,            把这个字节切片转换成一个并行迭代器。
106       b'1'..=b'9' => {
107         let distance = (byte - 0x30) as isize;
108         Forward(distance * (HEIGHT / 10))
109       }
110       b'a' | b'b' | b'c' => TurnLeft,
111       b'd' | b'e' | b'f' => TurnRight,
112       _ => Noop(*byte), ◁——
113     })                       变量 byte 的类型是 &u8，因而枚举体变
114     .collect()               体 Operation::Noop(u8) 需要的是变量
115 }                            byte 解引用后的值。
```

　　这里用到的 rayon 包中的 par_iter() 方法，是 Rust 程序员都可以使用的一种 "作弊模式"，这也要感谢 Rust 中强大的 std::iter::Iterator trait。rayon 包中的 par_iter() 方法，能够保证永远不会引入竞态条件（race condition）。但是，假如你没有迭代器，又或者你不想使用并行迭代器，那应该怎么做呢？

10.4.4　使用线程池和任务队列

　　有时候，我们没有一个整洁的迭代器让我们可以对其应用一个函数。此时，还有另外一个可以考虑使用的模式，就是任务队列（task queue）。这允许任务可以在任何地方发起，而且让任务处理的代码与任务创建的代码分开。当一组 worker（工作者）线程中的任何一个线程完成了当前的任务，紧接着，此线程就可以获取下一个任务。

　　对任务队列进行建模的方法有很多。我们可以创建一个 Vec<Task> 和一个 Vec<Result>，

然后在多个线程中来共享对它们的引用。为了防止线程间互相覆盖,我们还需要有一个数据保护的策略。

要保护跨多个线程来共享的数据,最常用的工具是 Arc<Mutex<T>>。完全展开以后,也就是说,值 T(例如,在这里就是 Vec<Task>或 Vec<Result>)被一个 std::sync::Mutex 保护着,而这个 std::sync::Mutex 本身又被包装在 std::sync::Arc 里面。Mutex 是一种互斥锁(mutually-exclusive lock)。在上面这种使用方式中,互斥意味着所有线程都没有特殊的权限。任何线程如果持有一个锁,这个锁都会阻止所有其他的线程。在这里,有点儿"蹩脚"的就是,互斥锁 Mutex 本身也必须在线程之间进行保护。所以我们找来了额外的支持——Arc。Arc 提供了对 Mutex 的安全的多线程访问。

没有把 Mutex 和 Arc 合成为一个类型,这让程序员在用到它们的时候可以更加灵活。假定有一个具有多个字段的结构体,你可能只需要在其中的一个字段上使用 Mutex,但是需要把整个结构体用 Arc 包装起来。这种方式对于读取那些不受 Mutex 保护的字段,会提供更快的访问速度。而这个单独的互斥锁 Mutex 也为有读/写访问权限的字段保留了最大的保护。使用锁的方式虽然可行,但是很麻烦。此时,使用通道(channel)就成了一种更为简单的替代方案。

通道有两个端点:一端负责发送,另一端负责接收。程序员是无法直接接触在通道内部发生的事情的。然而,在发送端放置了数据则意味着,这个数据在未来的某个阶段会出现在接收端。通道可以作为任务队列来使用,因为它可以发送多个条目,即使接收方还没有准备好接收任何消息。

通道是相当抽象的。它隐藏了其内部的结构,并把访问权委托给了两个辅助(helper)的对象。一个是 send(),用于发送;另一个是 recv(),用于接收。重要的一点是,我们无法知道,通道是如何传输那些发送给它的消息的。

> **注意** 按照无线电或电报操作员的惯例,**发送方**(sender)被称作 tx(transmission 的缩写),**接收方**(receiver)被称作 rx。

1. 单向通信

我们在本节中所使用的通道的实现来自 crossbeam 这个包,而没有使用 Rust 标准库里面的 std::sync::mpsc 模块。虽然这两者所提供的 API 是相同的,但是 crossbeam 的功能更强,使用也更为灵活。我们会花一些时间先来介绍通道是如何使用的。如果你更希望看到通道是如何被用作任务队列的,可以随意地跳过这部分内容。

标准库提供了一个通道的实现,但是我们将要使用的是一个第三方包——crossbeam。此包所提供的功能要稍微多一些。例如,它提供了有界队列(bounded queue)和无界队列(unbounded queues)。有界队列在争用时会施加背压(back pressure),以防消费者(consumer)过载。有界队列(固定宽度的类型)具有确定的最大内存用量。不过,有界队列也确实有一个负面的特征:如果通道中没有可用的空间了,它会强迫队列的生产者(producer)等待,直到有可用空间为止。这可能让有界队列不适用于异步消息，因为异步的消息不能容忍等待。

在介绍通道使用的 channels-intro 项目（清单 10.23 与清单 10.24）中，我们给出了一个简单的例子。下面列出一个终端控制台的会话，以展示从公共源码仓库中运行 channels-intro 项目的所需步骤及其输出结果。

```
$ git clone https://github.com/rust-in-action/code rust-in-action
Cloning into 'rust-in-action'...

$ cd ch10/ch10-channels-intro

$ cargo run
...
   Compiling ch10-channels-intro v0.1.0 (/ch10/ch10-channels-intro)
    Finished dev [unoptimized + debuginfo] target(s) in 0.34s
     Running 'target/debug/ch10-channels-intro'
Ok(42)
```

要想手动创建该项目，需参考下面的操作说明。

（1）在命令行下输入以下命令：

```
$ cargo new channels-intro
$ cargo install cargo-edit
$ cd channels-intro
$ cargo add crossbeam@0.7
```

（2）检查该项目的 Cargo.toml 文件的内容是否与清单 10.23 中的代码匹配。

（3）使用清单 10.24 中的代码来替换 src/main.rs 中的内容。

此项目由下面的两个清单所组成：清单 10.23 是它的 Cargo.toml 文件，清单 10.24 展示了如何创建一个能在工作者线程中接收到 i32 消息的通道。

清单 10.23　channels-intro 项目的元数据文件 Cargo.toml

```
[package]
name = "channels-intro"
version = "0.1.0"
authors = ["Tim McNamara <author@rustinaction.com>"]
edition = "2018"


[dependencies]
crossbeam = "0.7"
```

清单 10.24　创建一个能接收到 i32 消息的通道

```
1 #[macro_use]
2 extern crate crossbeam;
3                            提供了 select! 宏，它简化了接收消息的代码。
4 use std::thread;
5 use crossbeam::channel::unbounded;
6
```

```
7
8 fn main() {
9   let (tx, rx) = unbounded();
10
11  thread::spawn(move || {
12      tx.send(42)
13        .unwrap();
14  });
15                            提供了 select! 宏，它简化了接收消息的代码。
16  select!{ ◄
17     recv(rx) -> msg => println!("{:?}", msg), ◄
18  }                                             recv(rx) 是这个宏定义的语法。
19 }
```

channels-intro 项目中的一些需要注意的地方如下所示。

■ 使用 crossbeam 来创建一个通道会涉及函数的调用，所调用的函数会分别返回 Sender<T> 和 Receiver<T>。在清单 10.24 中，编译器会推断出这个类型参数 T 的实际类型。对应于发送方的 tx，这个返回类型是 Sender<i32>；而对应于接收方 rx 的，则是 Receiver<i32>。

■ select! 宏的名字，来自其他的一些消息传递系统，例如 POSIX 套接字 API。它允许阻塞主线程来等待一个消息。

■ 宏能够定义它们自己的语法规则。这也就解释了，为什么 select! 宏所使用的语法（recv (rx) ->）并不是合法的 Rust 语法。

2. 往通道里可以发送什么样的数据？

在想象中，你可能会认为通道与网络协议是类似的。然而在网络传输的过程中，对你来说可用的类型只有 [u8]。想要把这些字节流解释成它所代表的内容，首先就需要经过字节流的解析和验证的过程才行。

在通道中能够使用的类型，比简单的流式字节序列（[u8]）要丰富得多。字节流是不透明的，必须要经过解析的过程才能提取其中的结构；而通道则为你提供了 Rust 类型系统的全部能力。我们推荐在消息中使用枚举体类型，因为枚举体出于健壮性而提供了无遗漏测试（exhaustive testing）的能力，同时还具有紧凑的内部表示。

3. 双向通信

对于双向（或双工）通信，只使用一个通道来进行建模是很困难的。一种更简单的方法是，创建出两组发送方和接收方，每个通信方向使用其中的一组，也就是说，在每个通信方向上单独使用一个通道。

我们在 channels-complex 项目中展示了这个双通道策略的一个例子。channels-complex 的具体实现代码展示在清单 10.25 和清单 10.26 中。对应的源代码文件，分别保存在 ch10/ch10-channels-complex/argo.toml 和 ch10/ch10-channels-complex/src/main.rs 中。

代码运行后，channels-complex 项目会生成 3 行输出信息。从公共源码仓库中运行此项目的过程如下面的终端会话所示：

```
$ git clone https://github.com/rust-in-action/code rust-in-action
Cloning into 'rust-in-action'...

$ cd ch10/ch10-channels-complex

$ cargo run
...
   Compiling ch10-channels- complex v0.1.0 (/ch10/ch10-channels-complex)
    Finished dev [unoptimized + debuginfo] target(s) in 0.34s
     Running 'target/debug/ch10-channels-complex'
Ok(Pong)
Ok(Pong)
Ok(Pong)
```

有些学习者更愿意实际动手去输入所有的东西。如果你也是其中之一，可参考下面操作的说明。

（1）在命令行下输入以下命令：

```
$ cargo new channels-complex
$ cargo install cargo-edit
$ cd channels-complex
$ cargo add crossbeam@0.7
```

（2）检查该项目的 Cargo.toml 文件的内容是否与清单 10.25 中的代码匹配。

（3）用清单 10.26 所示的代码来替换 src/main.rs 中的内容。

清单 10.25　channels-complex 项目的元数据

```
[package]
name = "channels-complex"
version = "0.1.0"
authors = ["Tim McNamara <author@rustinaction.com>"]
edition = "2018"

[dependencies]
crossbeam = "0.7"
```

清单 10.26　给新产生的线程发送消息，并且接收该线程发出的消息

```
1 #[macro_use]
2 extern crate crossbeam;
3
4 use crossbeam::channel::unbounded;
5 use std::thread;
6
7 use crate::ConnectivityCheck::*;
8
9 #[derive(Debug)]
```

```
10 enum ConnectivityCheck {
11   Ping,
12   Pong,
13   Pang,
14 }
15
16 fn main() {
17   let n_messages = 3;
18   let (requests_tx, requests_rx) = unbounded();
19   let (responses_tx, responses_rx) = unbounded();
20
21   thread::spawn(move || loop {
22     match requests_rx.recv().unwrap() {
23       Pong => eprintln!("unexpected pong response"),
24       Ping => responses_tx.send(Pong).unwrap(),
25       Pang => return,
26     }
27   });
28
29   for _ in 0..n_messages {
30     requests_tx.send(Ping).unwrap();
31   }
32   requests_tx.send(Pang).unwrap();
33
34   for _ in 0..n_messages {
35     select! {
36       recv(responses_rx) -> msg => println!("{:?}", msg),
37     }
38   }
39 }
```

定义一个定制的消息类型，以简化后续对消息的解释。

因为全部的控制流程就只有一个表达式，所以 Rust 允许在这里使用 loop 关键字。

Pang 消息指示的是，此线程应该退出、关掉。

4. 实现一个任务队列

我们花了一些时间介绍了通道的用法，现在是时候把这些内容应用到在清单 10.18 里首次引入的这个问题中了。你会注意到，比起我们在清单 10.24 中看到的那个并行迭代器的方法，清单 10.28 中的代码要更复杂一些。

清单 10.27 展示了一个新版本的 render-hex 项目的元数据，此版本使用了基于通道来实现的任务队列。此清单的源代码保存在 ch10/ch10-render-hex-threadpool/Cargo.toml 文件中。

清单 10.27　一个新版本的 render-hex 项目的元数据，此版本使用了基于通道来实现的任务队列

```
[package]
name = "render-hex"
version = "0.1.0"
authors = ["Tim McNamara <author@rustinaction.com>"]
edition = "2018"

[dependencies]
svg = "0.6"
crossbeam = "0.7" #
```

crossbeam 包是此项目的一个新的依赖项。

请关注清单 10.28（参见 ch10/ch10-render-hex-threadpool/src/main.rs 文件）中的 parse()
函数，而其余未列出的代码与清单 10.18 是相同的。

清单 10.28 新版本 render-hex 项目的部分代码，此版本使用了基于通道来实现的任务队列

```
  1 use std::thread;
  2 use std::env;
  3
  4 use crossbeam::channel::{unbounded};          创建一个消息的类型，我们会使用通道来发送这种类型的消息。

 99 enum Work {
100     Task((usize, u8)),
101     Finished,                                  这个元组中的 usize 字段标明了已处理完的
102 }                                              字节的顺序位置。需要这样一个字段，是因
103                   给 worker 线程一个标志性的消息，  为返回的任务结果很有可能是无序的。
                     指示该线程是时候该关闭了。
104 fn parse_byte(byte: u8) -> Operation {
105     match byte {                               把 worker 需要执行的功能抽象出来，以便简化程序逻辑。
106         b'0' => Home,
107         b'1'..=b'9' => {
108             let distance = (byte - 0x30) as isize;
109             Forward(distance * (HEIGHT/10))
110         },
111         b'a' | b'b' | b'c' => TurnLeft,
112         b'd' | b'e' | b'f' => TurnRight,
113         _ => Noop(byte),
114     }
115 }
116
117 fn parse(input: &str) -> Vec<Operation> {      给待完成的任务创建一个通道。
118     let n_threads = 2;
119     let (todo_tx, todo_rx) = unbounded();       为将要返回的解码后的指令创建一个通道。
120     let (results_tx, results_rx) = unbounded();
121     let mut n_bytes = 0;
122     for (i,byte) in input.bytes().enumerate() { 把待完成的工作填充到此任务队列中。
123         todo_tx.send(Work::Task((i,byte))).unwrap();
124         n_bytes += 1;          这句代码用来跟踪待完成的任务数量。
125     }
126
127     for _ in 0..n_threads {
128         todo_tx.send(Work::Finished).unwrap();  给所有 worker 线程都发送一个信号，通知这些线程
129     }                                           是时候关闭了。
130
131     for _ in 0..n_threads {
132     let todo = todo_rx.clone();
133     let results = results_tx.clone();           通过使用克隆，让通道可以跨线程共享。
134     thread::spawn(move || {
135         loop {
136             let task = todo.recv();
137             let result = match task {
138                 Err(_) => break,
139                 Ok(Work::Finished) => break,
140                 Ok(Work::Task((i, byte))) => (i, parse_byte(byte)),
141             };
```

```
142              results.send(result).unwrap();
143
144      }
145    });
146  }
147  let mut ops = vec![Noop(0); n_bytes];
148  for _ in 0..n_bytes {
149      let (i, op) = results_rx.recv().unwrap();
150      ops[i] = op;
151  }
152  ops
153 }
```

由于返回的任务结果可以是任意的顺序，因此我们先初始化一个对应完整任务数量的 Vec<Command>，稍后将会用传进来的任务结果覆盖它。我们使用了 Vec 而没有使用数组，是因为此函数的类型签名已经是这样的了，我们并不想再重构整个程序来适应新的修改。

引入相互独立的多个线程以后，任务完成的顺序就变得不确定了。清单 10.28 涵盖了一些额外的复杂性，用来专门处理这个事情。

在之前的代码中，为了保存从输入中解析出来的命令，我们创建了一个空的 Vec<Command>。每次解析之后，在 main() 函数里利用动态数组的 push() 方法来反复地向其中添加元素。而现在的代码中，在第 147 行，我们完整地初始化了这个动态数组。初始化时，此动态数组里面的具体内容并不重要，稍后这些内容都会被覆盖。即使是这样，我们也使用了 Command::Noop 类型，这样可以确保不会因为出现了某个错误而生成一个损坏的 SVG 文件。

10.5 并发与任务虚拟化

本节会讲解几种并发模型之间的差异。图 10.5 给出了要做出选择时的一些权衡和取舍。

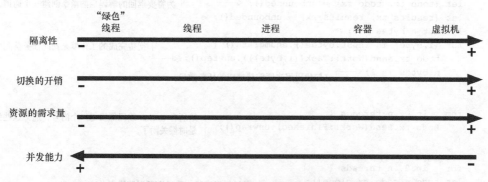

图 10.5 在执行计算任务时，与不同形式的任务隔离有关的权衡和取舍。
一般来说，隔离级别增加了，开销也会相应地增加

对于那些开销更高的任务虚拟化形式，它们主要的优势在于更好的隔离性。那么，隔离性（isolation）这个术语究竟是什么意思呢？

被隔离的任务之间不会相互干扰，而干扰可能有多种形式，例如损坏内存数据、网络的互

相渗透，以及写入磁盘时的拥塞。举例来说，假如有一个线程在等待控制台将输出信息输出到屏幕上的时候被阻塞住了，那么此线程中任何的例程活动都是无法进行的。

被隔离的任务之间未经许可是不能访问对方的数据的。在同一个进程中的相互独立的线程，会共享一个内存地址空间，并且所有的线程都可以平等地访问该空间中的数据。然而，在进程之间是禁止访问对方的内存的。

被隔离的任务是不会导致另一个任务崩溃的。一个任务的失败不应该连累到其他的系统。但是，如果某个进程引发了内核的崩溃，那么所有的进程都会被关闭。如果是在虚拟机中执行工作，即使其他虚拟机中的任务不稳定，此虚拟机中的任务也可以继续进行。

隔离性是一个连续统一体。完全的隔离是不现实的，完全的隔离意味着输入和输出都是不可能的，而且隔离常常都是用软件来实现的。运行额外的软件也就意味着额外的运行时开销。

与并发相关的术语

下面给出一些术语的简介，并介绍我们将如何使用这些术语。

- 程序（program）：一个程序，或者叫作应用程序，是一个产品名称。这通常是指软件包（software package）的名称。当我们执行一个程序时，操作系统会创建一个进程。

- 可执行（executable）文件：一种可以载入内存然后运行的文件。运行可执行文件意味着，先要为它创建出一个进程和一个线程，然后把 CPU 的指令指针更改为指向这个可执行文件的第一条指令。

- 任务（task）：本章是从抽象的角度来使用术语“任务”的。它的含义会随着抽象层级的不同而改变，如下所示。

  ➢ 在讨论进程时，一个任务指的就是进程中的一个线程。

  ➢ 在讨论线程时，一个任务可能就是一个函数调用。

  ➢ 在讨论操作系统时，一个任务可能是一个运行中的程序，有可能是由多个进程所组成的。

- 进程（process）：运行中的程序是作为进程来执行的。一个进程有自己的虚拟地址空间，至少包含一个线程，并且由操作系统管理着大量的簿记工作。例如，对于每个进程都要管理文件描述符、环境变量、调度优先级等信息。在一个进程中，有一个虚拟地址空间、可执行代码、打开的系统对象的句柄、一个安全上下文、唯一进程标识符、环境变量、一个优先级类别、最小和最大工作集的容量大小，以及至少有一个执行线程。

  所有进程都是从单个线程开始的，这个线程常常叫作主线程，但是可以从此进程中的任何的线程里创建另外的线程。而运行中的程序是从单个进程开始的，但是产生子进程来完成工作的情况也并不少见。

- 线程（thread）：用线（在英文中，thread 本意就是线）的隐喻来暗示，多个线程可以作为一个整体一起工作。

- 执行线程（thread of execution）：以串行方式出现的 CPU 指令的序列。多个线程可以并发运行，但是在此序列内的指令是要一个接一个地执行的。
- 协程（coroutine）：也叫作纤程（fibre）、绿色线程（green thread）或者轻量级线程（lightweight thread），指的是在一个线程内进行切换的那些任务。而这些任务之间的切换，是由程序自己负责的，而不是由操作系统负责的。下面给出两个理论性的概念，了解这两者之间的区别是很重要的。
  - ➢ 并发（concurrency），在任何的抽象层级上，同时运行的多个任务。
  - ➢ 并行（parallelism），在多个 CPU 上同时执行的多个线程。

　　除了这些基本的术语，还有一些经常会出现的相关的术语：异步编程、非阻塞 I/O。有很多操作系统都提供了非阻塞 I/O 的功能，来自多个套接字的数据被分批地放入队列中，并且按组来周期性地进行轮询。下面给出这些术语的定义。

- 非阻塞 I/O（non-blocking I/O）：通常，当一个线程从诸如网络这样的 I/O 设备中请求数据时，该线程是不会被立刻调度的。在等待数据到达的时候，此线程会被标记为已阻塞（blocked）。

  如果使用非阻塞 I/O 来进行编程，线程即使在等待数据的时候也可以继续执行。但是这也就出现了一个矛盾：如果没有任何要处理的输入数据，那么线程该如何继续执行呢？答案就在于异步编程。

- 异步编程（asynchronous programming）：控制流没有被预先确定的那些情况下的编程。相反，在程序本身的控制之外的一些事件会影响执行的顺序。这些事件通常与 I/O 有关，比如设备驱动程序发出准备就绪的信号，又或者与另一个线程里的函数返回有关。

  异步编程模型对开发者来说通常更为复杂，但对 I/O 密集型的工作负载来说，这会带来更快的运行速度。速度上的提升是因为，这种编程模型带来了更少的系统调用。这也暗示着，在用户空间和内核空间之间的上下文切换也更少了。

10.5.1　线程

　　线程是操作系统所能理解的、最低级别的隔离。操作系统能够对线程进行调度。而那些比线程还要小的并发形式，对操作系统来说是不可见的。这一类的并发形式，你可能听过其中的一些术语，比如协程、纤程，以及绿色线程。

　　在这些任务之间进行切换是由这个进程自己来管理的。操作系统并不知道该程序正在处理多个任务。对线程以及其他的并发形式来说，上下文的切换都是必需的。

10.5.2　上下文切换是什么？

　　在同一个虚拟化层级的多个任务之间进行的切换，被称为上下文切换（context switch）。拿线程来说，要进行上下文切换，需要清空一些 CPU 寄存器，可能还需要刷新一些 CPU 缓存，操作系统内的一些变量也需要重置。在这些不同的虚拟化层级之中，随着隔离程度的增加，上下文切换的开销也会随之增加。

CPU 只能以串行的方式来执行指令。想要执行一个以上的任务，举个例子来说，一台计算机需要能够按下"保存游戏进度"的按钮，然后切换到一个新的任务上，并在这个新任务的保存点上恢复运行。而 CPU 就承担了这个保存游戏进度的工作。

为什么 CPU 要不断地切换任务？因为它有足够多的时间可以利用。程序经常需要从内存、磁盘或网络中访问数据。因为等待数据的这个过程非常长，所以这时候往往有足够多的时间来做一些其他的事情。

10.5.3　进程

线程是存在于进程之中的。进程的一个显著特征是，一个进程的内存是独立于其他进程的。操作系统和 CPU 一起保护进程的内存不受其他进程的影响。

要想在进程间共享数据，只使用 Rust 的通道并且让数据受到 Arc<Mutex<_>>的保护，这是不够的。你还需要一些操作系统的支持。要在进程间共享数据，重用网络套接字是很常见的。大多数操作系统都提供了特殊形式的进程间通信（IPC），这种通信形式速度更快，但可移植性较差。

10.5.4　WebAssembly

WebAssembly（Wasm）很有意思，因为它尝试在进程边界之中来隔离任务。在一个 Wasm 模块里运行的任务是无法访问到对其他任务可用的内存的。起源于 Web 浏览器的 Wasm，将所有代码都视为潜在的恶意代码。如果你使用了第三方的依赖包，那么你可能没有验证过你的进程所执行的全部代码。

从某种意义上说，Wasm 模块可以访问到的地址空间，是在你的进程的地址空间之中的。Wasm 地址空间称为线性内存。它的运行时会解释在线性内存中的任何数据请求，并向实际的虚拟内存发出它自己的请求。在 Wasm 模块之中的代码，是完全不知道此进程可以访问到的任何内存地址的。

10.5.5　容器

容器是对进程的扩展，由操作系统提供进一步的隔离。进程会共享同一个文件系统，而容器则有一个专门为其创建的文件系统。这一点对于一些其他资源也是适用的。用于对这些其他资源的保护的术语是命名空间（naming space），而不是地址空间。

10.5.6 为什么要使用操作系统呢?

把一个应用程序作为自己的操作系统来运行是可能的,在第 11 章中,我们将给出一种实现。对于一个在没有操作系统的情况下来运行的应用程序,一般来说把它描述为独立的(freestanding),独立是指它不需要操作系统的支持。在没有操作系统可以依赖的时候,嵌入式软件的开发者就会使用这种独立的二进制文件。

不过,使用独立的二进制文件会有很大的限制。没有了操作系统,应用程序就不再有虚拟内存或多线程可用了,并且所有的这些问题都成了应用程序需要考虑的问题。为了获得一种折中的情况,有可能编译一个 unikernel。unikernel 是一个最小化的操作系统,并且配有一个应用程序。在编译的过程中会从这个操作系统中去除掉,在当前部署的应用程序中用不到的那些东西。

本章小结

- 感觉上,闭包和函数应该是相同的类型,然而这两者并不完全相同。如果你想创建一个能接收函数也能接收闭包作为其参数的函数,那么就应该使用 std::ops::Fn 系列的 trait。
- 大量使用高阶编程和迭代器的函数式编程风格,是 Rust 的惯用法。使用这种方法能够与第三方库更好地合作,因为 std::iter::Iterator 就是这样一个支持该编程风格的常用 trait。
- 使用多线程所带来的影响可能比你听说的要小,但是没有限制地产生线程可能会引发严重的问题。
- 要想从字面量来创建一个字节(u8),应该使用单引号(例如 b'a')。而使用双引号(例如 b"a"),会创建一个长度为 1 的字节切片([u8])。
- 要想让枚举体更便于使用,可以使用类似 use crate:: 这样的语法,来把枚举体的变体导入当前的局部作用域。
- 隔离性是一个连续统一体。一般来讲,随着软件组件之间的隔离程度的增加,性能也会随之下降。

第 11 章　内核

本章主要内容

- 编写并编译一个你自己的操作系统内核。
- 更深入地理解 Rust 编译器的能力。
- 通过自定义子命令来扩展 cargo。

让我们来构建一个操作系统。学完本章内容，你能将一个自己的操作系统（或者，至少是操作系统的一个最小子集）运行起来。不仅如此，你还可以为这个新的目标平台（现在还不存在）编译自己的引导程序（bootloader）、自己的内核。

本章涵盖了 Rust 的许多特性，这些特性对于在没有操作系统的情况下的编程是非常重要的。因此，本章对于打算在嵌入式设备上使用 Rust 的程序员很重要。

11.1　初级操作系统（FledgeOS）

在本节中，我们会实现一个操作系统的内核。操作系统的内核会提供一些重要的功能，比如与硬件交互、内存管理和协调工作任务。通常，工作任务是通过进程和线程来进行协调管理的。在本章中，我们无法涵盖很多的内容，但是会迈出"第一步"。我们将会逐渐完善它，所以我们把正在构建的这个系统叫作 FledgeOS。

11.1.1　搭建开发环境，用于开发操作系统内核

要给一个还不存在的操作系统创建可执行文件，这会是一个复杂的过程。举例来说，我们需要在你当前的操作系统上，为这个新的操作系统编译 Rust 语言的核心部分。但是，你当前的环境也只能够了解当前的环境本身的情况。因此，我们需要一些工具来帮助我们解决这个问

题。在开始创建 FledgeOS 之前，你需要先安装或者配置几个组件，具体如下所示。

- QEMU，一种虚拟化技术。正式地说，它属于一类叫作"虚拟机监控器"的软件，能够在任何它所支持的宿主机架构上来运行虚拟机操作系统。要了解具体的安装步骤，请访问 QEMU 官方网站。

- bootimage 包以及一些支持工具。bootimage 包是我们这个项目的重要支撑工具。幸运的是，要安装这个包和所需的相关工具是比较简单的。下面列出了其安装过程的命令：

```
$ cargo install cargo-binutils
...
    Installed package 'cargo-binutils v0.3.3' (executables 'cargo-cov',
    'cargo-nm', 'cargo-objcopy', 'cargo-objdump', 'cargo-profdata',
    'cargo-readobj', 'cargo-size', 'cargo-strip', 'rust-ar', 'rust-cov',
    'rust-ld', 'rust-lld', 'rust-nm', 'rust-objcopy', 'rust-objdump',
    'rust-profdata', 'rust-readobj', 'rust-size', 'rust-strip')

$ cargo install bootimage
...
    Installed package 'bootimage v0.10.3' (executables 'bootimage',
    'cargo-bootimage')

$ rustup toolchain install nightly
info: syncing channel updates for 'nightly-x86_64-unknown-linux-gnu'
...

$ rustup default nightly
info: using existing install for 'nightly-x86_64-unknown-linux-gnu'
info: default toolchain set to 'nightly-x86_64-unknown-linux-gnu'
...

$ rustup component add rust-src
info: downloading component 'rust-src'
...

$ rustup component add llvm-tools-preview ◁
info: downloading component 'llvm-tools-preview'
...
```

> 随着时间的推移，这可能会成为 llvm-tools 组件。

这些工具里的每一个都具有重要的作用，如下所示。

- cargo-binutils 包，允许 cargo 通过子命令来直接操作可执行文件，而这些子命令是由 Rust 构建并由 cargo 安装的一些实用程序。使用 cargo-binutils 而不是通过其他方式来安装 binutils，是为了防止潜在的版本不匹配问题出现。

- bootimage 包，允许 cargo 构建一个引导映像（boot image）。引导映像是一个可以直接在硬件上启动的可执行文件。

■ 夜间版工具链（nightly toolchain），安装 Rust 编译器的夜间版，可以解锁尚未被标记为稳定版的那些功能，因此这也限制了 Rust 向后兼容的保证。在本章中，我们将会访问到编译器内部的一些东西。目前这些东西还不太可能稳定下来。

　　在本章中，我们把夜间版设置成默认工具链，这样可以简化项目的构建步骤。要还原这项设置，可以使用命令 rustup default stable。

■ rust-src 组件，下载 Rust 编程语言的源代码，它允许 Rust 为新的操作系统编译一个编译器。

■ llvm-tools-preview 组件，安装 LLVM 编译器的扩展，它是 Rust 编译器的一部分。

11.1.2　验证开发环境

为了防止以后出现严重的问题，我们需要仔细检查并确认所有东西都已经安装正确，这些检查的步骤是很有必要的。具体的检查过程如下所示。

■ QEMU，实用程序 qemu-system-x86_64 应该在你的 PATH 环境变量里。你可以通过提供 --version 标志项来检查这个配置是否正确。

```
$ qemu-system-x86_64 --version
QEMU emulator version 4.2.1 (Debian 1:4.2-3ubuntu6.14)
Copyright (c) 2003-2019 Fabrice Bellard and the QEMU Project developers
```

■ cargo-binutils 包，就像在命令 cargo install cargo-binutils 的输出信息中显示的那样，它在你的系统上安装了几个可执行文件。使用 --help 标志项来执行其中的任何一个可执行文件，都能表明这些文件已经可以使用了。例如，要检查 rust-strip 是否已经安装好，可使用这个命令：

```
$ rust-strip --help
OVERVIEW: llvm-strip tool

USAGE: llvm-strip [options] inputs..
...
```

■ bootimage 包，使用以下命令来检查所有组件是否已经连接到一起：

```
$ cargo bootimage --help
Creates a bootable disk image from a Rust kernel
...
```

■ llvm-tools-preview 工具链组件，LLVM 工具是一组用于处理 LLVM 的辅助实用程序。在 Linux 或者 macOS 上，你可以使用下面的命令来检查这组命令是否可以被 rustc 访问到：

```
$ export SYSROOT=$(rustc --print sysroot)

$ find "$SYSROOT" -type f -name 'llvm-*' -printf '%f\n' | sort
```

```
llvm-ar
llvm-as
llvm-cov
llvm-dis
llvm-nm
llvm-objcopy
llvm-objdump
llvm-profdata
llvm-readobj
llvm-size
llvm-strip
```

在 Windows 上，使用下面的命令可以产生类似的结果：

```
C:\> rustc --print sysroot
C:\> cd <sysroot>    ◁──────┤ 需要把 <sysroot> 替换成上一个命令输出的路径。
C:\> dir llvm*.exe /s /b
```

太好了，环境已经搭建好了。如果你遇到任何问题，可以试着重新安装一遍这些组件。

11.2 Fledgeos-0：先让一些东西能运行起来

要想完全理解 FledgeOS 是需要一些耐心的。虽然代码很短，但是它包含了许多概念，尤其是对只是使用操作系统的程序员来说，应该是没有接触过这些概念的。在开始介绍具体的代码之前，让我们先来看一看 FledgeOS 运行起来是什么样子的。

11.2.1 第一次引导启动

FledgeOS 并不是世界上最强大的操作系统。实在地说，它看起来一点儿也不强大。但是至少，它是在一个图形环境里来启动的。就像图 11.1 所示的那样，它在屏幕的左上角创建了一个淡蓝色的光标。

要想启动 FledgeOS，需要在一个命令行终端里执行以下这几个命令：

```
$ git clone https://github.com/rust-in-action/code rust-in-action
Cloning into 'rust-in-action'...
...

$ cd rust-in-action/ch11/ch11-fledgeos-0

$ cargo +nightly run    ◁──────┤ 添加+nightly 可以确保使用的是夜间版的编译器。
...
Running: qemu-system-x86_64 -drive
        format=raw,file=target/fledge/debug/bootimage-fledgeos.bin
```

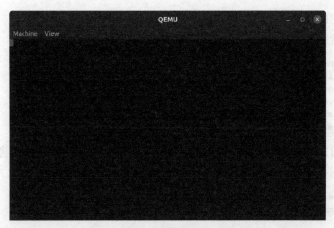

图 11.1　运行 fledgeos-0 的预期输出（清单 11.1-11.4）

不用担心如何改变左上角的光标的颜色，我们稍后会讲解这些细节。现在，能够编译出你自己的 Rust 的版本、一个使用此 Rust 的操作系统内核、一个能够把你的内核放在正确位置上的引导加载程序，并且能让所有这些东西一起工作，就算成功了。

走到这一步已经是一个很大的成果。就像前面提到的那样，要针对一个还不存在操作系统内核的目标平台创建一个程序，这个过程是很复杂的，需要的几个步骤如下所示。

（1）为这个操作系统所使用的约定，创建一个机器可读的定义，例如预期的 CPU 架构。这就是目标平台（target platform），也叫作编译目标，或者直接就叫目标也可以。你以前应该见过一些目标。试着去执行命令 rustup target list，就能看到一个列表，你可以把 Rust 编译到其中列出的这些目标平台上。

（2）要为这个新的目标定义编译 Rust，就需要先创建这个新的目标。我们将会编译出 Rust 的一个子集，叫作 core（核心），它不包括标准库（就是 std 下面的那些包），这对我们来说就足够用了。

（3）使用这个"新"的 Rust，为新的目标平台编译出操作系统内核。

（4）编译一个引导加载程序，用于加载这个新内核。

（5）在一个虚拟机环境中，按顺序先执行引导加载程序，然后运行内核。

幸运的是，bootimage 包已经为我们做了所有这些工作。所有的这些都是自动化的，我们可以关注其中让我们感兴趣的部分。

11.2.2　编译的步骤

前面给出的编译步骤，使用的是公共源码仓库中的代码。

```
$ git clone https://github.com/rust-in-action/code rust-in-action
Cloning into 'rust-in-action'...
...
$ cd rust-in-action/ch11/ch11-fledgeos-0
```

想要手动创建此项目，下面是建议的步骤。

（1）在命令行终端中，执行以下这些命令：

```
$ cargo new fledgeos-0
$ cargo install cargo-edit
$ cd fledgeos-0
$ mkdir .cargo
$ cargo add bootloader@0.9
$ cargo add x86_64@0.13
```

（2）在此项目的 Cargo.toml 文件的末尾处添加下面的内容片段，然后将之再和清单 11.1 进行比较，此代码可以在 ch11/ch11-fledgeos-0/Cargo.toml 文件中找到。

```
[package.metadata.bootimage]
build-command = ["build"]

run-command = [
  "qemu-system-x86_64", "-drive", "format=raw,file={}"
]
```

（3）在此项目的根目录下新建一个文件 fledge.json（见清单 11.2）。你可以在 ch11/ch11-fledgeos-0/fledge.json 文件中找到此代码。

（4）新建一个文件 .cargo/config.toml，此文件的内容已在清单 11.3 中给出，相关资源文件为 ch11/ch11-fledgeos-0/.cargo/config.toml。

（5）使用清单 11.4 中的代码替换 src/main.rs 中的内容，相关资源文件为 ch11/ch11-fledgeos-0/src/main.rs。

11.2.3　源清单

FledgeOS 项目的源代码（code/ch11/ch11-fledgeos-*），与大多数 cargo 项目的结构有点儿不太一样。下面给出这些项目结构的一个视图，用 fledgeos-0 作为一个有代表性的例子：

```
fledgeos-0
├── Cargo.toml    ◁── 见清单 11.1。
├── fledge.json   ◁── 见清单 11.2。
├── .cargo
│   └── config.toml ◁── 见清单 11.3。
└── src
    └── main.rs   ◁── 见清单 11.4。
```

这些项目包含如下两个额外的文件。

- 项目根目录包含一个 fledge.json 文件。这里面是要构建的 bootimage 和相关工具的编译目标的定义。
- .cargo/config.toml 文件提供了额外的配置参数。这里面的配置项会告诉 cargo，需要为这个项目编译出 std::core 模块本身，而不能依赖预安装的。

清单 11.1（参见 ch11/ch11-fledgeos-0/ Cargo.toml 文件）给出了此项目的 Cargo.toml 文件。

清单 11.1　fledgeos-0 项目的元数据

```
[package]
name = "fledgeos"
version = "0.1.0"
authors = ["Tim McNamara <author@rustinaction.com>"]
edition = "2018"

[dependencies]
bootloader = "0.9"
x86_64 = "0.13"

[package.metadata.bootimage]
build-command = ["build"]

run-command = [
  "qemu-system-x86_64", "-drive", "format=raw,file={}"
]
```

> 更新 cargo run，要求它去调用一个 QEMU 的会话。在构建过程中创建出来的操作系统映像的路径将会替换掉这个花括号。

此项目的 **Cargo.toml** 文件有点儿特殊。它包含一个新的表格 `[package.metadata.bootimage]`，这里面有几个可能会让人困惑的指令。这个表格中的指令都是针对 `bootimage` 包的，`bootimage` 包是引导加载程序的一个依赖项，如下所示。

- ■ `bootimage`：从一个 Rust 的内核创建一个可引导的磁盘映像。
- ■ `build-command`：指示 **bootimage** 去使用 `cargo build` 命令，而不是 `cargo xbuild` 这个交叉编译命令。
- ■ `run-command`：把 `cargo run` 的默认行为替换成使用 QEMU，而不是直接调用那个可执行文件。

清单 11.2（参见 ch11/ch11-fledgeos-0/ fledge.json 文件）展示了这个内核的目标定义。

清单 11.2　FledgeOS 的内核定义

```
{
  "llvm-target": "x86_64-unknown-none",
  "data-layout": "e-m:e-i64:64-f80:128-n8:16:32:64-S128",
  "arch": "x86_64",
  "target-endian": "little",
  "target-pointer-width": "64",
  "target-c-int-width": "32",
  "os": "none",
  "linker": "rust-lld",
  "linker-flavor": "ld.lld",
  "executables": true,
  "features": "-mmx,-sse,+soft-float",
  "disable-redzone": true,
  "panic-strategy": "abort"
}
```

先不管其他配置项，可以看到，在目标内核的定义中指定了，它是一个为 x86-64 CPU 构建的 64 位操作系统。Rust 编译器可以理解这个 JSON 规范。

> 提示　想要了解更多有关自定义目标的内容，可以查看 rustc 编译器之书的 "Custom Targets" 一节。

清单 11.3（参见 ch11/ch11-fledgeos-0/.cargo/config.toml 文件）给出了构建 FledgeOS 所需要的附加配置。我们需要指示 cargo，为清单 11.2 所定义的编译器目标来编译 Rust 语言。

清单 11.3　提供给 cargo 的附加配置

```
[build]
target = "fledge.json"

[unstable]
build-std = ["core", "compiler_builtins"]
build-std-features = ["compiler-builtins-mem"]

[target.'cfg(target_os = "none")']
runner = "bootimage runner"
```

最后我们来看一看内核的源代码。清单 11.4（参见 ch11/ch11-fledgeos-0/ src/main.rs 文件）中的代码设置了引导的过程，然后把值 0x30 写入一个预定义的内存地址。你将在 11.2.5 节中了解到它是如何工作的。

清单 11.4　创建一个操作系统内核，并绘制一个彩色的块

```
1  #![no_std]                          为了在没有操作系统的情况下运行程序而做的准备。
2  #![no_main]
3  #![feature(core_intrinsics)]        ◁── 解锁 LLVM 编译器固有（intrinsic）功能函数。
4
5  use core::intrinsics;               ◁──
6  use core::panic::PanicInfo;         ◁──
7                                      允许恐慌处理器检查发生恐慌的位置。
8  #[panic_handler]
9  #[no_mangle]
10 pub fn panic(_info: &PanicInfo) -> ! {
11    intrinsics::abort();             ◁──
12 }                                   让程序崩溃。
13
14 #[no_mangle]
15 pub extern "C" fn _start() -> ! {
16    let framebuffer = 0xb8000 as *mut u8;
17
18    unsafe {
19      framebuffer                    加上 1 以后，此指针的地址是 0xb8001。
20        .offset(1)                   ◁──
```

```
21        .write_volatile(0x30); ◄
22    }
23
24    loop {}
25 }
```

把背景设置成青色。

清单 11.4 看起来与我们以往所见过的那些 Rust 项目有很大的差异。为了让普通程序能够和操作系统一起执行，程序就需要有一些变化，如下所示。

■ 核心的 FledgeOS 函数永远不会返回。没有地方可以返回，也没有其他正在运行的程序。要表达出这一点，我们把函数的返回类型设为 Never 类型（!）。

■ 如果此程序崩溃了，整个计算机（虚拟机）也就崩溃了。一旦错误发生，程序唯一能做的就是终止运行。我们指明终止运行靠的是 LLVM 的 abort() 函数，并会在 11.2.4 节中会详细解释这一点。

■ 我们必须要禁用标准库，使用的语法是!\[no_std\]。因为应用程序不能依靠操作系统来提供动态内存分配，所以要避免任何涉及动态内存分配的代码就很重要了。这个注解项!\[no_std\]把 Rust 标准库从包中去除，这样做的"副作用"就是，在程序中有许多类型（例如 Vec<T>）不能用了。

■ 我们需要使用 #!\[feature(core_intrinsics)\] 这个属性来解锁还不稳定的 core_intrinsics API。在 Rust 编译器中有一些部分是由 LLVM 提供的，LLVM 是由 LLVM 项目产出的编译器。LLVM 会把它内部的一些部分暴露给 Rust，这部分内容被称为固有函数（intrinsic function）。由于 LLVM 的内部不受 Rust 稳定性保证的约束，因而总是存在提供给 Rust 的这部分内容会发生变化的风险。因此，这意味着我们必须使用夜间版的编译器工具链，并且需要显式地选择在程序中使用这些不稳定的 API。

■ 我们需要使用#\[no_mangle\]这个属性来禁用 Rust 的符号命名规则。符号名称是在已编译的二进制文件中的一些字符串。对于在运行时共存的多个库，让这些名称不会发生冲突是很重要的。在一般情况下，Rust 会使用一个称为 name mangling（名称重整）的过程来创建这些符号，以避免发生这种情况。我们需要在程序中禁用它，否则这个引导的过程很可能会失败。

■ 我们需要使用 extern "C"来选择性地引入 C 的调用规则。一个操作系统的调用规则主要与函数参数在内存中的排列方式有关，还包括一些其他的细节。Rust 没有定义它的调用规则。通过使用 extern "C"来注解_start()函数，我们就向 Rust 指明在这里需要使用 C 语言的调用规则。没有这个注解，引导的过程可能会失败。

■ 通过直接写入内存来改变显示的内容。传统上，操作系统会使用一种简单的模型来调整屏幕上的输出。有一个预先定义的内存块，称为帧缓冲区，负责显示的视频硬件会监控这个内存区域。如果这个帧缓冲区的内容发生了变化，那么实际显示的内容也会相应地发生改变。引导加载程序使用的是 VGA 标准，VGA 的全称是 Video Graphic

Array（视频图形阵列）。在引导加载程序中，把这个帧缓冲区的起始地址设置为 0xb8000。改变了这个内存区域中的内容，就会反映到屏幕上。这部分的细节会在 11.2.5 节中讲解。

- 我们应该使用#![no_main]属性来禁止包含一个 main()函数。main()函数实际上是非常特殊的，因为它的参数通常是由编译器所包含的函数（_start()）来负责提供的，而且它的返回值是在程序退出之前才进行解析的。main()函数的这些行为是 Rust 运行时中的一部分。更多细节会在 11.2.6 节中讨论。

哪里可以了解到更多有关操作系统开发的内容？

cargo bootimage 命令解决了很多麻烦。它使用单个命令，为一个复杂的过程提供了简单的接口。但是假如你是个爱"鼓捣"的人，你可能想知道在这个命令的幕后究竟发生了什么。那么，你应该去 Philipp Oppermann 的博客中去搜索"Writing an OS in Rust"，进行了解，还可以参考 GitHub 上一个小型的工具生态系统，即 Rust OSDev。

现在第一个内核已经跑起来了，接下来让我们来了解一下它是如何工作的吧！首先，我们先来看看恐慌的处理。

11.2.4　处理 panic

Rust 不允许你编译一个没有恐慌处理机制的程序。通常，它会自行插入恐慌处理逻辑。这是 Rust 运行时中的一项操作，但是代码在开头就标记了#[no_std]。避免使用标准库是很有用的，它极大地简化了编译过程，但是代价之一的就是需要手动处理恐慌。清单 11.5 摘自清单 11.4，引入了恐慌处理功能。

清单 11.5　关注 FledgeOS 的恐慌处理功能

```
 1 #![no_std]
 2 #![no_main]
 3 #![feature(core_intrinsics)]
 4
 5 use core::intrinsics;
 6 use core::panic::PanicInfo;
 7
 8 #[panic_handler]
 9 #[no_mangle]
10 pub fn panic(_info: &PanicInfo) -> ! {
11   unsafe {
12     intrinsics::abort();
13   }
14 }
```

有一个方法可以替代 intrinsics::abort()。我们可以用一个无限循环来作为恐慌处理程序，具体代码展示在清单 11.6 中。这样做的缺点就是，程序中出现任何错误，都会让 CPU

核心的利用率达到 100%，直到程序被手动关闭为止。

清单 11.6　用一个无限循环来作为恐慌处理程序

```
#[panic_handler]
#[no_mangle]
pub fn panic(_info: &PanicInfo) -> ! {
  loop { }
}
```

　　结构体 `PanicInfo` 提供了有关恐慌发生位置的相关信息，这个信息中包括文件名和源代码的具体行数。当我们实现适当的恐慌处理逻辑时，它就能派上用场了。

11.2.5　使用 VGA 兼容的文本模式写入屏幕

　　引导加载程序在引导模式下，会使用原始的汇编代码来设置一些"魔法字节"。在启动时，这些字节由硬件负责解释。该硬件会把屏幕的显示切换成 80×25 的网格，而且还会设置一些固定的内存缓冲区，此缓冲区由硬件解释，用以输出到屏幕上。

VGA 兼容的文本模式简介

　　通常情况下，显示器被分隔成 80×25 的网格单元。在内存中，每个单元格都用两个字节来表示。用类似 Rust 的语法来表示，这两个字节包含了几个字段。下面这个代码段展示了这些字段：

```
struct VGACell {
    is_blinking: u1,
    background_color: u3,
    is_bright: u1,              在内存中，这 4 个字段合起来占用一个字节。
    character_color: u3,
    character: u8, ←
}            可用于绘制的字符来自代码页 437 编码（CP437），它（近似地）是一个 ASCII 编码的扩展。
```

　　VGA 文本模式具有 16 色的调色板，其中主要的 8 种颜色由 3 个位数据构成。有几个前景颜色还有一个对应的亮色变体，如下所示：

```
#[repr(u8)]
enum Color {
    Black = 0,    DarkGray = 8,
    Blue = 1,     BrightBlue = 9,
    Green = 2,    BrightGreen = 10,
    Cyan = 3,     BrightCyan = 11,
    Red = 4,      BrightRed = 12,
    Magenta = 5,  BrightMagenta = 13,
    Brown = 6,    Yellow = 14,
    Gray = 7,     White = 15,
}
```

　　这种在引导时进行的初始化，使得在屏幕上显示内容变得很容易。在这个 80×25 的网格单元中的每个点都对应内存中的一个位置，这个内存区域叫作帧缓冲区（frame buffer）。

在引导加载程序中把 0xb8000 作为 4000 字节的帧缓冲区的开始位置。要实际地设置这个值，将在代码中用到两个之前没出现过的新方法，即 offset() 和 write_volatile()，如清单 11.7（摘自清单 11.4）所示。

清单 11.7　关注于 VGA 帧缓冲区的修改

```
16  let mut framebuffer = 0xb8000 as *mut u8;
17
18  unsafe {
19      framebuffer
20          .offset(1)
21          .write_volatile(0x30);
22  }
```

关于这两个新方法的简要阐释如下。

■ 使用 offset() 在一个地址空间中进行移动。指针类型上的 offset() 方法以对齐到指针大小的增量，在该地址空间中进行移动。例如，在一个 *mut u8（指向 u8 的可变指针）上调用 .offset(1)，就是把这个指针的地址加了 1。假如同样的调用是在一个 *mut u32（指向一个 u32 的可变指针）上来执行，那么这个指针地址会移动 4 字节。

■ 使用 write_volatile() 会强制地把一个值写入内存。指针类型提供了一个 write_volatile() 方法，用于执行 "volatile"（不稳定、易变）写入。此方法能够防止编译器的优化器把这个写指令优化掉。一个聪明的编译器可能只是简单地注意到了我们到处都在使用大量的常量，然后就会对此程序进行初始化，这样内存就会被简单地设置为我们想要的值。

清单 11.8 给出了代替 framebuffer.offset(1).write_volatile(0x30) 的另一种写法。这里用到了解引用操作符（*），并且手动把该内存位置的值设置成 0x30。

清单 11.8　手动给指针设置增量

```
18 let mut framebuffer = 0xb8000 as *mut u8;
19 unsafe {
20     *(framebuffer + 1) = 0x30;   ◄——— 把内存位置 0xb8001 中的数据设为 0x30。
21 }
```

清单 11.8 中的这种代码风格，对以前经常会使用指针的那些程序员来说会觉得更熟悉一些。使用这种代码风格需要谨慎一些。以此代码为例，它缺少 offset() 所提供的类型安全性的辅助，很容易因为一个输入错误而导致内存数据的损坏。对缺少指针算术经验的程序员来说，清单 11.7 中那种稍显啰唆的代码风格会更友好一些。那个代码段更好地表达出了原本的意图。

11.2.6　_start()：FledgeOS 的 main() 函数

操作系统的内核并不包括你习惯的 main() 函数的概念。一方面，操作系统内核的主循环永远不会返回。那么，它会返回到哪里呢？按照惯例，当程序退出到操作系统时，操作系统会返回一个错误代码。但是，操作系统自己，就没有一个可以为其提供退出代码的操作系统了。其次，从 main() 来开始一个程序也是一种惯例。但是对操作系统内核来说是不存在这种惯例的。要开始一个操作系统内核的运行，我们就需要某些软件来直接与 CPU 进行对话。这类软件叫作引导加载程序。

链接器 (linker) 希望看到的是一个已定义的符号——_start，这是此程序的入口点 (entry point)。链接器会把_start 链接到由你的源代码所定义的一个函数上。

在一个一般性的环境中，这个_start() 函数有 3 项任务。第一项是要重置系统。比如，在一个嵌入式的系统上，这个_start() 可能会清空寄存器并且把内存重置为 0。第二项任务是调用 main()。第三项任务是调用_exit()，这是在 main() 之后要做的一些清理工作。我们在_start() 函数里并没有做后两件事。因为应用程序功能非常简单，直接放在_start() 函数中了，所以第二项任务是不必要的。和 main() 一样，第三项任务也是不需要的。如果它被调用，永远也不会返回。

11.3 fledgeos-1：避免使用忙循环

现在，基础已经具备了，我们可以开始给 FledgeOS 添加功能了。

11.3.1 通过直接与 CPU 交互来降低功耗

FledgeOS 有个主要的缺点：它非常耗电。实际运行清单 11.4 中的_start() 函数，会让一个 CPU 核心的利用率达到 100%。通过向 CPU 发出停止 (halt) 指令 (hlt)，我们可以避免发生这种情况。

停止指令，在技术文献中被称作 HLT，它会通知 CPU 没有更多的工作要做。当有一个中断触发新的操作时，CPU 将会恢复运行。就像清单 11.9 所展示的，利用 x84_64 包让我们可以直接给 CPU 发指令。清单 11.9 摘自清单 11.10，利用 x84_64 来访问 hlt 指令。该指令是在_start() 里的主循环中被传递给 CPU 的，用来防止过度耗电。

清单 11.9　使用 hlt 指令

```
7 use x86_64::instructions::{hlt};

17 #[no_mangle]
18 pub extern "C" fn _start() -> ! {
19   let mut framebuffer = 0xb8000 as *mut u8;
20   unsafe {
21     framebuffer
22       .offset(1)
23       .write_volatile(0x30);
24   }
25   loop {
```

```
26    hlt();          ← 这可以省电。
27  }
28 }
```

使用 hlt 的替代方法就是，让 CPU 在 100%的利用率下运行，并不执行任何工作。这将会让你的计算机变成一个非常昂贵的"小型取暖器"。

11.3.2　fledgeos-1 的源代码

fledgeos-1 的大部分代码与 fledgeos-0 是相同的，只有 src/main.rs 文件在前文的基础上新增了一些内容。这个新的文件如清单 11.10（参见 code/ch11/ch11-fledgeos-1/src/main.rs）所示。要编译此项目，可以重复执行在 11.2.1 节中给出的步骤，只是需要在引用了项目名的地方用 fledgeos-1 替换 fledgeos-0。

清单 11.10　fledgeos-1 项目的源代码

```
1  #![no_std]
2  #![no_main]
3  #![feature(core_intrinsics)]
4
5  use core::intrinsics;
6  use core::panic::PanicInfo;
7  use x86_64::instructions::{hlt};
8
9  #[panic_handler]
10 #[no_mangle]
11 pub fn panic(_info: &PanicInfo) -> ! {
12   unsafe {
13     intrinsics::abort();
14   }
15 }
16
17 #[no_mangle]
18 pub extern "C" fn _start() -> ! {
19   let mut framebuffer = 0xb8000 as *mut u8;
20   unsafe {
21    framebuffer
22     .offset(1)
23     .write_volatile(0x30);
24   }
25   loop {
26     hlt();
27   }
28 }
```

x86_64 包为我们提供了在代码中注入汇编指令的能力。还一种方法是使用内联汇编（inline assembly）。

11.4 fledgeos-2：自定义异常处理

FledgeOS 的下一次迭代将会把重点放在改善它的错误处理能力上。当一个错误被触发时，FledgeOS 还是会崩溃，但是我们现在有了一个框架，能够构建一些更复杂的东西了。

11.4.1 几乎可以正确地处理异常

FledgeOS 还不能管理当 CPU 检测到一个异常操作时而产生出来的任何异常。为了处理异常，程序需要定义一个个性化（personality）的异常处理（exception-handling）函数。

在发生异常栈被展开时，会在每个栈帧上调用个性化的函数。这意味着遍历调用栈，在遍历的每个阶段上都会调用此个性化的函数。此个性化函数的作用就是，要确定当前的栈帧是否能够处理这个异常。异常处理也叫作捕获异常（catching an exception）。

> **注意** 栈展开（stack unwinding）指的是什么？当函数被调用时，栈帧会累积。反方向遍历栈被称为展开（unwinding）。逐层地展开栈，最后将会到达 _start()。

对 FledgeOS 来说，用严格的方式来处理异常是没有必要的，所以我们只会做最低限度的实现。清单 11.11 摘自清单 11.12，给出了一个代码段，展示了最小化的异常处理程序。把这些代码注入 main.rs 中。一个空的函数意味着任何异常都将是致命的，因为没有任何的异常是被标记成需要处理的。因此当异常发生时，不会进行任何处理。

清单 11.11　最小化异常处理的个性化例程

```
4 #![feature(lang_items)]

18 #[lang = "eh_personality"]
19 #[no_mangle]
20 pub extern "C" fn eh_personality() { }
```

> **注意** 语言项（language item）是什么？语言项是 Rust 的元素，是作为编译器自身之外的库的形式来实现的。因为我们使用#[no_std]去掉了标准库，所以就需要我们自己实现一些标准库的功能。

应该承认，我们费了很大的劲儿实现了这个什么都不会做的功能。但值得安慰的是，至少我们知道，我们是用正确的方式实现这个功能的。

11.4.2 fledgeos-2 的源代码

fledgeos-2 是在 fledgeos-0 和 fledgeos-1 的基础上构建出来的。它的文件 src/main.rs 在之前那个清单的基础上新增了一些内容。这个新的文件如清单 11.12（参见 code/ch11/ch11-fledgeos-2/

src/main.rs）所示。要编译此项目，可以重复执行在 11.2.1 节中给出的步骤，只是需要在引用了项目名的地方用 fledgeos-2 替换 fledgeos-0。

清单 11.12 fledgeos-2 的源代码

```
1  #![no_std]
2  #![no_main]
3  #![feature(core_intrinsics)]
4  #![feature(lang_items)]
5
6  use core::intrinsics;
7  use core::panic::PanicInfo;
8  use x86_64::instructions::{hlt};
9
10 #[panic_handler]
11 #[no_mangle]
12 pub fn panic(_info: &PanicInfo) -> ! {
13   unsafe {
14     intrinsics::abort();
15   }
16 }
17
18 #[lang = "eh_personality"]
19 #[no_mangle]
20 pub extern "C" fn eh_personality() { }
21
22 #[no_mangle]
23 pub extern "C" fn _start() -> ! {
24   let framebuffer = 0xb8000 as *mut u8;
25
26   unsafe {
27     framebuffer
28       .offset(1)
29       .write_volatile(0x30);
30   }
31
32   loop {
33     hlt();
34   }
```

11.5 fledgeos-3：文本的输出

让我们把一些文本输出到屏幕中。利用前面那个方法，即便真的碰到了一个恐慌，我们也可以适当地报告它。在本节中，我们会更详细地讲解把文本发送到帧缓冲区这个过程。图 11.2 展示了运行 fledgeos-3 的输出信息。

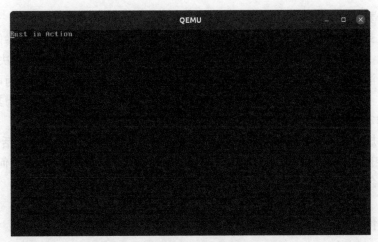

图 11.2 fledgeos-3 产生的输出信息

11.5.1 把彩色的文本输出到屏幕

首先，我们会为这些代表颜色的数值常量创建一个类型，因为这个类型在后面的清单 11.16 中会用到。我们用枚举体而不是一连串的 const 常量值进行定义，因为这样可以提供更好的类型安全性。从某种意义上说，这样做给这些值添加了语义上的关系，而且这些值都被视为同一个组中的成员。

清单 11.13 定义了一个枚举体，用来表示 VGA 兼容文本模式下的彩色调色板。位模式和颜色值之间的映射关系是由 VGA 标准所定义的，因此代码也应该遵守这样的规则。

清单 11.13　把相关联的数值常量表示为一个枚举体

```
 9 #[allow(unused)]      ◁────── 我们没有在代码中使用全部的颜色变体，所以我们要关掉这些警告。
10 #[derive(Clone,Copy)] ◁────── 引入了复制语义。
11 #[repr(u8)]  ◁──────────┐
12 enum Color {            │ 指示编译器要使用一个单字节来表示这些值。
13    Black = 0x0,   White = 0xF,
14    Blue = 0x1,    BrightBlue = 0x9,
15    Green = 0x2,   BrightGreen = 0xA,
16    Cyan = 0x3,    BrightCyan = 0xB,
17    Red = 0x4,     BrightRed = 0xC,
18    Magenta = 0x5, BrightMagenta = 0xD,
19    Brown = 0x6,   Yellow = 0xE,
20    Gray = 0x7,    DarkGray = 0x8
21 }
```

11.5.2 控制枚举体的内存表示形式

我们乐意让编译器自行决定如何表示一个枚举体，但是有时需要对其加以约束。一般来说，外部的系统会要求数据符合它们的要求。

清单 11.13 给出了一个例子，展示了把 VGA 兼容文本模式下的调色板枚举体中的颜色放入单个 u8 中。对于和枚举体的特定变体相关联的位模式，编译器有它自己酌情决定的灵活性，而这段代码则消除了这种判断上的灵活性（正式地称为 discriminant，中文含义为可资辨别的因素或判别式）。要规定一种表示形式，可以为其添加 repr 属性，然后你就可以为其指定任意的整数类型（i32、u8、i16、u16……），还包括一些特殊的情况。

使用一种规定好的表示形式有一些不太好的地方。尤其是，这会降低你的灵活性。它还会阻止 Rust 进行空间占用上的优化。比如，有一些枚举体只有单个变体，是不需要任何表示形式的。这类枚举体只会出现在源代码中，在运行中的程序中是不会占用空间的。

11.5.3　为何要使用枚举体？

你可以用不同的方式为这些颜色值来建模。比如，可以创建一些数值常量，让这些常量都有相同的内存表示形式。其中的一种可能性如下所示：

```
const BLACK: u8 = 0x0;
const BLUE: u8 = 0x1;
// ...
```

使用枚举体会增加一层额外的保护。比起直接使用 u8 类型，如果用的是枚举体，在代码中使用非法的值就会困难得多。我们在清单 11.17 中讲解结构体 Cursor（光标）时，你将会看到这一点。

11.5.4　创建出一个类型，能够用来输出到 VGA 的帧缓冲区

为了输出到屏幕，我们会使用一个 Cursor 结构体来处理原始内存操作，并让 Color 类型可以和 VGA 所期望的颜色进行互相转换。正如清单 11.14 所示，这个类型管理了代码和 VGA 帧缓冲区之间的接口。清单 11.14 摘自清单 11.16。

清单 11.14　Cursor 的定义和所实现的方法

```
25 struct Cursor {
26   position: isize,
27   foreground: Color,
28   background: Color,
29 }
30
31 impl Cursor {
32   fn color(&self) -> u8 {
33     let fg = self.foreground as u8;
34     let bg = (self.background as u8) << 4;
35     fg | bg
36   }
37
```

使用前景色作为一个基数据，占用低 4 位。把背景色左移来占用高位，然后把这两个位合并到一起。

```
38  fn print(&mut self, text: &[u8]) {                    出于方便，输入数据将会使用一个
39    let color = self.color();                           原始的字节流，而没有使用一个能
40                                                         确保编码正确的类型。
41    let framebuffer = 0xb8000 as *mut u8;
42
43    for &character in text {
44      unsafe {
45        framebuffer.offset(self.position).write_volatile(character);
46        framebuffer.offset(self.position + 1).write_volatile(color);
47      }
48      self.position += 2;
49    }
50  }
51 }
```

11.5.5　输出到屏幕

要使用 Cursor 涉及设置它的位置（position），然后还要把一个引用传递给 Cursor.print()。清单 11.15 摘自清单 11.16，此代码扩充了_start() 函数，让它也能实现输出到屏幕的功能。

清单 11.15　输出到屏幕的功能

```
65 #[no_mangle]
66 pub extern "C" fn _start() -> ! {
67   let text = b"Rust in Action";
68
69   let mut cursor = Cursor {
70     position: 0,
71     foreground: Color::BrightCyan,
72     background: Color::Black,
73   };
74   cursor.print(text);
75
76   loop {
77     hlt();
78   }
79 }
```

11.5.6　fledgeos-3 的源代码

fledgeos-3 是在 fledgeos-0、fledgeos-1 和 fledgeos-2 的基础上继续构建出来的。它的 src/main.rs 文件在本节中之前的代码基础上新增了一些内容。这个完整的文件（参见 code/ch11/ch11-fledgeos-3/src/main.rs 文件）如清单 11.16 所示。要编译此项目，可以重复执行在 11.2.1 节中给出的步骤，只是需要在引用了项目名的地方，用 fledgeos-3 替换 fledgeos-0。

清单 11.16　现在 Fledgeos 可以在屏幕上输出文本了

```
 1 #![feature(core_intrinsics)]
 2 #![feature(lang_items)]
 3 #![no_std]
 4 #![no_main]
 5
 6 use core::intrinsics;
 7 use core::panic::PanicInfo;
 8
 9 use x86_64::instructions::{hlt};
10
11 #[allow(unused)]
12 #[derive(Clone,Copy)]
13 #[repr(u8)]
14 enum Color {
15   Black = 0x0,    White = 0xF,
16   Blue = 0x1,     BrightBlue = 0x9,
17   Green = 0x2,    BrightGreen = 0xA,
18   Cyan = 0x3,     BrightCyan = 0xB,
19   Red = 0x4,      BrightRed = 0xC,
20   Magenta = 0x5,  BrightMagenta = 0xD,
21   Brown = 0x6,    Yellow = 0xE,
22   Gray = 0x7,     DarkGray = 0x8
23 }
24
25 struct Cursor {
26   position: isize,
27   foreground: Color,
28   background: Color,
29 }
30
31 impl Cursor {
32   fn color(&self) -> u8 {
33     let fg = self.foreground as u8;
34     let bg = (self.background as u8) << 4;
35     fg | bg
36   }
37
38   fn print(&mut self, text: &[u8]) {
39     let color = self.color();
40
41     let framebuffer = 0xb8000 as *mut u8;
42
43     for &character in text {
44       unsafe {
45         framebuffer.offset(self.position).write_volatile(character);
46         framebuffer.offset(self.position + 1).write_volatile(color);
47       }
48       self.position += 2;
49     }
50   }
51 }
52
```

```
53 #[panic_handler]
54 #[no_mangle]
55 pub fn panic(_info: &PanicInfo) -> ! {
56   unsafe {
57     intrinsics::abort();
58   }
59 }
60
61 #[lang = "eh_personality"]
62 #[no_mangle]
63 pub extern "C" fn eh_personality() { }
64
65 #[no_mangle]
66 pub extern "C" fn _start() -> ! {
67   let text = b"Rust in Action";
68
69   let mut cursor = Cursor {
70     position: 0,
71     foreground: Color::BrightCyan,
72     background: Color::Black,
73   };
74   cursor.print(text);
75
76   loop {
77     hlt();
78   }
79 }
```

11.6 fledgeos-4：自定义恐慌处理

恐慌处理程序在下面这段代码中再次被列出来了，它会调用 core::intrinsics::abort()。它并没有提供任何更进一步的输入，这会让当前计算机立刻关机。

```
#[panic_handler]
#[no_mangle]
pub fn panic(_info: &PanicInfo) -> ! {
  unsafe {
    intrinsics::abort();
  }
}
```

11.6.1 实现一个恐慌处理程序，能够向用户报告错误

要让任何从事嵌入式开发或想在微控制器上执行 Rust 的人受益，了解如何报告发生恐慌的位置是很重要的。使用 core::fmt::Write 所提供的功能是个不错的起点，可以在恐慌处理程序中利用这个 trait 来显示消息，如图 11.3 所示。

图 11.3 发生恐慌时会显示一条消息

11.6.2 使用 core::fmt::Write 来重新实现 panic()

图 11.3 展示了由清单 11.17 产生的输出。现在的 panic() 需要经过两个阶段的处理过程。第一个阶段，panic() 会清空屏幕上的显示。第二个阶段则用到了 core::write! 宏。core::write! 会获取一个目标对象作为它的第一个参数（cursor），要求此目标对象是实现了 core::fmt::Write trait 的。清单 11.17 摘自清单 11.19，给出了一个恐慌处理程序，使用这个处理过程可以报告已经发生的错误。

清单 11.17　清空屏幕并输出一条消息

```
63 pub fn panic(info: &PanicInfo) -> ! {
64   let mut cursor = Cursor {
65     position: 0,
66     foreground: Color::White,
67     background: Color::Red,
68   };
69   for _ in 0..(80*25) {        清空屏幕时用红色来填充。
70     cursor.print(b" ");
71   }                             重置光标的位置。
72   cursor.position = 0;       ◁
73   write!(cursor, "{}", info).unwrap();   ◁   把 PanicInfo 输出到屏幕上。
74
75   loop {}  ◁
76 }
             以无限循环的方式停顿下来，让用户可以阅读这条消息，然后可以手动重启这台计算机。
```

11.6.3 实现 core::fmt::Write

要实现 core::fmt::Write 会涉及一个方法的实现：write_str()。这个 trait 还定义了其他几个方法，然而一旦 write_str() 的实现可以使用了，编译器就能自动生成其他几个方法了。摘自清单 11.19 的清单 11.18（参见 ch11/ch11-fledgeos-4/src/ main.rs 文件）给出了这个实现，其重用了 print() 方法，并且通过 as_bytes() 方法把 UTF-8 编码的&str 转换为&[u8]。

清单 11.18　为 Cursor 类型实现 core::fmt::Write

```
54 impl fmt::Write for Cursor {
55   fn write_str(&mut self, s: &str) -> fmt::Result {
56     self.print(s.as_bytes());
57     Ok(())
58   }
59 }
```

11.6.4　fledgeos-4 的源代码

清单 11.19（参见 code/ch11/ch11-fledgeos-4/src/main.rs 文件）展示了 FledgeOS 项目的完整代码，其中包括对用户友好的恐慌处理代码。和以前的版本一样，要编译此项目，可以重复执行在 11.2.1 节中给出的步骤，只是需要在引用了项目名的地方，用 fledgeos-4 替换 fledgeos-0。

清单 11.19　带有完整的恐慌处理的 FledgeOS 的全部代码

```
 1 #![feature(core_intrinsics)]
 2 #![feature(lang_items)]
 3 #![no_std]
 4 #![no_main]
 5
 6 use core::fmt;
 7 use core::panic::PanicInfo;
 8 use core::fmt::Write;
 9
10 use x86_64::instructions::{hlt};
11
12 #[allow(unused)]
13 #[derive(Copy, Clone)]
14 #[repr(u8)]
15 enum Color {
16   Black = 0x0, White = 0xF,
17   Blue = 0x1, BrightBlue = 0x9,
18   Green = 0x2, BrightGreen = 0xA,
19   Cyan = 0x3, BrightCyan = 0xB,
20   Red = 0x4, BrightRed = 0xC,
21   Magenta = 0x5, BrightMagenta = 0xD,
22   Brown = 0x6, Yellow = 0xE,
23   Gray = 0x7, DarkGray = 0x8
24 }
25
26 struct Cursor {
27   position: isize,
28   foreground: Color,
29   background: Color,
30 }
31
```

```rust
32 impl Cursor {
33   fn color(&self) -> u8 {
34     let fg = self.foreground as u8;
35     let bg = (self.background as u8) << 4;
36     fg | bg
37   }
38
39   fn print(&mut self, text: &[u8]) {
40     let color = self.color();
41
42     let framebuffer = 0xb8000 as *mut u8;
43
44     for &character in text {
45       unsafe {
46         framebuffer.offset(self.position).write_volatile(character);
47         framebuffer.offset(self.position + 1).write_volatile(color);
48       }
49       self.position += 2;
50     }
51   }
52 }
53
54 impl fmt::Write for Cursor {
55   fn write_str(&mut self, s: &str) -> fmt::Result {
56     self.print(s.as_bytes());
57     Ok(())
58   }
59 }
60
61 #[panic_handler]
62 #[no_mangle]
63 pub fn panic(info: &PanicInfo) -> ! {
64   let mut cursor = Cursor {
65     position: 0,
66     foreground: Color::White,
67     background: Color::Red,
68   };
69   for _ in 0..(80*25) {
70     cursor.print(b" ");
71   }
72   cursor.position = 0;
73   write!(cursor, "{}", info).unwrap();
74
75   loop { unsafe { hlt(); }}
76 }
77
78 #[lang = "eh_personality"]
79 #[no_mangle]
80 pub extern "C" fn eh_personality() { }
81
82 #[no_mangle]
83 pub extern "C" fn _start() -> ! {
84   panic!("help!");
85 }
```

本章小结

- 编写一个在没有操作系统的情况下就能运行的程序，感觉上就好像在荒芜的沙漠里编程。你觉得理所当然的那些功能（例如动态内存、多线程）都不再可用。

- 在诸如嵌入式系统这样的没有动态内存管理的环境中，就需要利用#![no_std]这个注解来避免使用 Rust 的标准库。

- 在与外部的组件进行对接的时候，命名符号就变得有意义了。要想去掉 Rust 的名称重整机制，需要用到#![no_mangle]这个属性。

- Rust 的内部表示形式可以通过注解来控制。例如，使用#![repr(u8)]来注解一个枚举体，可以强制性地把这些值装入单个字节中。如果你给出的这个注解不能如预期那样工作，那么 Rust 会拒绝编译此程序。

- 你可以使用原始指针的操作，但是也存在一些类型安全的替代方案。就像实践中我们所做的那样，比如可以使用 offset()方法来正确地计算用于遍历地址空间的字节数。

- 编译器的内部元素总是可以访问到的，但代价就是需要使用夜间版的编译器。这样可以访问到编译器的固有功能，比如 intrinsics::abort()，也就能够为程序提供平常无法访问到的一些功能。

- 应该把 cargo 看作一种可以扩展的工具。在 Rust 程序员的工作流里，cargo 是位于中心位置的，而且如果需要，它的标准行为也是可以改变的。

- 要访问原始的机器指令，比如 HTL，你可以使用诸如 x86_64 这样一些辅助的包，也可以依靠内联汇编。

- 不用惧怕试验。利用 QEMU 这样的现代工具，最坏的结果也不过是让你的这个小小的操作系统崩溃，这时候你可以让它立刻再运行一遍。

第 12 章　信号、中断和异常

本章主要内容

- ■　什么是中断、异常、陷阱和错误。
- ■　设备驱动程序如何通知应用程序数据已经准备好。
- ■　如何在运行着的应用程序之间传输信号。

本章将讲解外部世界与操作系统进行通信的过程。当一些字节数据准备好被传送时，网络就会频繁地中断程序的执行。这就意味着，在发起了一个到数据库的连接以后（或者是发生一些其他类似情况的时候），操作系统会要求应用程序处理一个消息。本章内容将会讲解这个过程，以及如何让程序为此做好准备。

在第 9 章中，你了解到一个数字的时钟会定期地通知操作系统时间的进展——本章将会讲解这个通知的过程是怎么发生的。本章还将通过"信号"的概念来介绍"同时运行多个应用程序"这个概念。信号是作为传统的 UNIX 操作系统的一部分而出现的，可以用来在不同的运行着的程序之间传送消息。

我们会把"信号"和"中断"这两个概念放在一起讲解，这是因为它们两个在编程模型上是类似的。但是先从信号开始讲解会更简单一些。虽然本章所讲解的内容主要关注在 x86 CPU 上运行的 Linux 操作系统，但也并不是说其他操作系统的用户就不能应用这些知识。

12.1　术语表

要学习 CPU、设备驱动程序、应用程序和操作系统是如何进行交互的，这个过程是很有难度的。首先就是有很多专业术语需要理解和消化。更糟的是，这些术语看起来都很相似，还经常会互换着来使用，这对于理解无疑是没有帮助的。我们给出了在本章中会用到的一些术语，并在图 12.1 中展示了这些术语是如何相互关联的。

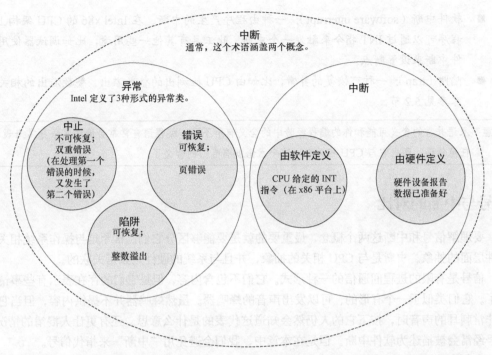

图 12.1　一种可视化的分类法，展示了在 Intel x86 的 CPU 中，术语中断、异常、陷阱和
错误是如何相互作用的。注意，在此图中并没有出现术语信号。信号不是中断的

- 中止（abort）：一种不可恢复的异常。如果应用程序触发了中止，该应用程序也就结束了。

- 错误（fault）：一种在常规操作中预期出现的可恢复的异常，例如页错误。如果内存地址不可用且数据必须从主内存芯片中获取，就会发生页错误。这个过程与虚拟内存有关，相关内容参见 6.4 节。

- 异常（exception）：异常是一个概括性的术语，包括了中止、错误以及陷阱。异常被正式地称为同步中断（synchronous interrupt），所以有时也会将其描述为中断的一种形式。

- 硬件中断（hardware interrupt）：由硬件设备产生的中断，比如键盘、硬盘控制器。通常设备用它来通知 CPU，告知数据已经可以从该设备中读取。

- 中断（interrupt）：一个硬件层面的术语，包括两种含义。它可以用来表示同步中断，包括硬件中断和软件中断。依据不同的上下文，它还可以用来表示异常。通常，中断是由操作系统来处理的。

- 信号（signal）：一个操作系统层面的术语，用于表示对应用程序控制流的中断。信号是由应用程序来处理的。

- 软件中断（software interrupt）：一种由程序产生的中断。在 Intel x86 的 CPU 架构上，程序可以通过 INT 指令来触发一个中断。此工具有其他一些用途，比如调试器使用软件中断来设置断点。
- 陷阱（trap）：一种可恢复的异常，比如由 CPU 检测出的整数溢出。整数溢出的相关内容参见 5.2 节。

> **注意**　术语异常的含义可能和你的编程经验中的含义有所不同。编程语言常常会使用术语异常来表示任意错误，而当它与 CPU 相关时，这个术语就有专门的含义了。

信号与中断的对比

要理解信号和中断这两个概念，最重要的就是要能够区分它们。信号是与操作系统相关的软件层面的抽象。中断是与 CPU 相关的抽象，并且与系统的硬件是紧密关联的。

信号是有限的进程间通信的一种形式。它们不包含内容，但是它们的存在表示有些事情发生了。它们类似于一个有形的、可以发出声音的蜂鸣器。虽然蜂鸣器并不提供内容，但当它发出非常刺耳的声音时，按下它的人仍然会知道这代表的是什么意思。还有更让人混淆的情况，信号经常会被描述为软件中断。但是在本章中，我们会避免用"中断"来指代信号。

中断有两种形式，它们的来源不同。第一种中断的形式是在 CPU 处理期间发生的。这是试图处理非法指令或者访问无效内存地址所引发的结果。这种形式在技术上被称为同步中断，但是你可能听到的是它的一个更常见的名字：异常。

第二种中断的形式是由硬件设备产生的，例如键盘和加速度传感器。这就是术语中断通常的含义。这种形式的中断随时都可能发生，正式的叫法是异步中断（asynchronous interrupt）。就像信号那样，这种中断也可以在软件里产生。

中断可以是专用的。陷阱是 CPU 检测到的一种错误，它给了操作系统一个恢复的机会。错误是另一种形式的可恢复的问题。如果给 CPU 提供了一个无法读取的内存地址，它会通知操作系统，请求一个更新后的地址。

中断会迫使应用程序的控制流发生变化，而对信号来说，如果需要，有许多信号都可以忽略。接收到一个中断后，无论程序的当前状态如何，CPU 都会跳转到相应的处理代码。中断处理程序的代码所在位置，是在系统启动的过程中由 BIOS 以及操作系统预先定义好的。

把信号视为中断

直接处理中断意味着要操控操作系统内核。因为我们并不想在学习的环境里这样做，所以会更宽松地使用该术语。因此，在本章余下的内容中，我们将会把信号视为中断。

为什么要做这样的简化？编写操作系统组件涉及对内核的调整。如果破坏了内核里的东西，又没有一个明确的方法来修复，就意味着系统可能会变得完全没反应。从更务实的角度来看，避免对内核进行调整，意味着我们可以避免学习全新的编译器工具链。

处理信号的代码与处理中断的代码看起来是相似的，这对我们来说是有利的。只是使用信号来进行各种练习，让我们能够把代码中出现的错误都限制在应用程序之中，而不用冒让整个系统崩溃的风险。总体的模式如下所示。

（1）为应用程序的标准控制流程进行建模。

（2）对中断的控制流进行建模，如果需要，要确认需要彻底关闭的资源。

（3）编写中断/信号的处理程序来更新某些状态，然后快速返回。

（4）你通常会通过只修改一个全局变量来委派一些耗时的操作，此全局变量会由程序的主循环定期检查。

（5）修改应用程序的标准控制流，来查找可能已被信号处理程序修改了的 GO/NO GO 标志。

12.2　中断是如何影响应用程序的

让我们来看一个小的代码示例，以理解这个问题。清单 12.1 展示了一个简单的计算，即求两个整数之和。

清单 12.1　求两个整数之和

```
1 fn add(a: i32, b:i32) -> i32 {
2   a + b
3 }
4
5 fn main() {
6   let a = 5;
7   let b = 6;
8   let c = add(a,b);
9 }
```

不管有多少个硬件中断，都是要计算出 c 的值的。然而此程序所花费的时间是不确定的，因为在每次运行这个程序的时候，CPU 都会执行一些不同的任务。

一个中断发生时，CPU 会立即停止执行此程序，并且跳转到该中断的处理程序中。清单 12.2 所模拟的是当清单 12.1 运行到第 7 行和第 8 行之间时，一个中断发生了，具体的细节如图 12.2 所示。

清单 12.2　清单 12.1 中的代码处理中断的流程

```
1 #[allow(unused)]
2 fn interrupt_handler() {        ◄───
3   // ..
4 }
5
6 fn add(a: i32, b:i32) -> i32 {
7   a + b
```

尽管在这个清单中中断是作为一个额外的函数出现的，但是中断处理程序通常都是由操作系统来定义的。

```
 8 }
 9
10 fn main() {
11   let a = 5;
12   let b = 6;
13
14   //按下键盘上的键
15   interrupt_handler()
16
17   let c = add(a,b);
18 }
```

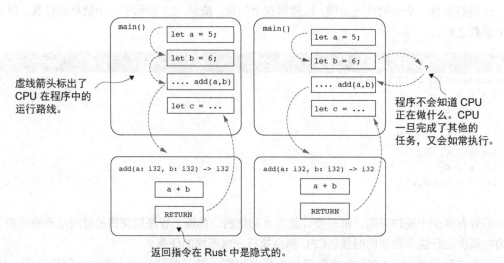

正常的程序执行过程

在正常的情况下，控制流是以线性的顺序来运行指令的。函数的调用和返回语句确实会让 CPU 在内存中跳转，但是事件的顺序还是可以预先确定的。

被中断的程序的执行过程

当一个硬件中断发生时，该程序并不会直接受到影响，尽管因为操作系统必须要处理硬件，可能会有一个可以忽略不计的性能影响。

图 12.2　使用加法来演示处理信号的控制流

需要记住的一点是，从程序的角度来看，变化不大。程序并不会意识到它的控制流被打断了。清单 12.1 仍然是该程序的一个准确表述。

12.3　软件中断

软件中断是由程序产生，用来向 CPU 发送特定指令的。要用 Rust 来做这件事，你可以调用 asm!宏。下面这段代码可以在文件 ch12/asm.rs 中找到，其中给出了这个宏的基本使用。

```
#![feature(asm)]          ◁─────┐ 启用一个不稳定的特性。

use std::asm;

fn main() {
    unsafe {
        asm!("int 42");
    }
}
```

运行编译后的可执行文件，会显示一个操作系统的错误：

```
$ rustc +nightly asm.rs
$ ./asm
Segmentation fault (core dumped)
```

在 Rust 1.50 中，asm!宏还是不稳定的，需要你使用夜间版 Rust 编译器来执行。要安装夜间版编译器，需要使用 rustup 命令：

```
$ rustup install nightly
```

12.4 硬件中断

硬件中断有一个特殊的流程。设备会与一个专用的芯片进行连接来通知 CPU，这个芯片被称为*可编程中断控制器*（Programmable Interrupt Controller，PIC）。图 12.3 给出了一个视图，展示了中断是如何从硬件设备流向应用程序的。

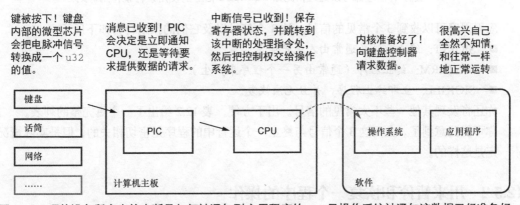

图 12.3 硬件设备所产生的中断是如何被通知到应用程序的。一旦操作系统被通知该数据已经准备好，它就会直接与这个设备进行通信（例如键盘），把数据读取到它自己的内存中

12.5　信号处理

信号需要立即得到关注。如果一个信号没能得到处理，通常会导致应用程序被终止。

12.5.1　默认的行为

有时候，最好的办法就是使用系统的默认行为来完成工作。这种情况下不需要你编写代码，也就不会出现无意中导致的 bug。

大多数信号的默认行为是关闭应用程序。如果应用程序没有提供一个特定的处理函数（我们将会在本章中学到），操作系统会认为该信号处于异常状态（abnormal condition）。如果操作系统在应用程序中检测到异常状态，对应用程序来说结果就不好了——操作系统会终止这个应用程序，如图 12.4 所示。

图 12.4　一个应用程序保护自己免受不想要的信号的侵扰。信号处理程序好比计算世界里一些友善的"巨人"。它们通常并不插手事务，但是当应用程序需要保卫时，这些"巨人"就会出现。

虽然它们并不是日常控制流程的一部分，但是信号处理程序在合适的时候是非常有用的。

并不是所有信号都可以处理，比如 SIGKILL 信号的使用条件就特别苛刻

应用程序可以收到 3 个常见的信号。这 3 个信号以及它们的预期行为如下所示。
- SIGINT：终止程序（通常由人来产生）。
- SIGTERM：终止程序（通常由另一个程序来产生）。
- SIGKILL：立即终止程序，并且无法恢复。

你还将发现其他一些不太常见的信号。出于方便，表 12.2 给出了一个更完整的列表。

你可能注意到了，上面这 3 个信号与终止一个运行中的程序是密切相关的，但是实际情况不一定是这样的。

12.5.2　用来暂停和恢复一个程序的操作

有两个特殊的信号值得注意，就是 SIGSTOP 和 SIGCONT。SIGSTOP 信号会停止程序的执行，并且让该程序保持挂起（suspended）状态，直至它收到 SIGCONT 信号。UNIX 系统会使用这两个信号来进行作业控制。如果你想手动干预并中止一个正在运行的应用程序，但又希望在

未来的某个时间能够恢复它的运行，那么了解这两个信号也是很有用处的。

下面的代码展示了在本章中我们将要开发的这个 sixty 项目的目录结构。想要下载该项目，可以在终端中输入如下命令：

```
$ git clone https://github.com/rust-in-action/code rust-in-action
$ cd rust-in-action/ch12/ch12-sixty
```

要想手动创建此项目，需要先建立一个类似于下面所示的目录结构，然后手动在其中填充清单 12.3 和清单 12.4 中的内容：

```
ch12-sixty                          见清单 12.4。
├── src
│      └── main.rs ◄
└── Cargo.toml              见清单 12.3。
```

清单 12.3（参见 ch12/ch12-sixty/）展示了 sixty 项目初始的元数据。

清单 12.3 sixty 项目的元数据

```
[package]
name = "sixty"
version = "0.1.0"
authors = ["Tim McNamara <author@rustinaction.com>"]

[dependencies]
```

清单 12.4 给出了构建一个能存活 60s 的基本的应用程序，并且会显示该应用程序进度的代码。清单 12.4 的源代码保存在 ch12/ch12-sixty/src/main.rs 文件中。

清单 12.4 一个接收 SIGSTOP 和 SIGCONT 的基本应用程序

```
1 use std::time;
2 use std::process;
3 use std::thread::{sleep};
4
5 fn main() {
6     let delay = time::Duration::from_secs(1);
7
8     let pid = process::id();
9     println!("{}", pid);
10
11     for i in 1..=60 {
12         sleep(delay);
13         println!(". {}", i);
14     }
15 }
```

把清单 12.4 中的代码保存到磁盘以后，需要打开两个终端控制台。在第一个控制台中，执行 cargo run 以后，会出现一个 3～5 位的数字，紧接着会每秒输出一个递增的计数器的值。

在输出的第一行中显示出来的那个数字是 PID，或称为进程 ID。表 12.1 给出了具体的操作以及预期的输出信息。

表 12.1　　　　　　　如何利用信号 SIGSTOP 和 SIGCONT 来挂起和继续运行进程

步骤	终端 1（执行应用程序）	终端 2（发送信号）
1	`$ cd ch12/ch12-sixty`	
2	`$ cargo run` 23221 . 1 . 2 . 3 . 4	
3		`$ kill -SIGSTOP 23221`
4	`[1]+ Stopped cargo run` `$`	
5		`$ kill -SIGCONT 23221`
6	. 5 . 6 . 7 . 8 : . 60	

表 12.1 所示的程序流程如下所示。

（1）在终端 1 中，进入该项目的目录（由清单 12.3 和清单 12.4 创建出）。

（2）编译并运行此项目。

这里省略了 cargo 给出的调试用的输出。运行以后，sixty 程序会输出 PID，然后每秒会在控制台上输出一些数字。在表 12.1 所示的运行结果中，该 PID 是 23221。

（3）在终端 2 中，执行 kill 命令，指定-SIGSTOP 参数项。

如果你对 Shell 命令 kill 不熟悉，只需了解它的作用就是发送信号。而此命令的名字来源于它最常见的作用，也就是利用信号 SIGKILL 或 SIGTERM 来终止程序。此命令中的数字参数（23221）必须与步骤 2 中所得到的 PID 一致。

（4）终端 1 会回到命令行提示符界面，因为在这个终端里不再有任何在前台运行的程序。

（5）通过把信号 SIGCONT 发送到步骤 2 中所得到的 PID 上，让程序恢复运行。

（6）此程序会恢复计数。一旦计数达到 60，程序就结束了，除非被人为地按 Ctrl+C 快捷键（SIGINT）所打断。

SIGSTOP 和 SIGCONT 是有意思的特殊情况。接下来，让我们继续来了解更多典型信号的行为。

12.5.3　列出操作系统支持的所有信号

还有哪些其他信号呢？这些信号默认的处理程序又是什么呢？为了找出这些答案，我们要求 kill 命令给出如下信息：

```
$ kill -l   ◁──── -l 代表 list（列表）。
 1) SIGHUP     2) SIGINT 3)  SIGQUIT 4)  SIGILL 5)   SIGTRAP
 6) SIGABRT    7) SIGEMT 8)  SIGFPE 9)   SIGKILL 10)  SIGBUS
11) SIGSEGV   12) SIGSYS 13) SIGPIPE 14)  SIGALRM 15)  SIGTERM
16) SIGURG    17) SIGSTOP 18) SIGTSTP 19)  SIGCONT 20)  SIGCHLD
21) SIGTTIN   22) SIGTTOU 23) SIGIO 24)   SIGXCPU 25)  SIGXFSZ
26) SIGVTALRM 27) SIGPROF 28) SIGWINCH 29) SIGPWR 30)   SIGUSR1
31) SIGUSR2   32) SIGRTMAX
```

Linux 上有好多信号啊！让情况变得更糟的是，很少有信号是有标准行为的。幸运的是，大多数应用程序都不用担心为这些信号中的许多信号（如果有）来设置处理程序这种事。表 12.2 给出了一个更为紧凑的信号列表——日常编程中更有可能遇到的那些信号。

表 12.2　　　　常见的信号及其默认行为，以及在命令行中发送这些信号的快捷键

信号	默认行为	备注	快捷键
SIGHUP	终止	最初来自基于电话的数字通信。现在经常被发送给后台程序（守护程序或服务），要求这些程序重新读取它们的配置文件。当你从一个 Shell 里注销时，此信号就会发送给正在运行的那些程序	Ctrl+D
SIGINT	终止	用户产生的信号，用来终止一个正在运行的应用程序	Ctrl+C
SIGTERM	终止	请求应用程序优雅地终止	
SIGKILL	终止	此操作是不能停止的	
SIGQUIT		将内存作为一个核心转储写入磁盘，然后终止	Ctrl+\
SIGTSTP	暂停执行	该终端会请求应用程序停止	Ctrl+Z
SIGSTOP	暂停执行		
SIGCONT	如果是暂停状态的，则恢复执行		

> **注意**　信号 SIGKILL 和 SIGSTOP 有其特殊的状态：这两个信号是不能由应用程序处理的，而且应用程序也不能阻止这两个信号。而对于其他的信号，应用程序是可以忽略的。

12.6　使用自定义的行为来处理信号

信号的默认行为是相当有限的。在默认的情况下，对于应用程序来说，接收到信号往往会导致不友好的结束运行。例如，如果诸如数据库连接等外部资源保持着打开的状态，那么当应

用程序因为收到信号而导致运行结束时，有可能无法正确地清理掉这些打开着的资源。

信号处理程序最常见的使用场景就是要允许应用程序"干净"地关闭。在应用程序关闭时，可能需要执行的一些常见的任务如下。

- 刷新硬盘驱动器，以确保未决的数据（pending data）被写入磁盘。
- 关闭网络连接。
- 在分布式调度器或者工作队列中进行注销。

要想停止当前的工作负载以后再关闭应用程序，就需要一个信号处理程序。要设置一个信号处理程序，我们需要创建一个函数，该函数的签名为 f(i32) -> ()。也就是说，此函数需要接收一个 i32 的整数作为唯一的参数，并且没有返回值。

这就带来了一些软件工程方面的问题。除了发送的是哪个信号，信号处理程序不能从应用程序那里访问到任何其他的信息。因此，信号处理程序不知道任何东西的状态，也就无法知道有哪些东西是预先要关闭的。

除了平台架构方面的限制，还有一些其他限制。信号处理程序在时间和范围上都是受限制的。出于以下的这些原因，信号处理程序还必须在通用代码的一个可用功能子集之中快速地进行处理。

- 信号处理程序可以阻止相同类型的其他信号被处理。
- 快速地进行处理减少了与另一个不同类型的信号处理程序一起操作的可能性。

信号处理程序缩小了允许做的事情的范围，例如，信号处理程序必须避免执行任何本身可能会产生信号的代码。

为了摆脱这种受限的环境，通常的办法是使用一个布尔标志项作为全局变量，在程序执行期间定期地检查这个标志。如果此标志项被设置了，你就可以在应用程序的上下文中调用一个函数来干净地关闭应用程序。要使用这个模式，需要如下两个条件。

- 信号处理程序唯一的职责就是修改这个标志项。
- 应用程序必须定期地检查此标志项，以确定此标志项是否已被修改。

为了避免多个信号处理程序同时运行而产生的竞态条件，信号处理程序通常只做很少的事。一种常见的模式就是通过全局变量来设置标志项。

12.6.1 在 Rust 中使用全局变量

Rust 中的全局变量（在程序里的任何位置都可以访问到的变量），就是在全局作用域中声明一个带有 static 关键字的变量。假定我们想创建一个全局的值 SHUT_DOWN，当信号处理程序认为现在需要紧急关闭时，就把这个值设为 true。我们就可以使用这样的声明：

```
static mut SHUT_DOWN: bool = false;
```

> **注意** static mut 表示可变静态（mutable static）。

全局变量给 Rust 程序员带来了一个问题。访问全局变量（即使只是读取）是不安全的。这意味着如果代码被包在 unsafe 块中，就会显得非常杂乱。对谨慎的程序员来说，这种"难看"的代码是一个信号，提醒着他们尽量避免使用全局状态。

清单 12.6 展示了一个使用 static mut 变量的例子，在代码第 12 行中会读取这个变量，在第 7~9 行中会写入这个变量，在第 8 行中调用 rand::random() 来生成布尔值。输出信息是一系列的点。大约有 50%的时间，你所看到的输出信息，都会如下面的这个终端会话所示：[1]

```
$ git clone https://github.com/rust-in-action/code rust-in-action
$ cd rust-in-action/ch12/ch2-toy-global
$ cargo run -q
.
```

清单 12.5 给出了清单 12.6 的元数据。此源代码保存在 ch12/ch12-toy-global/ Cargo.toml 中。

清单 12.5 清单 12.6 的元数据

```
[package]
name = "ch12-toy-global"
version = "0.1.0"
authors = ["Tim McNamara <author@rustinaction.com>"]
edition = "2018"

[dependencies]
rand = "0.6"
```

清单 12.6（参见 ch12/ch12-toy-global/ src/main.rs）给出了示例。

清单 12.6 在 Rust 中访问全局变量（可变静态）

```
1 use rand;
2
3 static mut SHUT_DOWN: bool = false;
4
5 fn main() {                        读取和写入一个 static mut 变量都需要用到 unsafe 块。
6   loop {
7     unsafe {
8       SHUT_DOWN = rand::random();      rand::random() 是调用 rand::thread_rng().gen()
9     }                                  的快捷方式，用来产生一个随机值。所需的类
10     print!(".");                      型可以从 SHUT_DOWN 推断出来。
11
12     if unsafe { SHUT_DOWN } {
13       break
14     };
15   }
```

---

[1] 这个输出假设使用的是一个公平的随机数生成器，而 Rust 默认使用的就是公平的随机数生成器。只要你信任操作系统的随机数生成器，这个假设就是成立的。

```
16  println!()
17 }
```

12.6.2　使用全局变量来指示已经启动了关机

鉴于信号处理程序必须快速且简单，我们将做尽可能少的工作。在接下来的这个例子中，我们会设置一个变量来指示该程序需要关闭。清单 12.8 展示了这项技术，此代码的结构是由如下 3 个函数所组成的。

- main() 函数：初始化程序并通过主循环进行迭代。
- register_signal_handlers() 函数：通过 libc 与操作系统进行沟通，每个信号的信号处理程序是什么。此函数使用了一个函数指针，函数指针把函数看作数据。函数指针将会在 12.7 节中讲解。
- handle_signals() 函数：处理输入的信号。虽然我们只是处理了 SIGTERM 信号，但是此函数与发送的是哪种信号无关。

运行以后，生成的可执行文件会输出对其所在位置的跟踪信息。下面这个终端会话展示了这些跟踪信息：

```
$ git clone https://github.com/rust-in-action/code rust-in-action
$ cd rust-in-action/ch12/ch12-basic-handler
$ cargo run -q
1
SIGUSR1
2
SIGUSR1
3
SIGTERM
4
*
```

> **注意**　如果信号处理程序没能正确注册，程序可能会直接终止。所以你需要确保在 main() 函数靠前的位置加入对 register_signal_handlers() 的调用。此函数定义在清单 12.8 中的第 38 行处。

清单 12.7 展示了清单 12.8 的配置项，包括软件包的配置以及依赖项，其源代码保存在 ch12/ch12-basic-handler/Cargo.toml 文件中。

清单 12.7　为清单 12.8 提供的包的配置

```
[package]
name = "ch12-handler"
version = "0.1.0"
authors = ["Tim McNamara <author@rustinaction.com>"]
```

```
edition = "2018"

[dependencies]
libc = "0.2"
```

运行代码后，清单 12.8（参见 ch12/ch12-basic-handler/src/main.rs 文件）会用一个信号处理程序来修改一个全局变量。

清单 12.8　创建一个信号处理程序，用于修改一个全局变量

```
1  #![cfg(not(windows))]                               ◁─── 指出了当前代码不能运行在 Windows 上。
2
3  use std::time::{Duration};
4  use std::thread::{sleep};
5  use libc::{SIGTERM, SIGUSR1};
6
7  static mut SHUT_DOWN: bool = false;
8
9  fn main() {                                          必须尽早执行，否则信号将不能得到正确的处理。
10     register_signal_handlers();  ◁─────────────┐
11
12     let delay = Duration::from_secs(1);
13
14     for i in 1_usize.. {
15       println!("{}", i);
16       unsafe {                    ◁────┐
17         if SHUT_DOWN {                  │        对可变静态变量的访问是不安全的。
18           println!("*");               │
19           return;
20         }
21       }
22
23       sleep(delay);
24
25       let signal = if i > 2 {
26         SIGTERM
27       } else {
28         SIGUSR1
29       };
30
31       unsafe {                    ◁─────────────┐
32         libc::raise(signal);                     │
33       }                                          │
34     }                                            │   对 libc 函数的调用是不安全的，这些函
35     unreachable!();                              │   数所产生的影响是 Rust 无法控制的。
36  }                                               │
37                                                  │
38  fn register_signal_handlers() {                 │
39     unsafe {                    ◁────────────────┘
40       libc::signal(SIGTERM, handle_sigterm as usize);
41       libc::signal(SIGUSR1, handle_sigusr1 as usize);
42     }
43  }
```

```
44
45 #[allow(dead_code)]
46 fn handle_sigterm(_signal: i32) {
47   register_signal_handlers();
48
49   println!("SIGTERM");
50
51   unsafe {
52     SHUT_DOWN = true;
53   }
54 }
55
56 #[allow(dead_code)]
57 fn handle_sigusr1(_signal: i32) {
58   register_signal_handlers();
59
60   println!("SIGUSR1");
61 }
```

如果不加这个属性，rustc 会发出警告，通知这些函数从未被调用过。

修改可变静态变量是不安全的。

尽快地重新注册信号，能够尽可能防止由于信号的变化而影响信号处理程序本身。

在清单 12.8 的第 40 行和第 41 行中，对 libc::signal() 的调用有一些特殊的地方需要说明。libc::signal() 接收一个信号名称（实际上是个整数）以及一个无类型的函数指针（用 C 语言的说法来讲，叫作一个 void 函数指针）作为参数，它会把这个指针所指向的函数与这个信号关联到一起。Rust 的关键字 fn 会创建函数指针。handle_sigterm() 和 handle_sigusr1() 都具有类型 fn(i32) -> ()。我们还需要将其转为 usize 类型的值来擦除原本的类型信息。有关函数指针的更多细节描述参见 12.7 节。

理解 static 和 const 的区别

静态和常量看起来是很相似的，这两者的主要差别如下。

■ static 的值只会出现在内存中的一个位置。

■ const 的值，在访问到它们的那些地方可以被反复地复制。

可以反复复制的 const 值，对于 CPU 的优化是很友好的。它同时兼顾了数据的局部性和缓存性能的改善。

明明是两种不同的东西，为什么给它们起了这么容易引起混淆的类似名称呢？这可以说是一个历史性的意外。static 这个单词指的是静态变量存在于地址空间中的那个段。static 的值存在于栈空间之外，与字符串字面量在同一个区域中，具体位置靠近地址空间的底部。这就意味着要访问一个静态变量几乎总是要解引用一个指针。

在 const 值中的常量指的就是这个值本身。当从代码中访问它的时候，如果编译器认为这样做可以加快访问速度，此数据就可能会被复制到需要它的每一个位置上。

12.7　发送由应用程序定义的信号

信号可以作为一种有限制的消息传递形式来使用。在你的业务规则之中，你可以为信号

SIGUSR1 和 SIGUSR2 创建自己的定义。这两个信号的定义在设计上属于未分配。在清单 12.8 中，我们使用信号 SIGUSR1 来做了一个小的任务。在那段代码中，只是简单地输出了字符串 SIGUSR1。使用自定义信号的一个更现实的用例是，去通知另一个应用程序，有某些数据已经准备好进行进一步的处理了。

理解函数指针和具体的语法

清单 12.8 包含一些可能会让人困惑的语法，比如，在第 40 行中出现的 handle_sigterm as usize，把一个函数给转换成了一个整数。

这行代码里面发生了什么呢？实际上，这是把存储这个函数的地址转换成一个整数。在 Rust 里，关键字 fn 会创建出一个函数指针。

如果你学完了第 5 章的内容，就会知道函数也只是一些数据而已。也就是说，函数对 CPU 来说是有意义的一些字节序列。而函数指针就是指向这个字节序列起始位置的指针。回顾第 5 章，尤其是 5.7 节中的内容，可以温习相关的知识。

指针是一种数据类型，作为它所引用对象的临时替代者。在应用程序的源代码中，指针既包含它所指向的那个值的地址，也包含着那个值的类型。指针的类型信息是在编译后的二进制文件中会被剥离的某种东西。指针的内部表示形式是 usize 类型的整数。这使得指针传递起来非常经济。在 C 语言中，对函数指针的使用感觉就像是使用一种"神秘的魔法"。而在 Rust 里，他们就隐藏在很显眼的地方。

每一个 fn 的声明，实际上都是在声明一个函数指针。这就意味着清单 12.9 中的代码是合法的，它所输出的信息应该类似于下面给出的这个输出信息：

```
$ rustc ch12/fn-ptr-demo-1.rs && ./fn-ptr-demo-1
noop as usize: 0x5620bb4af530
```

> **注意** 在这个输出信息里，0x5620bb4af530 是 noop() 函数的起始内存地址（十六进制表示）。这个数字在你的机器上会有所不同。

清单 12.9（参见 ch12/noop.rs 文件）展示了如何把一个函数转换成 usize，并展示了 usize 如何被作为函数指针来使用。

清单 12.9 把一个函数转换成 usize
```rust
fn noop() {}

fn main() {
    let fn_ptr = noop as usize;

    println!("noop as usize: 0x{:x}", fn_ptr);
}
```

但是，使用 fn noop() 创建出来的这个函数指针，是什么类型的呢？为了表述函数指针，

Rust 重用了函数签名的语法。在代码 fn noop() 这个例子中，它的类型是*const fn() -> ()，意为这个类型是"一个常量函数指针，此函数不带参数且返回单元类型"。常量指针是不可变的。而单元类型是 Rust 中用来表示"没有东西"（nothingness）的类型。

在清单 12.10 中，把一个函数指针转换为 usize，再转换回来。它的输出信息展示在下面这个代码段中，可以看出这两行输出信息几乎是一样的：

```
$ rustc ch12/fn-ptr-demo-2.rs && ./fn-ptr-demo-2
noop as usize:    0x55ab3fdb05c0
noop as *const T: 0x55ab3fdb05c0
```

> **注意** 这两个数字在你的机器上会和这里给出的不同，但是这两个数字将会是相等的。

清单 12.10   把一个函数转换成 usize

```
fn noop() {}

fn main() {
  let fn_ptr = noop as usize;
  let typed_fn_ptr = noop as *const fn() -> ();

  println!("noop as usize:    0x{:x}", fn_ptr);
  println!("noop as *const T: {:p}", typed_fn_ptr); ◁
}
```

要注意指针的格式修饰符的用法 {:p}。

12.8 如何忽略信号

正如在表 12.2 中所指出的那样，大部分的信号在默认情况下都会终止正在运行中的这个程序。对试图完成其工作的运行中的程序来说，这可能会有些令人沮丧（有时候应用程序是最了解情况的！）。对于这些情况，有许多信号是可以被忽略的。

除了 SIGSTOP 和 SIGKILL，我们可以把常量 SIG_IGN 提供给 libc::signal()，而不是提供一个函数指针。下面这个名叫 ignore 的项目给出了这种用法的一个例子。清单 12.11 展示了此项目的 Cargo.toml 文件，清单 12.12 则展示了 src/main.rs 文件。这些文件保存在项目目录 ch12/ch12-ignore 中。运行以后，此项目的输出信息如下所示：

```
$ cd ch12/ch12-ignore
$ cargo run -q
ok
```

ignore 项目展示了如何忽略已选定的信号。在清单 12.12 的第 6 行中，把 libc::SIG_IGN（signal ignore 的缩写，中文译为信号忽略）作为信号处理程序提供给 libc::signal()。在第 13 行中重置为默认行为。在此处再次调用了 libc::signal()，这次使用的是 SIG_DFL（signal default 的缩写，中文译为信号默认）作为信号处理程序。

清单 12.11　ignore 项目的元数据

```
[package]
name = "ignore"
version = "0.1.0"
authors = ["Tim McNamara <author@rustinaction.com>"]
edition = "2018"

[dependencies]
libc = "0.2"
```

清单 12.12　使用 libc::SIG_IGN 来忽略信号

```
1  use libc::{signal,raise};
2  use libc::{SIG_DFL, SIG_IGN, SIGTERM};      这里需要使用 unsafe 块，因为 Rust 控制不了在函数边
3                                              界以外所发生的事情。
4  fn main() {
5    unsafe {
6      signal(SIGTERM, SIG_IGN);      忽略 SIGTERM 信号。
7      raise(SIGTERM);
8    }
9                                      libc::raise() 让代码可以发出信号。在本例中，这个信号是发给自己的。
10   println!("ok");
11
12   unsafe {
13     signal(SIGTERM, SIG_DFL);      把 SIGTERM 信号的行为重置成默认值。
14     raise(SIGTERM);
15   }                                 这会让此程序终止。
16
17   println!("not ok");      这行代码永远不会运行，所以这个字符串是不会输出的。
18 }
```

12.9　从深层嵌套的调用栈中关闭程序

如果程序深陷于调用栈的中间位置，又无法展开，该怎么办呢？当收到一个信号时，程序可能在终止（或者是被强制终止）以前，还想要执行一些清理的代码。这有时被称为非本地控制转移（nonlocal control transfer）。基于 UNIX 的操作系统提供了一些工具，让你可以借助两个系统调用来使用这个机制，这两个系统调用是 setjmp() 和 longjmp()。

■　setjmp() 用于设置一个标记位置。
■　longjmp() 用于跳回之前标记的位置。

为什么要费力地使用这样的编程技巧呢？有的时候，使用类似这样的低级技术是摆脱困境唯一的办法。这些办法就是系统编程中的"黑魔法"（dark arts）。引用 manpage 帮助文档中的一句话来说：

setjmp() 和 longjmp() 对于处理在程序的一个低级子例程中所遇到的错误和中断是非常有用的。

——Linux 文档项目：setjmp(3)

　　这两个工具避开了正常的控制流程，允许程序通过代码来自行转移控制流。偶尔，错误会发生在调用栈的深处。如果程序花了很长的时间来响应这个错误，那么操作系统可能会简单地中止程序的运行，这样此程序的数据就有可能会处于不一致的状态。为了避免发生这样的情况，你可以使用 longjmp() 把控制流直接转移到处理此错误的代码上。

　　要想了解这种方法的重要性，让我们来看这样一个例子：在一个普通的程序里多次调用一个递归函数，在其调用栈中会发生什么，如清单 12.13 所示。每一次对 dive() 的调用，都会增加一个控制流最终会返回的地方，如表 12.3 左栏中的内容所示。在清单 12.17 中用到的系统调用 longjmp()，绕过了调用栈中的好几层。它对调用栈的影响如表 12.3 右栏中的内容所示。

表 12.3　　　　　　　　　　　比较清单 12.13 和清单 12.17 预期的输出

清单 12.13 预期的输出	清单 12.17 预期的输出
清单 12.13 生成了一个对称的模式。每一个层级都是对 dive() 的嵌套调用而产生的，当调用返回时，该层级将被删除 # ## ### #### ##### ### ## #	清单 12.17 生成了一个非常不同的模式。在对 dive() 执行了几次调用以后，控制流跳转回了 main() 中，而没有返回到对 dive() 的调用中 # ## ### **early return!** **finishing!**

　　在表 12.3 的左栏中，随着函数每一次被调用，调用栈会增加一层，然后随着每一次函数的返回，调用栈又会减少一层。在表的右栏中，代码从第三次的调用中，直接跳转到了调用栈的顶部。

　　在清单 12.13 中，随着程序的执行会输出进展情况，以此来说明调用栈是如何运作的。此清单的代码保存在 ch10/ch10-callstack/src/main.rs 文件中。

清单 12.13　　调用栈是如何运作的

```
1  fn print_depth(depth:usize) {
2      for _ in 0..depth {
3          print!("#");
4      }
5      println!("");
6  }
7
8  fn dive(depth: usize, max_depth: usize) {
9      print_depth(depth);
10     if depth >= max_depth {
11         return;
12
13     } else {
14         dive(depth+1, max_depth);
15     }
16     print_depth(depth);
17 }
18
19 fn main() {
20     dive(0, 5);
21 }
```

要完成这个任务还有很多工作要做。Rust 语言自身并没有用来实现这种控制流技巧的工具。这就需要访问其编译器工具链所提供的一些工具。编译器给应用程序提供了一些固有的特殊函数。要在 Rust 中使用固有函数需要进行一些设置，一旦设置好，该函数就可以像标准函数一样运作。

12.9.1 sjlj 项目的介绍

sjlj 项目展示了如何扭转一个函数正常的控制流。在操作系统和编译器的帮助下，实际上有可能创建这样一种情形，可以从一个函数中移动到程序中的任何地方。清单 12.17 使用了这个能力，绕过了调用栈中的好几层，并且产生了在表 12.3 的右栏中给出的那种输出信息。图 12.5 展示了 sjlj 项目的控制流程。

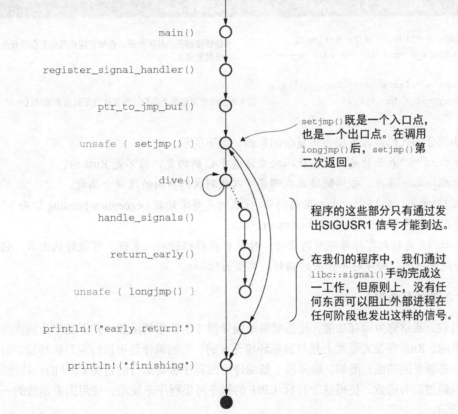

图 12.5　sjlj 项目的控制流程。程序的控制流可以通过信号的拦截，然后从 setjmp() 的位置恢复运行

12.9.2 在程序中设置固有函数

在清单 12.17 中，我们使用了两个固有函数，即 setjmp() 和 longjmp()。要想在程序中

启用这两个函数，这个包就必须使用一个属性来注解，如清单 12.14 所示。

清单 12.14　在 main.rs 中需要用到的包级属性

```
#![feature(link_llvm_intrinsics)]
```

这个注解很自然地带来了两个问题。我们稍后会来回答这两个问题。

- 固有函数是什么？
- LLVM 是什么？

我们还需要告诉 Rust 有关 LLVM 所提供函数的情况。这些函数除了类型签名，Rust 对它们是一无所知的，这就意味着对这些函数的任何方式的使用都必须在 unsafe 块中进行。清单 12.15（参见 ch12/ch12-sjlj/src/main.rs 文件）展示了如何来通知 Rust 有关 LLVM 所提供函数的情况。

清单 12.15　在清单 12.17 中用到的，对一些 LLVM 固有函数的声明

```
extern "C" {
  #[link_name = "llvm.eh.sjlj.setjmp"]
  pub fn setjmp(_: *mut i8) -> i32;     给链接器提供具体指示，告知它应该到哪儿去寻找此
                                        函数的定义。

  #[link_name = "llvm.eh.sjlj.longjmp"]
  pub fn longjmp(_: *mut i8);           因为我们没有用到这个参数，所以使用下画线来强调这一点
}
```

这一小部分的代码包含了相当多复杂的东西，如下所示。

- extern "C" 表示的是，这个代码块应该遵守 C 的约定，而不是 Rust 的。
- link_name 属性，告诉链接器在哪里可以找到我们声明的这两个函数。
- 在 llvm.eh.sjlj.setjmp 里面的 eh 代表的是异常处理（exception handing），而 sjlj 所代表的是 setjmp() 和 longjmp()。
- *mut i8 是指向有符号字节的指针。对有 C 编程经验的人来说，可能能认出来，它就等同于一个指向字符串开头的指针，类型为 *char。

1. 什么是固有函数？

固有函数，通常称为固有功能，是需要借助编译器才能使用的函数，并不是作为语言的一部分来提供的。Rust 在很大程度上是与目标环境无关的，它的编译器可以访问目标环境，因而可以提供一些额外的功能。例如，编译器了解编译后的程序将要运行的目标 CPU 的一些特征，编译器可以通过固有函数，使得这个目标 CPU 的指令可供程序来使用。使用固有函数的一些例子如下所示。

- 原子操作：许多 CPU 都提供了专门的指令来优化某些工作负载。例如，CPU 可以保证更新一个整数是原子操作。原子在这里是指不可分割的意思。在处理并发代码时，这可能非常重要。
- 异常处理：各种 CPU 为管理异常所提供的工具是有差别的。编程语言设计者可以使用

这些工具来创建自定义的控制流程。固有函数 setjmp() 和 longjmp() 就属于这一类，在本章中稍后会介绍。

2. 什么是 LLVM?

从 Rust 程序员的角度来看，LLVM 可以看作 Rust 的编译器 rustc 的一个子组件。LLVM 是与 rustc 捆绑在一起的一个外部工具。Rust 程序员可以利用它提供的工具。在 LLVM 提供的这些工具中，有一组工具就是固有函数。

LLVM 自己就是一个编译器。它的作用如图 12.6 所示。

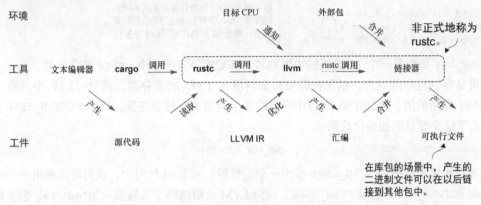

图 12.6　从 Rust 源代码中生成一个可执行文件所需的一些主要步骤。LLVM 是这个编译过程中
一个重要的组成部分，但是它不是面向用户的

LLVM 将 rustc 产生的代码，即 LLVM IR（中间语言）转换为机器可读的汇编语言。更为复杂的是，必须要使用另外一种称为链接器的工具，把多个库拼接到一起。在 Windows 上，Rust 使用的是一个由微软提供的程序 link.exe 来作为其链接器。在一些其他操作系统上，使用的是 GNU 的链接器 ld。

要了解更多有关 LLVM 的细节，就意味着需要学习更多关于 rustc 和编译过程的一般性知识。就像许多事物一样，要想更接近真相，就需要去探索相应的细分领域。想要了解每一个子系统，好像都需要去学习一些其他子系统。如果在这里讲解更多的细节内容，将会很吸引人，但总的来说是会分散读者的注意力的。

12.9.3　把指针转换成其他类型

Rust 语法中比较"神秘"的一个内容，就是如何在指针类型之间进行转换。在阅读清单 12.17 时，你就会遇到这个问题。然而这个问题的出现，是因为 setjmp() 和 longjmp() 的类型签名。下面的这个代码段摘自清单 12.17，可以看出来，这两个函数都接收一个*mut i8 类型的指针作为参数：

```
extern "C" {
  #[link_name = "llvm.eh.sjlj.setjmp"]
  pub fn setjmp(_: *mut i8) -> i32;

  #[link_name = "llvm.eh.sjlj.longjmp"]
  pub fn longjmp(_: *mut i8);
}
```

　　需要一个*mut i8作为输入参数，这就是一个问题，因为在 Rust 代码中只有一个指向跳转缓冲区（jump buffer）的引用，即&jmp_buf。[1] 在接下来的几段内容里，我们会介绍解决这个冲突的过程。jmp_buf 类型的定义如下所示：

```
const JMP_BUF_WIDTH: usize =
  mem::size_of::<usize>() * 8;
type jmp_buf = [i8; JMP_BUF_WIDTH];
```
◄──── 这个常量在 64 位的计算机上占 64 位的位宽（8×8 字节），而在 32 位的计算机上，则是 32 位的位宽（8×4 字节）。

　　jmp_buf 类型是一个 i8 数组的类型别名，其宽度等同于 8 个 usize 的字节数。jmp_buf 的作用是存储程序的状态，以便在需要时重新填充 CPU 的寄存器。清单 12.17 中只有一个 jmp_buf 类型的值，就是在第 15 行中定义的这个全局可变静态变量，叫作 RETURN_HERE。下面给出了这个变量的初始化代码：

```
static mut RETURN_HERE: jmp_buf = [0; JMP_BUF_WIDTH];
```

　　我们如何才能把 RETURN_HERE 作为一个指针呢？在 Rust 代码中，我们可以使用一个引用来指向 RETURN_HERE（&RETURN_HERE），而 LLVM 希望这些字节被表示为*mut i8。想要执行这个转换，我们需要应用 4 个步骤，它们都被压缩到了一行代码中：

```
unsafe { &RETURN_HERE as *const i8 as *mut i8 }
```

　　接下来，让我们讲解这 4 个步骤。

- 开始是&RETURN_HERE，这是一个只读的引用，此引用指向一个全局静态变量，此变量的类型在 64 位的计算机上是[i8; 8]，在 32 位的计算机上是[i8; 4]。
- 把这个引用转换成*const i8。指针类型之间的转换被认为是安全的 Rust，但是对指针的解引用则需要使用 unsafe 块。
- 把*const i8 转换成*mut i8。这样就把这块内存声明为可变（可读/可写）的。
- 把这些转换放到一个 unsafe 块里面，因为其中涉及对全局变量的访问。

　　为什么不使用类似&mut RETURN_HERE as *mut i8 这样的写法呢？Rust 编译器对让 LLVM 来访问其数据是相当关注的。这里给出的这个方法，从一个只读引用开始，可让 Rust 更"放心"。

12.9.4　编译 sjlj 项目

　　现在进行到这个地方，我们对清单 12.17 可能存在困惑的地方应该已经很少了。下面这段

---

[1] jmp_buf 是这个缓冲区的惯用名称，这对想要深入了解的读者来说可能会有用。

代码再次给出了我们已经反复尝试过的操作步骤：

```
$ git clone https://github.com/rust-in-action/code rust-in-action
$ cd rust-in-action/ch12/ch12-sjlj
$ cargo run -q
#
#
early return!
finishing!
```

最后要注意的一点是：要想正确地通过编译，sjlj 项目需要使用夜间版通道上的 rustc。如果你遇到了这个错误""#![feature] may not be used on the stable release channel"（中文的意思是"#![feature]不可以用在稳定版通道上"），这时就需要使用命令 `rustup install nightly` 来安装夜间版，然后可以通过给 cargo 添加+nightly 参数来使用夜间版的编译器。下面的这个终端输出信息中展示了遇到这个错误后的解决过程：

```
$ cargo run -q
error[E0554]: #![feature] may not be used on the stable release channel
 --> src/main.rs:1:1
  |
1 | #![feature(link_llvm_intrinsics)]
  | ^^^^^^^^^^^^^^^^^^^^^^^^^^^^^^^^^^

error: aborting due to previous error

For more information about this error, try 'rustc --explain E0554'.

$ rustup toolchain install nightly
...

$ cargo +nightly run -q
#
##
###
early return!
finishing!
```

12.9.5   sjlj 项目的源代码

清单 12.16 中的代码用 LLVM 编译器访问操作系统的 `longjmp()` 功能。`longjmp()` 允许程序跳出所在的栈帧并跳转到它的地址空间内的任何的位置。清单 12.16 的源代码保存在 ch12/ch12-sjlj/Cargo.toml 中，清单 12.17 的源代码保存在 ch12/ch12-sjlj/src/main.rs 中。

清单 12.16   sjlj 项目的元数据

```
[package]
name = "sjlj"
version = "0.1.0"
authors = ["Tim McNamara <code@timmcnamara.co.nz>"]
edition = "2018"

[dependencies]
libc = "0.2"
```

清单 12.17　使用 LLVM 的内部编译器机制

```
 1 #![feature(link_llvm_intrinsics)]
 2 #![allow(non_camel_case_types)]
 3 #![cfg(not(windows))]              ◁       只在支持的平台上进行编译。
 4
 5 use libc::{
 6   SIGALRM, SIGHUP, SIGQUIT, SIGTERM, SIGUSR1,
 7 };
 8 use std::mem;
 9
10 const JMP_BUF_WIDTH: usize =
11   mem::size_of::<usize>() * 8;
12 type jmp_buf = [i8; JMP_BUF_WIDTH];
13                                           如果是 true，则程序退出。
14 static mut SHUT_DOWN: bool = false;  ◁
15 static mut RETURN_HERE: jmp_buf = [0; JMP_BUF_WIDTH];
16 const MOCK_SIGNAL_AT: usize = 3;
17                                           允许递归的深度是 3。
18 extern "C" {
19   #[link_name = "llvm.eh.sjlj.setjmp"]
20   pub fn setjmp(_: *mut i8) -> i32;
21
22   #[link_name = "llvm.eh.sjlj.longjmp"]
23   pub fn longjmp(_: *mut i8);
24 }
25
26 #[inline]
27 fn ptr_to_jmp_buf() -> *mut i8 {        ◁
28   unsafe { &RETURN_HERE as *const i8 as *mut i8 }    #[inline]属性会把函数标记为可用于
29 }                                                    内联，这是一种可以消除函数调用开
30                                                      销的编译器优化技术。
31 #[inline]                              ◁
32 fn return_early() {
33   let franken_pointer = ptr_to_jmp_buf();
34   unsafe { longjmp(franken_pointer) };  ◁
35 }
36                                           这是不安全的，是因为 Rust 不能保证 LLVM 在
37 fn register_signal_handler() {           RETURN_HERE 处对内存所做的事情。
38   unsafe {
39     libc::signal(SIGUSR1, handle_signals as usize);  ◁
40   }                                              要求 libc::signal()将
41 }                                                handle_signals()函数与
42                                                  SIGUSR1 信号进行关联。
43 #[allow(dead_code)]
44 fn handle_signals(sig: i32) {
45   register_signal_handler();
46
47   let should_shut_down = match sig {
48     SIGHUP => false,
49     SIGALRM => false,
50     SIGTERM => true,
51     SIGQUIT => true,
52     SIGUSR1 => true,
```

```
53      _ => false,
54    };
55
56    unsafe {
57      SHUT_DOWN = should_shut_down;
58    }
59
60    return_early();
61 }
62
63 fn print_depth(depth: usize) {
64    for _ in 0..depth {
65      print!("#");
66    }
67    println!();
68 }
69
70 fn dive(depth: usize, max_depth: usize) {
71    unsafe {
72      if SHUT_DOWN {
73        println!("!");
74        return;
75      }
76    }
77    print_depth(depth);
78
79    if depth >= max_depth {
80      return;
81    } else if depth == MOCK_SIGNAL_AT {
82      unsafe {
83        libc::raise(SIGUSR1);
84      }
85    } else {
86      dive(depth + 1, max_depth);
87    }
88    print_depth(depth);
89 }
90
91 fn main() {
92    const JUMP_SET: i32 = 0;
93
94    register_signal_handler();
95
96    let return_point = ptr_to_jmp_buf();
97    let rc = unsafe { setjmp(return_point) };
98    if rc == JUMP_SET {
99      dive(0, 10);
100   } else {
101     println!("early return!");
102   }
103
104   println!("finishing!")
105 }
```

12.10　将这些技术应用于不支持信号的平台的说明

信号是 UNIX 系统所特有的。在其他平台上，处理操作系统消息的方式是有所不同的。例如，在 Windows 上，命令行应用程序需要通过 `SetConsoleCtrlHandler` 来向内核提供处理程序。然后，当信号被发送给应用程序时，就可以调用这个处理程序了。

不管具体的机制如何，在本章中给出的这个高级方法应该是可移植的。下面给出了这种模式的步骤。

- CPU 产生中断，要求操作系统做出响应。
- 操作系统通常利用某种回调系统来委派中断处理的任务。
- 回调系统意味着要创建函数指针。

12.11　修订异常

在本章的开头，我们讨论了信号、中断和异常之间的区别。我们对异常的直接描述是很少的。我们把异常当成一种特殊的中断。而对于中断本身，我们把它建模为信号。

在本章（以及本书）的最后，我们探讨了 rustc 和 LLVM 中一些可用的特性。本章的大部分内容利用了这些特性来处理信号。在 Linux 系统中，信号是操作系统用来与应用程序通信的主要机制。在 Rust 端，我们花了大量的时间来与 libc 和 unsafe 块进行交互、解包装函数指针，以及调整全局变量。

本章小结

- 硬件设备，如计算机的网卡，通过向 CPU 发送中断来通知应用程序数据已经准备好。
- 函数指针是指向可执行的代码的指针，而不是指向普通数据的。
- 类 UNIX 操作系统使用两个信号来管理作业控制，这两个信号是 SIGSTOP 和 SIGCONT。
- 信号处理程序做尽可能少的事情，以减少同时运行多个信号处理程序而引发竞态条件的风险。一种典型的模式是设置一个全局变量的标志项，在程序的主循环中会定期地检查这个标志项。
- 要想在 Rust 中创建一个全局变量，就需要创建一个"可变静态"变量。要访问可变静态变量，就需要用到 unsafe 块。
- 可以利用操作系统、信号和编译器，通过系统调用 setjmp() 和 longjmp()，在编程语言中来实现异常处理。
- 如果不使用 unsafe 关键字，Rust 程序就不能与操作系统或第三方组件进行有效对接。